Entscheidungsstrategien in der BWL

Case Studies für Studium und Praxis

von

Prof. Dr. Wolfgang Jaspers

Dipl.-Kfm. Gerrit Fischer

Oldenbourg Verlag München

Bibliografische Information der Deutschen Nationalbibliothek

Die Deutsche Nationalbibliothek verzeichnet diese Publikation in der Deutschen Nationalbibliografie; detaillierte bibliografische Daten sind im Internet über http://dnb.d-nb.de abrufbar.

Rosenheimer Straße 145, D-81671 München
Telefon: (089) 45051-0
www.oldenbourg-verlag.de

Lektorat: Thomas Ammon
Herstellung: Constanze Müller
Titelbild: iStockphoto
Einbandgestaltung: hauser lacour
Gesamtherstellung: Grafik + Druck GmbH, München

Dieses Papier ist alterungsbeständig nach DIN/ISO 9706.

ISBN 978-3-486-70449-5

Entscheidungsstrategien für die BWL – Fallstudien für Praktiker und Studierende

Ein Kennzeichen der heutigen Zeit ist ihre Schnelllebigkeit: Wissen veraltet zunehmend schneller, Produktlebenszyklen schrumpfen stetig, Globalisierung und technische Möglichkeiten wie das Internet lassen Märkte zusammenrücken und Entscheidungen beeinflussende Umfeldbedingungen ändern sich in immer kürzer werdenden Zeiträumen. Die Auswirkungen dieser Schnelllebigkeit auf die Führung eines Unternehmens sind vielfältig. Zum einen sind Entscheidungen immer kurzfristiger zu treffen, zum anderen werden die hierbei zu beachtenden Grundlagen immer komplexer. Eine Führungskraft muss hierbei verantwortungsvoller denn ja handeln und dabei die Konsequenzen vernetzter Aufgabenstellungen berücksichtigen. Dass „Unternehmensführung" hier nicht immer gelingt, zeigen Untersuchungen, die z. B. Gründe für Insolvenzen zum Inhalt haben. Sicherlich spielen hier in vielen Fällen finanzwirtschaftliche Motive eine entscheidende Rolle. Doch ist nicht von der Hand zu weisen, das einige der aufgeführten Ursachen auch in mangelnden Führungsqualitäten und fehlendem Know-How (in einem bestimmten Fachgebiet) des verantwortlichen Managements zu suchen sind.

Aber nicht nur die Berufswelt spürt diese Veränderungen. Auch Studierenden, die jetzt im Rahmen ihres ersten berufsqualifizierten Abschluss (Bachelor) schon nach einem relativ kurzen Studium von sechs Semestern in den Berufsalltag eintreten, fehlt oftmals der Bezug von Theorie zur Praxis. Denn was nützt die beste Theorie, wenn sie nicht angewendet werden kann?

Das vorliegende Werk greift diese aufgeführten Problemstellungen auf. Es zeigt in anschaulichen, ausführlich beschriebenen und auf unterschiedliche Fachrichtungen der Betriebswirtschaft ausgerichteten Fallbeispielen auf, wie die konkrete Umsetzung theoretischer Grundlagen in der Praxis aussehen kann. Für den Praktiker geben die dargestellten Fallbeispiele einen ersten Einstieg in ein vielleicht bisher nur rudimentär bekanntes Themengebiet. Dem Studierenden ermöglichen sie zum einen Überblick über die Theorie eines bestimmten Bereichs und zeigen zum anderen auf, wie diese Theorie konkrete praktische Anwendung findet. Des Weiteren stellen die dargestellten Fallbeispiele auch eine gute Grundlage für eine Prüfungsvorbereitung dar und können sicherlich auch als Entscheidungsgrundlage für die Wahl eines Schwerpunktfaches oder eines späteren beruflichen Betätigungsfeldes dienen.

Prof. Dr. Wolfgang Jaspers, Dipl. Kfm Gerrit Fischer

April 2011

Inhaltsverzeichnis

Die Reorganisation eines Unternehmens

Wolfgang Jaspers / Gerrit Fischer

Inhaltsverzeichnis

1 Einleitung

Schlagworte wie „Reorganisation“, „Geschäftsprozessoptimierung“, „Business Prozess Reengineering“ u. ä. sind seit den Veröffentlichungen von Michael Hammer und James Champy[1] in den 1990iger Jahren bis heute weiterhin aktuell. Doch viele Reorganisationsvorhaben scheitern gerade im Mittelstand an fehlenden oder nicht umsetzbaren Konzepten. Das vorliegende Fallbeispiel schildert die mit einer Reorganisation in Zusammenhang stehenden Tätigkeiten am Beispiel des fiktiven Unternehmens „VerPaMa – Verpackungsmaschinen GmbH“. Für dieses Unternehmen wird ein Konzept vorgestellt, das die Reorganisation des Unternehmens pragmatisch und im Wesentlichen mit eigenem Know-How ermöglicht (→ Methodische Vorgehensweise). Ergänzend hierzu zeigt das Fallbeispiel auch auf, ob sich eine geplante Reorganisation überhaupt lohnt (→ Kosten-/ Nutzenanalyse und Amortisationsrechnung) und unter welchen Voraussetzungen wer für die hiermit verbundenen Tätigkeiten zuständig ist (→ Rollenmodell). Eine generelle kritische Betrachtung der aktuellen Situation der VerPaMa (→ Störfaktoren) rundet das Fallbeispiel ab.

Die anhängenden Lösungsvorschläge sind so konzipiert, dass Lösungen auf ähnliche Unternehmenssachverhalte in Theorie und Praxis adaptiert werden können. Da die Aufgaben in einigen Teilen aufeinander aufbauen, sind sie „sequentiell“ abzuarbeiten. Es ist somit sinnvoll, nach jeder Teilaufgabe die „eigene“ Lösung mit der anliegenden Musterlösung zu vergleichen und erst dann mit der Bearbeitung der nächsten Aufgabenstellung fortzufahren.

---

1 Vgl. hierzu z. B.: Hammer; Champy (1994).

2 VerPaMa GmbH

2.1 Unternehmen

Die VerPaMa GmbH – Verpackungsmaschinen GmbH (nachfolgend nur noch als VerPaMa bezeichnet) ist ein in Deutschland ansässiges inhabergeführtes mittelständisches Unternehmen. Das Unternehmen entwickelt und produziert Verpackungsmaschinen. Der Vertrieb erfolgt weltweit über eigenes Vertriebspersonal sowie über rechtlich selbständige Handelsunternehmen. Das Unternehmen ist am Markt etabliert und verzeichnet einen jährlichen Umsatz von ca. 50 Mio. €.

2.2 Aktuelle Situation

Der Umsatz des Unternehmens ist bereits seit mehreren Jahren stagnierend, die Gewinnsituation zeigt sich noch positiv, weist allerdings einen rückläufigen Trend auf. Bis vor zwei Jahren hat Fritz Adam sein Unternehmen noch ausschließlich alleine geleitet. Gesundheitliche Probleme haben dazu geführt, dass er sich im Wesentlichen auf das Tagesgeschäft und die Erhaltung des vorhandenen Kundenpotenzials konzentriert hat. Neukundenakquisition und die zukünftige strategische Ausrichtung des Unternehmens, die Herr Adam als wesentliche Bestandteile seines Aufgabenbereichs ansieht, sind in den letzten Jahren nur „stiefmütterlich" behandelt worden. Herr Adam hat jedoch seine hiermit verbundene qualitative und quantitative Überlastung erkannt und seinen ältesten Sohn Peter Adam in das Unternehmen eingebunden. Peter Adam ist Absolvent einer renommierten privaten Hochschule und seit ca. zwei Jahren im Unternehmen tätig. Aufgrund von Unerfahrenheit und auch aufgrund seines Typs (eher introvertiert und zurückhaltend) fühlt sich Peter Adam seinem Aufgabengebiet zurzeit allerdings noch nicht gewachsen. Hinzu kommt, dass einige der leitenden Mitarbeiter Peter Adam schon als Kind kannten und somit seine Autorität dort nicht immer anerkannt ist. Besonders bei folgenschweren Entscheidungen zögert er, Maßnahmen einzuleiten und überlässt hier im Allgemeinen das Feld den Abteilungsleitern des Unternehmens.

Die im Unternehmen fehlende „führende" Hand ist auch Ursache dafür, dass sich in den letzten Jahren unterschiedliche Führungsstile entwickelt haben. Während an einigen Stellen im Unternehmen ein sehr ausgeprägter autoritärer Führungsstil vorzufinden ist, haben sich besonders die jüngeren Führungskräfte einem liberalistischen Führungsstil verschrieben. Nicht nur die unterschiedlichen Führungsstile, die intern zu Rivalitäten führen, sondern auch ein stark ausgeprägter Ressortegoismus führen dazu, dass an vielen Stellen des Unternehmens nicht Hand in Hand gearbeitet wird. Kompetenzüberschneidungen bei zahlreichen Abläufen sowie inkonsistente Außenauftritte der Mitarbeiter verstärken diesen Missstand.

Das Unternehmen hat bereits vor drei Jahren einen Versuch gestartet, Teilbereiche der Organisation zu reorganisieren. Federführend waren hier die Abteilungsleiter MARKETING (Hr. Bucher) und RECHNUNGSWESEN/ CONTROLLING (Hr. Sommer). Das Projekt ist allerdings nach einem halben Jahr eingestellt worden, da die entsprechende Unterstützung der Unternehmensleitung nicht zu erkennen war, die Projektleitung es an einer konsequenten Projektumsetzung und -planung fehlen lies und anderen (abteilungsbezogenen) Projekten höhere Prioritäten zugeteilt wurden.

Eine Optimierung der Produktionsprozesse findet hingegen permanent statt, so dass die VerPaMa hier gut aufgestellt ist und dieses Thema im Rahmen eines Reorganisationsprozesses vernachlässigt werden kann.

2.3 Mitarbeiter

Das Unternehmen verfügte im letzten Bilanzjahr über ca. 250 fest angestellte Mitarbeiter. Ca. 1/3 der Mitarbeiter arbeiten im Verwaltungsbereich (inkl. Außendienst), die übrigen Mitarbeiter sind im Produktions- und Logistikbereich beschäftigt.

Betriebszugehörigkeit, Altersstruktur und Ausbildungsstand der Mitarbeiter sind Tabelle 2.1 bis Tabelle 2.3 zu entnehmen. Hieraus ist zu erkennen, dass ein Großteil der Mitarbeiter schon sehr lange im Unternehmen tätig ist und die Mitarbeiter hier auch ihre Ausbildung abgeschlossen haben bzw. die VerPaMa ihr erster Arbeitgeber war.

Betriebs-zugehörigkeit	weniger als 2 Jahre	zwischen 2 und 10 Jahren	zwischen 10 und 20 Jahren	mehr als 20 Jahre	**Summe**
Anteil	10%	20%	30%	40%	**100%**

Tabelle 2.1: Betriebszugehörigkeit der Mitarbeiter der VerPaMa

Alters-struktur	jünger als 20 Jahre	älter als 20 und jünger als 40 Jahre	älter als 40 Jahre	**Summe**
Anteil	1%	49%	50%	**100%**

Tabelle 2.2: Altersstruktur der Mitarbeiter der VerPaMa

Ausbildungs-stand	ohne Ausbildung	Lehre	Studium	**Summe**
Anteil	10%	85%	5%	**100%**

Tabelle 2.3: Ausbildungsstand der fest angestellten Mitarbeiter der VerPaMa

2.4 Geschäftsausstattung, Produktion und IT

Vor fünf Jahren hat die VerPaMa eine neue Produktionsstätte inkl. Bürotrakt bezogen, so dass hier aktuell kein Handlungsbedarf besteht. Eine Erneuerung der vorhandenen IT erfolgte allerdings nicht. Auch wurden hier die Abläufe im Wesentlichen 1:1 übernommen. Hard- und Software wurden bereits zu Beginn der 90iger Jahre „angeschafft" und in die neuen Räumlichkeiten übernommen. Zur damaligen Zeit hielt es die Unternehmensführung für sinnvoll, Finanzbuchhaltung und Warenwirtschaftssystem durch eigene Mitarbeiter programmieren zu lassen. In den wesentlichen Grundzügen ist dieses System heute auch noch im Einsatz. Manche Mitarbeiter verfügen mittlerweile über grafikfähige PCs und Bildschirme, auf denen bspw. mit Hilfe von MS-EXCEL Daten ausgewertet und Statistiken erstellt werden können. Um Kosten einzusparen haben einige Abteilungsleiter eigenmächtig entschieden, Open-Source-Software einzusetzen. Diese sind zwar kostenlos, erschweren jedoch den Datenaustausch innerhalb des Unternehmens und auch mit Externen. Durch die selbst programmierte EDV-Lösung hat sich das Unternehmen in eine gewisse Abhängigkeit zur IT-Abteilung und den dort arbeitenden Mitarbeitern begeben. Diese Abteilung besteht aus acht Mitarbeitern: einem IT-Leiter, der in zwei Jahren in den Ruhestand gehen wird, drei Programmierern, zwei Mitarbeitern, die sich um die Hardwarebetreuung kümmern sowie einem jungen wissenshungrigen Mitarbeiter, der im Unternehmen als EDV-Kaufmann seine Ausbildung von drei Jahren abgeschlossen hat und jetzt als Assistent des Abteilungsleiters tätig ist und einer Sekretärin. Die vorhandene Software wird von den Programmierern fortlaufend weiterentwickelt. Dieses hat zur Folge, dass sich das Unternehmenswissen im Laufe der Jahre hier sehr stark konzentriert. Der IT-Leiter behauptet von sich, dass die IT-Abteilung die einzige Instanz im Unternehmen sei, die den Überblick über alle Abläufe hätte. Die Geschäftsführung des Unternehmens möchte das hier zentralisierte Wissen gerne wieder in die einzelnen Abteilungen verlagern. Hingegen verfolgt der IT-Leiter andere Interessen. Er möchte sich seine Machtposition erhalten und trifft hierzu bereits im Unternehmen Vorkehrungen, um zukünftige Reorganisationsvorhaben in seinem Sinne beeinflussen zu können.

2.5 Organigramm

Abbildung 2.1 zeigt die aktuelle Aufbauorganisation der VerPaMa. Die Geschäftsführung wird durch die beiden Herren Fritz und Peter Adam gebildet. Zur Geschäftsleitung gehören neben der Geschäftsführung auch die Leiter der nachfolgend aufgeführten Abteilungen der ersten Hierarchieebene des Unternehmens.

Herr Koch und Herr Krämer leiten die Abteilungen EINKAUF/ LAGERWESEN und VERTRIEB. Beide Mitarbeiter sind schon lange Jahre im Unternehmen beschäftigt und haben als Lehrlinge bei der VerPaMa angefangen. Sie verfügen über jahrelange Erfahrungen in ihren Bereichen und haben ihr Erfahrungswissen durch Schulungen und Seminare ergänzt. Das Wissen der jeweiligen Abteilungen ist in den „Köpfen" dieser Mitarbeiter „zentralisiert". Die Herren Koch und Krämer sind sich ihrer Machtposition im Unternehmen bewusst und setzten sie des Öfteren auch ein, um eigene Interessen durchzusetzen. Dadurch, dass sie den Gründer des Unternehmens, den Vater von Fritz Adam, Hans Adam noch kennen gelernt haben und auch durch diesen geprägt wurden, pflegen sie einen autoritären Führungsstil. Des Weiteren sind sie grundsätzlich skeptisch, wenn es um Veränderungen im Unternehmen geht.

Abbildung 2.1: Organigramm der VerPaMa

Herr Herzog ist ebenfalls schon seit vielen Jahren im Unternehmen. Bevor er bei der VerPaMa die Stelle des Abteilungsleiters IT/ ORGANISATION angetreten hat, war er Programmierer in einem „großen" Softwarehaus. Er geht darin auf, die vorhandene Software anzupassen und ist der Meinung, dass die IT-Abteilung die wichtigste

„Instanz" der VerPaMa sei. In einer Geschäftsleistungssitzung hat er einmal geäußert, dass er sich zukünftig für alle Reorganisationsmaßnahmen verantwortlich fühlen würde. Zum einen sei er der einzige Mitarbeiter, der über alle Abläufe im Unternehmen Bescheid wüsste, zum anderen wäre er ja schließlich auch Leiter der Abteilung Organisation. Sein Führungsstil ist wie der der Herren Koch und Krämer autoritär. Da er seine „besondere" Stellung gerne zum Ausdruck bringt, gilt er im Unternehmen nicht unbedingt als Sympathieträger.

Herr Sommer leitet die Abteilung RECHNUNGSWESEN/ CONTROLLING. Er ist Dipl.-Kfm. und hat vor seiner Tätigkeit bei einer großen Wirtschaftsprüfungsgesellschaft als Steuerberater und Wirtschaftsprüfer gearbeitet. Herr Sommer ist eher ein ruhiger Typ, der gewissenhaft arbeitet, aber hierbei gerne im Hintergrund bleibt. Seit Beginn dieses Jahres hat Herr Sommer die Funktion des Betriebsratsvorsitzenden übernommen.

Die Abteilung PRODUKTION wird von Herrn Dr. Seidel geleitet. Herr Dr. Seidel ist promovierter Dipl.-Ing. und wurde vor fünf Jahren von einem Konkurrenten abgeworben. Als „Neuling" hat er zu Beginn seiner Tätigkeit bei der VerPaMa versucht, seinen Enthusiasmus und neue Ideen zu verbreiten, wurde aber schnell enttäuscht, da seine Ideen auf keine offenen Ohren stießen. Herr Dr. Seidel ist im Unternehmen dafür bekannt, dass er einen liberalistischen Führungsstil pflegt. Er steht dem anstehenden Reorganisationsvorhaben sehr positiv entgegen.

Herr Bucher ist ebenfalls Dipl.-Kfm., seit zehn Jahren im Unternehmen und leitet die Abteilung MARKETING. Er ist sehr kreativ, aber eher ein introvertierter Typ. Ihm ist es im Wesentlichen zuzurechnen, dass die VerPaMa auf allen wichtigen Messen zum Thema „Verpackungsmaschinen" vertreten ist. Die Außendarstellung und auch der Markenauftritt sind im Wesentlichen von seiner Handschrift geprägt. Als „Kreativem" sind Herrn Bucher Zahlen „suspekt".

Herr Dr. Scholz ist ein ehemaliger Studienkollege von Herrn Dr. Seidel. Es ist ebenfalls promovierter Dipl.-Ing. und hat vor seinem Einstieg bei der VerPaMa lange Jahre in einem staatlichen Forschungszentrum gearbeitet und hatte dort eine Führungsfunktion inne. Bei der VerPaMa leitet er die Abteilung FORSCHUNG UND ENTWICKLUNG. Des Weiteren ist er Lehrbeauftragter an einer ansässigen Technischen Hochschule. Aufgrund der in einem staatlichen Unternehmen oftmals eingefahrenen und starren Strukturen wollte er in einem privatwirtschaftlichen Unternehmen etwas bewegen. Herr Dr. Scholz ist zudem in der Kommunalpolitik erfolgreich tätig. Innerhalb der VerPaMa geniest er aufgrund seiner fachlichen Qualitäten und wegen seines mitarbeiterorientierten Führungsstils hohes Ansehen.

Bis vor kurzer Zeit waren Personalangelegenheiten Bestandteil des Rechnungswesens. Aufgrund des hohen Arbeitsanteils hatten sich die Herren Adam entschlossen, diesen Tätigkeitsbereich zu verselbständigen. Frau Winter als langjährig erfahrene Mitarbeiterin in diesem Bereich erschien der GF eine sinnvolle Leiterin der Abteilung PERSONAL. Frau Winter wird das Unternehmen jedoch voraussichtlich in ca. drei Jahren bei Erreichen des Renteneintrittsalters verlassen.

3 Aufgabenstellungen

3.1 Methodische Vorgehensweise bei der Durchführung einer Reorganisation

Warum ist die methodische Vorgehensweise bei einem Reorganisationsprojekt von so hoher Bedeutung?

Führen Sie chronologisch auf, was zu tun ist, um ein Reorganisationsprojekt erfolgreich umsetzen zu können. Unterteilen Sie Ihre Maßnahmenbündel in vorbereitende, organisatorische, IT-technische und strategische Aktivitäten und beschreiben Sie hier die wesentlichen Inhalte.

3.2 Kosten-/ Nutzenanalyse und Amortisationsrechnung

Warum ist eine derartige Berechnung überhaupt erforderlich? Zu welchem Zeitpunkt im Reorganisationsprojekt sollte sie durchgeführt werden? Was sind die aus dem Ergebnis eventuell abzuleitenden Konsequenzen für das Projekt?

Überlegen Sie, welche Kosten und Einsparungen für ein Reorganisationsprojekt in Betracht zu ziehen wären und stellen Sie ein „grobes" Muster (z. B. in Form einer Tabelle) für eine Kosten-/ Nutzenanalyse und eine Amortisationsrechnung auf, das beim Vorliegen konkreter Daten ausgebaut werden kann. Zeigen Sie an diesem Beispiel auf, ob sich ein Reorganisationsprojekt lohnt. Verwenden Sie für die Durchführung ihrer Berechnungen fiktives aber realistisches Zahlenmaterial. Die von Ihnen getroffenen Annahmen können, aber müssen nicht auf die VerPaMa bezogen sein. (Anmerkung: Eine Aufführung aller relevanten Information im Rahmen des Aufgabentextes würde den Umfang dieses Fallbeispiels „sprengen".)

3.3 Rollenmodell

Damit ein Reorganisationsprojekt gelingt, sind im Vorfeld der eigentlichen Realisierung verschiedene Maßnahmen durchzuführen. Hierzu gehören u. a. die Bestimmung eines Projektpromotors und das Aufstellen eines Rollenmodells. Warum ist ein solches Rollenmodell notwendig?

Gestalten Sie aufgrund der Ihnen vorliegenden Informationen für die Projektrealisierung ein für die VerPaMa „passendes" Rollenmodell (ohne alle Rollen mit Mitarbeitern zu besetzen), bestimmen Sie einen Projektpromotor, benennen Sie diesen (→ Organigramm) namentlich und begründen Sie Ihre Wahl.

3.4 Störfaktoren

Identifizieren sie aus der Vorstellung des Unternehmens, der aktuellen Situation und dem Aufgabentext „Störfaktoren" oder Gegebenheiten, die einen negativen Einfluss auf ein Reorganisationsprojekt haben könnten oder die Sie als Schwachstellen bezeichnen. Führen Sie die sich hieraus ergebenen Konsequenzen für das Projekt auf und schlagen Sie Lösungsmöglichkeiten vor, wie diese „Störfaktoren" eliminiert oder die aufgezeigten Schwachstellen beseitigt werden können.

4 Lösungsvorschläge

4.1 Methodische Vorgehensweise bei der Durchführung einer Reorganisation

Warum ist die methodische Vorgehensweise bei einem Reorganisationsprojekt von so hoher Bedeutung?

Jedes Reorganisationsvorhaben besteht aus einer Vielzahl von Einzelmaßnahmen, die aufeinander abgestimmt, koordiniert und zielgerichtet umgesetzt werden müssen. Sie erfordern während des Projektes von den Mitarbeitern des Unternehmens zusätzliches, über das im „normalen" Tagesgeschäft hinausgehendes Engagement für einen Zeitraum von zwei bis vier Jahren und sind auch für ein Unternehmen mit weiteren umfangreichen Investitionen und Kosten verbunden. Um die Kosten des Projektes überschaubar zu halten und nicht zu überschreiten, die Belastung der Mitarbeiter zu minimieren und die veranschlagte Projektdauer einhalten zu können, ist eine abgestimmte und im Unternehmen bekannte Vorgehensweise sinnvoll und von hoher Bedeutung.

Führen Sie chronologisch auf, was zu tun ist, um ein Reorganisationsprojekt erfolgreich umsetzen zu können.

In der Literatur und auch der Praxis existieren zahlreiche Vorschläge zur Durchführung einer Reorganisation.[2] Zudem verfügt jedes „größere" Beratungsunternehmen über einen eigenen Ansatz.[3] Jedoch eigenen sich diese Reorganisationsansätze oftmals nicht für die praktische Umsetzung in kleinen und mittelständischen Unternehmen. Komplexität der Vorgehensweisen, ein hohes Abstraktionsniveau sowie

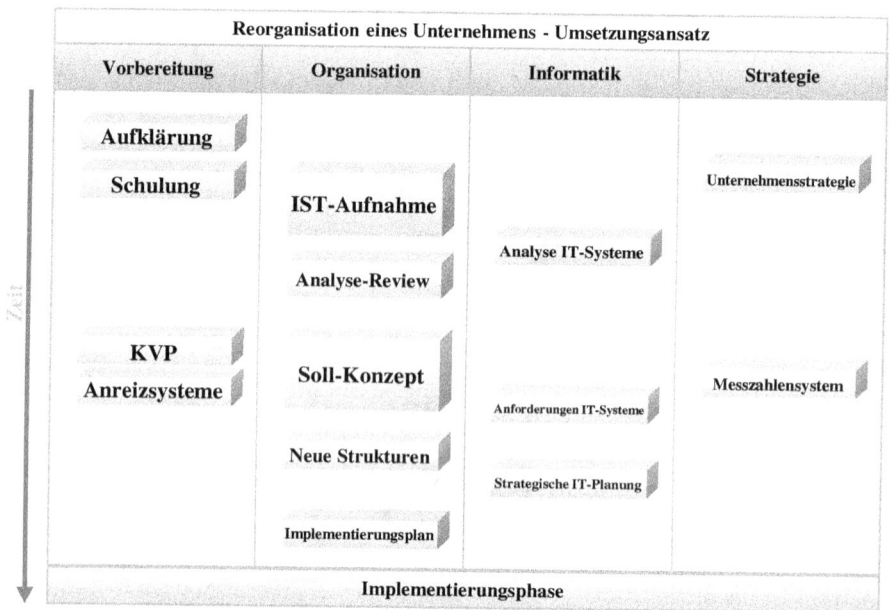

Reorganisation eines Unternehmens - Umsetzungsansatz

Vorbereitung	Organisation	Informatik	Strategie
Aufklärung			
Schulung	IST-Aufnahme		Unternehmensstrategie
	Analyse-Review	Analyse IT-Systeme	
KVP			
Anreizsysteme	Soll-Konzept	Anforderungen IT-Systeme	Messzahlensystem
	Neue Strukturen	Strategische IT-Planung	
	Implementierungsplan		

Zeit

Implementierungsphase

Abbildung 4.1: Tätigkeiten im Rahmen eines Reorganisationsprojektes unterteilt in die Bereiche Vorbereitung, Organisation, Informatik und Strategie.[4]

---

2 Einen umfassenden Überblick hierzu ist z. B. zu finden bei: Hess; Brecht (1996).

3 Vgl. hierzu z. B.: www.bcg.de [19.9.2010]. www.mckinsey.de [19.9.2010]. www.pwc.de [19.9.2010].

4 Erweiterte und veränderte Darstellung in Anlehnung an: Franz; Scholz (1996), S. 25.

„lange“ Beratereinsätze, die mit hohen Kosten verbunden sind, zeigen zudem für den „Anwender“ keine konkrete Vorgehensweise auf.[5]

Kleine und mittelständische Unternehmen benötigen eine Verfahrensweise, die auch die in den Unternehmen vorzufindenden Ressourcen und Restriktionen berücksichtigt. Das nachfolgend dargestellte Konzept (graphische Darstellung siehe Abbildung 4.1) basiert auf der Monographie von Franz/ Scholz[6] und zeigt anschaulich in Form eines „Baukastensystems“ auf, welche Aktivitäten für ein Unternehmen im Rahmen eines Reorganisationsprojektes anfallen. Die von Franz/ Scholz verfassten Erläuterungen wurden um eigene Erfahrungen und weitere Literaturstellen ergänzt.

Unterteilen Sie Ihre Maßnahmenbündel in vorbereitende, organisatorische, IT-technische und strategische Aktivitäten und beschreiben Sie hier die wesentlichen Inhalte.

Für ein Reorganisationsprojekt können die durchzuführenden Tätigkeiten wie folgt zusammengefasst bzw. gegliedert werden. Hierbei spiegelt die Größe der Quadrate im Verhältnis zu den anderen Quadraten den Aufwand der jeweiligen Aktivität wider.

Vorbereitung

Aufklärung und Promotion: Jede Reorganisationsmaßnahme verursacht im Unternehmen Unruhe und belastet die Verhältnisse der Mitarbeiter untereinander. Zusätzlich erzeugen Begriffe wie „Reorganisation“, „Unternehmensberater“, „Einsparungen“ etc. viele negative Assoziationen, die nicht unbeachtet bleiben dürfen. Aus diesem Grund ist es wichtig, allen Mitarbeitern zu Beginn des Projektes aufzuzeigen, warum eine Reorganisation notwendig ist und was in diesem Zusammenhang passieren wird. Die Unternehmensleitung sollte nach einer Aufklärungsveranstaltung den Mitarbeitern Rede und Antwort stehen, Bedenken, so gut es geht und ehrlich aus dem Weg räumen sowie aufkommende Widerstände identifizieren und diesen entgegen wirken. Auch wenn eine Reorganisation in den meisten Fällen mit der Einsparung von Mitarbeitern verbunden ist, erhöht Offenheit an dieser Stelle die Wahrscheinlichkeit einer erfolgreichen Umsetzung. Im Falle der VerPaMa ist es besonders wichtig, dass das vor zwei Jahren gescheiterte Reorganisationsvorhaben nicht unerwähnt bleibt. Viele Mitarbeiter hatten sich damals „umsonst“ engagiert, waren dann demotiviert und sind es wahrscheinlich heute noch. Im Rahmen der Aufklärungsaktivitäten muss die Unternehmensleitung hierauf eingehen, gemachte Fehler offen zugeben, Maßnahmen zu ihrer zukünftigen Vermeidung aufzeigen und ggf. mit den betroffenen Mitarbeitern Einzelgespräche führen. Des Weiteren ist es

5 Vgl. Gatermann; Krogh (1993), S. 179.

6 Vgl. Franz; Scholz (1996), S. 24ff.

wichtig, frühzeitig den Betriebsrat (Herrn Sommer als Betriebsratsvorsitzenden) in das neue Projekt einzubeziehen. Hierdurch wird sichergestellt, dass von dieser Seite Einwände gegen ein neues Reorganisationsprojekt und seine Inhalte frühzeitig Berücksichtigung finden, indem aus „Betroffenen Beteiligte" werden.

Schulung: Zu den Inhalten der Schulung zählen hier weniger die Vermittlung konkreter und auf das Tätigkeitsgebiet des jeweiligen Mitarbeiters bezogene Vorgehensweisen sondern mehr die Vermittlung von „Projektwissen" (z. B. Projektmanagement) und darüber, wie zukünftige Arbeitsinhalte und -umfelder aussehen werden (z. B. Erweiterung von Entscheidungsspielräumen, umfangreichere Verantwortungsübernahme). Mitarbeiter der Projektteams sind in Projektmanagement, Kreativitätstechniken, Gesprächsführung, Präsentation etc. zu schulen. Allen Mitarbeitern ist zu vermitteln, was es z. B. bedeutet, wenn momentane abteilungsgeprägte und abgegrenzte Abläufe zukünftig von abteilungsübergreifenden Geschäftsprozessen abgelöst und sich die Aufgaben der Mitarbeiter und deren Umfeld (Entwicklung von Spezialisten zu Generalisten, Weiterqualifizierung und Verantwortungsübernahme, Entwicklungsmöglichkeiten, Entlohnungsmodelle etc.) ändern werden.

Anreizsysteme: Anreizsysteme besitzen für das Gelingen von Reorganisationsprojekten eine hohe Bedeutung. Die direkt in das Projekt involvierten Mitarbeiter werden über einen längeren Zeitraum neben ihrem (reduzierten) Tagesgeschäft auch intensive Projektarbeit (Ist-Analyse, Soll-Konzept) leisten. „Anreize" können hier unterstützen und motivieren. Des Weiteren erfordern neue Arbeitsweisen und deren Verinnerlichung in den meisten Fällen ebenfalls Anreiz- und Belohnungssysteme. Anreizsysteme können monetär und nicht-monetär ausgestaltet sein. Ökonomen und Psychologen streiten sich hier schon lange Zeit darüber, welche Variante denn nun geeigneter sei.[7] Grundsätzlich gilt, dass jeder Anreiz mitarbeiterbezogen und situativ gewählt werden sollte. „Stark" operativ tätige Mitarbeiter werden eher die monetäre Variante, strategisch denkende (und schon „gut" verdienende) Mitarbeiter eher die nicht-monetäre Variante bevorzugen. Anreizsysteme können hier auch so ausgestaltet sein, dass den am Projekt direkt beteiligten Mitarbeitern Karrierechancen im erfolgreich reorganisierten Unternehmen angeboten werden.[8]

KVP

KVP oder „Kontinuierlicher" Verbesserungsprozess lehnt sich an das japanische Kaizen an und versucht Abläufe „kontinuierlich" zu verbessern. KVP verfolgt somit nicht

---

7 So stellte die FAZ in einem Artikel in Ihrer Ausgabe vom 23.8.2009 (S. 42) fest, dass ein hohes Einkommen lange Zeit die Triebfeder für Höchstleistungen darstellte, heutzutage jedoch Anerkennung und Wertschöpfung Mitarbeiter weitaus mehr anspornen.

8 Vgl. Jaspers; Westerink (2008). S. 84. Klebon; Jaspers (2008), S. 149ff.

das Ziel, vorhandene Abläufe „per Stichtag“ durch neue, um „Quantensprünge“ bessere Verfahrensweisen zu ersetzen. KVP verfolgt, sondern verbessert Vorhandenes „permanent“. Im Rahmen der Vorbereitungstätigkeiten sind an dieser Stelle die Mitarbeiter zu sensibilisieren, mit „offenen Augen“ ihre und die Arbeitsabläufe ihrer Mitarbeiter und Kollegen zu betrachten und ihre Inhalte kritisch zu hinterfragen.[9]

Organisation

Ist-Aufnahme: Die Ist-Aufnahme hat die wichtige Aufgabe, Transparenz über existierende Abläufe zu schaffen. Sie soll darstellen, was in den einzelnen Unternehmensbereichen eigentlich passiert sowie ein grundlegendes Verständnis über das Ergebnis einer jeweiligen Tätigkeit und der hierzu erforderlichen Schritte aufzeigen. Der Detaillierungsgrad der Ist-Aufnahme ist eher gering. Entscheidend für die Darstellung sind vielmehr die Vollständigkeit der vorhandenen Abläufe, die Häufigkeit des Auftretens der betrachteten Tätigkeiten, verwendete Ressourcen sowie das Aufzeigen der Schnittstellen der untersuchten Tätigkeiten zu angrenzenden Bereichen und Abläufen. Zu beachten ist bei der Dokumentation, dass sich die dargestellten Ist-Aläufe (Realität) nicht schon mit zukünftigen Soll-Abläufen (Wunschvorstellungen und Visionen) vermischen.

Analyse-Review: Das Analyse-Review wird auch als „Ist- oder Schwachstellenanalyse“ bezeichnet. Es zeigt entweder grob („gefühlsmäßig“) oder auch schon detailliert (mit Zahlen belegt) die Schwachstellen im Unternehmen auf. Die Ergebnisse des Analyse-Reviews ermöglichen es somit auch die Notwendigkeit des Reorganisationsprojektes zu untermauern. Neben den Ansatzpunkten für eine folgende umfangreiche Reorganisation deckt das Analyse-Review Schwachstellen auf, die schnell und mit geringem Aufwand abstellbar sind. Hierbei kann es sich auch um die Schwachstellenbeseitigung in Abläufen und Sachverhalten handeln, die in keinem direkten Bezug zum geplanten Reorganisationsvorhaben stehen, für die Mitarbeiter eines Unternehmens aber wichtig sind. Solche quick-hits oder early-wins[10] haben im Rahmen von Reorganisationsprojekten eine große Bedeutung. Sie zeigen nach ihrer „schnellen„ Umsetzung den Mitarbeitern eines Unternehmens auf, dass etwas kurzfristig „passiert“, dass das aktuelle Vorhaben auch von der Unternehmensleitung „ernst genommen“ wird und stellen somit ein Einfluss nehmendes Motivationsinstrument im Rahmen eines Reorganisationsprojektes dar.

Soll-Konzept: Das (neue) Sollkonzept oder bei der Umsetzung mehrerer Prozesse die (neuen) Soll-Konzepte bildet/ bilden den Kern der gesamten Reorganisations-

9 Vgl. Kostka; Kostka (2008), S. ff. Literatur zum Thema KVP ist z. B. zu finden bei: Brunner (2008); Kostka; Kostka (2008).

10 Vgl. hierzu: Jaspers; Westerink (2008), S. 88f.

maßnahme. Hierbei sollte das jeweilige Soll-Konzept unabhängig von bestehenden Bereichen (Funktionsbereiche oder Abteilungen) und vorhandenen Strukturen gestaltet werden. Im Rahmen des Soll-Konzeptes ist darauf zu achten, dass Arbeitsabläufe nicht unnötig „zerstückelt" und Schnittstellen zu anderen Prozessen (die auch in anderer Verantwortung liegen) minimiert werden. Dem Grundsatz „Jede Schnittsstelle ist eine Liegestelle. Jede Schnittstelle ist eine Irrtumsquelle"[11] folgend ist es somit konsequent und zwingend, dass Mitarbeiter in vielen Bereichen zu Generalisten ausgebildet werden. Sind trotzdem Schnittstellen notwendig, werden diese klar definiert und beschrieben und die verantwortlichen Prozessmitglieder zu gemeinsamen Schnittstellenvereinbarungen („Business Level Agreements")[12] verpflichtet.

Neue Strukturen: In der Regel ist die Umsetzung des Soll-Konzept mit einer Veränderung der vorhandenen Unternehmensstruktur verbunden. Arbeitsabläufe sind dann nicht mehr vertikal und abteilungsorientiert ausgerichtet, sondern horizontal und unternehmensübergreifend „platziert". Hierdurch ist es möglich, dass Abteilungen und Funktionsbereiche „aufgelöst" und an ihre Stelle Prozesse treten.

Implementierungsplan: Der Implementierungsplan umfasst alle Maßnahmen, die erforderlich sind, damit das modellierte Soll-Konzept im Unternehmen eingeführt werden kann. Die hierzu notwendige Projektplanung beinhaltet Teilprojekte wie Mitarbeiterumzug und -schulung, Änderung von Unternehmensbeschreibungen, IT-Einführungs-Aktivitäten, mit einem Outsourcing verbundene Tätigkeiten etc.

Informationstechnologie

Analyse vorhandener IT-Systeme: Die Analyse der vorhandenen IT-Systeme ist als aktuelle Bestandsaufnahme zu verstehen. Hier ist zu dokumentieren, welche Hardware und welche Software (inkl. Releasestände) im Einsatz sind, wo Schnittstellen zwischen verschiedenen IT-Systemen bestehen und zu welchem Zweck bzw. mit welchem Ergebnis diese IT-Systeme eingesetzt werden.

Anforderungen an zukünftige IT-Systeme: Bei der Aufstellung der Anforderungen an zukünftig einzusetzende IT-Systeme ist der Grundsatz zu beachten, dass IT-Systeme Unternehmensprozesse unterstützen sollen und nicht durch ihr Vorhandensein und ggf. einem beschränkten Funktionsumfang die Möglichkeiten der Prozessgestaltung eingrenzen dürfen. Somit beinhaltet das IT-Anforderungsprofil eine Darstellung, wie IT-Systeme zukünftig die „neuen" Prozesse zielgerichtet und nutzergerecht unterstützen können.

Strategische IT-Planung: Die strategische IT-Planung soll die Möglichkeiten der Nutzung für aktuelle wie auch zukünftige Aufgabenstellungen langfristig sicher

---

11 Vgl. Osterloh; Frost (1996), S. 22.

12 Vgl. Franz; Scholz (1996), S. 25.

stellen. Somit ist unter aktuellen Gesichtspunkten bspw. in Bezug auf den Einsatz von Büro-Software (MS-Office oder Open-Source-Software, MS-Windows oder Linux-Systeme, Web-basierender Anwendungen, Browser-Technologien etc.) die Richtung vorzugeben.

Strategie

Strategische Anforderungen: Die vorhandene Unternehmensstrategie, die den „Fahrplan" des Unternehmens für die nächsten Jahre festlegen soll (siehe hierzu auch in diesem Buch den Beitrag „Unternehmensleitbild und Unternehmensstrategieentwicklung"), hat einen wesentlichen Einfluss auf den Inhalt des Soll-Konzepts und die dann auf diesen Schritt folgenden Aktivitäten. Die Tätigkeiten zur Aufstellung einer Unternehmensstrategie sind vielfältig und zeitaufwendig. Sie setzen detaillierte Kenntnisse über die Fähigkeiten des eigenen Unternehmens sowie eine Analyse der aktuellen Märkte wie auch des Wettbewerbs voraus. Die Definition einer Strategie erfordert zudem die Fähigkeit Sachverhalte realistisch einschätzen zu können, Visionen zu haben und zu verteidigen und letztendlich ein hohes Maß an unternehmerischem Weitblick.[13]

Messzahlensysteme: Das aktuelle Geschäftsleben wird heutzutage durch sich in vielen Bereichen ständig ändernde Rahmenbedingungen geprägt. Heutzutage ist es für ein erfolgreiches Unternehmen von Bedeutung, dass sich das Unternehmen permanent an diese neuen Sachverhalte anpassen kann. Das heißt nicht, dass ein Reorganisationsvorhaben alle drei bis vier Jahre wiederholt werden muss. Es bedeutet jedoch, dass ein Unternehmen seine Prozesse und Abläufe im Auge behalten sollte und entstehende Hindernisse auf dem Weg zur Zielerreichung beseitigt werden müssen. Auch kann ein Messzahlensystem die Basis für einen kontinuierlichen Verbesserungsprozess darstellen. Es ist dann effizient, wenn es gelingt, wenige prozessindividuelle Kennzahlen zu ermitteln (max. fünf pro Prozess), die mit geringem Aufwand eine jederzeitige Aussage über den „Stand" eines Prozesses zulassen. Diese Messzahlen sind fest in einem Prozess zu integrieren und sollten nach Möglichkeit automatisch (Nutzung der vorhandenen IT) erstellt werden.[14]

---

13 Vgl. zu Unternehmensstrategie auch den Beitrag „Unternehmensleitbild und Unternehmensstrategieentwicklung" in diesem Werk.

14 Literatur zum Thema Messzahlensysteme ist z. B. zu finden bei: Heilmann (1996). Aichele (1997) oder in diesem Werk: „Ablaufoptimierung – von der IST-Analyse bis zum SOLL-Konzept.

4.2 Kosten-/ Nutzenanalyse und Amortisationsrechnung

Warum sind eine Kosten-/ Nutzenanalyse und eine Amortisationsrechnung erforderlich?

Eine Kosten-/ Nutzenanalyse stellt die Kosten des Projektes sowie die mit dem Projekt verbundenen Investitionskosten den geplanten Einsparungen durch die Realisierung des Projektes gegenüber. Kosten wie auch Einsparungen sind hier realistisch anzusetzen, wobei Kosten eher höher und Einsparungen eher niedriger festgelegt werden sollten. Bei den Einsparungen sind nur diejenigen zu berücksichtigen, die quantitativ (also in Geldwerten) angegeben werden können. Sicherlich kann eine Reorganisation auch zu einer geringeren Reklamationsrate, kürzeren Lieferzeiten, steigender Kundenzufriedenheit, einer höheren Wiederkaufrate, zu cross-buying etc. führen. Allerdings ist es sehr aufwendig, die hierdurch erzielbaren monetären Vorteile zu bemessen. Die unter betriebswirtschaftlichen Aspekten eher „vorsichtige kaufmännische" Schätzung von Kosten und Einsparungen führt somit zu „Reserven", die dem geplanten Projekt als zusätzliche Sicherheit dienen.

Die für ein Reorganisationsprojekt durchzuführende Amortisationsrechnung zeigt auf, wie lange es dauert, bis die entstandenen Kosten durch die erzielten Einsparungen „ausgeglichen" sind. Es wird also ein Blick in die Zukunft erforderlich, der darauf basiert, dass die getroffenen Annahmen auch tatsächlich eintreten. Die aktuelle Wirtschaftssituation wird jedoch immer weniger vorhersehbar. Globalisierung, Internationalisierung, Börsenspekulationen, eine gesteigerte Konkurrenzsituation und weitere Faktoren führen in vielen Branchen zu unsicheren und sich „unkontrolliert" ändernden Rahmenbedingungen und erschweren langfristige Planungen.

Wann sollte diese durchgeführt werden und was sind aus dem Ergebnis abzuleitende Konsequenzen?

Kosten- und Nutzenanalyse wie auch die darauf aufbauende Amortisationsrechnung sind möglichst zu Beginn des Projektes durchzuführen. Voraussetzung hierfür ist allerdings, dass genügend Informationen über Kosten und Einsparungen zur Verfügung stehen. Die Amortisationsrechnung gibt dann Auskunft darüber, wie risikoreich das geplante Vorhaben einzustufen ist. Überschreitet die Amortisationsdauer für eine Reorganisation in heutigen Zeiten vier Jahre, ist das Projekt als „gefährlich" einzustufen. „Gefährlich" bedeutet hier, dass speziell die Annahme über Einsparungen unsicher werden, da sie sich zu weit in der Zukunft befinden. Liegt die Amortisationsdauer über vier Jahre ist folglich der Aufwand zur Umsetzung des Projektes zu reduzieren. Empfehlenswert ist dann entweder eine Kostensenkung/ Einsparungssteigerung oder die sequentielle Umsetzung des Projektes. Hierbei wird ein „Großprojekt“ in mehrere realisierbar zu erscheinende Teilprojekte unterteilt, für die dann jeweils Kosten-/ Nutzenanalyse und Amortisationsrechnung durchgeführt und die nacheinander und jeweils nach Abschluss/ Amortisation des Vorgängerprojektes realisiert werden.

Überlegen Sie, welche Kosten und Einsparungen für ein Reorganisationsprojekt in Betracht zu ziehen wären und stellen Sie ein „grobes“ Muster (z. B. in Form einer Tabelle) für eine Kosten-/ Nutzenanalyse und eine Amortisationsrechnung auf.

Die Durchführung der Kosten-/ Nutzenanalyse beginnt mit einer Auflistung der dem Projekt zurechenbaren Kosten sowie Investitionen. Hierzu zählen u. a.

- Kosten durch externe (Berater)
- Opportunitätskosten (durch Störungen im Betriebsablauf während des Projektes, vorübergehende Einstellung von Mitarbeitern zur Entlastung der Projektmitarbeiter etc.)
- Schulungskosten
- Kosten durch notwendige bauliche Veränderungen
- Kosten durch zusätzliche Büro- und Geschäftsausstattung
- Kosten durch Erweiterung oder Änderung der vorhandenen Produktionsanlagen
- Kosten durch Erweiterung oder Ersatz vorhandener Informationstechnologie (Hardware, Software, Beratung)
- Sonstige (voraussichtliche) Kosten
- etc.

Einsparungen ergeben sich z. B. aus:

- Verringerung der direkten Produktionskosten
- Reduzierung von Betriebskosten
- Freisetzung und Einsparung von Mitarbeitern
- Verringerung betriebsnotwendiger Fläche (z. B. Auflösung externer Läger etc.)
- Senkung von Fehlerkosten (Ausschuss, Nacharbeit etc.)
- etc.

Die nach diesem Schema identifizierten Kosten und Einsparungen sind anschließend zu quantifizieren und zu summieren.

Das folgende **Beispiel** (Tabelle 4.1 und Tabelle 4.2) ist als fiktiv zu betrachten (nicht auf die Besonderheiten der VerPaMa zu beziehen, da das den Rahmen dieses Fallbeispiels „sprengen“ würde).

Projektkosten	Jahr 1	Jahr 2	Jahr 3	Jahr 4	Jahr 5	Summe
Externe Berater	200,00 €	200,00 €	150,00 €	100,00 €	50,00 €	700,00 €
allgemeine Projektkosten	5,00 €	10,00 €	0,00 €	5,00 €	0,00 €	20,00 €
Schulungskosten allgemein	50,00 €	0,00 €	0,00 €	0,00 €	0,00 €	50,00 €
geschätzte Opportunitätskosten	300,00 €	300,00 €	150,00 €	50,00 €	0,00 €	800,00 €
Kosten Leitbilderstellung	100,00 €	0,00 €	0,00 €	0,00 €	0,00 €	100,00 €
Schulungskosten neue Abläufe	0,00 €	0,00 €	150,00 €	50,00 €	10,00 €	210,00 €
Kosten durch erforderliche bauliche Maßnahmen	0,00 €	0,00 €	100,00 €	0,00 €	0,00 €	100,00 €
Kosten durch Erweiterung oder Änderung der Produktionsanlagen	0,00 €	0,00 €	0,00 €	0,00 €	0,00 €	0,00 €
Kosten durch Erweiterung oder Ersatz vorhandener IT (Hardware)	0,00 €	0,00 €	100,00 €	0,00 €	0,00 €	100,00 €
Kosten durch Erweiterung oder Ersatz vorhandener IT (Software)	0,00 €	0,00 €	50,00 €	0,00 €	0,00 €	50,00 €
Schulungskosten IT Nutzung	50,00 €	0,00 €	50,00 €	0,00 €	0,00 €	100,00 €
zusätzliche Mitarbeiter	0,00 €	0,00 €	250,00 €	750,00 €	0,00 €	1.000,00 €
Abfindungen	0,00 €	0,00 €	50,00 €	100,00 €	0,00 €	150,00 €
Sonderzahlungen	0,00 €	20,00 €	0,00 €	20,00 €	125,00 €	165,00 €
Zwischensumme	705,00 €	530,00 €	1.050,00 €	1.075,00 €	185,00 €	3.545,00 €
Reserve (pauschal 10 %)	70,50 €	53,00 €	105,00 €	107,50 €	18,50 €	354,50 €
SUMME KOSTEN	775,50 €	583,00 €	1.155,00 €	1.182,50 €	203,50 €	3.899,50 €
SUMME KOSTEN KUMULIERT	775,50 €	1.358,50 €	2.513,50 €	3.696,00 €	3.899,50 €	

Tabelle 4.1: Darstellung von Projektkosten im Rahmen der Amortisationsrechnung

Tabelle 4.1 und Tabelle 4.2 sowie die Abbildung 4.2 (Zahlangaben in den Tabellen und der Abbildung in Tausend €) zeigen für die nächsten fünf Jahre Projektkosten und -einsparungen auf, ermöglicht dessen Darstellungen in einem Diagramm und die Bestimmung der Amortisationsdauer. Die aufgeführten Kosten sind hierbei nach „oben", die geplanten Einsparungen nach „unten" abgeschätzt aufgeführt. Hinter der

Anmerkungen
wird vornehmlich in den ersten Jahren benötigt, soll sein Wissen auch an andere MA des Unternehmens weitergeben
Beamer, Tafel, sonstige Materialien für das Projekt, Kosten für Referenzbesuche etc., Kosten im Jahr 4 für "Betriebsfest" mit dem Anlass der erfolgreichen Umsetzung
Vermittlung von Prozesswissen, Aufklärung über zukünftige Arbeitsweisen etc. = Kosten für Durchführung und "Arbeitsausfall"
entstehen im Wesentlichen durch vorübergehenden Einstellung zusätzlicher Mitarbeiter zur Entlastung der am Projekt beteiligten Schlüsselwissensträger
eine stimmige Unternehmenskultur inkl. einem gelebten Leitbild ist eine wesentliche Voraussetzung zum Gelingen des Reorganisationsprojektes
Vorbereitungskosten der Einführung, Erstellung von Arbeitsanweisungen, Organisationsplänen, Handbüchern etc.
Hierunter können bspw. ein Umbau wie auch ein Neubau (z.B. einer neuen Lagerhalle) wie auch der "Umzug" von Mitarbeitern gehören
Kosten, die durch erforderliche Vereinfachung im Produktionsprozess entstehen, in der Beispielrechnung ist keine Reorganisationsmaßnahme im Produktionsbereich erforderlich
im Wesentlichen Ersatzbeschaffung für vorhandene Arbeitsplatzrechner
Im Beispiel fallen lediglich Erneuerungen von Softwarelizenzen für Bürosoftware (bsp. MS-Office) an
Kosten, die entweder dadurch entstehen, dass "Wissenslücken" in Bezug auf die Funktionsfähigkeit vorhandener Software behoben oder Mitarbeiter in der Nutzung einer neue Software eingewiesen werden müssen
ggf. ist die Akquisition neuer Mitarbeiter erforderlich, sofern "neue" Stellen aufgrund der notwendigen Anforderungen der zukünftigen Soll-Abläufe nicht mit vorhandenen Mitarbeitern besetzt werden
für freigesetzte Mitarbeiter
für Anerkennung erbrachter Leistungen (Projektteam und übrige Mitarbeiter)
Zwischensumme
pauschale Reserve 10 %
Summe Kosten kummuliert

Tabelle 4.1: Fortsetzung

jeweiligen Kosten- bzw. Einsparungskomponente gibt eine Anmerkung die jeweilige Begründung für die dargelegte Betragshöhe an. Den Tabellen für Projektkosten und -einsparungen wie auch der grafischen Darstellung ist zu entnehmen, dass sich das Projekt nach der Hälfte des dritten Jahres „rechnet" und amortisiert. In Bezug auf eine maximal vertretbare Amortisationszeit von vier Jahren wäre das Projekt unter den gegeben Voraussetzungen und Annahmen realisierbar.

Projekteinsparungen	Jahr 1	Jahr 2	Jahr 3	Jahr 4	Jahr 5	Summe
Personalkosten	100,0	600,0	1.100,0	1.600,0	1.600,0	5.000,0
Fehlervermeidungskosten	10,0	50,0	500,0	50,0	50,0	660,0
Zinskosteneinsparung durch Reduzierung des im Lager gebundenen Kapitals	10,0	20,0	20,0	200,0	20,0	270,0
Einsparung durch Maßnahme I	0,0	0,0	50,0	50,0	50,0	150,0
Einsparung durch Maßnahme II	0,0	0,0	50,0	50,0	50,0	150,0
SUMME EINSPARUNGEN	120,0	670,0	1.720,0	1.950,0	1.770,0	6.230,0
SUMME EINSPARUNGEN KUMULIERT	120,0	790,0	2.510,0	4.460,0	6.230,0	

Tabelle 4.2: Darstellung von Projekteinsparungen im Rahmen der Amortisationsrechnung

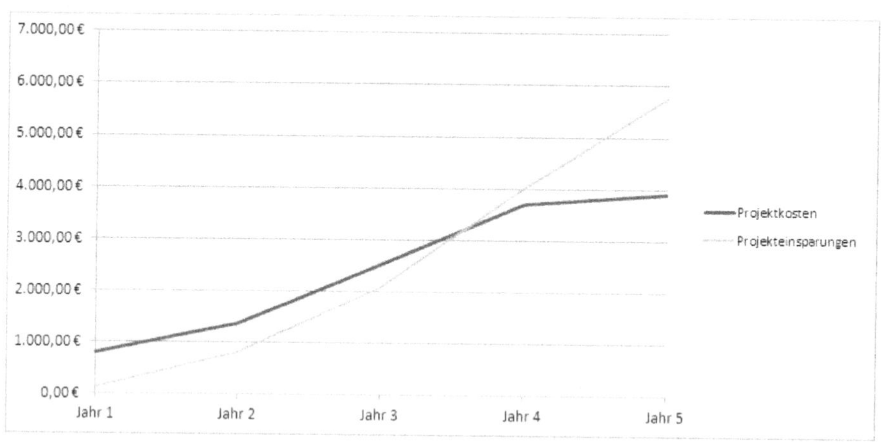

Abbildung 4.2: Exemplarische Amortisationsrechnung als Entscheidungsgrundlage zur Durchführung eines Reorganisationsprojektes

Anmerkungen
die vereinfachten Abläufe und die Vermeidung unproduktiver Tätigkeiten führt zu einem insgesamt niedrigeren Personalbedarf
eine qualitativ höherwertige Prozessbearbeitung ist mit einer Verringerung der Handlingskosten für die "Reklamationsbearbeitung" verbunden
Kosteneinsparung entweder durch Optimierungsmaßnahmen, Verringerung von Reservebeständen, Einführung von Konsignationslägern etc.
situationsbedingt
situationsbedingt

Tabelle 4.2: Fortsetzung

4.3 Rollenmodell

Rollenmodelle[15] nehmen bei der Durchführung eines Reorganisationsprojektes eine zentrale Bedeutung ein. Sie verbinden Projektteilnehmer, Aufgaben und Kompetenzen und schaffen einen transparenten Überblick über das gesamte Projekt. In der Literatur finden sich verschiedene Ansätze zu den notwendigen Rollen solcher Modelle und auch vielfältige Bezeichnungen der aus Sicht der jeweiligen Autoren einzusetzenden Rollen. So enthält bspw. das Rollenmodell der Boston Consulting Group drei Rollen (Reengineering-Leiter, Reengineering-Team und Aufgaben-Team), das in einer „erweiterten" Form um fünf weitere (Unternehmensleitung, Unterstützungsteam, Paten, Personalteam, Kommunikationsteam) ergänzt wird. Die Diebold Deutschland GmbH präferiert bei Reorganisationsprojekten ein Rollenmodell mit vier Rollen (Lenkungsausschuss, Projektleiter, Analyseteam, Projektunterstützung).[16] Hammer/ Champy hingegen bevorzugen ein Rollenmodell mit fünf Rollen (Leader, Prozessverantwortlicher, Reengineering-Team, Lenkungsausschuss, Reengineering-Zar).[17]

Unabhängig davon, wie ein Rollenmodell letztendlich ausgestattet ist, sollte seiner Bildung eine Betrachtung der Tätigkeiten der Rolleninhaber in einem Reorganisationsprojekt vorausgehen. Diese Aufgaben können vier verschiedenen „Klassifizierungen" zugeteilt werden.

---

15 Teilnehmer im Rollenmodell sind selbstverständlich unabhängig von ihrem Geschlecht zu besetzen, auch wenn nachfolgend nur die männliche Form („er") verwendet wird.

16 Eine ausführliche Darstellung verschiedener „Reorganisationssystematiken" inkl. der dazugehörenden Rollenmodelle ist zu finden bei: Hess; Brecht (1996).

17 Vgl. Hammer; Champy (1994), S. 144ff.

1. Treffen von grundlegenden Entscheidungen, wie die Zukunft des Unternehmens aussehen soll (→ Strategie festlegen)
2. Bereitstellen von Ressourcen, Verbreitung von Visionen im Unternehmen, Beseitigung von Hindernissen, Motivation der direkten Projektteilnehmer und auch der zukünftig in den neuen Abläufen arbeitenden Mitarbeiter des Unternehmens (→ Rahmenbedingungen schaffen)
3. Beachtung einer stringenten und systematischen Vorgehensweise bei der Durchführung eines Projektes (→ Systematik sicherstellen)
4. Durchführung der Ist-Aufnahme, Analyse-Review, Soll-Konzept etc. (→ operative Projektarbeit)

Hieraus lassen sich dann die vier Rollen, die im Folgenden mit den Bezeichnungen „Prozessausschuss", „Prozessförderer", „Prozessformer", „Prozessformungsteam" und „Prozessverantwortlicher" betitelt werden. Das hier gewählte Rollenmodell hat sich bereits in der Praxis zahlreich bewährt. Die „Verzahnung" ist an dieser Stelle gewollt und stellt ein wesentliches Merkmal (z. B. Kommunikationsverbesserung) dieses Modells dar.

Der **Prozessausschuss** besteht aus der Geschäftsführung (GF) und der Geschäftsleitung (GL). Des Weiteren ist es sinnvoll einen Vertreter des Betriebsrates mit in den Ausschuss aufzunehmen, da der Betriebsrat somit frühzeitig über alle Maßnahmen informiert wird, an ihrer Entstehung beteiligt ist und hierdurch an dieser Stelle auch die Akzeptanz für das Projekt steigt (→ „Betroffene zu Beteiligten machen"). Als Bindeglieder zu den anderen Rollen sollte der Prozessförderer wie auch der Prozessformer ebenfalls in diese Rolle aufgenommen werden. Der Prozessausschuss stellt Visionen und Ziele auf. Er bestimmt die zukünftige Strategie des Unternehmens, initiiert neue Prozesse, grenzt diese voneinander ab, legt Bearbeitungsprioritäten fest und besetzt die übrigen Rollen. Ferner muss er die beschlossenen Prozessgedanken im Unternehmen „vorleben" und Maßnahmen ergreifen, damit der Prozessgedanke im Unternehmen verankert wird. Der **Prozessförderer** ist der Promotor für das Reorganisationsprojekt. Er sollte über eine natürliche Autorität verfügen, treibt das Projekt voran und hat hierzu umfassende Weisungsbefugnis. Er muss durch sein persönliches Verhalten Symbole setzen und zeigen, dass es ihm ernst ist. Hierbei kann er mit allen Mitarbeitern des Unternehmens kommunizieren und ist erster Ansprechpartner für den Prozessformer und das Prozessteam. Der **Prozessformer** stellt Methoden zur systematischen Erarbeitung des Prozessergebnisses zur Verfügung. Er leitet, moderiert und steuert Workshops zur Strategiefestlegung wie auch zur konkreten Prozessgestaltung. Er ist für das Projektberichtswesen verantwortlich und bereitet das Geschäftsprozesscontrolling vor. Prozessformer sollten neutral und unvoreingenommen ihre Arbeit verrichten. Deshalb bietet es sich oftmals an, diese Rolle mit Externen zu besetzen. Zu den wesentlichen Aufgaben des **Prozessfor-**

mungsteam gehören die Analyse des Ist-Zustands, die Identifikation von Schwachstellen und die Erarbeitung eines Soll-Prozesses. Die Anzahl der hier einbezogenen Mitarbeiter sollte handhabbar sein (fünf bis maximal zehn Mitarbeiter). Prozessformungsteammitglieder sind die „Schlüsselwissensträger" eines Unternehmens. Somit kommt auf diese Mitarbeiter während des Reorganisationsprojekts eine doppelte Belastung zu. Zum einen werden sie weiterhin an ihrem bisherigen Arbeitsplatz benötigt, zum anderen prägen sie durch ihre Mitarbeit die neuen Prozesse und somit wesentlich die Zukunft des Unternehmens. Die Zusammensetzung des Formungsteams sollte bereichsübergreifend und hierarchieunabhängig erfolgen. Aus der Mitte des Prozessformungsteams entstammen die **Prozessverantwortlichen**. Sie sind für jeweils einen konkreten Prozess verantwortlich. Während der Modellierungsphase steuern sie die Projektarbeit, nach der Einführung sind sie für den reibungslosen Ablauf des Prozesses verantwortlich.

Bestimmung eines Prozessförderers für die VerPaMa
Zur Zusammensetzung des Prozessausschusses für die VerPaMa wird das Organigramm des Unternehmens herangezogen. Genauere Angaben zur Ausgestaltung der einzelnen Rollen sind im Aufgabentext nicht enthalten. Für die Rolle des Prozessformers wird ein externer Berater engagiert. Dieser ist unabhängig, unvoreingenommen und kann seinen Aufgaben mit methodischem Sachverstand nachkommen. Die Besetzung der Rolle des Prozessförderers ist bei der VerPaMa umso bedeutender, da nicht alle GL-Mitglieder hinter dem Vorhaben stehen. Da zu den „Eigenschaften" eines solchen Förderers, der auch als „Projektpate" bezeichnet werden kann, Offenheit, Mitarbeiterorientierung, Diplomatieverständnis etc. gehören, scheiden die Herren Koch und Krämer für diese Rolle aus. Sie stehen dem Projekt zudem sehr skeptisch gegenüber. Herr Herzog scheint ebenfalls ungeeignet für diese Rolle. Er beharrt zwar darauf, als Leiter der Organisationsabteilung für diese Aufgabe prädestiniert zu sein, offenbart aber in seiner Handlungsweise eine gewisse Voreingenommenheit und stellt seine persönlichen Interessen vor die des Unternehmens.

Auch widerspricht der von ihm gepflegte Führungsstil dem Eigenschaftsprofil eines Prozessförderers. Herr Sommer „disqualifiziert" sich zwar nicht für diese Aufgabe, drängt sich allerdings auch nicht auf. Zudem vertritt er als Betriebsratsvorsitzender in erster Linie auch die Interessen der Mitarbeiter. Für Frau Winter gilt ähnliches. An der Qualität ihrer Arbeit ist zwar grundsätzlich nichts auszusetzen, aber über besondere „Leader-Funktionen" verfügt sie nicht. Herr Bucher ist eher der kreative Typ, der sicherlich für seine Abteilung hervorragend geeignet ist. Seine nicht vorhandene Affinität zu Zahlen macht ihn für die Rolle des Prozessförderers aber zu keinem geeigneten Kandidaten.

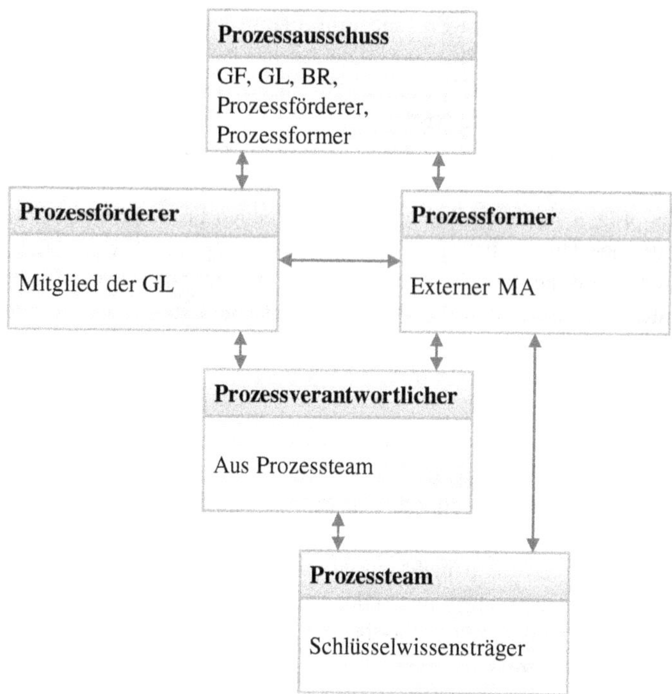

Abbildung 4.3: Rollenmodell für eine Prozessreorganisation

Herr Dr. Seidel und Herr Dr. Scholz stehen dem anstehenden Reorganisationsprojekt sehr offen gegenüber und pflegen in ihren Abteilungen einen liberalistischen und mitarbeiterorientierten Führungsstil. Beide Mitarbeiter wurden mit Ihren Ideen zu Beginn des Unternehmenseintritts bei der VerPaMa gebremst und „brennen" jetzt darauf, in dieser Hinsicht konstruktiv tätig werden zu dürfen. Der bewusste Wille, in einem privatwirtschaftlichen Unternehmen etwas bewegen zu wollen sowie die über die Unternehmensgrenzen hinausreichenden Tätigkeiten (Lehrbeauftragter) und auch die einem erfolgreichen Politiker immanenten Eigenschaften und Fähigkeiten qualifizieren Herrn Dr. Scholz in besonderem Maße für die Rolle des Prozessförderers.

Zu überdenken wäre als Alternative zu Herrn Dr. Scholz auch Herr Peter Adam als Prozessförderer. Schließlich soll er später einmal das Unternehmen leiten. Um das Unternehmen weiter kennen zu lernen, wäre diese Rolle für ihn sicherlich ideal. Auch würden ihm hier die während seines Studiums erlernten strukturierten Vorgehensweisen, Methoden etc. weiterhelfen. Allerdings fehlt ihm (zurzeit noch) die Anerkennung als fachliche bzw. disziplinarische Autorität im Unternehmen, so dass seine Besetzung für diese Rolle zum aktuellen Zeitpunkt nicht zu empfehlen ist.

Der Prozessausschuss entscheidet sich deshalb dazu, Herrn Dr. Scholz zum Prozessförderer zu ernennen und Herrn Dr. Seidel zu seinem Stellvertreter.

4.4 Störfaktoren

4.4.1 Folgen des erfolglos durchgeführten Reorganisationsversuchs „bekämpfen"

Ein Reorganisationsprojekt kann nur gelingen, wenn die Mitarbeiter des Unternehmens „mitmachen" und das Projekt tatkräftig unterstützen. Nur so ist sichergestellt, dass sie ihre Ideen mit einbringen, das Projekt bis zum Ende mit tragen und auch das neue Konzept ausleben. Denn schließlich geht es im Wesentlichen um die zukünftige Gestaltung ihrer Arbeitsplätze und Arbeitsbedingungen. Die Mitarbeiter, die durch das Projekt in der Modellierungsphase besonders betroffen sind, sind die Mitglieder der einzelnen Reorganisationsteams. Da diese Mitarbeiter die „Schlüsselwissensträger" des Unternehmens darstellen, kommt auf sie in der ersten Zeit der Reorganisation eine doppelte Belastung zu: sie arbeiten in den Projektteams mit und werden auch an ihrem bisherigen Arbeitsplatz benötigt. Nur „große" Unternehmen können es sich hier leisten, die Leistungsträger aus dem Alltagsgeschäft vollständig auszugliedern. Als Faustformel gilt hier für Unternehmen, deren Projektmitarbeiter während eines Reorganisationsprojektes einer „doppelten" Belastung unterliegen, die 3/4- oder 3/5-Regel. Das bedeutet, dass die Mitarbeiter 3/4 oder 3/5 ihrer Arbeitszeit im Projekt arbeiten und den Rest auf ihrer bisherigen Stelle.[18] Da das Projektteam oftmals zeitlich flexibel agieren muss und auch das Tagesgeschäft umfangreicher als geplant sein kann, erhöht sich die Arbeitsbelastung für diese Mitarbeiter oftmals auf 130 bis 140 % ihrer sonstigen Arbeitszeit. Sollte ein Reorganisationsprojekt scheitern und die geleistete Mehrarbeit umsonst gewesen sein, stehen die betroffenen Mitarbeiter einem weiteren Reorganisationsversuch sicherlich kritisch gegenüber. Hier ist besondere Aufklärung erforderlich, um die Leistungsträger für ein neues Projekt zu begeistern. Anreize können an dieser Stelle materiell wie auch immateriell gestaltet sein. So ist es u. a. bei der VerPaMa wichtig, betroffene Mitarbeiter in einem Gespräch von der neuen Vorgehensweise zu überzeugen, aufzuzeigen, warum das Reorganisationsprojekt vor drei Jahren gescheitert ist und wieso das Gleiche jetzt nicht mehr passieren kann, sowie diesen Mitarbeitern besondere Funktionen im neuen Projekt zuzuteilen („Betroffene zu Beteiligten machen").

---

18 Vgl. hierzu z. B. die Ausführungen bei: Franz; Scholz, S. 69.

4.4.2 Sicherstellung, dass Unternehmensführung hinter dem Projekt steht

Als einer der Gründe für das Scheitern des ersten Reorganisationsversuchs vor einigen Jahren wurde aufgeführt, dass die Unternehmensführung das Projekt nur unzureichend unterstützt hat und zum damaligen Zeitpunkt andere Projekte höher priorisiert wurden. Einer der Hauptgründe, warum Reorganisationsprojekte scheitern stellt die fehlende Unterstützung durch die Unternehmensleitung dar. Im Rahmen der „Aufklärungsaktivtäten" ist es die Aufgabe der Unternehmensführung, die Mitarbeiter über das Kommende zu informieren und auch darauf hinzuweisen, dass das Projekt nicht ohne Mehrbelastung für die Mitarbeiter umgesetzt werden kann. Eines der hierzu sinnvoll einzusetzenden Argumente, die die Bedeutung für das Projekt unterstreicht, ist der Hinweis darauf, dass nur so die mittelfristige Überlebensfähigkeit des Unternehmens sichergestellt ist. Verlangt die Unternehmensführung hier Opfer ihrer Mitarbeiter muss sie mit gutem Beispiel vorangehen. Das heißt zum einen, sich aktiv für das Projekt zu engagieren und die Bedeutung des Projektes bei jeder Gelegenheit zu erwähnen, alle erforderlichen Ressourcen bereitzustellen etc. wie auch zum anderen das Zukünftige „vorzuleben".

4.4.3 Mangelhafte strategische Ausrichtung des Unternehmens

Die gesundheitliche Situation von Fritz Adam hat dazu geführt, dass er sich und auch die übrigen Geschäftsleitungsmitglieder in den letzten Jahren nur unzureichende Gedanken über die strategische Ausrichtung des Unternehmens gemacht haben. „Tröstend" ist hier nicht, dass vielen deutschen mittelständischen Unternehmen ebenfalls eine mittel- oder langfristige Unternehmensstrategie fehlt. Auch kann das manchmal vorgetragene Argument, das in aktuellen Zeiten (z. B. aufgrund von Krisensituationen in der Branche oder im Markt) eine Strategieaufstellung nicht möglich sei, nicht unterstützt werden. Die Aufstellung einer mittelfristigen (auf zwei bis vier Jahre) ausgerichteten Strategie ist insofern wichtig, als das diese Zeit auch dazu benötigt wird, neue (Kern-)Kompetenzen zu entwickeln. Diese Kernkompetenzen sind „Eigenschaften" des Unternehmens, die es einem Unternehmen ermöglichen, sich vom Wettbewerb abzuheben.[19] Sie entstehen u. a. durch gesammeltes Erfahrungswissen, sollten schwer kopier- und imitierbar sein, erfordern eine organisatorische Verankerung im Unternehmen etc. Ihre Entwicklung erstreckt sich oftmals über Jahre und erfordert erhebliche Unternehmensressourcen. Nur eine Abbildung in der Unternehmensstrategie, die dann auch für die Zeit der Kernkompetenz-

19 Vgl. z. B. zu Kernkompetenzen: Krüger; Homp (1997).

entwicklung und danach Gültigkeit besitzt, kann hierzu die Voraussetzungen sicherstellen.

4.4.4 Geschäftsführer Peter Adam

Peter Adam ist als Berufseinsteiger in der Position eines der beiden Geschäftsführer überfordert. Zum einen fehlt ihm die Erfahrung für eine solche Position (fehlende Fachautorität), zum anderen ist der notwendige Respekt vor seiner Person und der Position, die er bekleidet, an vielen Stellen im Unternehmen nicht vorhanden (fehlende disziplinarische Autorität). Empfehlenswert wäre, wenn Peter Adam zunächst Erfahrungen in einem anderen Unternehmen sammeln würde. Hier kann er ohne jegliche Vorbelastung „zeigen, was er kann" und sich profilieren. Mit entsprechendem Erfolgsnachweis wird ihm dann der Wiedereinstieg bei der VerPaMa sicherlich leichter fallen. Auch kann dann die Unterstützung durch einen weiteren Geschäftsführer (→ Aufgabenteilung) sinnvoll und für Peter Adam hilfreich sein.

4.4.5 Unvollständiges Leitbild und inkonsistente Außendarstellung

Die Aufgabendarstellung lässt erkennen, dass die „Stimmung" innerhalb des Unternehmens in den letzten Jahren „gesunken" ist. An vielen Stellen ist eher ein „Gegeneinander" denn ein „Miteinander" zu erkennen. Des Weiteren ist die Rede davon, dass „inkonsistente Außenauftritte der Mitarbeiter" existierende Missstände verstärken. Eine Aufgabe der Organisation besteht auch darin, Voraussetzungen im Unternehmensumfeld zu schaffen, die ein gemeinsames „Wir" erzeugen. Ein einheitliches und gelebtes Leitbild, das mit den Mitarbeitern gemeinsam erarbeitet wurde, hilft hier als Orientierungshilfe in und außerhalb des Unternehmens und stärkt das Gemeinschaftsbewusstsein im Unternehmen.[20]

4.4.6 Ressortegoismus, Doppelarbeiten, Kompetenzgerangel, Schuldzuweisungen

Gemäß dem Aufgabentext herrscht zwischen den Abteilungen der VerPaMa ein starker „Ressortegoismus". Ressortegoismus entsteht dadurch, dass einzelne Abteilungen für sich betrachtet zwar „optimal" arbeiten, das Unternehmensoptimum dabei aber aus den Augen verlieren. So kann es bspw. sicherlich sinnvoll sein, wenn die

---

20 Für weitergehende Informationen zum Themenbereich „Unternehmensleitbild" siehe den Beitrag „Unternehmensleitbild und Unternehmensstrategieentwickung" in diesem Werk.

Vertriebsabteilung im Rahmen von „Kundenpflegemaßnahmen" Sonderanfertigungen verspricht. Allerdings muss vorher mit der Produktionsabteilung oder ggf. mit der Forschungs- und Entwicklungsabteilung abgesprochen werden, ob dieses technisch umsetzbar ist und auch in den aktuellen Produktionsplan „passt". Doppelarbeiten, Kompetenzgerangel wie auch die Schuldzuweisungen nach Fehlentscheidungen sind zudem an der Tagesordnung. Die aufgeführten Probleme sind entweder nur mit einer konsequenten Abgrenzung (und Kompetenzzuteilung) der einzelnen Abteilungen zueinander oder durch eine prozessorientierte Ablaufgestaltung, die „quer" zum Unternehmen angesiedelt ist und Aufgabenbereiche mehrerer Abteilungen umfasst, zu lösen. Voraussetzung für eine konsequente Abgrenzung einzelner Funktionsbereiche stellt „management-by-objectives (mbo)" in Verbindung mit Zielvereinbarungsgesprächen dar. Bei diesem von P. Drucker „entwickelten" Managementsystem[21] erhalten Mitarbeiter in ihrem abgegrenzten Aufgabenbereich die Kompetenzen, die notwendig sind, anfallende Tätigkeiten selbstständig und selbstverantwortlich umzusetzen. Zielvereinbarungsgespräche helfen hierbei, die Ziele des Unternehmens mit den (persönlichen) Zielen der Mitarbeiter abzugleichen und somit für beide Parteien einen höchstmöglichen Zielerreichungsgrad sicherzustellen. Mbo setzt die Bereitschaft voraus, Kompetenzen abzugeben (von Vorgesetzten) und Verantwortung zu übernehmen (von Mitarbeitern).[22]

4.4.7 Unterschiedliche Führungsstile in der VerPaMa

Eine fehlende „führende und ordnende" Hand und auch die charakteristischen Eigenschaften des Führungspersonals der VerPaMa verhindern Eigeninitiativen und die Entwicklung der Mitarbeiter. Erfolgreiche Unternehmen zeichnen sich heutzutage dadurch aus, dass sie u. a. zeitnah auf die sich ständige verändernden Rahmenbedingungen und das dynamische Umfeld eines Unternehmens reagieren können. Voraussetzung hierfür sind flache Hierarchien, Delegation von Befugnissen, Mitarbeiter, die Verantwortung übernehmen und Entscheidungen treffen wollen und hierfür auch qualifiziert sind. Autoritäre und patriarchalische Führungsstile stehen dem entgegen. Nur Führungsstile, die die Mitarbeiter einbeziehen und ihnen Freiräume lassen, wie z. B. der liberalistische Führungsstil und das hierauf aufbauende „management by objectivs" sind an dieser Stelle geeignet.[23]

---

21 Vgl. Drucker (1998).

22 Vgl. zu management by objectives z. B.: Bühner (2004), S. 89ff.

23 Vgl. allgemein zu Führungsstilen: Gabler Wirtschaftslexikon (1993), S. 1222f.

4.4.8 IT in der VerpaMa

Grundsätzlich ist die Abteilung IT/ Organisation Verursacher vieler Probleme in der VerPaMa und stellt ein erhebliches Optimierungspotenzial dar. Die Entscheidung, in den 90iger Jahren ein Warenwirtschafts- bzw. ERP-System (ERP = Enterprise Ressource Plannig) mit unternehmenseigenen Ressourcen zu programmieren, mag zum damaligen Zeitpunkt richtig gewesen sein. Aus heutiger Sicht, dem aktuellen Marktangebot an solcher Software sowie der Schnelllebigkeit des Softwaremarktes wie auch aufgrund der geschilderten Probleme sollte der Weiterbetrieb der eingesetzten Software allerdings überdacht werden. Hier ist es sicherlich sinnvoll, als Alternative eine käuflich zu erwerbende Standardsoftware in Betracht zu ziehen. Diese wird sicherlich kostengünstiger zu betreiben und zu pflegen sein und ermöglicht es auch, allgemeine Weiterentwicklungen und Softwaretrends schneller zu berücksichtigen. Internetseiten wie bspw. www.erp-expo.de, www.selecterp.de oder www.erpfuehrer.de bieten einen unabhängigen Überblick über aktuelle ERP-Softwaresysteme.

Der inkonsistente Einsatz von Bürosoftware erschwert den innerbetrieblichen wie auch den Datenaustausch mit Externen. Aus Kostengründen ist der Einsatz von Open-Source-Software sicherlich zu überdenken. Vordergründig müssen jedoch die Vereinheitlichung der Handhabung und der reibungslose Datenaustausch mit anderen Programmen, Personen oder Unternehmen betrachtet werden. Auch wenn durch den Einsatz von kommerzieller Software für das Unternehmen Kosten entstehen, erhöht eine Vereinheitlichung in diesem Bereich eine konsequente Außendarstellung und reduziert Handlungs- und Schulungskosten.

Grundsätzlich sollte sich die Geschäftsführung der VerPaMa mit dem Gedanken beschäftigen, die IT-Abteilung outzusourcen. Heutzutage ist die Informationstechnologie sicherlich ein Faktor, der einen wesentlichen Einfluss auf Unternehmensabläufe ausübt. Für die VerPaMa stellt der IT-Bereich jedoch keine Kernkompetenz dar. In der IT-Abteilung arbeiten zurzeit acht Mitarbeiter. Eine Reduzierung dieser Abteilung in Verbindung mit dem Outsourcing einzelner Tätigkeitsfelder (Soft- oder Hardwarebetreuung, durch Standardsoftware entfallen Programmiernotwendigkeiten etc.) kann zu Kostenreduzierungen und einer Qualitätssteigerung führen, die untersucht werden sollte.

4.4.9 Abhängigkeit von Schlüsselwissensträgern

Aus der Aufgabenstellung wird ersichtlich, dass auf Geschäftsleitungsebene die Abteilungsleiter Koch (Einkauf/ Lagerwesen), Krämer (Vertrieb) und Herzog (IT) über Wissen verfügen, dass sich auf sie konzentriert. Herr Herzog geht dabei so weit, dass er öffentlich äußert, er sei der einzige Mitarbeiter, der einen Überblick über alle Abläufe im Unternehmen habe. Des Weiteren ist in Bezug auf Herrn Herzog aus der Aufgabenbeschreibung zu entnehmen, dass er in zwei Jahren das Unternehmen verlässt und mit ihm auch sein jahrelang aufgebautes Erfahrungswissen.

Heutzutage zeichnen sich erfolgreiche Unternehmen dadurch aus, dass sie es u. a. schaffen, unternehmenswichtiges Wissen auch unternehmensweit zugreifbar zu machen. Der Ausspruch des englischen Philosophen Francis Bacon aus dem Jahre 1597 „Wissen ist Macht“ stellt hierbei keine Berechtigung für Mitarbeiter dar, ihr Wissen für sich zu behalten. Damit dieses Wissen unternehmensweit nutzbar wird, bestehen für ein Unternehmen mehrere Handlungsmöglichkeiten. Grundsätzlich ist die Schaffung einer wissensmanagementfreundlichen Unternehmenskultur, in der Mitarbeiter ihr Wissen gerne an andere weitergeben und es keine Schande darstellt, fremdes Wissen zu nutzen, erforderlich.[24] Doch auch innerhalb der einzelnen Abteilungen muss sichergestellt werden, dass sich Wissen nicht auf einzelne Mitarbeiter konzentriert sondern auf viele verteilt. Auch aufgrund der Tatsache, dass sich Herr Herzog dem Rentenalter nähert, ist der VerPaMa zu empfehlen, frühzeitig einen Nachfolger aufzubauen. Der „junge wissenshungrige“ Mitarbeiter in dieser Abteilung bietet sich für diese Position an. Entscheidend zum Gelingen der Wissensweitergabe ist aber hier, dass die Geschäftsleitung der VerPaMa klare Handlungsvorgaben aufstellt, in welcher Form und in welchem Zeitrahmen die Wissensweitergabe erfolgen soll und welche Anreize (und Konsequenzen) diese unterstützen können.

Aus dem Aufgabentext wird auch ersichtlich, dass Herr Herzog seine Machtposition behalten möchte. Er ist grundsätzlich gegen eine Reorganisation, da das seinen Einfluss im Unternehmen schmälern würde. Neben dem Ziel der „Ressourcenschonung“ vereinfacht eine konsequent durchgeführte Reorganisation Abläufe und Prozesse und macht diese transparent. Prozesse sind „outputorientiert“ und erzeugen definierte Ergebnisse, die an anderen Stellen im Unternehmen wiederum sinnvoll eingesetzt werden. Somit ermöglicht eine transparente Prozessdarstellung, Prioritäten für Wert schöpfende Aktivitäten zu setzten. Besonders der IT-Bereich, dessen Hauptaufgabe in der Programmierung und Pflege des ERP-Systems besteht, kann hier effektiv und effizient auf einen Wert schöpfenden Beitrag untersucht werden.

4.4.10 Lange Betriebszugehörigkeit der VerPaMa-Mitarbeiter

Die Tabelle zur Betriebszugehörigkeitsdauer der VerPaMa-Mitarbeiter (Tabelle 2.1) macht deutlich, dass 40 % der Mitarbeiter bereits länger als 20 Jahre im Unternehmen beschäftigt sind. Grundsätzlich ist das als sehr positiv zu betrachten, denn es zeigt zum einen eine gewisse Zufriedenheit der Mitarbeiter mit ihrem Arbeitsplatz

24 Vgl. Jaspers; Westerink (2008), S. 76ff.

und zum anderen hat die lange Betriebszugehörigkeit dazu geführt, dass die Mitarbeiter in dieser Zeit ein großes Erfahrungswissen aufbauen konnten.

Eine lange Betriebszugehörigkeit der Mitarbeiter kann jedoch auch mit Nachteilen für ein Unternehmen verbunden sein. Denn der Reiz des Neuen fehlt, Kreativität geht verloren und die Wahrscheinlichkeit, Existierendes kritisch zu betrachten und zu hinterfragen (Betriebsblindheit) nimmt ab. Hier muss es die Aufgabe der Unternehmensleitung sein, Mitarbeiter zu sensibilisieren z. B. im Rahmen eines kontinuierlichen Verbesserungsprozesses (KVP), eigene (und auch fremde) Tätigkeiten auf Verbesserungspotenziale zu untersuchen. Allgemeine Anreize monetärer wie auch nicht-monetärer Art oder auch die Einführung eines Ideenmanagements im Unternehmen tragen hierzu bei.

Verfolgt ein Unternehmen das Ziel, durch eine Reorganisation Kosten und Ressourcen zu reduzieren, wird es durch Ablaufvereinfachungen anstreben, Mitarbeiter „einzusparen“. Hierbei ist zu bedenken, dass mit der Freisetzung von Mitarbeitern, die eine längere Betriebszugehörigkeit vorzuweisen haben, Abfindungszahlungen verbunden sind, die in die Amortisationsrechnung für ein Reorganisationsprojekt (siehe hierzu 4.2 Kosten-/ Nutzenanalyse und Amortisationsrechnung) mit einfließen müssen.

4.4.11 Ausbildungsstand der VerPaMa-Mitarbeiter

Der Anteil der Mitarbeiter der VerPaMa mit einem Studium liegt bei ca. 5 % (siehe hierzu Tabelle 2.3). Gerade im Bereich Maschinenbau und speziell im Verpackungsmaschinenbau ist es wichtig, innovative und auf die Bedürfnisse der Kunden ausgerichtete Produkte anzubieten. Die VerPaMa wäre somit gut beraten, den Anteil von Mitarbeitern mit einem (technischen) Hochschulstudium auszubauen.

4.4.12 Altersstruktur der VerPaMa-Mitarbeiter

Die Altersstruktur der VerPaMa-Mitarbeiter (siehe hierzu Tabelle 2.2) zeigt auf, dass 50 % der Mitarbeiter der VerPaMa 40 Jahre und älter sind. Es ist hier also absehbar, dass einige dieser Mitarbeiter das Unternehmen in den nächsten Jahren altersbedingt verlassen werden. Damit dann das Erfahrungswissen dieser Mitarbeiter (speziell im F&E-Bereich und in der Produktion) nicht verloren geht, muss die VerPaMa frühzeitig Maßnahmen ergreifen. Hierzu können entweder strukturierte Austrittsgespräche gehören oder auch die Einführung eines Mentorings dienen. Beim Mentoring wird einem älteren Mitarbeiter ein jüngerer Mitarbeitern zur Seite gestellt. Der jüngere Mitarbeiter soll hierbei systematisch das Wissen und die Erfahrungen des älteren Mitarbeiters erkennen, nachvollziehen und für sich aufbauen können. Das aus der japanischen Kultur bekannte Sempai-Kohai-Prinzip (der Sempai ist hierbei der ältere und erfahrene Mitarbeiter) ist bei uns nur in einer „abgeschwächten“ Version bekannt, die sich nur auf die Zusammenarbeit während der Arbeitszeit bezieht. In japanischen Unternehmen ist es jedoch üblich, dass die gebildeten Pärchen auch außerhalb des Unternehmens Wissen und Erfahrungen aufbauen und weitergeben.[25] Des Weiteren helfen diese Maßnahmen auch, vorhandene Wissenskonzentrationen aufzulösen.

5 Literatur

Aichele, C.: Kennzahlenbasierte Geschäftsprozessanalyse. Wiesbaden (1996).

Best, E.; Weth, M.: Geschäftsprozesse optimieren. Wiesbaden (2007).

Bühner, R.: Betriebswirtschaftliche Organisation. München Wien (2004).

Brunner, F. J.: Japanische Erfolgskonzepte. München, Wien (2008).

Drucker, P.: Die Praxis des Managements. Düsseldorf (1998).

Franz, S.; Scholz, R.; Prozessmanagement leichtgemacht. München, Wien (1996).

Gabler Wirtschaftslexikon. Wiesbaden (1993).

Gaitanides; M.; Scholz, R.; Vrohlings, A.; Raster, M. (Hrsg.): Prozeßmanagement. München, Wien (1994).

Gatermann, M.; Krogh, H.: Reenginieering. Kurzer Prozeß. In: manager magazin (4/1993), S. 177–189.

Hammer, M.; Champy, J.: Business Reengineering. München (1994).

Heilmann, M. L.: Geschäftsprozesscontrolling. Bern, Stuttgart, Wien (1996).

Hess, T.; Brecht, L.: State of the Art des Business Process Redesign. Wiesbaden (1996).

Jaspers; W.; Westerink, A. K.: Implementierungsvoraussetzungen und Rahmenbedingungen für eine erfolgreiche Wissensmanagement-Einführung. In: Jaspers, W.; Fischer, G. (Hrsg.): Wissensmanagement heute. München (2008), S. 67–94.

25 Vgl. Jaspers; Westerink (2008). S. 84. http://www.wipro-forum.de/system/cms/data/dl_data/7b8233-e16f5a294a7bb9c2f8e8801c90/sempai_kohai.pdf [23.8.2010]

Klebon, C.; Jaspers; W.: Anwendungsvoraussetzungen für ein effizientes und effektives Ideenmanagement. In: Jaspers, W.; Fischer, G. (Hrsg.): Wissensmanagement heute. München (2008), S. 141–169.

Kostka, C,; Kostka, S.: Der Kontinuierliche Verbesserungsprozess. München (2008).

Krüger, W.; Homp, C.: Kernkompetenz-Management. Wiesbaden (1997).

Liebmann, H.-P.: Vom Business Process Reegineering zum Change Management. Wiesbaden (2001).

Osterloh, M.; Frost, J.: Prozeßmanagement als Kernkompetenz. Wiesbaden (1996).

http://www.wipro-forum.de/system/cms/data/dl_data/7b8233e16f5a294a7bb9c2f8e8801c90/sempai_kohai.pdf [23.8.2010]

Unternehmensleitbild
und Unternehmensstrategieentwicklung

Wolfgang Jaspers / Gerrit Fischer

Inhaltsverzeichnis

1 Einleitung

Das Fallbeispiel „Unternehmensleitbild und Unternehmensstrategie" basiert auf den Gegebenheiten des fiktiven Unternehmens „VerPaMa – Verpackungsmaschinen GmbH" (siehe das Fallbeispiel „Die Reorganisation eines Unternehmens" in diesem Werk) und dem dort geschilderten Sachverhalt. Das Fallbeispiel zeigt zunächst die Bedeutung eines Unternehmensleitbildes (→ Unternehmensleitbild) und einer Unternehmensstrategie (→ Unternehmensstrategie) auf und stellt die zur Umsetzung erforderlichen theoretischen Voraussetzungen dar. Hierauf aufbauend sollen für die VerPaMa ein Unternehmensleitbild und eine Unternehmensstrategie entwickelt werden. Im Rahmen der erarbeiteten Vorgehensweise erfolgt die Diskussion verschiedener Realisierungsvarianten, die die gegebenen Voraussetzungen der VerPaMa berücksichtigen. Die für das Unternehmen vorteilhafteste Strategiealternative wird ausführlich beschrieben.

Die anhängenden Lösungsvorschläge sind so konzipiert, dass die Lösungen auf ähnliche Unternehmenssachverhalte in Theorie und Praxis adaptiert werden können. Da die Aufgaben in einigen Teilen aufeinander aufbauen, sind sie „sequentiell" abzuarbeiten. Es ist somit sinnvoll, nach jeder Teilaufgabe die „eigene" Lösung mit der anliegenden Musterlösung zu vergleichen und erst dann mit der Bearbeitung der nächsten Aufgabenstellung fortzufahren.

2 VerPaMa GmbH

Die VerPaMa GmbH – Verpackungsmaschinen GmbH (nachfolgend nur noch als VerPaMa bezeichnet) ist ein in Deutschland ansässiges inhabergeführtes mittelständisches Unternehmen. Das Unternehmen entwickelt und produziert Verpackungsmaschinen. Der Vertrieb erfolgt weltweit über eigenes Vertriebspersonal sowie über rechtlich selbständige Handelsunternehmen. Das Unternehmen ist am Markt etabliert und verzeichnet einen jährlichen Umsatz von ca. 50 Mio. €.

Aufgrund der Tatsache, dass der Geschäftsführer des Unternehmens, Herr Fritz Adam es bisher als seine Aufgabe ansah, sich um die Unternehmensstrategie zu kümmern und er diese Aufgabe in den letzten Jahren gesundheitsbedingt nur unzureichend wahrnehmen konnte, verfügt die VerPaMa zum aktuellen Zeitpunkt über keine formulierte Strategiefestlegung. Auch hat die in den letzten Jahren nicht vorhandene „starke" Hand von Herrn Adam dazu geführt, dass sich im Unternehmen verschiedene informelle Organisationsbereiche gebildet haben und ein Miteinander im gesamten Unternehmen nicht festzustellen ist. Der fehlenden strategischen Ausrichtung ist auch zuzuschreiben, dass der Bereich Forschung und Entwicklung in der Vergangenheit „stark" vernachlässigt wurde. In den letzten Jahren konnte die VerPaMa keine Produktneuheiten und Innovationen auf dem Markt etablieren. Die von der VerPaMa vertriebenen Verpackungsmaschinen finden in zahlreichen Branchen ihren Einsatz. Somit kann das Unternehmen in dieser Beziehung als „Generalist" bezeichnet werden.

Die VerPaMa verfügt nur über einen „veralteten" Fuhrpark. Die Auslieferung der Waren erfolgt durch wechselnde Speditionen, die jeweils aufgrund von Preisüberlegungen ausgewählt werden. Bei der VerPaMa sind zwar Mitarbeiter beschäftigt, die für Service und Kundenpflege verantwortlich sind, im Vergleich zum Wettbewerb muss sich die VerPaMa hier aber eingestehen, dass die Mitarbeiter der Konkurrenz bedeutend besser geschult und ausgebildet auftreten. Die Einführung einer neuen Produktionsanlage und dessen bisher unzureichende Beherrschung sind dafür verantwortlich, dass die Produktionszeiten noch viel zu lang sind und auch der Ausschussanteil der gefertigten Produkte übermäßig hoch ist. Um qualitativ hochwertige Produkte ausliefern zu können, entstehen durch aufwändige Nacharbeiten hohe Fehlerkosten, die sich dann im Preis der Produkte niederschlagen.

Vor fünf Jahren hat die VerPaMa eine neue Produktionsstätte inkl. Bürotrakt bezogen, so dass hier aktuell kein Handlungsbedarf besteht. Eine Erneuerung der vorhandenen IT erfolgte allerdings nicht. Hard- und Software wurden bereits zu Beginn der 90iger Jahre „angeschafft" und in die neuen Räumlichkeiten übernommen. Zur damaligen Zeit hielt es die Unternehmensführung für sinnvoll, Finanzbuchhaltung und Warenwirtschaftssystem durch eigene Mitarbeiter programmieren zu lassen. In den wesentlichen Grundzügen ist dieses System heute auch noch im Einsatz. Dadurch, dass sich im Unternehmen eine durch die Mitarbeiter der IT-Abteilung selbst programmierte EDV-Lösung im Einsatz befindet, ist eine gewisse Abhängigkeit von dieser Abteilung entstanden. Die IT-Abteilung besteht aus acht Mitarbeitern: einem IT-Leiter, der in zwei Jahren in den Ruhestand gehen wird, drei Programmierern, zwei Mitarbeitern, die sich um die Hardwarebetreuung kümmern, einem jungen wissenshungrigen Mitarbeiter, der im Unternehmen als EDV-Kaufmann seine Ausbildung von drei Jahren abgeschlossen hat und jetzt als Assistent des Abteilungsleiters tätig ist und einer Sekretärin.

Die vorhandene Software wird von den Programmierern fortlaufend weiterentwickelt. Dieses hat zur Folge, dass sich das Unternehmenswissen im Laufe der Jahre hier sehr stark konzentriert hat.

Im Allgemeinen muss die aktuelle „Kapitaldecke“ des Unternehmens als „eher dünn“ bezeichnet werden. Für ein notwendiges Reorganisationsvorhaben ist zwar Kapital vorhanden, das allerdings gezielt eingesetzt werden muss.

Weiterführende Informationen zur VerPaMa sind dem Fallbeispiel „Die Reorganisation eines Unternehmens“ in diesem Werk zu entnehmen.

3 Aufgabenstellungen

3.1 Entwicklung eines Unternehmensleitbildes

Stellen Sie die theoretischen Grundzüge für die Entwicklung eines Unternehmensleitbildes dar (Definition, Adressaten, Gültigkeit, Zweck und Sprache, Inhalt, Aufstellungsvoraussetzung) und entwickeln sie hierauf aufbauend für die VerPaMa ein konkretes Unternehmensleitbild. Orientieren Sie sich hierbei an einem Verfahrensvorschlag aus der Literatur.

3.2 Aufstellen einer Unternehmensstrategie

3.2.1 Theoretische Grundlagen zur Bildung einer Unternehmensstrategie

Literatur und Praxis bieten zahlreiche Möglichkeiten zur Aufstellung einer Unternehmensstrategie, denen eine systematische und wissenschaftliche Vorgehensweise zugrunde liegt. Erarbeiten, kategorisieren, systematisieren und beschreiben Sie in der Literatur publizierte Strategiearten und -möglichkeiten.

3.2.2 Aktuelle Situation des Verpackungsmaschinenmarktes

Damit Sie eine Strategie für die VerPaMa entwickeln können, ist Wissen über die Verpackungsmaschinenbranche erforderlich. Verschaffen Sie sich einen Überblick über die aktuelle Situation auf dem Verpackungsmaschinenmarkt und recherchieren Sie z. B. hierzu im Internet.

3.2.3 Eignung der erarbeiteten Strategietypen für die VerPaMa

Welche (zukünftige) Strategie sollte ihrer Ansicht nach das Unternehmen verfolgen? Wägen Sie zur Aufgabenbearbeitung Vor- und Nachteile der möglichen Strategien untereinander ab und berücksichtigen Sie hierbei auch die aktuelle Situation auf dem Markt für Verpackungsmaschinen (siehe hierzu die Aufgabenstellung in 3.2.2).

3.2.4 Auswahl der Kernkompetenzstrategie für die VerPaMa

Stellen Sie unter Beachtung der aktuellen Situation auf dem Verpackungsmaschinenmarkt für die VerPaMa eine Kernkompetenzstrategie auf. Nutzen Sie hierzu das Instrument der „Kundenzufriedenheits-Kompetenz-Matrix".

3.3 Alternative Strategieformulierung

Diskutieren Sie die Make-or-Buy-Strategie für die VerPaMa. Orientieren Sie sich bei der Auswahl möglicher Diskussionspunkte u. a. an den Ergebnissen der Kernkompetenzstrategie. Versuchen Sie den Entscheidungsprozess der Make-or-Buy-Strategie an einem Beispiel zu beschreiben, das Sie auch unabhängig von der in Aufgabe 3.2 erarbeiteten Strategie wählen können.

4 Lösungsvorschläge

4.1 Unternehmensleitbild für die VerPaMa

4.1.1 Theoretische Grundlagen zur Leitbildentwicklung

Definition: Ein Unternehmensleitbild beschreibt eine von Dauerhaftigkeit geprägte Zielvorstellung eines Unternehmens. Unternehmensleitbilder werden schriftlich fixiert und geben die Kernaussagen der Unternehmenspolitik wider. Sie beinhalten somit klar gegliederte, langfristige und realitätsbezogene Zielvorstellungen eines Unternehmens, über seinen Zweck sowie seine Aktivitätenfelder und stellen die Legitimation des Unternehmens dar.[1]

---

[1] Vgl. Müller-Stewens; Lechner (2001), S. 174.

Adressaten: Adressaten eines Leitbildes sind zum einen die eigenen Mitarbeiter und zum anderen die Öffentlichkeit sowie Stakeholder allgemein. Hierzu zählen Anteilseigner, Kunden, Lieferanten, staatliche Institutionen, Banken etc. In einem Unternehmensleitbild thematisiert ein Unternehmen seine Haltung gegenüber wirtschaftlichen und sozialen Zielen und möchte hierdurch ein positives Selbstbild vermitteln.[2]

Gültigkeit: In Bezug auf die Mitarbeiter eines Unternehmens sollte das Unternehmensleitbild identitätsfördernd sowie qualitativ und zeitlich unbefristet gültig sein. Das Unternehmensleitbild liefert dem Mitarbeiter einen zentralen Orientierungspunkt, erhöht die Verbindlichkeit des Handelns und steigert das Gemeinschaftsgefühl. Voraussetzung hierfür ist allerdings, dass sich die Mitarbeiter auch an den vorgegebenen Leitbildern orientieren und ihren Inhalt im Arbeitsalltag „leben".[3] Der Prozess der Leitbilderstellung wie auch das Verinnerlichen und Handeln hiernach durch die Mitarbeiter ist längerfristig auszurichten. Oftmals vergehen bis zur zufriedenstellenden Einführung eines „neuen" Leitbildes mehrere Jahre.

Zwecke und Sprache: Im formulierten Leitbild werden die grundlegenden Fragen „Wer sind wir"? „Was wollen wir?" und „Wohin wollen wir gehen?" thematisiert.[4] Für die Formulierung eines Leitbildes sind folgende Grundsätze zu beachten:

- verständliche Darstellung wählen,
- kurze, einfache Sätze verwenden,
- geläufige Worte benutzen,
- nicht vermeidbare Fachbegriffe erklären,
- Inhalte konkret und anschaulich vermitteln.[5]

Inhalt: Leitideen oder Leitsätze sollten über ein Motto verfügen, das diese ergänzend kurz und knapp beschreibt. Es dient als emotional ausgerichtetes Hilfsmittel besonders bei den Mitarbeitern eines Unternehmens dazu, Zuspruch zu erlangen und sich dauerhaft einzuprägen. Die Bedeutung eines vorhandenen Leitbilds ist für eine geplante Reorganisationsmaßnahme als Orientierungshilfe wie auch im Hinblick auf die Motivation der beteiligten Mitarbeiter von hoher Bedeutung.

Aufstellungsvoraussetzung: Bevor ein Unternehmensleitbild erarbeitet und erstellt wird, müssen bestimmte Voraussetzungen vorliegen. Den Mitarbeitern muss bewusst sein, dass mit der Aufstellung eines Unternehmensleitbildes ein gemeinsamer Wille für Neuerungen verbunden ist, die Entwicklung eines Leitbildes bis zum späteren

2 Vgl. Müller-Stewens; Lechner (2001), S. 239.
3 Vgl. Ganz; Graf (2007), S. 4.
4 Vgl. Eschenbach (1998), S. 18. Ganz; Graf (2006), S. 5.
5 Vgl. Herbst (2006), S. 12.

„Ausleben“ langwierig sein kann und die Bereitschaft für die gemeinsame Entwicklung eine wesentliche Voraussetzung zum Gelingen des Vorhabens darstellt.[6]

Das Ergebnis einer Studie aus dem Jahr 2009, bei der die Befragungsergebnisse von 143 deutschen Unternehmen berücksichtigt wurden, zeigt auf, dass 86 % der Teilnehmer ein schriftlich fixiertes bzw. informelles Leitbild besitzen, speziell aber bei kleineren Unternehmen (in der Definition der Studie Unternehmen mit weniger als 250 Mitarbeitern) die Hälfte der Probanden über kein schriftlich fixiertes Leitbild verfügt. Unternehmen die „älter“ als zehn Jahre waren, besaßen in der Regel ein solches Leitbild.[7]

Die Literatur bietet zahlreiche Vorschläge zur Aufstellung eines Leitbildes. So schlägt Eschenbach vor, ein Phasenmodell anzuwenden.[8] Hierbei werden in Phase 1 Stärken und Schwächen eines Unternehmens, allgemeine Chancen und Risiken analysiert, in Phase 2 ist eine Projektgruppe zu bilden, die mit der Entwicklung des Leitbildes beauftragt wird, in Phase 3 wird durch diese Projektgruppe ein Erstentwurf erarbeiten und in Phase 4 im Unternehmen veröffentlicht. Phase 5 dient dazu, Feedback zu sammeln, dieses in Phase 6 in einer überarbeiteten Version des Leitbildes zu berücksichtigen und in Phase 7 die Endversion des Leitbildes zu erstellen, zu veröffentlichen und die Umsetzung des Leitbildgedankens im Unternehmen sicher zu stellen.

Gausemeier/ Fink präferieren einen Ansatz, der die Leitbildformulierung an Unternehmensvisionen, strategischer Position und strategischer Kompetenz ausrichtet. Seine Inhalte bilden die Autoren in einer Pyramidendarstellung ab (siehe Abbildung 4.1).

Zur Erläuterung der dargestellten Inhalte Motivation, Mission, Ziele, Nutzenversprechen und Grundwerte siehe Kapitel 4.1.2 Neues Leitbild der VerPaMa.

Eine weitere sehr ausführliche Darstellung, wie ein Unternehmensleitbild entwickelt werden kann, zeigt die Veröffentlichung von Ganz/ Graf.[9] Das hier veröffentlichte Ergebnis eines vom Bundesministerium für Bildung und Forschung BMBF geförderten und unter Leitung des Fraunhofer Instituts durchgeführten Forschungsprojek tes zeigt zum einen den aktuellen Stand der Leitbildentwicklung in deutschen Unternehmen auf und beinhaltet zum anderen Verfahrensweisen zur Aufstellung eines Leitbildes.

---

6 Vgl. hierzu die Ausführungen bei: Ganz; Graf (2006), S. 13.

7 Vgl. Ganz; Graf (2009), S. 22, 27.

8 Vgl. Eschenbach (1998), S. 20.

9 Vgl. Ganz; Graf (2009).

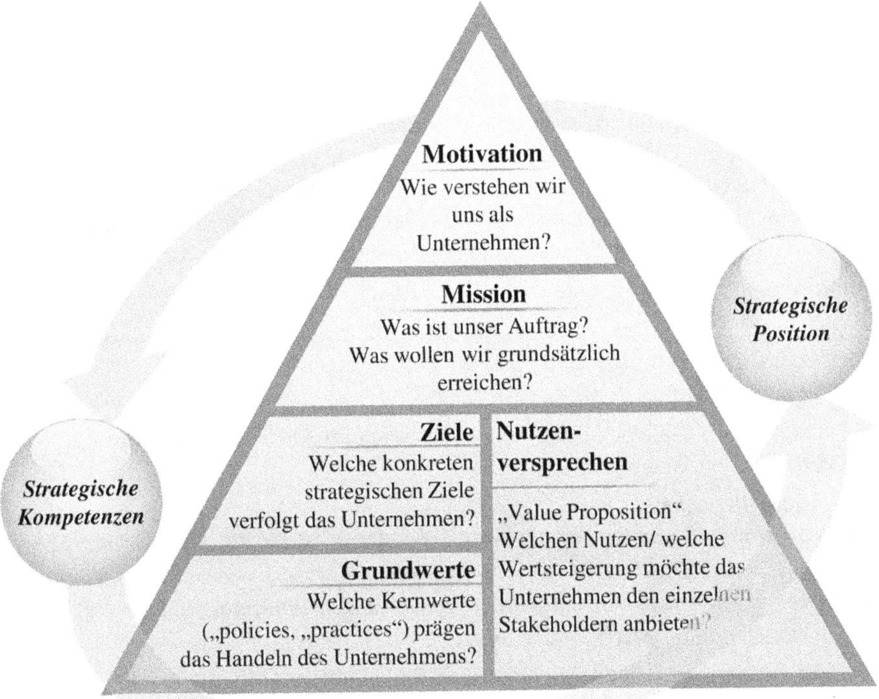

Abbildung 4.1: Aufbau eines Leitbildes[10]

4.1.2 Neues Leitbild der VerPaMa

Die für die VerPaMa präferierte Vorgehensweise baut auf dem Vorschlag von Gausemeier/ Fink auf (siehe Abbildung 4.1) auf und verlangt zu Beginn der Leitbilderstellung die Beantwortung der Frage, als „was sich das Unternehmen versteht" (**Motivation).**

Eine Antwort hierauf könnte bspw. lauten:

„Wir sind ein traditionelles deutsches Unternehmen, das durch Forschung und Entwicklung neue Produkte entwickelt und umweltbewusst handelt. Diese führen zu hoher Kundenzufriedenheit und stellen die Arbeitsplätze für unsere Mitarbeiter

10 Darstellung in Anlehnung an: Gausemeier, Fink (1999), S. 258.

sicher. Wir sehen unsere Mitarbeiter als das wichtigste Kapital an, das es zu wertschätzen und zu fördern gilt.“[11]

Die Frage nach der **Mission** stellt heraus, „was der Auftrag des Unternehmens ist und was das Unternehmen grundsätzlich erreichen will.“ Die VerPaMa legt hohe Ansprüche an die Qualität seiner Produkte und Abläufe, handelt zukunftsorientiert und ist weltweit tätig. Grundlage hierfür sind langjährige Erfahrungen im Bereich des Verpackungsmaschinenbaus, individueller Service für seine Kunden und der Anspruch durch technische Entwicklungen den Markt prägen zu wollen.

Somit wäre als Missionsformulierung vorstellbar:

„Kompetente Mitarbeiter, ständige Innovationsbestrebungen und die herausragende Qualität unserer Produkte und unseres Services gewährleisten die Zufriedenheit unserer Kunden in hohem Maße.“

Die strategischen Ziele des Unternehmens werden im Abschnitt **Ziele** formuliert und könnten wie folgt lauten:

„In unserer Branche streben wir die Kompetenzführerschaft an. Kundenorientiertes Handeln, ständige Markt- und Umweltbeobachtung sowie die Entwicklung ökonomisch innovativer Produkte sichern hierbei unsere Daseinsberechtigung. Wir wollen bekannter werden und den nationalen wie auch den internationalen Markt weiter durchdringen und unsere Marktposition festigen“.

Welcher Nutzen das Unternehmen seinen Stakeholdern (Mitarbeiter, Kunden, Gemeinden, Umwelt etc.) bietet, klärt der Inhaltspunkt **Nutzenversprechen**.

Nutzenversprechen gegenüber Mitarbeitern: *„Unseren Mitarbeitern bieten wir einen sichern Arbeitsplatz und eine gerechte und leistungsorientierte Entlohnung, forcieren deren Entwicklungs- und Aufstiegsmöglichkeiten und bieten ihnen die Mitgestaltung des Unternehmens an“.*

Nutzenversprechen gegenüber Kunden: *„Unsere Produkte sind qualitativ hochwertig, wir gewährleisten unseren Kunden eine schnelle und kundenindividuelle Bearbeitung ihrer Aufträge, handeln verantwortungsbewusst im Sinne unserer Kunden und haben somit einen Anteil an deren Unternehmenserfolgen.“*

Nutzenversprechen gegenüber Gemeinden: *„Wir kommen unseren Steuerpflichtungen ohne Einschränkung nach und übernehmen Verantwortung in unseren Gemeinden“.*

Nutzenversprechen gegenüber der Umwelt: *„Der Schutz der Umwelt, kontrollierter Ressourceneinsatz sowie der Einsatz erneuerbarer und ökologischer Energie stellen eine wesentliche Grundlage unseres Handelns dar“.*

---

11 Der Aufgabentext zeigt in der aktuellen Situation zwar „Defizite“ im F&E-Bereich auf, was aber nicht bedeutet, dass hier eine herausragende Stellung kein zukünftiges Ziel darstellen darf.

Abschließend werden im Abschnitt **Grundwerte** die wesentlichen Kennwerte des Unternehmens aufgeführt, die sein Handeln prägen.

„Bei der Umsetzung unserer Ziele achten wir unsere Mitarbeiter, erwarten ein kollegiales Verhalten untereinander und pflegen einen mitarbeiterorientierten Führungsstil. Grundsätzlich wollen wir unsere Ziele im Team erreichen. Wir verlangen von unseren Mitarbeitern eine ständige Weiterbildung, Offenheit, Kritikfähigkeit, Kostenbewusstsein, Verantwortungsübernahme, Entscheidungsbereitschaft und den Willen zu Wandel und Veränderungen. Für unsere Gesellschaft und unsere Umwelt handeln wir verantwortlich."

4.2 Unternehmensstrategie für die VerPaMa

4.2.1 Theoretische Grundlagen zur Bildung einer Unternehmensstrategie

Der Begriff „Strategie" ist in der Literatur wie auch in der Praxis nicht eindeutig definiert. Ebenso gibt es nicht die „eine" Vorgehensweise, die zur Aufstellung einer unternehmensspezifisch „idealen" Strategie führt.

Macharzina/ Wolf definieren Strategie „als ein geplantes Maßnahmenbündel der Unternehmung zur Erreichung ihrer langfristigen Ziele". Nach ihrer Ansicht besteht eine Strategie aus verschiedenen abhängigen Einzelentscheidungen, die die Grundlage für ein abgestimmtes Maßnahmenbündel darstellen. Eine Strategie stelle zudem ein hierarchisches Konstrukt dar, aus dem Mission und Zielsetzungen sowie Handlungsweisen und Ressourcenverteilung abgeleitet werden.[12]

Scheer/ Köppen vertreten die Auffassung, dass jede Strategie auf einem Bündel von Annahmen und Einflussfaktoren basiert, die sich auf das Unternehmen direkt und auch sein Umfeld beziehen können. Zu berücksichtigen sei hierbei, dass die zukünftige Entwicklung spezifischer Marktsegmente, eine Steigerung der Lohnkosten und weitere Größen abgeschätzt und in die Entwicklung einer Strategie mit einfließen müssten.[13] Die Autoren beziehen sich bei ihrer Interpretation auf eine Veröffentlichung von Mintzberg/ Quinn.[14] Hier wird Strategie als ein planvolles Vorgehen beschrieben, das Ziele, Richtlinien und Handlungsabläufe als Gesamtes umfasst. Eine gut formulierte Strategie hilft hierbei, die Ressourcen einer Unternehmung

---

12 Vgl. Macharzina; Wolf, S. 257f.

13 Vgl. Scheer; Köppen (2001), S. 136.

14 Vgl. Mintzberg; Quinn (1997), S. 3.

optimal einzusetzen, die relativen Stärken (Kompetenzen) zu nutzen und Umfeldveränderungen sowie das Verhalten der Konkurrenten zu berücksichtigen.[15]

Macharzina/ Wolf unterteilen Unternehmensstrategien in die drei Strategietypen Gesamtunternehmensstrategien, Geschäftsbereichsstrategien und Funktionsbereichsstrategien.

Gesamtunternehmensstrategien beantworten grundsätzlich die Frage, in welche Produkte und Dienstleistungen investiert oder desinvestiert wird und auf welchen Märkten die Leistungen eines Unternehmens anzubieten sind. Zu den Gesamtunternehmensstrategien zählen Wachstums- und Schrumpfungsstrategien, Diversifikations- und Kernkompetenzstrategien sowie Allianzstrategien.[16]

Bei der Realisierung von **Wachstums- und Schrumpfungsstrategien** legt die Unternehmensleitung fest, in welchem Umfang ein Unternehmen quantitativ oder qualitativ „wachsen“ soll. Ändern sich für das Unternehmen charakteristische Größen messbar (Umsatz, Gewinn, Marktanteil etc.) spiegelt sich das in quantitativem Wachstum wider, verbessert sich ein Unternehmen im Hinblick auf seine Leistungsfähigkeit (Kundenzufriedenheit, Bekanntheitsgrad, Image, Erhöhung des Wissenspotentials etc.), wird dieses als qualitatives Wachstum bezeichnet.[17]

Diversifikationsstrategien beziehen sich hierbei nicht nur auf die Anzahl oder die Unterscheidung von Produkten und Dienstleistungen, sondern auch auf die räumliche Ausdehnung einer unternehmerischen Tätigkeit. Motive für diese Strategien sind darin begründet, dass sie zum einen eine Risikostreuung bewirken und Synergieeffekte erlauben und zum anderen die Marktmacht eines Unternehmens steigern und dessen Gewinn erhöhen. Diversifikationsstrategien zeichnen sich dadurch aus, dass sich ein Unternehmen in verschiedenen Produkt-Markt-Bereichen betätigt, wogegen sich Kernkompetenzstrategien auf wenige, Erfolg versprechende Produkte und Märkte konzentrieren.[18]

Da es im globalen Wettbewerb für ein Unternehmen immer schwieriger wird, in mehreren Bereichen gleichzeitig „gut“ zu sein, wurde zu Beginn der neunziger Jahre des letzten Jahrhunderts die **Kernkompetenzstrategie** entwickelt. Im Mittelpunkt dieser Strategie steht der Gedanke, sich auf bestimmte Kernfähigkeiten zu konzentrieren, die das Unternehmen besser beherrscht als seine Konkurrenten und für die ein Kunde bereit ist, etwas zu zahlen.[19]

---

15 Vgl. Mintzberg; Quinn (1997), S. 3.

16 Vgl. Macharzina; Wolf (2005), S. 266f.

17 Vgl. Macharzina; Wolf (2005), S. 267ff.

18 Vgl. Macharzina; Wolf (2005), S. 269ff.

19 Vgl. Macharzina; Wolf (2005), S. 271ff.

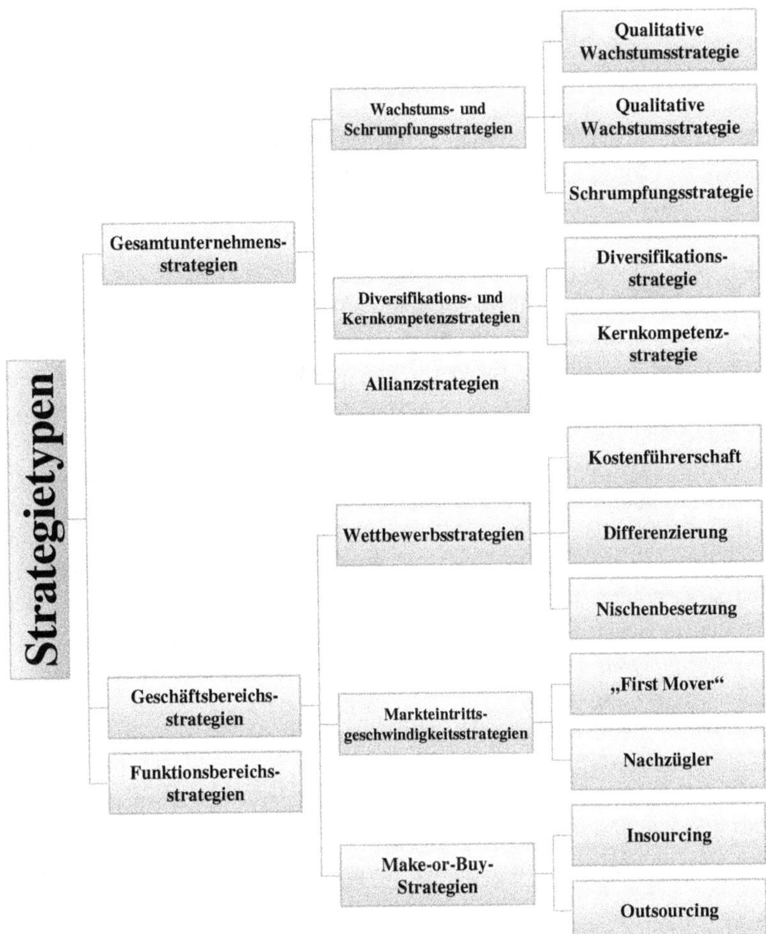

Abbildung 4.2: Strategietypen[20]

Die Erstellung von Leistungen, die ein Unternehmen nur genau so gut oder schlechter beherrscht wie seine Wettbewerber, ist demzufolge kritisch zu betrachten. Hier ist zu entscheiden, ob weiterhin eigene Ressourcen eingesetzt werden oder das Unternehmen die Realisierung bestimmter (Teil-)Dienstleistungen an Dritte auslagert und somit deren Umsetzung anderen und hierauf spezialisierten Unternehmen überlässt.

[20] Vgl. Macharzina; Wolf (2005), S. 266ff. Kreikebaum (1997), S. 50.

Kernkompetenzen zeichnen sich durch bestimmte Merkmale aus.[21] Sie sind

- wissensbasiert,
- beschränkt handelbar,
- unternehmensspezifisch (d. h. einmalig durch unternehmensspezifische Nutzung von Ressourcen = Mitarbeiter, Ausstattung, Know-How),
- schwer imitierbar,
- schwer substituierbar,
- erschließen neue Produkte und Märkte und
- bewirken für einen Kunden einen wahrnehmbaren, geldwerten Nutzen.

Die Ausgangsgrundlage für die Entwicklung von **Allianzstrategien** ergibt sich aus den Nachteilen der Kernkompetenzstrategie. Da sich Kernkompetenzstrategien auf die Umsetzung weniger aber Erfolg versprechender Merkmale konzentriert, ist hiermit die Vernachlässigung anderer Bereiche der Wertschöpfungskette verbunden. Diese Vernachlässigung kann kompensiert werden, indem das Unternehmen langfristige Partnerschaften aufbaut, bei denen der oder die Partner über komplementäre Kompetenzen verfügen. Die rechtliche Selbständigkeit der eine Kooperation eingehenden Unternehmen bleibt hier im Gegensatz zu einer Fusion bestehen. Unternehmen, die eine strategische Allianz bilden, gründen Joint Ventures bzw. schließen Lizenz-, Technologie- oder Managementverträge miteinander ab.[22]

Unternehmen, die ihre Marktleistungen in mehreren wirtschaftlichen Betätigungsfeldern anbieten, müssen diese in der Regel den jeweils unterschiedlichen marktlichen und außermarktlichen Bedingungen anpassen. Strategien, die dieses berücksichtigen werden als **Geschäftsbereichsstrategien** (Business Unit Strategies) bezeichnet. Sie sind auf die jeweilige Produkt-Markt-Situation bzw. die Wettbewerbsposition einer einzelnen Marktleistung bzw. einer strategischen Geschäftseinheit ausgerichtet.[23]

Wettbewerbsstrategien beinhalten geplante Vorgehensweisen, wie sich ein Unternehmen gegenüber seinen Konkurrenten behaupten kann und Kunden für seine Produkte „begeistern" will.[24] Sie gehen auf die Arbeiten von Porter zurück, der den Wettbewerb und ein Agieren in diesem ausschlaggebend für den Erfolg oder Misserfolg eines Unternehmens ansieht.[25] Porter schlägt drei grundsätzliche Wettbewerbsstrategien vor, die für einen Geschäftsbereich formuliert werden können. Die **Kostenführerschaftsstrategie** zielt darauf ab, in einem Geschäftsbereich Wettbe-

21 Vgl. Osterloh; Frost (1997), S. 156.

22 Vgl. Macharzina; Wolf (2005), S. 273ff.

23 Vgl. Macharzina; Wolf (2005), S. 276.

24 Vgl. Gerpott (2004), S. 1624.

25 Vgl. Porter (1985), Porter (2008).

werbsvorteile zu erzielen, indem ein Unternehmen kostengünstiger produziert als seine Konkurrenten. Voraussetzung für derartige Größendegressionseffekte sind hohe Stückzahlen.[26] **Differenzierungsstrategien** zeichnen sich dadurch aus, dass Produkte und Dienstleistungen eines Anbieters „Alleinstellungsmerkmale" aufweisen, die einzigartig sind. Kunden sind bereit, für diese Einzigartigkeit höhere Preise zu zahlen, woraus sich für ein Unternehmen ein Wettbewerbsvorteil ergibt.[27] Ein hoher Marktanteil ist hier nicht entscheidend. Ausschlaggebend ist, dass Kunden einem Geschäftsbereich höherwertige Merkmale zuweisen.[28] Für **Nischenstrategien** ist charakteristisch, dass sie sich auf einzelne Marktsegmente beziehen. Ihnen liegt zugrunde, dass eine Konzentration auf einzelne Marktsegmente eine bessere Erfüllung von Kundenbedürfnissen ermöglicht und hieraus Wettbewerbsvorteile für das anbietende Unternehmen entstehen. Nischenstrategien sind keine eigenständigen Strategiedefinitionen, sondern stellen eher eine Kombination bzw. Modifikation der beiden anderen Strategien dar. Somit können diese Merkmale eine Kostenführerschaft wie auch einer Differenzierung enthalten.[29]

Zur Verdeutlichung dient folgendes Beispiel, das Macharzina/ Wolf entnommen wurde.[30] Wogegen die Firma Rolex Uhren vertreibt, die die Zeitschrift Manager Magazin als „tickenden Mythos" bezeichnet[31] und die eindeutig eine Differenzierungsstrategie verfolgen, hat sich die Firma Casio auf eine Kostenführerschaft spezialisiert. Sie bietet eine Vielzahl von Uhren im unteren Preissegment an. Hingegen besetzt die Firma Glashütte Original mit ihren Uhren und Chronographen eine Nische. Ihre Produkte zeichnen sich nach eigenen Angaben durch Präzision, Innovation und Handwerkskunst aus.[32]

Markteintrittsstrategien beantworten die Frage, zu welchem Zeitpunkt ein Unternehmen seine Waren oder Dienstleistungen auf dem Markt anbieten soll. Hier nimmt das Unternehmen entweder die Rolle eines Pioniers („First-Mover") oder eines Nachzüglers an. Pioniere können mit neuen Produkten frühzeitig Marktanteile gewinnen und sich ggf. knappe Ressourcen sichern, sie haben die Möglichkeiten mit Innovationen den Markt zu prägen etc. Allerdings ist diese Vorgehensweise auch mit einem Risiko behaftet. Innovationen und die hiermit verbundenen Markteinführungstätigkei-

---

26 Vgl. Porter (1985), S. 62ff.

27 Vgl. Porter (1985), S. 119ff. Matzer; Stahl; Hinterhuber (2004) S. 23ff.

28 Vgl. Macharzina; Wolf (2005), S. 284.

29 Vgl. Macharzina; Wolf (2005), S. 285.

30 Vgl. Macharzina; Wolf (2005), S. 285.

31 Vgl. http://www.manager-magazin.de/life/technik/0,2828,504097,00.html [10.09.2010].

32 Vgl. http://www.manager-magazin.de/life/technik/0,2828,554699,00.html [10.09.2010]. http://glashuette-original.com [24.05.2008]

ten sind in der Regel sehr kostenintensiv. Dabei ist nicht sichergestellt, dass diese Aktivitäten auch mit einem späteren Erfolg verbunden sind. Unternehmen, die eine Folger- oder Nachzügler-Strategie verfolgen warten erst einmal ab, ob sich ein neues Produkt oder die Bearbeitung eines neuen Marktes bewährt hat und „ziehen dann nach". Hierdurch wählen sie eine wesentlich risikoärmere Vorgehensweise, verspielen aber die Möglichkeit Trends zu setzen und sich schon frühzeitig Marktanteile zu sichern.[33] Ein Beispiel hierzu liefert die Pharmabranche. Pharmaunternehmen, die eine „First-Mover-Strategie" verfolgten sind diejenigen, die mit hohem Aufwand Forschung betreiben und als Ergebnis neue Wirkstoffe entwickeln, die als „Erstanbieter-, Original- oder Referenzprodukte" bezeichnet werden und für die nach ihrer Markteinführung ein mehrjähriger Patentschutz gilt. Ist dieser abgelaufen stellen Generikaunternehmen Nachahmerprodukte her, die in der Regel die gleiche qualitative und quantitative Zusammensetzung wie das Referenzprodukt aufweisen. Da die Forschungs- und Entwicklungskosten für diese Unternehmen im Wesentlichen entfallen, können deren Pharmaprodukte auf dem Markt billiger angeboten werden.[34]

Make-or-Buy-Strategien stellen die Alternativen „Eigenfertigung" und „Fremdbezug" gegenüber. Sie wägen ab, ob es „günstiger" ist ein Produkt oder eine Dienstleistung herzustellen bzw. im eigenen Unternehmen durchzuführen oder ob sich die Realisierung durch einen Dritten, der in der Regel ein auf diese Bereiche spezialisiertes Unternehmen darstellt, lohnt. Make-or-Buy-Strategien werden aus diesem Grund auch als „Incourcing-oder-Outsourcing-Strategien" bezeichnet. Ausschlaggeben für eine Entscheidung für oder wider ist, dass die hier betrachteten Waren oder Dienstleistungen nicht zu den Kernkompetenzen des Unternehmens gehören. Denn das Unternehmen muss sicherstellen, dass das Auslagern von Aktivitäten zu keinem Verlust erfolgsrelevanten Wissens führt. Vorteile des Outsourcings ergeben sich zum einen dadurch, dass sich Kosten verringern und sich die Qualität des Outsourcing-Objektes erhöht und sich zum anderen das Unternehmen besser auf seine Erfolgsfaktoren konzentrieren kann.[35]

Funktionsbereichsstrategien legen Maßnahmen für einzelne Funktionsbereiche oder Abteilungen fest. So kann bspw. im Funktionsbereich Forschung- und Entwicklung über die Verlagerung dieses Bereichs ins Ausland oder die Vergabe von Forschungsaufträgen an externe Forschungsreinrichtungen nachgedacht werden. Funk-

---

33 Vgl. Macharzina; Wolf (2005), S. 288ff.

34 Vgl. allgemein zu Generika:
http://www.hexal.de/subdomains/praeparate/generika/generika_index.php [26.8.2010].
http://www.progenerika.de/ [26.8.2010].
http://www.bmg.bund.de/SharedDocs/Standardartikel/DE/AZ/G/Glossarbegriff-Generika.html [26.8.2010].

35 Vgl. Macharzina; Wolf (2005), S. 290ff.

tionsbereichsstrategien legen für die Produktion fest, inwieweit die Fertigung automatisiert wird, bestimmen für den Funktionsbereich Marketing Produkt-, Preis-, Promotions- und Distributionspolitik etc. Da Funktionsbereichsstrategien auf die (vorgelagerten) Strategietypen Gesamtunternehmens- und Geschäftsbereichsstrategie abzustimmen sind, müssen sie aus diesen abgeleitet werden.

4.2.2 Aktuelle Situation des Verpackungsmaschinenmarktes

Der aktuelle Markt der Verpackungsmaschinenhersteller ist stark umkämpft. Um in diesem Markt erfolgreich zu sein, muss sich ein Unternehmen dem ständigen Innovationsdruck und hohen Kundenerwartungen stellen. Im Jahre 2007 betrug der Marktanteil der deutschen Verpackungsmaschinenindustrie am Weltmarkt 22,8 %, gefolgt von Italien mit 16,5 % und den USA mit 11 %. Erfolgsgrundlagen für den deutschen Verpackungsmaschinenbau sind in der Technologieführerschaft der deutschen Hersteller zu sehen. Die international gestiegenen Anforderungen an Verpackungsmaschinen seien nur durch den Einsatz von Hightech zu bewältigen, so Richard Clemens, Geschäftsführer des VDMA (VDMA = Verband Deutscher Maschinen- und Anlagenbauer). Deutsche Hersteller „glänzen“ trotz steigender Produkt- und Verpackungsvielfalt mit kurzen Reaktionszeiten. Zudem gewährleisten modulare Baugruppen, sich den veränderten Kundenwünschen anzupassen und maßgeschneiderte Lösungen anzubieten.[36]

Im Jahre 2009 ist der Export deutscher Verpackungsmaschinen im Vergleich zu 2008 um 25 % auf vier Milliarden € zurück gegangen. Das ist umso gravierender, da der Exportanteil der Branche bei über 80 % liegt. Am drastischsten fielen die Exporte in die USA (–25 %), nach Russland (–34 %) und in die EU27-Länder (–21 %) aus. Die Exporte nach Asien reduzierten sich nur um –8 %.[37] Auf seiner Internetseite verkündet die Krones AG[38], nach eigenen Angaben Weltmarktführer in der Getränke- und Verpackungsindustrie, dass sich die Branche im ersten Quartal 2010 nach der Rezession im Jahr 2009 wieder erholt hat und prognostiziert für das Unternehmen für 2010 „schwarze Zahlen“. Der Verpackungsherstellermarkt erholt sich ebenfalls schneller als erwartet. So verzeichnete das Düsseldorfer Unternehmen Gerresheim, ein weltweit tätiger Hersteller von Glas- und Kunststoffverpackungen, einen 10 %-igen Umsatzanstieg im dritten Quartal 2010 und rechnet für das Jahr

---

36 Vgl. o. A. (2010a) [11.08.2010].

37 Vgl. o. A. (2010b) [11.08.2010].

38 Vgl. www.krones.com und hier: http://www.krones.com/de/investor_relations/66_10416.htm [11.8.2010].

2010 insgesamt mit einem Umsatzanstieg von fünf bis sechs Prozent.[39] Eine weitere Pressemitteilung des VDMA bestätigt die hier gemachten Aussagen.[40]

4.2.3 Eignung der Strategietypen für die VerPaMa

Unternehmensstrategien stellen komplexe Maßnahmenbündel dar, die aus vielen Einzelmaßnahmen bestehen.[41] **Quantitative Wachstumsstrategien** setzen voraus, dass das Unternehmen die Möglichkeit besitzt, charakteristische Größen wie Umsatz, Marktanteile etc. zu steigern. Der europäische und auch amerikanische Markt erscheinen gesättigt. Potentiale wären höchsten auf dem chinesischen Markt zu vermuten, was allerdings einer genaueren Analyse bedarf. Hingegen findet jedes Unternehmen immer **qualitative Wachstumspotentiale**, die seine Leistungsfähigkeit verbessern. Aus der Darstellung der aktuellen Situation auf dem Verpackungsmaschinenmarkt geht hervor, dass der Markt stark umkämpft ist. Das hat zur Folge, dass bspw. der Kundenorientierung eine sehr hohe Bedeutung zukommt. Unternehmen müssen in dieser Branche somit bestrebt sein, mehr denn je ihre Abläufe kundenfreundlich zu gestalten. Das ist auch für die VerPaMa sinnvoll. Auch wären (quantitative) **Schrumpfungsstrategien** in der aktuellen Situation nicht zu empfehlen, da vorhandene Märkte erfolgreich „bearbeitet" werden und auch die aktuelle wirtschaftliche Situation wieder als positiv zu bezeichnen ist.

Diversifikationsstrategien implizieren, dass ein Unternehmen breit gefächerte Produktpaletten anstrebt und auch geographisch gesehen neue Märkte erschließt. Die VerPaMa bietet zum aktuellen Zeitpunkt Verpackungsmaschinen für alle Branchen an. Jedoch ist zu überdenken, in wie weit neue Märkte wie z. B. der chinesische Markt, der sicherlich noch ausreichende Potentiale bietet, bearbeitet werden kann (siehe hierzu auch die Argumentation bei Wachstumsstrategien). Expansionsentscheidungen in Richtung China wären mit hohen Investitionskosten sowie der Gefahr der Produktpiraterie sowie des Plagiatismus verbunden.

Die **Kernkompetenzstrategie** beinhaltet, dass sich ein Unternehmen auf wenige, aber entscheidende Erfolgsfaktoren konzentriert. Der Nachteil dieses Strategietyps besteht im Rückzug aus Teilen der Wertschöpfungskette. Somit ist hier die Identifikation der Erfolg entscheidenden Faktoren von Bedeutung, deren Umsetzung unbedingt im Unternehmen verbleiben muss. Wogegen Diversifikationsstrategien eher zu generalistisch orientierten Unternehmen führen, sind kernkompetenzstrate-

39 Vgl. o. A. (2010c), S. B3.

40 Vgl. o. A. (2010d) [11.08.2010].

41 Vgl. Macharzina; Wolf (2005), S. 257f.

gisch orientierte Unternehmen eher spezialisiert ausgerichtet. Da die VerPaMa über jahrelange Erfahrung auf dem Gebiet des Verpackungsmaschinenbaus verfügt, erscheint die Kernkompetenzstrategie hier geeignet. Zwangsweise vernachlässigt ein Unternehmen bestimmte „Erfolgsfaktoren" bei der Kernkompetenzstrategie, die allerdings durch **Allianzstrategien**, die eine langfristige Zusammenarbeit mit einem über komplementäre Fähigkeiten verfügenden Partner vorsieht bzw. erforderlich macht, aufgefangen werden können. Die **Strategie der Kostenführerschaft** ist für die VerPaMa nicht zu empfehlen. Sie beinhaltet, dass Produkte in großen Stückzahlen vertrieben werden können, Produktionsprozesse viele Verbesserungsmöglichkeiten aufweisen, die Produktstruktur eines Unternehmens vereinfacht werden kann etc. Auch sind Kostenführerprodukte oftmals nur von geringer Qualität. **Differenzierungsstrategien** erscheinen für die VerPaMa eher geeignet. Sie beinhalten, dass die Produkte eines Unternehmens über einzigartige „Merkmale" verfügen, die von Kunden als Unique Selling Propositions (USP) wahrgenommen werden. Voraussetzungen für die Realisierung der Differenzierungsstrategie sind herausragende Produkteigenschaften, ein hohes Innovationspotential, begeisterte, flexibel agierende und unternehmerisch denkende Mitarbeiter, ein weitreichendes Händlernetz mit einem umfassenden Service und das alles verbunden mit einer intensiven Öffentlichkeitsarbeit. **Nischenstrategien** konzentrieren sich auf die Bearbeitung einzelner Marktsegmente. Verpackungsmaschinen gibt es für die Herstellung verschiedener Ausprägungen (z. B. Papier, Pappe, Schlauchbeutel, Abfüllanlagen, Etikettiermaschinen, Kontrollmaschinen, Endverpackungen, Paletten etc.). Ihr Einsatz findet in unterschiedlichen Branchen statt, wie z. B. der Nahrungsmittelindustrie allgemein, der Getränke-, Kosmetik-, Arzneimittelindustrie etc. Im Moment ist die VerPaMa eher als „Generalist" ausgerichtet. Inwieweit sich eine Verlagerung in ein Nischensegment lohnt (ggf. Kombination aus Ausprägung und Branche) ist zu untersuchen.

Verfolgt die VerPaMa eine **Markteintrittsgeschwindigkeitsstrategie** ist (konsequent) festzulegen, ob das Unternehmen neue Produkte zukünftig früher als der Wettbewerb auf den Markt bringen möchte (und als Konsequenz hohe Forschungs- und Entwicklungsausgaben in Kauf nimmt) oder einen späteren Markteinstieg wählt (und die bereits gemachten Erfahrungen des Wettbewerbs nutzt). Zu berücksichtigen ist an dieser Stelle die zurzeit „dünne" Kapitaldecke der VerPaMa. In stark umkämpften Märkten sinkt die Erfolgswahrscheinlichkeit für „Nachzügler". Sofern die VerPaMa bspw. eine Differenzierungsstrategie anstrebt, steht diese also im Gegensatz zu einer Strategie, die einen (grundsätzlich) späteren Markteintritt zum Inhalt hat. **Make-or-Buy-Strategien** lagern Aktivitäten der Wertschöpfungskette aus dem Geschäftsbereich aus (buy → „Outsourcing") oder integrieren diese in das allgemeine unternehmensspezifische Handeln (make → „Insourcing"). Durch das Outsourcing könnten für die VerPaMa

Kosten- und Qualitätsvorteile entstehen (spezialisierte Unternehmen arbeiten in ihren Bereichen kostengünstiger und qualitativ hochwertiger), Finanzierungsvorteile erzielt und Risiken begrenzt werden. Des Weiteren ermöglicht das Outsourcing die Konzentration auf strategisch relevante Kompetenzfelder. Für ein Outsourcing könnten bei der VerPaMa die Logistik-Abteilung („veralteter Fuhrpark") und die IT-Abteilung („programmierte Individualsoftware") in Frage kommen. Das Outsourcing als „Buy-Strategie" stellt somit für diese Bereiche eine sinnvolle Ergänzung zur Kernkompetenz- oder Differenzierungsstrategie dar.

Eine von Macharzina/ Wolf zitierte weltweit durchgeführte Studie der Unternehmensberatung Bain & Company aus dem Jahre 2004 zeigt, dass 73 % der untersuchten Unternehmen Outsourcing-Strategien, 65 % Kernkompetenzstrategien und 63 % Allianzstrategien verfolgten.[42] Al-Laham hat des Weiteren in einer Studie Ende der 1990er Jahre dokumentiert, dass die Portfolio-Analyse als Hilfsmittel zur Aufstellung einer Unternehmensstrategie in deutschen Unternehmen mit Abstand am häufigsten eingesetzt wird.[43]

Abbildung 4.3 fasst die Eignung der dargestellten Strategien in Bezug auf die VerPaMa noch einmal zusammen. Hierbei beinhaltet sich der verwendete Beurteilungsmaßstab die Kriterien '++','+','o','-','--'.

4.2.4 Aufstellen einer Kernkompetenzstrategie für die VerPaMa

Theoretische Vorgehensweise

Damit ein Unternehmen langfristig am Markt erfolgreich ist, muss es Eigenschaften besitzen, die der Markt nachfragt und die sich durch Merkmale auszeichnen, die das Unternehmen positiv von seinen Mitbewerbern abheben lässt. Kernkompetenzen stellen Merkmale oder Eigenschaften des Unternehmens dar, die in angebotenen Produkten, Dienstleistungen oder Abläufen deutlich werden und einem Unternehmen einen Wettbewerbsvorteil gegenüber seinen Mitbewerbern verschaffen. Hierbei ist es wichtig, dass der Kunde diese Kernkompetenzen auch wahrnimmt.

Kernkompetenzen werden in Kernprozessen realisiert, in denen ein direkter Kundenkontakt zustande kommt. Die Unternehmensstrategie stellt in diesem Zusammenhang sicher, dass vorhandene Kernkompetenzen genutzt und zukünftige auf- und ausgebaut werden können. Zusammengefasst beinhalten Kernkompetenzen also, dass ein Unternehmen etwas besser kann als seine Mitbewerber und Kunden auch ein Interesse an diesen „Leistungen" zeigen.

---

42 Vgl. Bain & Company (2005): zit. in Macharzina; Wolf (2005), S. 377.

43 Vgl. Al-Laham (1997), S. 159.

Strategie	Eignung
Quantitative Wachstumsstrategie	0
Qualitative Wachstumsstrategie	++
Schrumpfungsstrategie	--
Diversifikationsstrategie	0
Kernkompetenzstragie	++
Allianzstrategie	+
Kostenführerschaft	--
Differenzierung	+
Nischenstrategie	0+
First-Mover	+0
Nachzügler	0-
Outsourcing	++
Insourcing	--

Abbildung 4.3: Strategieeignung für die VerPaMa

Zur Positionierung und Identifikation von Kernkompetenzen kann die Kundenzufriedenheits-Kompetenz-Matrix verwendet werden. Die Kundenzufriedenheits-Kompetenz-Matrix ist eine zweidimensionale Portfolio-Matrix mit den zwei Achsen Erfolgsfaktoren (Ordinate) und Beherrschung (Abszisse). Die Achse „Erfolgsfaktoren" zeigt das Potential des jeweiligen Erfolgsfaktors an (klein/ abnehmend, unverändert, groß/ wachsend), die Achse „Beherrschung" die Positionierung des eigenen Unternehmens im Vergleich zu den Mitbewerbern (unterlegen, gleich, überlegen) auf.[44] Die Erstellung einer Unternehmensstrategie mit Hilfe der Kundenzufriedenheits-Kompetenz-Matrix erfolgt in vier Schritten.[45]

1. Identifikation der (potenziellen) Erfolgsfaktoren

Um Erfolgsfaktoren zu identifizieren und sie auf der Ordinate zu platzieren kann bspw. eine Kundenbefragung hilfreich sein. Hier werden relevante Kundengruppen bestimmt (vorhandene Kunden, verlorene Kunden, potentielle Kunden) und diese in Bezug auf ihre aktuellen und zukünftigen Erwartungen im Hinblick auf das Unternehmen und seine Produkte/ Dienstleistungen befragt. Um Kosten zu sparen kann an

44 Vgl. Hinterhuber; Handlbauer; Matzler (1997), S. 114ff. Matzler; Stahl; Hinterhuber (2004), S. 25.

45 Zur Erstellung einer Unternehmensstrategie in der beschriebenen Art und Weise siehe auch die detaillierte Darstellung bei: Hinterhuber; Handlbauer; Matzler (1997).

Stelle einer Kundenbefragung auch eine Experten-Befragung durchgeführt werden. Hierbei nehmen sachkundige Experten dazu Stellung, inwieweit Kundenbedürfnisse vorhanden sind und welche Bedeutung sie aus Kundensicht besitzen. Genau genommen sind die hier erfragten „Merkmale" noch keine Erfolgsfaktoren. Sie stellen vielmehr „potentielle" Erfolgsfaktoren dar und werden erst zu „echten" Erfolgsfaktoren, wenn für ihre Realisierung in Schritt 4 konkrete Strategiemaßnahmen abgeleitet werden.

2. Ermittlung des Beherrschungsgrades

Sind die potenziellen Erfolgsfaktoren identifiziert, ist zu ermitteln, wie gut ein Unternehmen diese im Vergleich zur Konkurrenz beherrscht. Als Hilfsinstrument bietet sich hier die Konkurrenzanalyse an. Im Rahmen dieser Analyse werden Daten zu erfolgsfaktorrelevanten Stärken und Schwächen des Unternehmens zusammengetragen. Auch hier kann die Konkurrenzanalyse durch die (objektive) Einschätzung von Experten ersetzt werden. Diese Experten können aus dem eigenen Unternehmen stammen wie auch Repräsentanten wichtiger Stakeholder darstellen.

3. Platzierung der (potenziellen) Erfolgsfaktoren in der Kundenzufriedenheits-/ Kompetenzmatrix

Sind potentielle Erfolgsfaktoren und ihre Beherrschung bekannt, erfolgt die konkrete Platzierung in der Kundenzufriedenheits-Kompetenz-Matrix.

4. Ableitung einer Unternehmensstrategie aus den Erfolgsfaktoren und konkreter Maßnahmen für ihre Umsetzung

Der letzte Schritt dieser Vorgehensweise beinhaltet die Ableitung einer Unternehmensstrategie für die (echten) Erfolgsfaktoren des betrachteten Unternehmens, die eine hohe Kundenbedeutung besitzen und bei denen das Unternehmen überlegen gegenüber der Konkurrenz ist oder hier zukünftig eine Überlegenheit anstrebt.

Praktische Umsetzung

1+2. Identifikation der (potentiellen) Erfolgsfaktoren und Ermittlung des Beherrschungsgrades für die VerPaMa

Das Ergebnis der Kundenbefragung/ Kundenzufriedenheitsanalyse zeigt die (potenziellen) Erfolgsfaktoren Preis, Innovationsfähigkeit, kurze Reaktionszeiten, maßgeschneiderte Lösungen, Kompetenz, logistische Fähigkeiten, Service/ Kundendienst, Produktqualität und Informationstechnologie auf.[46] Die Durchführung der Konkur-

46 Erkenntnisse hierzu entstammen Kapitel 4.2.2 Aktuelle Situation des Verpackungsmaschinenmarktes.

renzanalyse (auch unter Berücksichtigung der aktuellen Marktsituation) ermöglicht die Positionierung der Erfolgsfaktoren in der Kundenzufriedenheits-/ Kompetenzmatrix.

3. Platzierung der Erfolgsfaktoren der VerPaMa in der Kundenzufriedenheits-/ Kompetenzmatrix

Für die VerPaMa stellt sich die Kundenzufriedenheits-/ Kompetenzmatrix somit wie folgt dar:

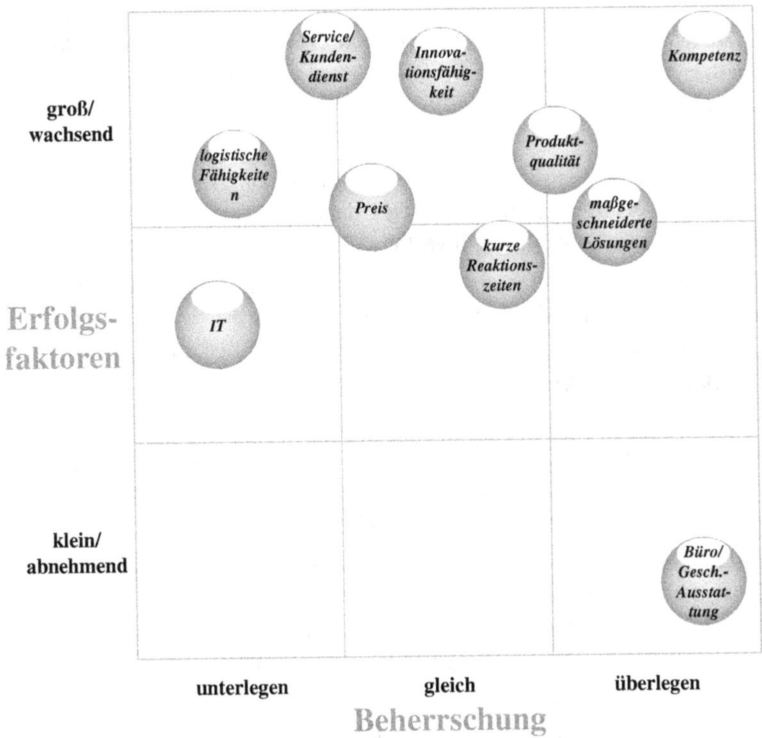

Abbildung 4.4: Kundenzufriedenheits-/ Kompetenzmatrix für die VerPaMa

Erläuterung zur Positionierung der Erfolgsfaktoren der VerPaMa

Bei der Positionierung der (potenziellen) Erfolgsfaktoren ist zu bedenken, dass eine ungefähre Platzierung zur Ableitung der späteren Unternehmensstrategie völlig ausreicht. Es ist also nicht entscheidend, die „exakte" Positionierung in der gesamten Matrix vorzunehmen, sondern den entsprechenden Quadranten zu „treffen". Somit ist in den meisten Fällen die (objektive) Einschätzung der Positionierung der (potenziellen) Erfolgsfaktoren durch Experten ausreichend.

Preis: Aus Kundensicht besitzt die Preisgestaltung in diesem Wirtschaftsbereich eine zunehmend hohe Bedeutung. Da sich das vorhandene Produktsortiment für Verpackungsmaschinen aber im Wesentlichen aus qualitativ hochwertigen Produkten zusammensetzt, deren Erstellung immer noch einen hohen Anteil menschlicher und manuell zur verrichtender Arbeit umfasst, sind für die VerPaMa Optimierungen hier begrenzt. Ein Ansatzpunkt ergibt sich in der aktuellen Situation jedoch durch die noch nicht zufriedenstellende Beherrschung der neuen Produktionsanlage (Aufgabentext: *„Um qualitativ hochwertige Produkte ausliefern zu können, entstehen durch aufwändige Nacharbeiten hohe Fehlerkosten, die sich dann im Preis der Produkte niederschlagen“.*) Hier sollte die VerPaMa bemüht sein, bestehende Abläufe zu optimieren, um so das Preisniveau der betroffenen VerPaMa-Produkte zu senken.

Innovationsfähigkeit: Der Innovationsdruck auf Verpackungsmaschinenhersteller steigt zunehmen. Um erfolgreich zu sein, ist es daher notwendig, dass ein Unternehmen in Forschung und Entwicklung investiert.

kurze Reaktionszeiten: Kurze Liefer- und auch Reaktionszeiten auf die vom Kunden geäußerten Wünsche besitzen weiterhin einen hohen Stellenwert.

maßgeschneiderte Lösungen: Auch hier ist die Bedeutung aus Kundensicht hoch. In Verbindung mit dem Erfolgsfaktor „Kompetenz“ ist die VerPaMa hier gut aufgestellt.

Kompetenz: Die Kompetenz des Unternehmens, dessen Erfahrungen und vorhandenes Know-How besitzen aus Kundensicht die höchste Bedeutung. Die lange Betriebszugehörigkeit der Mitarbeiter und die im Laufe der Jahre aufgebauten Fähigkeiten gewährleisten bei der VerPaMa auch deren Erfüllung.

logistische Fähigkeiten: Aus Kundensicht ist dieser Erfolgsfaktor bedeutend, von der VerPaMa wird er jedoch nur unzureichend abgedeckt. Hier können als Begründung der veraltete Fuhrpark und die Tatsache, dass es keine „Stamm-Spedition“ gibt, die für die VerPaMa die Auslieferung der Waren vornimmt, angeführt werden.

Service/ Kundendienst: Der Faktor Service/ Kundendienst besitzt einen hohen Stellenwert, bei dem die VerPaMa aber im Vergleich zum Wettbewerb schlechter zu bewerten ist.

Produktqualität: Die Bedeutung der Produktqualität ist hoch. Jedoch ist ihre Ausprägung aber immer auch in Bezug zum verlangten Preis zu sehen. Im Vergleich zur deutschen Konkurrenz zeigen sich hier Defizite bei der VerPaMa, die in der aktuellen Situation mit der Inbetriebnahme der neuen Produktionsanlage verbunden sind. (siehe hierzu auch die Begründung zur Platzierung des Erfolgsfaktors *„Preis“.*)

Informationstechnologie: Sicherlich ist eine funktionierende IT notwendig, stellt aber nur ein Mittel zur Zweckerreichung dar. Aus Kundensicht ist die Bedeutung für die im Unternehmen vorhandene Informationstechnologie (IT) höchstens „mittelmäßig".

Büro- und Geschäftsausstattung: Aus Kundensicht besitzt dieser Erfolgsfaktor keine hohe Bedeutung. Kunden ist es im Wesentlichen egal, auf welchem Wege angebotene Produkte und Leistungen entstehen. Am Ende zählt nur das Ergebnis und nicht der Weg dahin.

Ableitung einer Unternehmensstrategie und konkreter Maßnahmen für ihre Umsetzung für die VerPaMa

Abbildung 4.5 wurde der Veröffentlichung von Hinterhuber/ Handlbauer/ Matzler[47] entnommen und zeigt eine mögliche strategische Umsetzung der identifizierten Erfolgsfaktoren für die VerPaMa, die im Anschluss dargestellt und ausformuliert wird. Macharzina/ Wolf verfolgen einen ähnlichen Ansatz.[48]

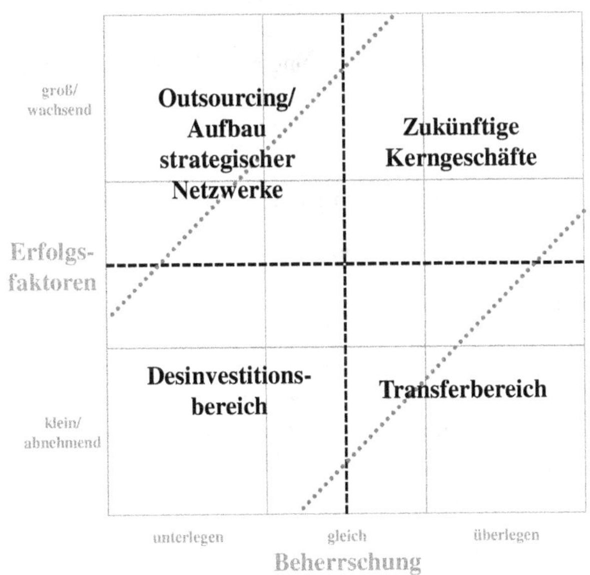

Abbildung 4.5: Zufriedenheits- und Kompetenzpotenziale[49]

---

47 Vgl. Hinterhuber; Handlbauer; Matzler (1977), S. 116ff.

48 Vgl. Macharzina; Wolf (2005), S. 376.

49 Eigene Darstellung in Anlehnung an: Hinterhuber; Handlbauer; Matzler (1977), S. 119.

Abbildung 4.5 teilt die Kundenzufriedenheits-/ Kompetenzmatrix in vier Quadranten auf. Der linke untere Quadrant (Desinvestitionsbereich) zeigt Erfolgsfaktoren auf, die zum aktuellen Zeitpunkt und auch zukünftig (wahrscheinlich) keine Bedeutung besitzen und zudem von Wettbewerbern gleich oder besser beherrscht werden. Hierzu zählen entweder Fähigkeiten zur Aufrechterhaltung des „normalen" Geschäftsbetriebs oder die das vorhandenen Leistungsspektrum vervollständigen. Eine Quelle für Wettbewerbsvorteile stellen sie nicht dar. Der linke obere Quadrant (Outsourcing-Bereich/ Aufbau strategischer Netzwerke) enthält Erfolgsfaktoren, die aus Kundensicht eine hohe Bedeutung besitzen, vom betrachteten Unternehmen aber nur unterdurchschnittlich erfüllt werden. Hier ist zu entscheiden, diese Erfolgsfaktoren durch Dritte erfüllen zu lassen oder sich hier zu verbessern. Der rechte obere Quadrant (Zukünftige Kerngeschäfte) zeigt die Erfolgsfaktoren auf, aus denen das Unternehmen aktuell und in naher Zukunft Wettbewerbsvorteile erzielen kann. Hierbei ist es wichtig, Entwicklungen im Auge zu behalten und sicherzustellen, dass zum einen Entwicklungen erkannt und vorhandene Stärken beibehalten und ausgebaut werden. Der rechte untere Quadrant (Transferbereich) zeigt Erfolgsfaktoren auf, die das Unternehmen bestens beherrscht, die allerdings aus Kundensicht (noch) keine wesentliche Bedeutung besitzen. Entweder bleiben diese Faktoren auch zukünftig ohne Bedeutung oder sie bilden die Grundlage zur Entstehung neuer Kernkompetenzen. Der Bereich unterhalb der oberen und oberhalb der unteren gepunkteten Linie kennzeichnet hier (potenzielle) Erfolgsfaktoren, die priorisiert betrachtet werden sollten.[50]

Für die Erfolgsfaktoren der VerPaMa ergeben sich somit die folgenden Potenziale (siehe folgende Abbildung 4.6).

Preis: Um die hohen Preise für die vertriebenen Produkte rechtfertigen zu können, ist u. a. die Sicherstellung einer herausragenden Qualität erforderlich. Unabhängig hiervon sind Überlegungen und Aktivitäten zu forcieren, die eine kostengünstigere Produktion sicherstellen können. Als konkrete Maßnahme wird hier beschlossen, Abläufe im Unternehmen zu analysieren, Transparenz zu schaffen und Optimierungspotentiale freizulegen. Des Weiteren müssen die Beherrschung der neuen Produktionsanlage forciert und die Anzahl der nachzuarbeitenden Produkte drastisch reduziert werden. In den Bereichen, wo Outsourcing Kostenvorteile ermöglicht (z. B. durch Verlagerung bestimmter Produktionsabschnitte zu Lohnfertigern oder den Zukauf von Bauteilen), ist dieses anzustreben.

Innovationsfähigkeit: Wie der Aufgabenstellung zu entnehmen ist, wurden der Forschungs- und Entwicklungsbereich und Investitionen in diesem Bereich in den letzten Jahren vernachlässigt. Die Innovationsfähigkeit des Unternehmens hat hierunter

50 Vgl. Hinterhuber; Handlbauer; Matzler (1977), S. 116ff.

gelitten. Aus diese Grund kommt einer Forcierung und ggf. dem Neuaufbau dieses Bereichs eine hohe Bedeutung zu. Es kann Sinn machen, über eine eigenständige (vielleicht sogar rechtlich verselbständigte) Forschungs- und Entwicklungsabteilung nachzudenken und ggf. auch hier „neues“ Personal einzustellen. Zu berücksichtigen sind allerdings die zur Verfügung stehenden finanziellen Ressourcen.

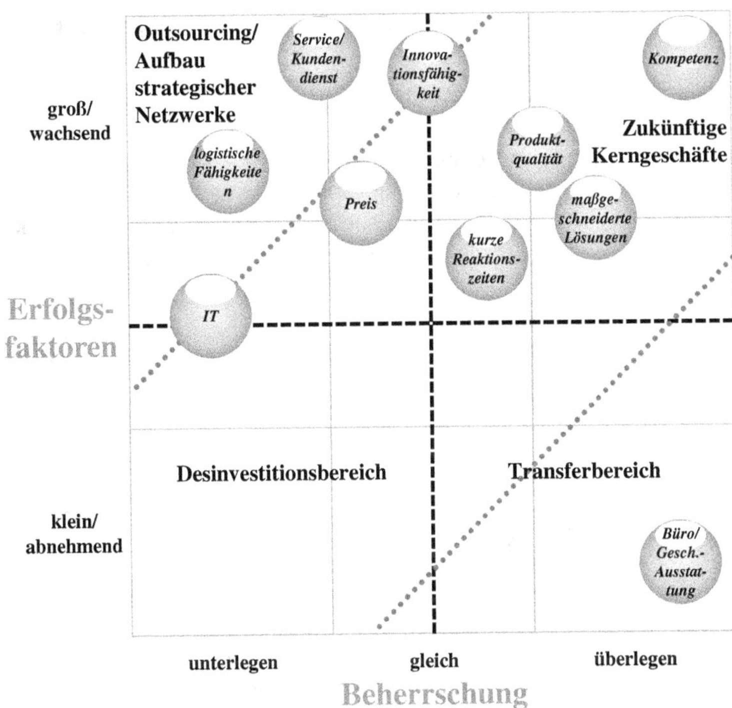

Abbildung 4.6: Zufriedenheits- und Kompetenzpotenziale für die VerPaMa

kurze Reaktionszeiten: Um schnell und „kostengünstig“ auf Kundenwünsche eingehen zu können, ist eine Analyse der vorhandenen Abläufe erforderlich. Hierdurch wird gewährleistet, dass die Anzahl von Schnitt- und Liegestellen innerhalb der Abläufe verringert und Durchlaufzeiten verkürzt werden.

maßgeschneiderte Lösungen: Die Fähigkeit, detailliert auf Kundenwünsche eingehen zu können und maßgeschneiderte Lösungen anzubieten, ist vorhanden. Sie ist im Zusammenhang mit der hohen Kompetenz im Unternehmen zu betrachten und weiter zu forcieren. Ein verbessertes Projektmanagement könnte die Ausprägung dieses Erfolgsfaktors erhöhen.

Kompetenz: Erfahrung und Know-How, die sich im Erfolgsfaktor Kompetenz widerspiegeln sind der aus Kundensicht zum aktuellen Zeitpunkt am höchsten bewertete Erfolgsfaktor. Damit dieser Kompetenzfaktor auch in Zukunft hervorragend abgedeckt werden kann, sind die Durchführung von Weiterbildungsmaßnahmen sowie die Verpflichtung der Mitarbeiter, diese auch wahrzunehmen von Bedeutung. Ebenso kann es sinnvoll sein, über die Institutionalisierung eines Wissensmanagements[51] im Unternehmen nachzudenken, das u. a. „Werkzeuge" bereitstellt, Erfahrungswissen zu dokumentieren.

logistische Fähigkeiten: Diesen aus Kundensicht bedeutenden Erfolgsfaktor deckt die VerPaMa nur unzureichend ab. Ob es sich lohnt, den „veralteten" Fuhrpark umfassend zu erneuern, ist in Frage zu stellen. Denn die VerPaMa sieht sich grundsätzlich nicht als Logistikunternehmen. Die Unternehmensleitung sollte hier analysieren, ob ein Outsourcing der Vertriebslogistik (Übergabe der gesamten Lagerhaltung inkl. „physischer" Vertriebsaktivitäten) an ein hierauf spezialisiertes Unternehmen lohnenswert sein kann.

Service/ Kundendienst: Service/ Kundendienst besitzt einen hohen Stellenwert, wird von der VerPaMa aber nur unzureichend erfüllt. Hier ist zu analysieren und zu entscheiden, ob eine Aufstockung des eigenen Mitarbeiterstabes oder vielleicht auch eine Kooperation mit einem Dienstleistungsunternehmen, das Service- und Kundendienstaufgaben übernimmt, sinnvoll sein kann. Zum Erfolgsfaktor Service/ Kundendienst gehört sicherlich auch das Ersatzteilegeschäft. Entscheidet sich das Unternehmen unabhängig hiervon zu expandieren (→ Wachstumsstrategie) ist ggf. über die Einrichtung von Service- oder Kundendienst-Centern „vor Ort" und in der Nähe der (bedeutenden) Kunden nachzudenken. Das kann entweder durch Kooperationen mit anderen Unternehmen (Allianzbildung) oder durch ein Outsourcing realisiert werden.

Produktqualität: Die Bedeutung der Produktqualität ist hoch. Allerdings hat die Qualität der vertriebenen Produkte in letzter Zeit nachgelassen. Hier sind neben den bekannten „Schwächen" intensive Ursachenforschung zu betreiben und Arbeitsabläufe zu analysieren. „Qualitätsgefahren" können durch diese Maßnahmen transparent dargestellt und zukünftig vermieden werden. Die Sicherstellung einer hohen Produktqualität ist zudem der wesentliche Rechtfertigungsgrund für die verlangten höheren Produktpreise.

---

51 Eine ausführliche Darstellung der mit der Einführung von Wissensmanagement in Verbindung stehenden Tätigkeiten ist z. B. zu finden bei: Jaspers; Fischer (2008).

Informationstechnologie: Da eine funktionierende Informationstechnologie nur ein Mittel zum Zweck ist und sicherlich auch zukünftig keine Kernkompetenz der VerPaMa darstellen wird, ist über ein Outsourcing der IT-Abteilung nachzudenken.

Büro- und Geschäftsausstattung: Da dieser Erfolgfaktor aus Kundensicht keine Bedeutung besitzt und auch hier in den letzten Jahren Investitionen getätigt wurden, sollten sich zukünftige Investitionen in diesem Bereich nur auf Erhaltungsinvestitionen beschränken.

Strategiefazit

Die zukünftige Kernkompetenzstrategie der VerPaMa umfasst somit Maßnahmen, die sich auf die Erfolgsfaktoren „Service/ Kundendienst", „Innovationsfähigkeit", „kurze Reaktionszeiten", „Qualität", „Kompetenz" und „maßgeschneiderte Lösungen" konzentrieren und die die Ausrichtung des Unternehmens in den nächsten Jahren prägen werden. Die dargestellte Kundenzufriedenheits-/ Kompetenzmatrix zeigt allerdings auch, dass der „Transferbereich" keine Potenzialfaktoren aufzeigt (siehe Abbildung 4.6). Der Transferbereich beinhaltet grundsätzlich herausragende Kompetenzen eines Unternehmens, für die noch kein Anwendungsbereich gefunden wurde.[52] Die VerPaMa mag somit gut beraten zu sein, intensiv Kundenbedürfnisse zu erfragen und hierauf aufbauend zukünftige Erfolgsfaktoren in diesem Quadranten zu platzieren.

4.3 Alternative Strategieaufstellung

Als ergänzende Strategieformulierung soll in diesem Kapitel die „make-or-buy"-Strategie betrachtet werden, die auch als „Outsourcing-oder-Insourcing-Strategie" bezeichnet wird. Grundlage zur Aufstellung dieser Strategie ist eine Diskussion der Frage, ob bestimmte Produkte oder Dienstleistung im eigenen Unternehmen hergestellt oder zugekauft werden sollen.

Ein Entscheidungsprozess für oder gegen Outsourcing besteht aus vier Schritten/ Phasen.

1. Prüfung der Neigung zum Thema („Outsourcing-Affinität")
2. Identifikation von Produkten oder Bereichen, die sich für das Outsourcing eignet („Outsourcing-Objekt")
3. Suche nach einem geeigneten („Outsourcing-Partner") (Know-how, Erfahrung, Qualität, Referenzen, Verfügbarkeit),

[52] Vgl. hierzu: Hinterhuber; Handlbauer; Matzler (1977), S. 118.

4. Ermittlung der quantitativen Vorteile durch Outsourcing („Outsourcing-Rentabilität")

Die vier Schritte/ Phasen, die in ihrem Ergebnis zu einer Entscheidung für oder gegen ein Outsourcing führen, können in Form eines Entscheidungsstrangs dargestellt werden (siehe Abbildung 4.7).

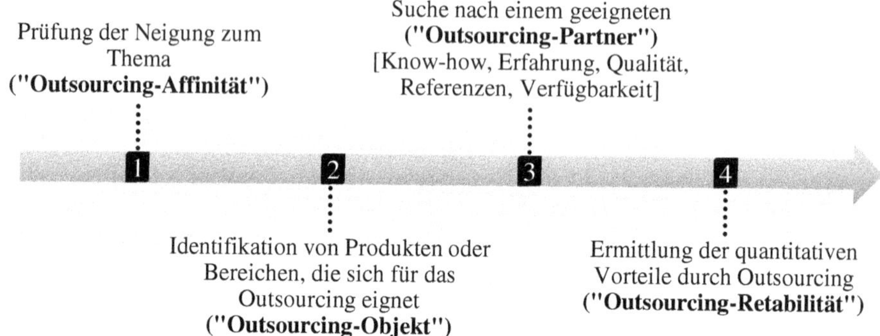

Abbildung 4.7: Entscheidungsstrang für oder gegen ein Outsourcing

Outsourcing-Affinität: Innerhalb des ersten Schritts beschäftigt sich ein Unternehmen mit dem Thema „Outsourcing". Es wird diskutiert, ob sich das Unternehmen durch das Outsourcing von anderen (Unternehmen) abhängig macht, die Einbeziehung Dritter in seine Abläufe mit einem Imageverlust verbunden sein könnte und was eine Auslagerung von Tätigkeiten auf Dritte für vorhandene Ressourcen (hier speziell Mitarbeiter und Unternehmensausstattung) des Unternehmens bedeutet. Das Ergebnis dieser Phase muss eine eindeutige Aussage für oder gegen das Outsourcing sein und die Bereitschaft zum Ausdruck bringen, die nachfolgenden Schritte zielstrebig anzugehen.

Outsourcing-Objekt: Nachdem die Bereitschaft für ein grundsätzliches Outsourcing vorhanden ist, besteht der nächste Schritt darin, hierfür Produkte, Dienstleistungen oder auch Abläufe zu identifizieren. Hierbei kann es sich um fremd zu beziehende Bauteile wie auch um ganze Abläufe oder Abteilungen (Informationstechnologie, Logistik, Finanz- und Rechnungswesen etc.) handeln. Bei der Auswahl eines Outsourcing-Objektes muss dass Unternehmen sicherstellen, dass durch die Verlagerung von Tätigkeiten nach außerhalb des Unternehmens kein Unternehmenserfolg entscheidendes Wissen verloren geht. So wäre es bspw. strategisch falsch, Forschungs- und Entwicklungstätigkeiten im Wesentlichen „auszulagern", wenn ein Erfolgsfaktor des Unternehmens darin besteht, „innovative" Produkte marktfähig zu entwickeln.

Outsourcing-Partner: Der Markt bietet eine Vielzahl von Unternehmen an, die in den verschiedenen Bereichen als Outsourcing-Partner in Frage kommen können. Das Angebot für das Outsourcing von Abläufen reicht vom IT-Bereich über die Logistik bis zu Unternehmen, die Dienstleistungen in allen kaufmännischen Bereichen offerieren (www.administraight.de) oder sich auf bestimmte Bereiche, wie die Durchführung von Inventuraufgaben mit Hilfe statistischer Verfahren (www.stichprobeninventur.de) spezialisiert haben. Um sich hier für einen Partner zu entscheiden, ist es wichtig, „sich gut aufgehoben" zu fühlen. Der Outsourcing-Partner muss sich auf „Augenhöhe" befinden und das Anliegen und die Probleme des Unternehmens verstehen. Sicherlich stellen hier auch Erfahrungsberichte und Referenzen durchgeführter Projekte eine gute Ergänzung zur Entscheidungsfindung dar.

Outsourcing-Rentabilität: Einen wichtigen Aspekt bei der Entscheidung für oder gegen ein Outsourcing stellen die Gegenüberstellung der Kosten für „Eigenfertigung" und „Fremdbezug" dar. Sind die Bereitschaft für ein Outsourcing gegeben und ein geeignetes „Objekt" zum Outsourcen wie auch ein potenzieller „Outsourcing-Partner" gefunden, entscheidet eine Gegenüberstellung der Kosten, die bei eigner Umsetzung und beim Fremdbezug entstehen über die die jeweilige Realisierung.

Konkretisierung eines Outsourcing-Projektes bei der VerPaMa

Für die VerPaMa ergeben sich mehrere Ansatzpunkte für ein Outsourcing. So stellen die IT-Abteilung wie auch die Logistikabteilung Bereiche dar, die lediglich „ablaufunterstützende" Funktionen erbringen. Die VerPaMa sieht sich nicht als „Logistik-Unternehmen" und auch nicht als „IT-Spezialist". Eine genauere Analyse der Abläufe zeigt auch die hohen Kosten für die Durchführung jährlichen Inventurarbeiten auf. (siehe hierzu das Fallbeispiel „Stichprobeninventur – Anwendungsvoraussetzung, Planung, Realisierung" diesem Werk). Bisher wurden die jährlichen Bestandaufnahmen vollständig durchgeführt („Vollinventur"). Das Unternehmen überlegt jetzt anstelle der Vollaufnahme ein Stichprobenverfahren einzusetzen. Zur Realisierung gibt es hier zwei Alternativen: Kauf eines Programms und selbständige Durchführung oder Inanspruchnahme der Dienstleistung eines Beratungsunternehmens, dass sich auf die Durchführung der Stichprobeninventur spezialisiert hat. Die hier zu diskutierende Problemstellung stellt somit eine klassische „Make-or-Buy"-Entscheidung dar. Nachfolgend soll die Entscheidungsfindung für oder gegen ein Outsourcing mithilfe des Entscheidungsstrangs (siehe Abbildung 4.7) getroffen werden.

Outsourcing-Affinität: Grundsätzlich ist die VerPaMa bereit, Abläufe outzusourcen. So kann sich die Geschäftsleitung vorstellen, das mit dem Ablauf der Inventurdurchführung zu realisieren. Eine Betrachtung der Kernkompetenzen zeigt, dass durch das Outsourcen kein „Kernwissen" betroffen ist und die Durchführung der Inventur in erster Linie zur Erfüllung der handels- und steuerrechtlichen Verpflichtungen erfolgt.[53] Werden die Inventurarbeiten zukünftig in Zusammenarbeit mit einem Dienstleister durchgeführt, bekommt dieser Einsicht in Einkaufspreise und Herstellkosten. Damit diese sensiblen Daten nicht in falsche Hände geraten ist es wichtig, hier entsprechende Vorkehrungen zu treffen. Verschwiegenheitserklärungen oder auch die Verpflichtung des Dienstleisters, unternehmensbezogene Daten nach Abschluss des Projektes zu vernichten, sind in der Praxis üblich, um Unternehmensdaten zu schützen.

Outsourcing-Objekt: Das Outsourcing-Objekt ist im vorliegenden Fall klar definiert. Aus den zur Verfügung stehenden „Objekten" wählt das Unternehmen die Verlagerung der Inventurarbeiten auf einen Dienstleister aus. Hierdurch sollen auch Erfahrungen für Folgeprojekte gesammelt werden.

Outsourcing-Partner: Bei der Durchführung einer Dienstleistungsstichprobeninventur stellt die VerPaMa dem Dienstleister aktuelle Lagerdaten zur Verfügung und führt die Aufnahme mit eigenem Personal durch. Der Dienstleister „bestimmt" die im Rahmen der Inventurarbeiten aufzunehmenden Positionen, begleitet die Aufnahme und steht so bei Problemen sofort zur Seite, führt die statistischen Berechnungen durch und erstellt einen Abschlussbericht.[54] Ein in Frage kommendes Dienstleistungsunternehmen findet die VerPaMa unter www.stichprobeninventur.de.

Outsourcing-Rentabilität: Um sich im vorliegenden Fall aufgrund einer Kostenanalyse für „Make-or-Buy" zu entscheiden, kann die folgende Kostenrechnung dienen. Der grundlegende Vorteil der „Buy"-Alternative besteht darin, dass der Dienstleister aufgrund seiner Erfahrung ein unternehmens- bzw. lagerspezifisches Inventurkonzept anbieten kann, das in der Regel mit einen erheblich geringen Umfang der aufzunehmenden Inventarpositionen verbunden ist. Hingegen sind käuflich zu erwerbende Softwareprodukte für alle Läger und Branchen anwendbar und fehlendes Anwenderfachwissen lässt die mit der Stichprobeninventur verbundenen möglichen Rationalisierungspotenziale nicht ausschöpfen.

Die folgende Darstellung (siehe Tabelle 4.1) geht von den Inventurkosten für Erwerb/ Honorar für Dienstleistung, Vorbereitung, Aufnahme, Nachbereitung und Opportunitätskosten aus.

Die dargestellte Kostenrechnung (Tabelle 4.1) zeigt auf, dass die Stichprobeninventurdurchführung in Form einer Dienstleistung deutlich rentabler ist, als die eigenständige Durchführung der Stichprobeninventur. In den „Anschaffungskosten" liegen beide Alternativen „nah" beieinander, allerdings schlagen bei der Kaufvariante jährliche Wartungskosten in Höhe von 10 % des Anschaffungspreises „negativ" zu

53 Vgl. hierzu: Handelsgesetzbuch (HGB), § 240.

54 Vgl. zur Dienstleistungsinventur z. B.: Jaspers (2005).

Kostenart	Kosten-bestandteil	Stich-proben-inventur-software	Dienst-leistungs-Stichproben-inventur	Kommentar
Erwerb	Anschaf-fungskosten	4.000,00	5.000,00	Angenommen werden hier AK von 20.000 €, die sich auf eine "Lebensdauer" von 5 Jahren verteilen
	jährliche Wartungs-kosten	2.000,00	0,00	10 % der Anschaffungskosten, sind notwendig, da Nutzung der Software nur einmal jährlich stattfindet und somit eine Hotline erforderlich ist
Vorberei-tung	Lager aufräumen etc.	0,00	0,00	Ansatz mit 0 €, da die Kosten gleichermaßen anfallen
Aufnahme	Programm-bedienung, Testlauf	312,00	0,00	Sachbearbeiter mit Bruttolohn 3.000,– €, Stundensatz aus AG-Sicht = ca. 26,– €, erforderlich 1,5 MT = 12 Stunden
	Aufnahme-personal	8.000,00	2.000,00	Ansatz von durchschnittlich 10 ,– €/ Aufnahmeposition, der für die Dienstleistungsinventur ausgewiesene geringere Betrag ergibt sich aufgrund der nachweisbaren Tatsache, dass lagerspezifische Inventurkonzepte nur ca. ein Viertel des Aufnahmevolumens eines mit der Unterstützung eines erworbenen Softwareproduktes erfordern. Für diese Berechnung wird ein realistischer Aufnahmeumfang von 800 Elementen für ein erworbenes Softwareprodukt angenommen. Enthalten sind in den 10,– € Nachprüfungsaktivitäten bei festgestellten Besandsabweichungen
	Teilnahme Wirtschafts-prüfer	1.400,00	700,00	Zugrundelegung eines Tagessatzes von 1.400,– € für die begleitende und stichprobenartige Prüfung der 800 Elemente, die sich bei der verringerten Aufnahme bei der Dienstleistungsstichprobeninventur halbiert.
Nachberei-tung	Buchung der Aufnahme-positionen	173,33	43,33	Angenommen werden hier 0,5 Minuten/ Buchung.
Opportuni-tätskosten	entgangene Gewinne	12.000,00	3.000,00	Bspw. stehen der Schließung eines Unternehmens bei der Aufnahme von 800 Positionen und zwei Tagen bei einem Softwareerwerb, die Schließung des Unternehmens von 0,5 Tagen bei der Inanspruchnahmen der Dienstleistung gegenüber. Als Gewinn wurden ca. 2 Mio. €/ Jahr bei 300 Arbeitstagen zugrunde gelegt.
		27.885,33	10.743,33	

Tabelle 4.1: Rentabilitätsrechnung für eine „Make-or-Buy"-Entscheidung der VerPaMa am Beispiel der Stichprobeninventurdurchführung

Buche. Die Vorbereitungstätigkeiten sind für beide Varianten notwendig, so dass diese vernachlässigt werden können. Aufwendungen für Aufnahmetätigkeiten fallen bei der Kaufvariante höher aus, da der Aufnahmeumfang bei der Dienstleistungsvariante aufgrund des lagerspezifischen Inventurkonzepts erheblich geringer ist. Hierdurch reduziert sich dann auch die mit der Stichprobeninventurdurchführung verbundene erforderliche Mitarbeiterarbeitszeit.[55] Der niedrigere Aufnahmeumfang hat auch direkte Auswirkungen auf die Höhe der Opportunitätskosten. Dadurch, dassdas Unternehmen nur 0,5 Tage im Vergleich zu zwei Tagen geschlossen werden muss, reduziert sich auch der hiermit verbundene Gewinnverlust bei der Dienstleistungsvariante.

Somit entscheidet sich die VerPaMa zur Durchführung der nächsten jährlichen Inventurarbeiten einen Dienstleister zu engagieren und ihn mit der Umsetzung der Stichprobeninventur zu beauftragen.

Abbildung 4.8 zeigt fasst noch einmal den Entscheidungsweg für oder gegen ein Outsourcing zusammen.

---

55 Die für die Vergleichsrechnung verwendeten Personalkosten wurden entnommen bei: http://www.gruendungszuschuss.de/unternehmerwissen/geld-steuern/personal-kosten.html [26.8.2010]

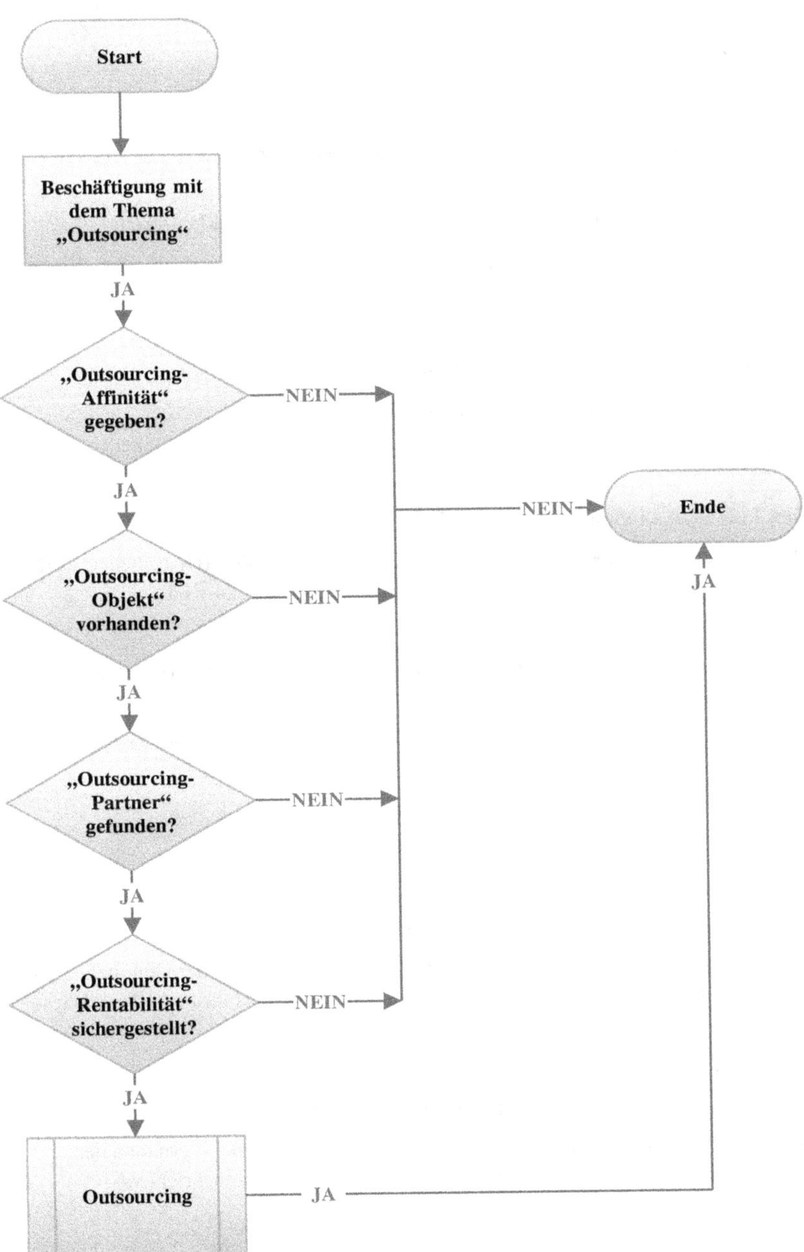

Abbildung 4.8: Entscheidungsweg für oder gegen ein Outsourcing

5 Literatur

Al-Laham, A.: Strategieprozesse in deutschen Unternehmen – Verlauf, Struktur und Effizienz. Wiesbaden (1997).

Bain & Company (Hrsg): Management Tools 2005 – An Executive Guide. Bosten (2005).

Brauchlin, E.; Wehrli, H. W.: Strategisches Management mit Fallstudien. München, Wien (1991).

Carl, N.; Kiesel, M.: Unternehmensführung. Landsberg (2002).

Eschenbach, R.: Führungsinstrumente in der Non-Profit Organisation. Stuttgart (1998).

Ganz, W.; Graf, N.: Performanz-Leitbilder. Stuttgart (2007).

Ganz, W.; Graf, N.: Performanz-Leitbilder entwickeln – Unternehmenswerte leben! Stuttgart (2009).

Gausemeier, J.; Fink, A.: Führung im Wandel. München (1999).

Gerpott, T.: Wettbewerbsstrategien. In: Schreyögg, G.; Werder, A. Von (Hrsg.): Handwörterbuch Unternehmensführung und Organisation. Stuttgart (2004), S. 1624–1632.

Herbst, D.: Corporate Identity. Berlin (2006).

Hinterhuber, H. H.; Handlbauer, G.; Matzler, K.: Zufriedenheit durch Kernkompetenzen. München, Wien (1997).

Jaspers, W.: Outsourcing von Inventurarbeiten. In: Wullenkord, A. (Hrsg.): Praxishandbuch Outsourcing. München (2005), S. 225–242.

Jaspers; W.; Fischer, G. (Hrsg.): Wissensmanagement heute. München (2008).

Krüger, W.; Homp, C.: Kernkompetenz-Management. Wiesbaden 1997.

Macharzina, K.; Wolf, J.: Unternehmensführung. Wiesbaden (2005).

Müller-Stewens; U.; Lechner, C.: Strategisches Management, Stuttgart (2001).

Matzler, K.; Stahl, H. K.; Hinterhuber, H. H.: Die Customer-based View der Unternehmung. In: Hinterhuber, H. H.; Matzler, K.: Kundenorientierte Unternehmensführung (Hrsg). Wiesbaden (2004), S. 3–32.

Mintzberg; H; Quinn; J. B.: The Strategy Process. Hemel Hempstead, Herts/ England (1997).

Osterloh, M.; Frost, J.: Prozessmanagement als Kernkompetenz. Wiesbaden 1997.

o. A.: Verpackungstechnik: Deutscher Verpackungsmaschinenbau packt internationalen Wettbewerb. Online im Internet: http://www.vdi-nachrichten.com/vdi-nachrichten/aktuelle_ausgabe/akt_ausg_detail.asp? (2010a) [11.08.2010].

o. A.: Verpackungsmaschinen: Umsatz bricht weg. http://www.marktundmittelstand.de/portal/produzieren/761/weniger-umsatzeinbruch-fuer-hersteller-von-verpackungsmaschinen/ (2010b) [11.08.2010].

o. A.: Verpackungsmaschinen: Erfreuliches erstes Halbjahr. http://www.vdma.org/wps/portal/Home/de/Branchen/N/NUV/Wirtschaft_und_Recht/NuV_20100805_VO_AE%20VPM_06_VF_d?WCM_GLOBAL_CONTEXT=/wps/wcm/connect/vdma/Home/de/Branchen/N/NUV/Wirtschaft_und_Recht/NuV_20100805_VO_AE%20VPM_06_VF_d (2010d) [11.08.2010].

o. A.: Verpackungshersteller Gerresheim steigert Umsatz und Gewinn. In: Rheinische Post (7.10.2010d), S. B3.

Porter, M. E.: Competitive Advantage. New York, London (1985).

Porter, M. E.: Die Wettbewerbskräfte – neu betrachtet. In: Harvard Business Manager (5/2008), S. 20–26.

Scheer; A. W.; Köppen, A.: Consulting. Berlin (2001).

http://www.gruendungszuschuss.de/unternehmerwissen/geld-steuern/personalkosten.html [26.8.2010]

http://www.manager-magazin.de/life/technik/0,2828,504097,00.html [10.09.2010].

http://www.manager-magazin.de/life/technik/0,2828,554699,00.html [10.09.2010].

http://glashuette-original.com [24.05.2008])

Ablaufoptimierung – von der IST-Analyse bis zum SOLL-Konzept

Wolfgang Jaspers

Inhaltsverzeichnis

1 Einleitung

Die Herausforderungen an eine Unternehmensführung wachsen ständig. Die Schlagworte Globalisierung, Internationalisierung, steigende Kundenerwartungen, Kostensenkung etc. und die Lösung der hieraus resultierenden Aufgaben dokumentieren, ob ein Unternehmen heutzutage erfolgreich ist oder nicht. Transparente, überschaubare und überhaupt beherrschbare Abläufe tragen in vielen Bereichen hierzu bei. Längst haben erfolgreiche Unternehmen erkannt, dass abteilungsorientierte Denkweisen und der daraus resultierende Ressortegoismus durch prozessorientierte Strukturen abzulösen sind.[1]

Der Aufwand für ein Unternehmen, diesen Weg zu gehen, ist nicht gering. Der vorliegende Beitrag setzt hier an. Das fiktive Unternehmen „VerPaMa – Verpackungsmaschinen GmbH" hat diese Notwendigkeit auch erkannt. Ausgehend von der textlichen Beschreibung von drei Abläufen besteht die Aufgabe für den Leser darin, bestehende IST-Abläufe überschaubar (grafisch) darzustellen, Schwachstellen in den vorhandenen Abläufen zu identifizieren und hierauf aufbauend ein SOLL-Konzept zu „modellieren". Da sich die Rahmenbedingungen für ein Unternehmen stetig ändern, hilft die Definition von Prozesskennzahlen im Anschluss hieran, die Leistungsfähigkeit von Prozessen beurteilen zu können. Es wird aufgezeigt, warum solche Kennzahlen wichtig sind und wie ihre Definition erfolgen kann.

Die anhängenden Lösungsvorschläge sind so konzipiert, dass Lösungen auf ähnliche Unternehmenssachverhalte in Theorie und Praxis adaptiert werden können. Da die Aufgaben in einigen Teilen aufeinander aufbauen, sind sie „sequentiell" abzuarbeiten. Es ist somit sinnvoll, nach jeder Teilaufgabe die „eigene" Lösung mit der anliegenden Musterlösung zu vergleichen und erst dann mit der Bearbeitung der nächsten Aufgabenstellung fortzufahren.

---

1 Vgl. hierzu z. B.: Best: Weth (2007), S. 12ff. Franz; Scholz, S. 13ff. Hammer (1997), S. 19ff. Hammer (2002), S. 15ff. Osterloh; Frost (1996), S. 25ff. Picot; Frank (1996), S. 13ff.

2 VerPaMa GmbH

Die VerPaMa – Verpackungsmaschinen GmbH (nachfolgend nur noch als VerPaMa bezeichnet) ist ein in Deutschland ansässiges inhabergeführtes mittelständisches Unternehmen. Das Unternehmen entwickelt und produziert Verpackungsmaschinen. Der Vertrieb erfolgt weltweit über eigenes Vertriebspersonal sowie über rechtlich selbständige Handelsunternehmen. Das Unternehmen ist am Markt etabliert und verzeichnet einen jährlichen Umsatz von ca. 50 Mio. €. Weitere Informationen zur VerPaMa sind der folgenden Aufgabenstellung und dem Beitrag „Die Reorganisation eines Unternehmens" in diesem Werk zu entnehmen.

3 Aufgabenstellung

3.1 Ablaufoptimierung

Betrachten Sie die in Kapitel 3.1.1 beschriebenen Abläufe der VerPaMa, die die aktuelle Situation in verschiedenen Bereichen des Unternehmens dokumentiert. Stellen Sie die textlich beschriebenen IST-Abläufe grafisch dar, erarbeiten Sie die Schwachstellen in diesen Abläufen und überlegen Sie, wie ein möglicher SOLL-Ablauf aussehen könnte. Zeichnen Sie Ihre IST- und SOLL-Abläufe *mit Hilfe des Programms MS VISIO* (oder einem ähnlichen Programm).[2]

3.1.1 Beschreibung des IST-Ablaufs für den Ersatzteileverkauf

Neben dem wesentlichen Projektgeschäft, auftragsbezogene Verpackungsmaschinen zu entwickeln, zu produzieren und vor Ort beim Kunden zu installieren und in Betrieb zu nehmen, hat das Ersatzteilgeschäft der VerPaMa in den letzen Jahren erkennbar zugenommen. Aktuell werden hier pro Tag durchschnittlich ca. 50 Aufträge bearbeitet. Das liegt zum einen darin begründet, dass Verpackungsmaschinen der VerPaMa viele Jahre im Gebrauch sind und zum anderen, dass die VerPaMa auch Normteile anbietet, wie Dichtungen, Motoren, Schmierstoffe etc., die generell im Maschinenbau Verwendung finden können. In Anlehnung an die festgelegte Unter-

[2] Beachten Sie hierzu auch die Hinweise in Kapitel 6.1 Notation Ablaufpläne.

nehmensstrategie, in die die Umsetzung der Erfolgsfaktoren „Service/ Kundendienst“ und „Innovationsfähigkeit“ aufgenommen wurden, besitzt das Ersatzteilegeschäft eine hohe Bedeutung. Die folgenden Absätze beschreiben die Abläufe in den Bereichen Auftragsannahme, Auftragskommissionierung und Bestellung.

Auftragsannahme: Ablauftechnisch bestellt ein Kunde Ersatzteile per eMail, telefonisch oder in Ausnahmefällen auch per Fax oder Post. Der Auftrag wird von einem Mitarbeiter der Auftragsannahme (die Auftragsannahme besteht aus zwei Vollzeitmitarbeitern) entgegen genommen. In der Regel ist für den Verkauf keine Beratung erforderlich: in einer ausgelieferten Maschine und der dazugehörenden Dokumentation sind alle Bauteile detailliert aufgeführt und genau beschrieben. Beratungsbedarf besteht jedoch in einzelnen Fällen, in denen Kunden Ersatzteile bestellen, die in anderen als in VerPaMa-Maschinen verbaut werden. Beratungen erfolgen ausschließlich telefonisch. In diesem Fall leitet der Mitarbeiter der Auftragsannahme den Kunden an einen Mitarbeiter der Produktionsabteilung weiter, der die Beratung durchführt. Im Anschluss an das Beratungsgespräch (Voraussetzung, dass der Kunde kaufen will) gibt der Mitarbeiter der Produktionsabteilung das Ergebnis des telefonischen Beratungsgespräch (und die angefertigten Notizen) an den Mitarbeiter der Auftragsannahme weiter. Nachdem der Auftrag entgegengenommen wurde, erfolgt möglichst zeitnah und ggf. nach der durchgeführten Beratung (hier sofort) die manuelle Übernahme der Auftragsdaten in das vorhandene Warenwirtschaftssystem durch den Mitarbeiter der Auftragsannahme. Danach druckt der Mitarbeiter der Auftragsannahme jeden Auftrag aus, fügt ihn in einen Hefter ein und legt ihn für die „Hauspost“, die alle 30 Minuten im Unternehmen zu transportierende Dokumente abholt, bereit. Die Verwaltung der durch den Mitarbeiter der Hauspost ins Lager gelangten Dokumente erfolgt dort an einer zentralen Stelle. Hier werden die Aufträge auf bereits zu einem früheren Zeitpunkt abgelegten Aufträgen in einem „Auftragskörbchen“ abgelegt.

Auftragskommissionierung: In der Auftragskommissionierung kopiert ein Mitarbeiter dieser Abteilung aus „Sicherheitsgründen“ noch einmal alle Originalaufträge und heftet diese ab. Das Original des Auftrags wird für die spätere Kommissionierung verwendet. Es hat sich im Ablauf eingebürgert, dass ein Mitarbeiter der Abteilung vor der Kommissionierung stichprobenartig in der verwendeten EDV-Lagerkartei prüft, ob Auftragsartikel auch in ausreichender Menge im Lager vorhanden sind. Dabei kommt es allerdings oft vor, dass auf die Bestände in der Lagerbuchführung kein Verlass ist: im Lager befinden sich Artikel, für die ein Nullbestand geführt wird oder es sind in der Lagerbuchführung Artikel vorhanden, nicht jedoch physisch im Lager. Die im Lager tätigen Kommissionierer schauen in regelmäßigen Abständen nach, ob für sie zu kommissionierende Aufträge bereitgelegt wurden. In diesem Fall beginnen Sie mit der Kommissionierung. Problematisch ist für die Kommissionierung, dass es zu einem Artikel mehrere Lagerplätze geben kann, die Lagerbuchführung zwar die gesamte Sollmenge in einer Summe anzeigt, jedoch nur die Speicherung eines Lagerplatzes pro Artikel ermöglicht. Nur dieser eine Stellplatz wird in der Lagerbuchführung verwaltet und gepflegt. Das bedeutet, dass Artikel nicht geliefert werden können, wenn der in der Lagerkartei „gepflegte" Lagerplatz leer ist und die anderen gelagerten Mengen eines Artikels im Lager nicht gefunden werden. Grundsätzlich vermerkt der Kommissionierer Fehlmengen manuell auf dem Auftrag. Nach dem Ende eines unvollständigen Kommissioniervorgangs informiert der Kommissionierer einen Mitarbeiter des Vertriebs, der mit dem Kunden Rücksprache hält, ob der Auftrag trotz der Fehlmengen ausgeliefert werden soll. Der Mitarbeiter des Vertriebs gibt dem Kommissionierer dann ein Feedback, was zu tun ist. Bei unvollständig auszuliefernden Aufträgen informiert der Kommissionierer dann einen Mitarbeiter aus der Auftragsannahme, der über diese Positionen einen neuen Auftrag anlegt. In dem Fall, dass keine Auslieferung erfolgt, wird der Auftrag in einen abgegrenzten Bereich abgestellt. Er verbleibt dort solange, bis wieder Ware vorhanden ist. Für nachfolgend zu kommissionierende Aufträge stehen somit die Artikel bereits unvollständig kommissionierten Aufträge nicht mehr zur Verfügung. In diesem Fall meldet der Kommissionierer diese Aufträge an den Mitarbeiter-Auftragskommissionierung, der die Informationen später für die Weitergabe an die Abteilung Einkauf benötigt, die dann Bestellungen für diese Artikel durchführt. Die auf den Aufträgen vermerkten nicht lieferbaren Positionen dürfen bei der späteren Fakturierung (im Falle der Auslieferung eines nicht vollständigen Auftrags) nicht berücksichtigt und nicht berechnet werden. Auszuliefernde Aufträge stellt der Kommissionierer anschließend in eine Bereitstellungszone, von wo die Verladung durch einen Verlader stattfindet. Nach der Verladung erfolgen die Lieferung zum Kunden durch einen Mitarbeiter des Fuhrparks oder eines beauftragten Speditionsunternehmens und die anschließende Rechnungserstellung durch einen Mitarbeiter der Abteilung Rechnungswesen, nachdem dieser einen Abliefernachweis (unterschriebener Lieferschein) erhalten hat. Da die Mitarbeiter des Fuhrparks und auch die der beauftragten Speditionsunternehmen nicht täglich wieder die VerPaMa anfahren (um bspw. neue Fracht entgegen zu nehmen) ist es normal, dass der Abliefernachweis mit einer Zeitverzögerung von mehreren Tagen in der Abteilung Rechnungswesen eintrifft. Erst dann kann durch einen Mitarbeiter dieser Abteilung die Rechnungserstellung erfolgen.

Bestellung: Die Informationen, dass zur Kommissionierung Auftragspositionen fehlten, erhält der Mitarbeiter der Einkaufsabteilung vom Mitarbeiter der Auftragskommissionierung. Der Mitarbeiter der Einkaufsabteilung bündelt zunächst Bestellungen für einen Lieferanten. Liegen genug Bestellungen vor, erteilt der Abteilungsleiter Einkauf eine Freigabe für die gesammelten Bestellungen. Ist er aber der Meinung, dass noch nicht genug „gebündelt" wurde, gibt er die Bestellungen wieder an den Mitarbeiter der Einkaufsabteilung zurück. Eine konkrete Vorgabe, wann genug Bestellungen vorhanden sind, existiert nicht. Genehmigte Bestellungen übergibt der Abteilungsleiter Einkauf an seine Assistentin, die die Genehmigung an den entsprechenden Mitarbeiter der Einkaufsabteilung weiterleitet und der dann die Bestellung ausführt. Da der Abteilungsleiter Einkauf nicht immer direkt erreichbar ist, kann es sein, dass die Bestellungen ein paar Tage „liegen" bleiben. Damit der Ablauf dann nach einer Genehmigung der Bestellungen nicht unnötig verzögert wird, nimmt die Assistentin des Abteilungsleiters die Unterlagen in diesen Fällen an sich und führt die Bestellungen direkt nach seiner Freigabe durch. Sollten Bestellungen unklar sein, hat sie Rücksprache mit dem Mitarbeiter der Einkaufsabteilung oder dem Mitarbeiter der Auftragskommissionierung zu nehmen. Nach erfolgter Bestellung heftet die Assistentin „zur Sicherheit" eine Papierkopie der Bestellung in ihren Unterlagen ab.

3.1.2 Grafische Darstellung der IST-Abläufe für den Ersatzteileverkauf

Stellen Sie die in Kapitel 3.1.1 textlich dargestellten IST-Abläufe grafisch in Form von „Flowcharts" dar (siehe hierzu Kapitel 6.1 Notation Ablaufpläne).

3.1.3 Schnittstellen-/ Funktionendiagramm/ Analyse-Review

Fertigen Sie für die abgebildeten IST-Abläufe jeweils ein Schnittstellen-/ Funktionendiagramm an und zeigen Sie die Schwachstellen in den IST-Abläufen auf.

3.1.4 Konzeption und Darstellung der SOLL-Abläufe für den Ersatzteileverkauf

Machen Sie auf der Grundlage der Schnittstellen-/ Funktionendiagramme und der Analyse-Reviews Vorschläge für die SOLL-Abläufe in den einzelnen Bereichen. Stellen Sie Ihre Konzepte mit Hilfe von MS-VISIO (oder eines anderen Grafiktools) grafisch dar (siehe hierzu Kapitel 6.1 Notation Ablaufpläne).

3.1.5 Prozessverantwortung

Wie können Sie sicherstellen, dass es innerhalb der modellierten Abläufe jederzeit einen Mitarbeiter gibt, der die Verantwortung für den jeweiligen Ablauf übernimmt (Prozessverantwortlicher)?

Anmerkung: Um die Zusammenhänge in den einzelnen Abläufen besser zu verdeutlichen, erfolgt für die drei Abläufe Auftragsannahme, Auftragskommissionierung und Bestellung jeweils eine zusammenhängende Lösung der Teilaufgaben IST-Ablauf/ Schnittstellen-, Funktionendiagramm, Analyse-Review/ SOLL-Ablauf.

3.2 Messsystem zur Steuerung von Unternehmensprozessen

Stellen Sie die Grundlagen für ein Messsystem zur Steuerung von Unternehmensprozessen dar und bestimmen Sie für Ihre modellierten SOLL-Prozesse geeignete Prozesskennzahlen. Welche „Eigenschaften“ sollten solche Kennzahlen haben? Stellen Sie hier auch den Unterschied zu „finanziellen Führungsgrößen“ dar. Wie viele Kennzahlen pro betrachtetem Prozess sind sinnvoll und wie werden diese Kennzahlen „definiert“?

4 Lösungsvorschläge

4.1 Ablaufoptimierung

4.1.1 Theoretische Grundlagen

IST-Aufnahme

Die Durchführung der IST-Aufnahme erfordert nicht zu unterschätzende zeitliche wie auch personelle Ressourcen. Sie stellt allerdings die wesentliche Grundlage für das ihr folgende Analyse-Review wie auch das zukünftige SOLL-Konzept dar. Ihre Aufgabe besteht im Wesentlichen aus der Darstellung der bisherigen Abläufe in ihren Grundzügen. Entscheidend ist hier zum einen, dass verstanden wird, was in den jeweiligen Abläufen eigentlich geschieht (grobe Darstellung der stattfindenden Aktivitäten) und zum anderen, dass das Ziel oder Ergebnis des Ablaufs (=Output) deutlich wird. Eine zu detaillierte Darstellung des IST-Ablaufs ist nicht erforderlich. Bei einer zu detaillierten Darstellung besteht die Gefahr, dass diese Kenntnis einer unvoreingenommenen Einstellung der Teilnehmer entgegensteht und die Kreativität für visionäre Ideen behindert. Informationen zur Darstellung besitzt das Prozessteam entweder aufgrund eigenen Wissens oder indem Interviews oder Befragungen mit in den Bereichen operativ tätigen Mitarbeitern geführt werden.[3]

Zur Darstellung und Dokumentation des IST-Zustands gibt es mehrere Möglichkeiten. Neben einer Fließtextdarstellung, die jedoch schnell unübersichtlich wird und hierdurch das Verständnis erschwert, bietet sich die Ablaufdarstellung in grafischer Form an. Ablauf-, Entscheidungsdiagramme, die auch als „Flowcharts" bezeichnet und die bei der Erstellung von Softwareprodukten eingesetzt werden, dienen hier als Vorbild.[4]

Der dokumentierte IST-Ablauf ist unbedingt nach seiner Erstellung mit allen beteiligten Mitarbeitern abzustimmen. Dieses ist umso wichtiger wenn Informationen von anderen als den Teammitgliedern mit in die Darstellung einfließen. „Schnell" wurde ein Mitarbeiter falsch verstanden oder Informationen auch nur unvollständig niedergeschrieben. Die Gefahr, dass dann entweder das SOLL-Konzept auf falschen Annahmen basiert oder bereits gegebene und dokumentierte Informationen zu einem späteren Zeitpunkt geändert werden, verringert sich hierdurch.

Schnittstellen-/ Funktionendiagramm/ Analyse-Review

Das Analyse-Review hat zwei Aufgaben. Zum einen beinhalten viele IST-Abläufe Schwachstellen, die schnell, einfach und ohne großen Reengineering-Aufwand abzustellen sind. Solche Quick-hits oder early-wins können zielstrebig in „ungenügend" genutzten EDV-Systemen, überflüssigen manuellen Tätigkeiten oder allgemein einer unzureichenden Unternehmenskommunikation gesucht und gefunden werden. Quick-hits und early-wins[5] sind Maßnahmen, die ohne großen Aufwand schnelle, sichtbare Ergebnisse erkennen lassen. Sie dienen zu Beginn und während des Projektes u. a. als „Motivationshilfe". Zusätzlich sollte das Ergebnis des Analyse-Reviews aufzeigen, wie „zerklüftet" ein Ablauf ist und wie viele Aufgabenträger notwendig sind, das Ablaufergebnis zu erzeugen.

Ein Funktionendiagramm zeigt in diesem Zusammenhang auf, welche Aufgaben von welchen Stellen im Unternehmen wahrgenommen werden. Es ist eine zweidimensionale Matrix, bei der die Zeilen zu tätigenden Aufgaben und die Spalten Organisationseinheiten darstellen, die die durchzuführenden Aufgaben verrichten. Die Schnittstellen zeigen entweder detailliert auf, welche Art von Tätigkeit an einer Aufgabe wahrgenommen wird (Ausführung, Entscheiden, Planen, Kontrollieren,

---

3 Zu den verschiedenen Erhebungstechniken siehe z. B.: Bühner (2004), S. 35ff.

4 Eine detaillierte Vorgehensweise zur Anfertigung von Ablaufplänen ist Kapitel 6.1 Notation Ablaufpläne zu entnehmen.

5 Vgl. hierzu: Jaspers; Westerink (2008), S. 88f.

Wahrnehmung der Gesamtfunktion) oder ob eine Organisationseinheit überhaupt an einer Aufgabe beteiligt ist (siehe hierzu Tabelle 4.1).[6]

SOLL-Konzept

In Absprache mit dem Prozessausschuss beschließt das Prozessformungsteam[7] die Abläufe des SOLL-Konzepts nicht wie bisher abteilungsorientiert, sondern zukünftig „prozessorientiert" zu gestalten. Hierzu gehört, dass Mitarbeiter wenn möglich aufqualifiziert werden, um zukünftig eher als Generalisten und weniger als Spezialisten tätig sein zu können, sie in ihrem Bereich Verantwortung übernehmen müssen und im Rahmen eines neuen Entlohnungsmodells auch an Erfolg und Misserfolg ihrer Tätigkeit gemessen werden. Weitere Ziele, die durch die Erstellung des SOLL-Konzepts anzustreben sind, führt Abbildung 4.1 auf.

So ist es wichtig, Abläufe kundenorientiert zu gestalten, in einem Ablauf möglichst Schnittstellen zu vermeiden, Liegezeiten zu reduzieren, Fehlerquellen zu erkennen und zu eliminieren, generell für Transparenz zu sorgen und Prozesse möglichst in kurzer Zeit durchlaufen zu lassen.

4.1.2 Auftragsannahme

IST-Ablauf

Die Darstellung des IST-Ablaufs für die Auftragsannahme ist Kapitel 6.2.1 zu entnehmen.

	Stelle 1	Stelle 2	Stelle 3	Stelle 4
Aufgabe A	X			
Aufgabe B		X	X	
Aufgabe C	X			
Aufgabe D				X

Tabelle 4.1: Beispiel für ein Schnittstellen-/ Funktionendiagramm

6 Allgemein zu Funktionendiagrammen siehe: Olfert; Steinbuch (2003), S. 297f.

7 Der Prozessausschuss trifft grundsätzliche strategische Entscheidungen, das Prozessformungsteam ist für die operative Umsetzung verantwortlich. Prozessausschuss und Prozessformungsteam sind Mitglieder eines Rollenmodells, das Projektteilnehmer, Aufgaben und Kompetenzen in einem (Re-organisations-)Projekt regelt. Weitere Informationen zum „Rollenmodell" sind dem Beitrag „Die Reorganisation eines Unternehmens" zu entnehmen.

Abbildung 4.1: Grundsätzliche Ziele zur Verbesserung der Abläufe bei der VerPaMa

Schnittstellen-/ Funktionendiagramm/ Analyse-Review
Grundsätzlich ist der Ablauf der Auftragsannahme von mehreren manuellen Tätigkeiten gekennzeichnet, die für einen internen oder externen Kunden mit keinem „Mehrwert" verbunden. So zeigt das „Schnittstellendiagramm" für diesen Arbeitsablauf fünf Schnittstellen auf. Die Weitergabe der Informationen und Auftragsunterlagen von einem Mitarbeiter der Auftragsannahme (MA-AK) zu einem Fachberater und wieder zurück, der Ausdruck und das Abheften der Papieraufträge sowie der manuelle Transport der Aufträge ins Lager stellen keine wertschöpfenden Aktivitäten dar. Nicht-wertschöpfende Tätigkeiten sind zu vermeiden oder zumindest zu reduzieren. Die Ablage der Aufträge nach dem „Last-in-First-out-Prinzip" ist zudem die Ursache dafür, dass die Kommissionierung „älterer" Aufträge viel zu spät erfolgt. Da im Jahr ca. 12.500 Aufträge bearbeitet werden (250 Arbeitstage x 50 Aufträge/ Tag) macht grundsätzlich eine genauere Betrachtung dieses Ablaufs Sinn. Das Schnittstellendiagramm für den Ablauf Auftragsannahme ist dem Anhang zu entnehmen (Kapitel 6.2.1).

SOLL-Konzept
Die Frage nach einer „automatisierten" Auftragsannahme ist in erster Linie danach zu beurteilen, wie viele Aufträge in der Auftragsannahme bearbeitet werden. Der Aufgabenstellung ist zu entnehmen, dass durchschnittlich 50 Aufträge pro Tag und somit jährlich bei 250 Arbeitstagen ca. 12.500 Ersatzteilaufträge anfallen. Zudem

sind mit der (manuellen) Auftragsannahme und -erfassung zwei Vollzeitkräfte beschäftigt. Unter diesem Aspekt macht es Sinn, sich die Frage nach einer Optimierung zu stellen und über eine automatisierte Auftragsannahme nachzudenken. Hier wäre es denkbar, eine Web-Schnittstelle in der Art eines Online-Shops einzurichten. „Standard"-Aufträge kann ein Kunde (K) hier selbständig anlegen und sich auch direkt bei seiner Auftragseingabe über Verfügbarkeit etc. erkundigen. Sofern ein Kunde (K) hier Unterstützung benötigt, steht ein Mitarbeiter der Auftragsannahme (MA-A) zur Verfügung. Bei „Beratungsaufträgen" hat der Kunde (K) entweder die Möglichkeit direkt einen Beratungsmitarbeiter (das kann ein aufqualifizierter Mitarbeiter der bisherigen Auftragsannahme (MA-A) oder ein Mitarbeiter aus der Produktionsabteilung (MA-P) sein), zu kontaktieren oder seinen Beratungswunsch im Online-Shop einzutragen. Des Weiteren legt der beratende Mitarbeiter zukünftig „seine" Aufträge selber an, wodurch zum einen eine Schnittstelle reduziert und zum anderen Irrtümer ausgeschlossen und Nachfragen vermieden werden können. Der Ausdruck der Aufträge nach der Auftragsannahme sowie das Abheften entfallen zukünftig. Ebenfalls wird der Transport durch die Hauspost (Ma-H) durch eine „digitale" Übersendung der Aufträge bzw. die Einstellung in einen durch die Kommissionierung abzuarbeitenden „digitalen Bereitstellungspool" abgelöst. Die Darstellung des SOLL-Ablaufs für die Auftragsannahme ist Kapitel 6.2.1 zu entnehmen.

4.1.3 Auftragskommissionierung

IST-Ablauf

Die Darstellung des IST-Ablaufs für die Auftragskommissionierung ist Kapitel 6.2.2 zu entnehmen.

Schnittstellen-/ Funktionendiagramm/ Analyse-Review

Auch bei diesem Ablauf sind die vielen Schnittstellen (acht) auffällig. Des Weiteren sind Arbeitschritte enthalten, deren Sinn und Zweck hinterfragt werden müssen. Hierzu gehören u. a. das Kopieren und Abheften der Auftragsformulare wie auch die stichprobenartige Prüfung des Lagerbestandes. Diese ist sicherlich im Rahmen eines internen Kontrollsystems wichtig, im geschilderten Zusammenhang aber unnötig, da sich der durchführende Mitarbeiter (MA-AK) nicht auf die ermittelten Bestände verlassen kann. Zwei wesentliche Arbeitsschritte innerhalb des Ablaufs behindern die jeweilige Durchführung bzw. haben Auswirkungen auf Folgekommissionierungen. Einmal ist es sehr zeitintensiv, die Bestände im Lager zu suchen (und vielleicht auch zu finden). Und unglücklicherweise bietet die Lagerbuchführung bei einer größeren Lagermenge nur die Möglichkeit, einen Lagerplatz zu speichern und bei der Kommissionierung anzuzeigen. Hierdurch entstehen Suchaktivitäten, die mit keiner Wertschöpfung verbunden sind, die Dauer eines Kommissioniervorgangs wird erheblich verlängert und führt zu einer vermeidbaren Ressourcenbelastung. Die Tatsache, dass die Kommissionierung erst dann erfolgt, wenn die im Lager tätigen Kommissionierer (MA-K) in regelmäßigen Abständen nachschauen, ob für sie zu kommissionierende Aufträge vorliegen, verlängert zudem die Kommissionierzeit und stellt die Auslastung der Kommissionierer (MA-K) nicht sicher. Der Zustand, dass die in der Lagerbuchführung gespeicherte Sollbestände nicht mit den physisch vorhandenen Istbeständen im Lager übereinstimmen, führt dazu, dass Aufträge nicht zu Ende kommissioniert werden können. Der Kommissionierer (MA-K) stellt diese Aufträge als Folge in einer separaten Zone ab (Wie werden diese später wieder gefunden?) und die hier kommissionierten Waren stehen für Folgekommissionierungen nicht mehr zur Verfügung. Durch die langen Lieferzeiten für fehlende Teile entsteht eine unnötige Kapitalbindung im Lager und Folgeaufträge können ggf. ebenfalls nicht vollständig kommissioniert werden. Des Weiteren stellen die nicht gelieferten Positionen eines ausgelieferten Auftrags in den Fällen ein Problem dar, in denen die um diese Positionen korrigierten Kommissionierscheine nicht in den EDV-mäßig gepflegten Aufträgen berücksichtigt wurden. Denn in diesen Fällen werden den Kunden Positionen berechnet, die sie noch gar nicht erhalten hat. Ein weiterer Schwachpunkt des IST-Ablaufs ergibt sich aus der zeitlichen Verzögerung zwischen der Unterzeichnung des Abliefernachweises und der Rechnungserstellung. Da hier oftmals mehrere Tage vergehen, entstehen dem Unternehmen ein Zinsverlust und evtl. Liquiditätsprobleme. Das Schnittstellendiagramm für den Ablauf Auftragskommissionierung ist dem Anhang Kapitel 6.2.2 zu entnehmen.

SOLL-Konzept

Das SOLL-Konzept für diesen Bereich fußt auf drei Grundlagen. Es muss **erstens** sichergestellt sein, dass die Verfügbarkeit vorhandener Waren verbessert wird. Das könnte entweder durch eine Erhöhung des Sicherheits- oder Reservebestands geschehen (dadurch nimmt aber wieder das im Lager gebundene Kapital zu) oder durch eine genauere Lagerbuchführung. Somit ist die zweite Alternative zu priorisieren. Hierdurch wird auch die Anzahl der unterbrochenen Aufträge reduziert, da die Kommissionierung erst beginnt, wenn aufgrund der Informationen aus der Lagerbuchführung alle zu kommissionierenden Positionen vorrätig sind. Unterbrochene Aufträge werden zudem zukünftig an einem in der Lagerbuchführung zu vermerkenden Platz abgestellt, um bei der Weiterkommissionierung Suchaktivitäten zu vermeiden. In diesem Fall informiert der Mitarbeiter Kommissionierung den Mitarbeiter der Auftragsbearbeitung, das Positionen (dringend) bestellt werden müssen. **Zweitens** ist die vorhandene Lagerbuchführung um die Möglichkeit zu erweitern, zu einem Artikel mehrere Stellplätze anlegen und pflegen zu können. Hierdurch ist es dann unter der Voraussetzung einer stimmigen Lagerbuchführung möglich, gezielt die benötigten Waren zu kommissionieren, Optimierungsstrategien bei der Abarbeitung der Auftragspositionen einzusetzen[8] und somit Zeit und Kosten für einen Kommissioniervorgang erheblich zu reduzieren. Als **dritte** Maßnahme ist der Kommissionierablauf grundsätzlich zu automatisieren, so dass auf den Papierauftrag als Kommissioniergrundlage verzichtet werden kann. Unter dem Stichwort „beleglose Kommissionierung" bieten Literatur und Praxis zahlreiche Lösungsvorschläge hierzu an.[9] Im Wesentlichen basieren diese Ansätze auf der EDV-gestützten Steuerung des Kommissionierablaufs, bei der anfallende Aufträge den Kommissionierern auf „deren" MDE-Geräte (Mobile Datenerfassungsgeräte) übertragen werden, so dass diese gesteuert und ohne Zeitverzögerung mit der Kommissionierung beginnen können. Eine weitere Schnittstelle kann dadurch eliminiert werden, dass bei unvollständig kommissionierten Aufträgen (was die Ausnahme darstellen sollte) der Mitarbeiter Kommissionierung (MA-K) ggf. direkt beim Kunden nachfragt, was mit diesem Auftrag geschehen soll. Führt der Mitarbeiter Kommissionierung (MA-K) diese Aufgabe nicht aus (z. B. aufgrund von Sprachbarrieren), wird diese Tätigkeit von einem Mitarbeiter Auftragsannahme (MA-A) wahrgenommen. Im SOLL-Ablauf erfolgt zudem die Rechnungserstellung automatisch. Dieses bedeutet, dass eine Funktion des ERP-Systems direkt nach der erfolgten Auslieferung den Rechnungsdruck (und ggf. den automatischen Versand) „anstößt". Die Darstellung des SOLL-Ablaufs für die Auftragskommissionierung ist Kapitel 6.2.2 zu entnehmen.

4.1.4 Bestellung

IST-Ablauf

Die Darstellung des IST-Ablaufs für die Bestellung ist Kapitel 6.2.3 zu entnehmen.

Schnittstellen-/ Funktionendiagramm/ Analyse-Review

Der Ablauf der Bestellung ist wiederum durch zahlreiche Schnittstellen (zehn) und hierdurch bedingte Wartezeiten und Irrtumsquellen gekennzeichnet. So erfolgt die Weitergabe einer Bestellung an die Einkaufsabteilung in Papierform. Bestellungen werden ausschließlich in der Einkaufsabteilung ausgeführt und zuvor dort gesammelt. Um Bestellkosten niedrig zu halten, ist das sicherlich sinnvoll. Es ist aber hier zu bedenken, dass dadurch Aufträge nicht abgeschlossen werden können. Durch das

---

8 → Lösung des „Travelling Salesman Problems". Vgl. hierzu z. B. http://www-i1.informatik.rwth-aachen.de/~algorithmus/algo40.php [25.8.2010]. Jaspers (1994), S. 169ff.

9 Vgl. hierzu z. B.: www.identwerk.de/html/Kommissioniersysteme.htm. www.ics-ident.de/ICS-CMS1/IT-Logistik-Systeme/Kommissioniersysteme,11.html. www.team-pb.de/index.php/de/produkte/prostore/beleglose-kommissionierung. [22.12.2010]

„Beiseitestellen" stehen die bereits kommissionierten Posten für die Kommissionierung nachfolgender Aufträge nicht mehr zur Verfügung. Zudem wird hierdurch im Lager unnötiges Kapital gebunden. Ein weiterer Schwachpunkt ist die fehlende Definition darüber, wann „genügend Bestellungen" vorliegen, um einen Bestellvorgang zu initiieren. Die Tatsachen, dass der Abteilungsleiter Einkauf (AB-EK) jede gebündelte Bestellung „absegnet" und er auch zur Genehmigung nicht immer verfügbar ist (Wie oft bleiben deswegen eigentlich Bestellungen liegen?), stellen zwei weitere Schwachpunkte des Ablaufs dar. Auch ist nicht zu begründen, warum der Abteilungsleiter Einkauf (AB-EK) eine nicht genehmigte Bestellung direkt an den Mitarbeiter der Einkaufsabteilung (MA-EK) zurück gibt, eine genehmigte Bestellung jedoch an seine Assistentin (AS-EK), die diese dann an den Mitarbeiter der Einkaufsabteilung (MA-EK) zur Bestellausführung weiterleitet. Das die Assistentin des Abteilungsleiters Einkauf (AS-EK) die durch die Abwesenheit des Abteilungsleiters Einkauf (AB-EK) verzögerten Bestellungen direkt ausführt ist zu begrüßen. Allerdings führen Rückfragen wieder dazu, dass sich der Bestellvorgang noch weiter hinauszögert. Und warum kopiert die Assistentin jede Bestellung und heftet diese ab? Das Schnittstellendiagramm für den Ablauf Bestellung ist dem Anhang zu entnehmen (Kapitel 6.2.3).

SOLL-Konzept

Die wesentliche Grundlage des SOLL-Konzepts ist eine Vereinfachung des Ablaufs und die Abgabe von Befugnissen und Verantwortung. Eine sinnvolle Alternative zur manuellen Einzelbestellung kann der Abschluss von Rahmenverträgen mit Lieferanten für „gängige" Artikel darstellen. Fehlen solche Artikel, werden Sie entweder vom Warenwirtschaftssystem automatisch bestellt oder der Mitarbeiter Kommissionierung (MA-K) wird befugt, diese Bestellung auszulösen. Eine Erhöhung der Bestandszuverlässigkeit der Lagerbuchführung hat auch ein besseres Bestandsmanagement zur Folge. Das bedeutet, dass die Bestandsentwicklung fortlaufend beobachtet werden kann (und auch sollte) und Bestellungen zu einem frühen Zeitpunkt durchzuführen sind, so dass Fehlbestände nicht entstehen können. Die erforderliche Genehmigung durch den Abteilungsleiter Einkauf (AB-EK) entfällt zukünftig. Nur Bestellungen mit großen Bestellmengen oder hohen Bestellwerten bearbeitet dann zukünftig der Abteilungsleiter Einkauf (AB-EK). Gegebenenfalls ist auch auf die Bündelung von Aufträgen zu verzichten. Existieren keine Rahmenverträge können Bestellungen bis zu einem bestimmten „Volumen" direkt von einem Mitarbeiter aus der Auftragsannahme (MA-A) durchgeführt werden (und nicht mehr von der Assistentin des Abteilungsleiters Einkauf (AS-EK)). Rückfragen entfallen hierdurch. Sollte der Abteilungsleiter Einkauf (AB-EK) die von ihm bearbeiteten Bestellungen nicht genehmigen, hat er den Mitarbeiter Auftragsannahme (AB-A) zu informieren, der daraufhin mit dem Kunden

Kontakt aufnimmt. Der neue Ablauf zeigt auch den zukünftigen Aufgabeninhalt des Abteilungsleiters Einkauf (AB-EK) auf. Nicht nur, dass er Kompetenzen abgibt, er hilft auch konstruktiv im Ablauf mit, in dem er „größere" Bestellungen selbst bearbeitet. Seine Rolle verändert sich insoweit als dass das bisherige Verteilen und Kontrollieren durch Mitarbeit, Verantwortungsdelegation und Mitarbeitercoaching ersetzt wird (→ job enrichment). Die Darstellung des SOLL-Ablaufs für die Bestellung ist Kapitel 6.2.3 Bestellung zu entnehmen.

4.1.5 Prozessverantwortung

Die Betrachtung der Schnittstellen des Ist-Ablaufs zeigt zudem auf, dass innerhalb der einzelnen Abläufe eine klare Verantwortungszuordnung fehlt. Die Mitwirkung vieler Prozessteilnehmer führt dazu, dass für einen externen Kunden nicht ersichtlich wird, welcher Mitarbeiter eigentlich in welchem Prozessstadium sein Ansprechpartner ist. Prozessorientierung sollte nicht nur Abläufe transparent, steuerbar und anpassbar machen, sondern auch die Kundenorientierung erhöhen. Das „one-face-to-customer"-Prinzip[10] stellt hierbei sicher, dass ein Kunde im Unternehmen (möglichst nur) einen Ansprechpartner hat. Sicherlich wird dieses Prinzip bei komplexen Abläufen nicht möglich sein, aber die Anzahl der Ansprechpartner für einen Kunden kann begrenzt und die Verantwortung für einen Prozess konzentriert werden.

Verantwortung AUFTRAGSBEARBEITUNG

Der Mitarbeiter der ursprünglich nur für die Auftragsannahme zuständig war, wird umfassend aufqualifiziert. Aus ihm wird im neuen Ablauf der „Mitarbeiter Auftragsbearbeitung" (MA-A). Er ist zukünftig für die gesamte Auftragsabwicklung von der Annahme bis zur Auslieferung und nicht nur für die Auftragsannahme zuständig. Bestellungen bei Fehlbeständen, die nicht durch Rahmenverträge durch den Mitarbeiter der Auftragskommissionierung (MA-K) durchgeführt werden können und ein vorgegebenes Volumen nicht überschreiten, fallen ebenfalls in seinen Arbeitsbereich. Auch ist er für die Beratung des Kunden zuständig, die bisher von einem Mitarbeiter der Produktionsabteilung durchgeführt wurde. Hierdurch werden Rückfragen reduziert, da der Mitarbeiter Auftragsbearbeitung (MA-A) in „Personalunion" tätig ist. Wenn Rückfragen aufkommen ist der Ansprechpartner für den Mitarbeiter der Auftragsbearbeitung (MA-A) der Mitarbeiter Kommissionierung (MA-K). Als unternehmensinternen „Dienstleister" nimmt er die Hilfe des Mitarbeiters Kommissionierung (MA-K) in Anspruch, der für die Zeit der Kommissionierung die Verantwortung für den Prozess übernimmt.

---

10 Vgl. Vgl. http://www.wirtschaftslexikon24.net/d/one-face-to-customer/one-face-to-customer.htm [27.8.2010]

Verantwortung KOMMISSIONIERUNG

Für den SOLL-Ablauf der Kommissionierung gibt es in diesem Vorschlag als verantwortlichen Mitarbeiter einen aufqualifizierten Mitarbeiter Kommissionierung (MA-K), der das Bindeglied zu dem Mitarbeiter der Auftragsbearbeitung (MA-A) und der Auslieferung (MA-F) darstellt. Rücksprachen mit dem Kunden (K) (z. B. ob unvollständige Aufträge trotzdem geliefert werden sollen), führt MA-K wenn möglich selbständig durch. Der Mitarbeiter Kommissionierung (MA-K) wird somit zu einem Generalisten, der sicherstellt, dass die Ware kommissioniert wird und die Schnittstelle zu anderen Prozessbeteiligten reibungslos funktioniert. Des Weiteren ist er alleine für den Kommissionierprozess verantwortlich.

Die Funktionendiagramme für die SOLL-Prozesse zeigen auf (siehe Kapitel 6.2.1 bis 6.2.3), dass sich die Anzahl der Schnittstellen in allen Abläufen erheblich reduziert haben. Die Aufqualifizierung der Mitarbeiter, verbunden mit Verantwortungsabgabe und -übernahme, die Erledigung von Arbeiten, dort wo sie anfallen und die zu jedem Zeitpunkt vorhandene Verantwortung für den Prozess zeichnen ihn des Weiteren aus.

4.2 Messsystem zur Steuerung von Unternehmensprozessen

Das Umfeld eines Unternehmens ist heutzutage durch permanente „Bewegung“ gekennzeichnet. Globalisierung, das Internet, kürzer werdende Produktlebenszyklen, höhere Kundenansprüche, knappe Ressourcen etc. sind die Ursachen dafür, dass Unternehmen ihre Prozesse permanent an diesen Voraussetzungen ausrichten müssen. Transparente und an Wertschöpfung orientierte Prozesse ermöglichen die dynamische Anpassung an diese Gegebenheiten. Um dem Unternehmen zu zeigen, ob ein Prozess „funktioniert“ und die bei der Modellierung aufgestellten Ziele noch erreicht werden, helfen Prozessführungsgrößen (Prozesskennzahlen oder Prozessmesszahlen). Diese beschreiben in komprimierter Form messbare Merkmale der Prozessausführung. Hierbei kommen als Führungsgrößen nur Kennzahlen in Frage, deren Ausprägung durch die Gestaltung des betrachteten Prozesses signifikant beeinflusst werden. In einem Unternehmen sind oftmals kostenorientierte und finanzielle Führungsgrößen (Deckungsbeitrag, Gewinn, Eigenkapitalrentabilität, Umschlagshäufigkeit etc.) bereits vorhanden. Ihre alleinige Verwendung zur Steuerung von Prozessen birgt jedoch die Gefahr von Fehlentscheidungen. Denn sie beschreiben nur Ereignisse und lassen keinen Rückschluss auf deren Ursachen zu (z. B. Kundenunzufriedenheit), sie sind vergangenheitsorientiert und reduzieren somit den Spielraum für korrektive Eingriffe. Zusätzlich sind sie sehr verdichtet und haben

i. d. R. keinen Bezug zu erbrachten Leistungen einzelner Mitarbeiter oder Abteilungen. Aus diesem Grund müssen die vorhandenen finanziellen Führungsgrößen um direkte Führungsgrößen erweitert werden.[11]

Abbildung 4.2 verdeutlicht den Zusammenhang zwischen Prozess, direkten und finanziellen Führungsgrößen.

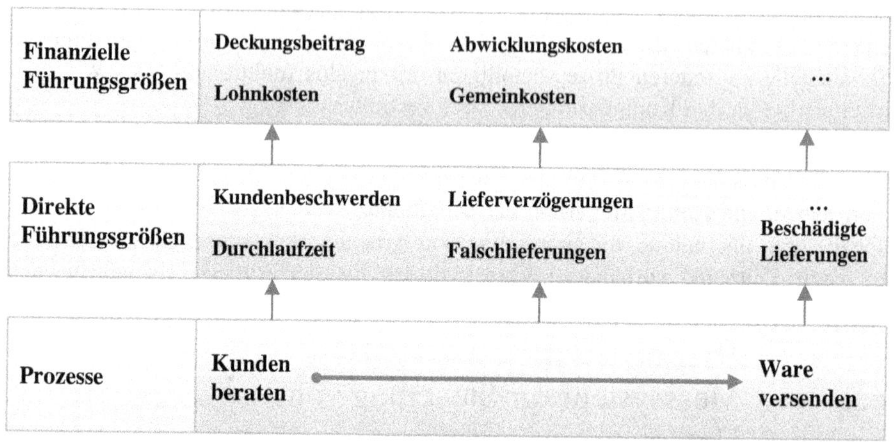

Abbildung 4.2: Zusammenhang zwischen Prozess, direkten und finanziellen Führungsgrößen

Direkte Führungsgrößen ermöglichen somit eine „Antizipation“ von Problemen, bevor diese einen negativen Einfluss auf das Ergebnis, das wiederum in den finanziellen Führungsgrößen zum Ausdruck kommt, haben. Sie lassen direkte Rückschlüsse auf aktuelle oder potenzielle Probleme zu, sind gegenwartsorientiert und weniger verdichtet als finanzielle Führungsgrößen. In der praktischen Anwendung spielen sie aber nur dann eine Rolle, wenn sie zeitnah, also „automatisch“ und durch entsprechende Prozeduren innerhalb EDV-unterstützter Abläufe ermittelt werden. Die Anzahl solcher charakteristischer Prozesskennzahlen sollte sich aus Übersichtsgründen auf maximal fünf pro Ablauf beschränken. In der Literatur gibt es hierzu eine Vielzahl von Vorschlägen zur Bestimmung von Führungsgrößen wie auch Kataloge mit Erfolgsfaktoren für Prozesse, aus denen dann Führungsgrößen abgeleitet werden können.[12] Für die praktische Umsetzung ist aber in jedem Fall der betrachtete und oftmals unternehmensspezifische Ablauf entscheidend. Für das vorliegende

---

11 Vgl. zu Prozesskennzahlen: Aichele (1996). Allweyer (2005), S. 385ff. Heilmann (1996). Jankulik; Piff (2009), S. 48ff.

12 Vgl. hier z. B.: Aichele (1997).

Fallbeispiel und die dargestellten Abläufe erscheinen die folgenden Prozesskennzahlen sinnvoll.

Auftragsannahme: Für diesen Ablauf sind vier Messzahlen denkbar. Als erste Messzahl ist die *Dauer vom Äußern des Auftragswunsches bis zur digitalen Bereitstellung (1)* möglich, die zweite Messzahl könnte *die Dauer der Beratung (2)* darstellen und die dritte Messzahl wäre *der Anteil der Aufträge, für die eine Beratung notwendig ist, an der Anzahl aller Aufträge (3)*. Zusätzlich ist es auch sinnvoll, die Qualität der Beratung beurteilen zu können. Als vierte Messzahl wird deshalb *die Anzahl oder der Anteil der Beratungen vermerkt, die nicht zu einem Auftragsabschluss geführt haben (4)*.

Auftragskommissionierung: Sicherlich ist es interessant, *die Dauer der Kommissionierung eines Auftrags (1)* zu betrachten. Diese beginnt mit der Einstellung in das digitalen Bereitstellungstool und endet mit dem Transport des auszuliefernden Auftrags in die Bereitstellungszone. Hierauf aufbauend ist auch *die Zeit von der Bereitstellung bis zum Abschluss der Auslieferung und/ oder der Rechnungserstellung (2)* zu betrachten. *Die Anzahl oder der Anteil der unvollständig abgearbeiteten Aufträge (3)* kann des Weiteren interessant sein, wie auch *die Anzahl/ der Anteil der Aufträge, die nicht sofort nach der Einstellung in den digitalen Bereitstellungspool kommissioniert werden können (4)*, weil bspw. Positionen im Lager nicht verfügbar sind (aufgrund von Fehlbeständen oder nicht rechtzeitig durchgeführter oder angelieferter Bestellungen).

Bestellung: Als Messzahlen für diesen Prozess erscheint als erstes *der Anteil der Posten, die aufgrund von Rahmenverträgen automatisch bestellt werden können an der Anzahl der Bestellungen insgesamt (1)* sinnvoll. Nicht automatisierte Bestellungen erfordern einen zu reduzierenden manuellen Aufwand. Als zweite Messzahl wird *der Anteil der durch den Abteilungsleiter Einkauf zu bearbeitenden Aufträge an der Gesamtzahl der manuell zu bearbeitenden Aufträge (2)* ermittelt. Hierdurch ist sichergestellt, dass das Maß an Delegation eine „vernünftige“ Größe annimmt.

5 Literatur

Aichele, C.: Kennzahlenbasierte Geschäftsprozeßanalyse. Wiesbaden (1997).

Allweyer, T.: Geschäftsprozessmanagement (2005). Herdecke, Bochum.

Best, E.; Weth, M.: Geschäftsprozesse optimieren. Wiesbaden (2007).

Bühner, R.: Betriebswirtschaftliche Organisation. München Wien (2004).

Franz, S.; Scholz, R.; Prozessmanagement leichtgemacht. München, Wien (1996).

Gaitanides; M.; Scholz, R.; Vrohlings, A.; Raster, M. (Hrsg.): Prozeßmanagement. München, Wien (1994).

Gatermann, M.; Krogh, H.: Reenginieering. Kurzer Prozeß. In: manager magazin (4/1993), S. 177 – 189.

Hammer, M.: Das prozesszentrierte Unternehmen. Frankfurt/ Main, New York (1997).

Hammer, M.: Business back to basics. München (2002).

Heilmann, M. L.: Geschäftsprozesscontrolling. Bern, Stuttgart, Wien (1996).

Hess, T.; Brecht, L.: State of the Art des Business Process Redesign. Wiesbaden (1996).

Hansen, H. R.; Neumann, G.: Einführung in die Wirtschaftsinformatik I. Stuttgart (2001).

Jankulik, E.; Piff, R.: Praxisbuch Prozessoptimierung: Management- und Kennzahlensysteme als Basis für den Geschäftserfolg. Erlangen (2009).

Jaspers, W.: Stichprobeninventur in der Praxis. Wiesbaden (1994).

Jaspers; W.; Westerink, A. K.: Implementierungsvoraussetzungen und Rahmenbedingungen für eine erfolgreiche Wissensmanagement-Einführung. In: Jaspers, W.; Fischer, G. (Hrsg.): Wissensmanagement heute. München (2008), S. 67 – 94.

Liebmann, H.-P.: Vom Business Process Reengineering zum Change Management. Wiesbaden (2001).

Olfert, K.; Steinbuch, P. A.: Organisation. Ludwigshafen (2003).

Osterloh, M.; Frost; J.: Prozeßmanagement als Kernkompetenz. Wiesbaden (1996).

Picot; A.; Franck; E.: Prozeßorganisation. Eine Bewertung der neuen Ansätze aus Sicht der Organisationslehre. In: Nippa, M.; Picor, A.: Prozeßmanagement und Reengineering. Frankfurt/ Main, New York (1996).

Stahlknecht, P.; Hasenkamp, U.: Einführung in die Wirtschaftsinformatik. Berlin, Heidelberg, New York u. a. (1999).

http://www-i1.informatik.rwth-aachen.de/~algorithmus/algo40.php [25.8.2010].

6 Anhang

6.1 Notation Ablaufpläne

Die DIN 66001 bietet eine Vielzahl von Symbolen, Abläufe mit Hilfe von „Flowcharts“ darzustellen. Die Verwendung von fünf Symbolen ist übersichtlich, reicht für die Darstellung von IST- und SOLL-Abläufen aus, ermöglicht eine schnelle Einarbeitung in die Darstellung und erfordert einen geringen Erklärungsbedarf bei der Vorstellung der dokumentierten Sachverhalte.

Diese fünf Symbole zur Darstellung des IST-Zustands wie auch zur Modellierung des SOLL-Konzeptes sind

1. die Ellipse (als Start- und Endsymbol,

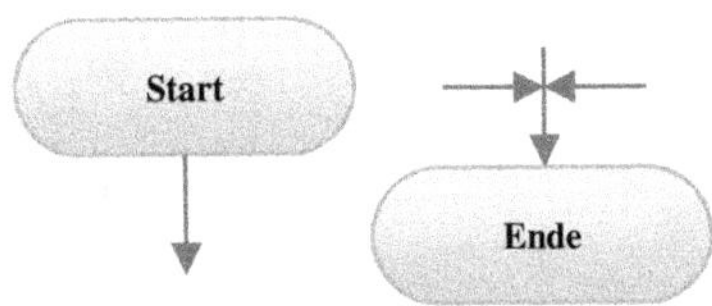

2. das Rechteck (das einen Verarbeitungsschritt dokumentiert, der Ressourcen benötigt und dem ein Aufgabenträger zugeordnet werden kann),

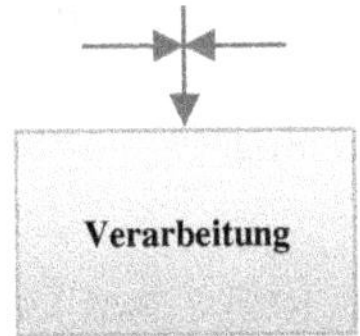

3. der Raute (die es nach einer mit „JA“ oder „NEIN“ zu beantwortenden Frage, die Darstellung des Ablaufflusses in zwei verschiedene Richtungen ermöglicht),

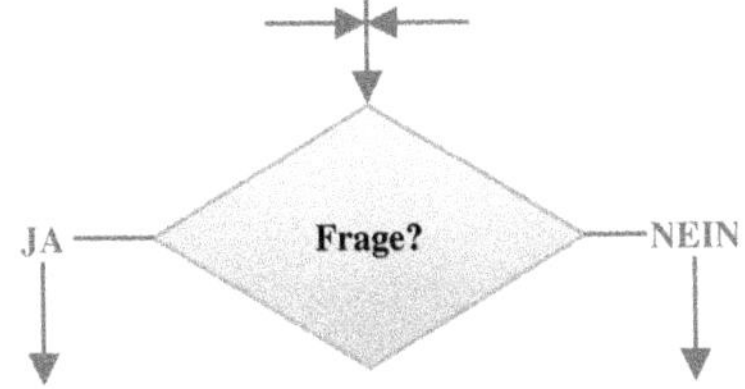

4. der Linie (mit einer Pfeilspitze am Ende, die die anderen zuvor genannten Symbole miteinander verbindet und somit den Lesefluss der Grafik sicherstellt) und

5. die „offene geschweifte Klammer“ (die als optionales Symbol die Möglichkeit bietet, Symbolen Kommentare hinzuzufügen).

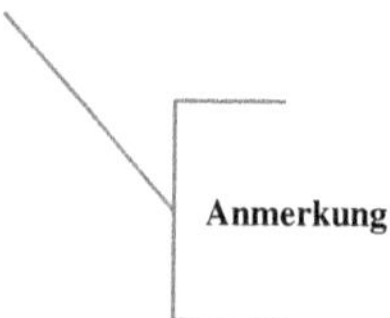

Wird auf einen anderen Ablauf verwiesen, der wiederum aus mehreren Aktivitäten besteht, kann hier anstelle des Rechtecks auch das Symbol für den Teilprozess verwendet werden.

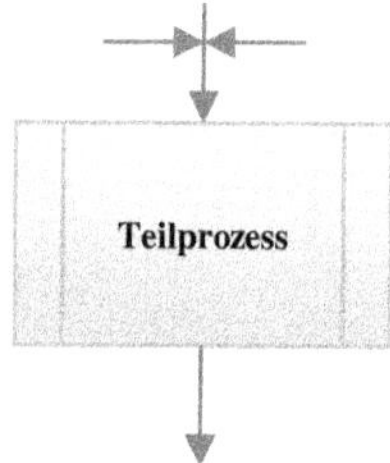

Softwareprodukte wie MS-Vision (www.microsoft.de) oder Smartdraw (www.smartdraw.com/) stellen kostenpflichtige Programme zum Zeichnen von Flowcharts, das Programm dia ist ein Open-Source Programm (http://dia.software.net/download.asp) und auch mit dem MS-Produkt powerpoint lassen sich Ablaufpläne anfertigen (http://office.microsoft.com/training/training.aspx?AssetID=RC010198841031).

Vertiefende Literatur zum Thema Ablaufpläne ist z. B. zu finden bei: Olfert; Steinbuch (2003), S. 355f. Hansen; Neumann (2001), S. 16f. Stahlknecht; Hasenkamp (1999), S. 286ff.

6.2 Ablaufpläne und Funktionen-/ Schnittstellendiagramme

6.2.1 Auftragsannahme

Auftragsannahme-IST

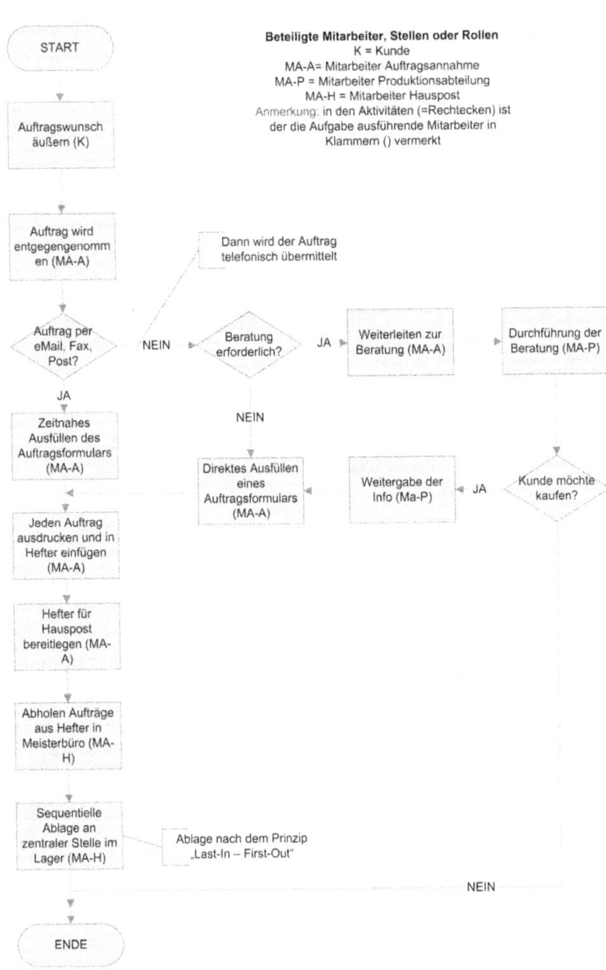

Abbildung 6.1: Auftragsannahme – IST Zustand

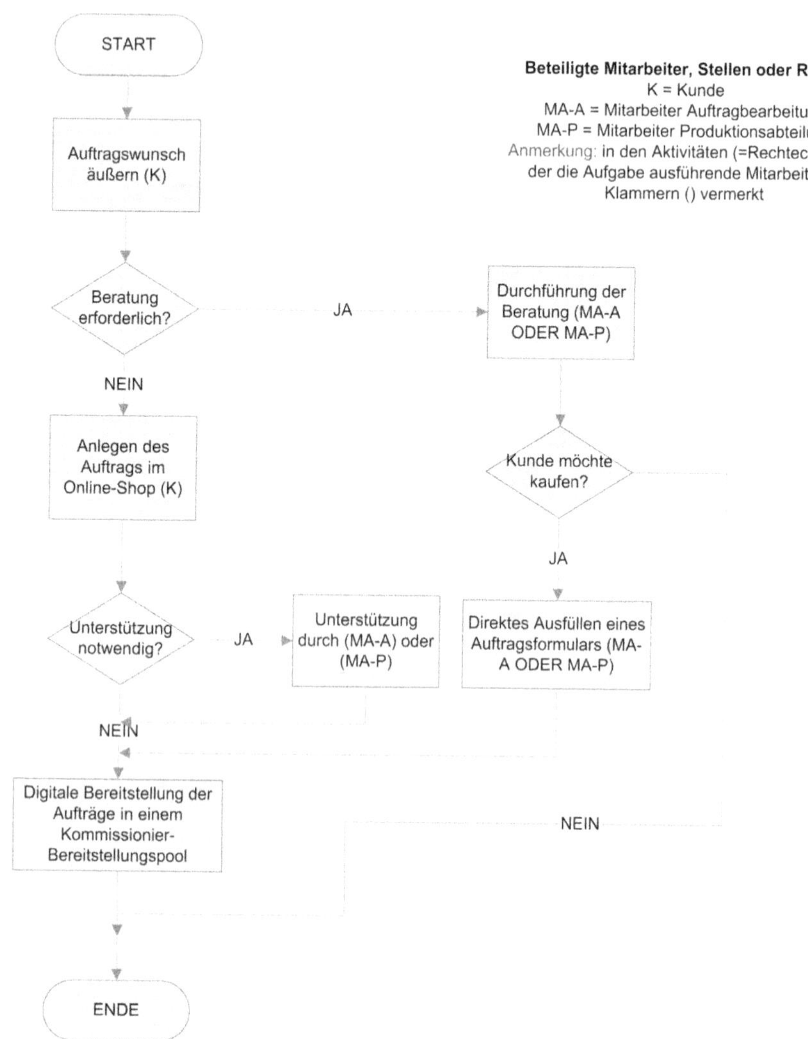
Auftragsannahme-SOLL
START
Auftragswunsch äußern (K)
Beteiligte Mitarbeiter, Stellen oder Rollen
K = Kunde
MA-A = Mitarbeiter Auftragbearbeitung
MA-P = Mitarbeiter Produktionsabteilung
Anmerkung: in den Aktivitäten (=Rechtecken) ist der die Aufgabe ausführende Mitarbeiter in Klammern () vermerkt
Beratung erforderlich?
JA
Durchführung der Beratung (MA-A ODER MA-P)
NEIN
Anlegen des Auftrags im Online-Shop (K)
Kunde möchte kaufen?
JA
Unterstützung notwendig?
JA
Unterstützung durch (MA-A) oder (MA-P)
Direktes Ausfüllen eines Auftragsformulars (MA-A ODER MA-P)
NEIN
Digitale Bereitstellung der Aufträge in einem Kommissionier-Bereitstellungspool
NEIN
ENDE

Abbildung 6.2: Auftragsannahme – SOLL Zustand

6.2.2 Auftragskommissionierung

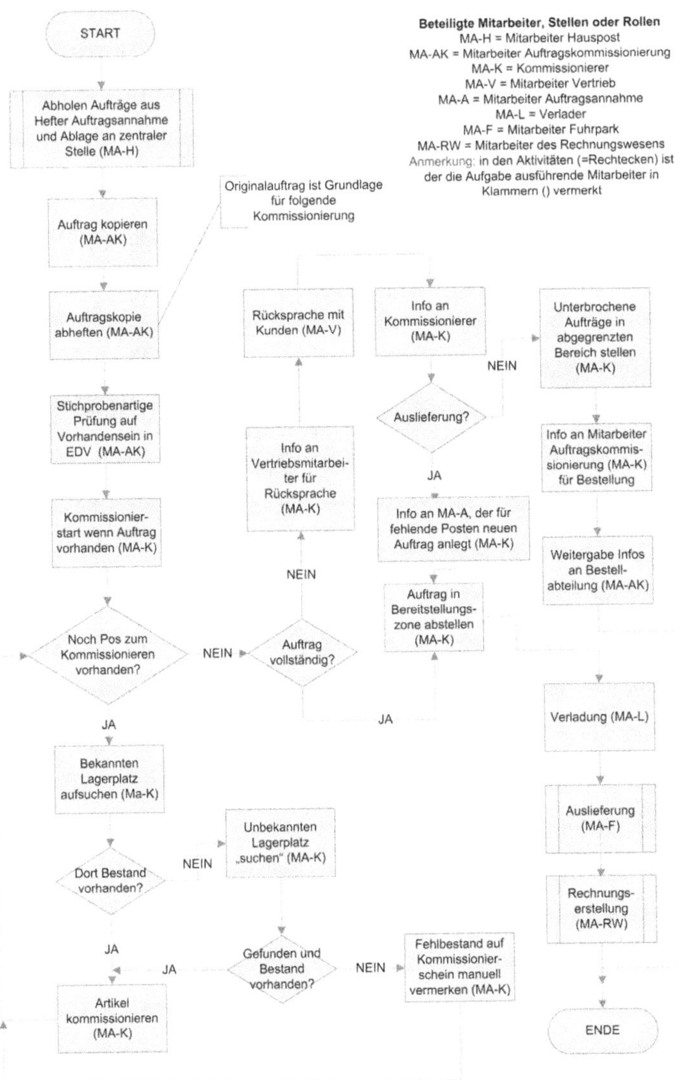
Auftragskommissionierung-IST
START
Abholen Aufträge aus Hefter Auftragsannahme und Ablage an zentraler Stelle (MA-H)
Auftrag kopieren (MA-AK)
Originalauftrag ist Grundlage für folgende Kommissionierung
Auftragskopie abheften (MA-AK)
Stichprobenartige Prüfung auf Vorhandensein in EDV (MA-AK)
Kommissionier-start wenn Auftrag vorhanden (MA-K)
Noch Pos zum Kommissionieren vorhanden?
JA
NEIN
Auftrag vollständig?
NEIN
Info an Vertriebsmitarbeiter für Rücksprache (MA-K)
Rücksprache mit Kunden (MA-V)
Info an Kommissionierer (MA-K)
Auslieferung?
JA
Info an MA-A, der für fehlende Posten neuen Auftrag anlegt (MA-K)
Auftrag in Bereitstellungs-zone abstellen (MA-K)
NEIN
Unterbrochene Aufträge in abgegrenzten Bereich stellen (MA-K)
Info an Mitarbeiter Auftragskommis-sionierung (MA-K) für Bestellung
Weitergabe Infos an Bestell-abteilung (MA-AK)
Verladung (MA-L)
Auslieferung (MA-F)
Rechnungs-erstellung (MA-RW)
ENDE
Bekannten Lagerplatz aufsuchen (Ma-K)
Dort Bestand vorhanden?
NEIN
Unbekannten Lagerplatz „suchen" (MA-K)
Gefunden und Bestand vorhanden?
JA
NEIN
Fehlbestand auf Kommissionier-schein manuell vermerken (MA-K)
Artikel kommissionieren (MA-K)
Beteiligte Mitarbeiter, Stellen oder Rollen
MA-H = Mitarbeiter Hauspost
MA-AK = Mitarbeiter Auftragskommissionierung
MA-K = Kommissionierer
MA-V = Mitarbeiter Vertrieb
MA-A = Mitarbeiter Auftragsannahme
MA-L = Verlader
MA-F = Mitarbeiter Fuhrpark
MA-RW = Mitarbeiter des Rechnungswesens
Anmerkung: in den Aktivitäten (=Rechtecken) ist der die Aufgabe ausführende Mitarbeiter in Klammern () vermerkt

Abbildung 6.3: Auftragskommissionierung – IST Zustand

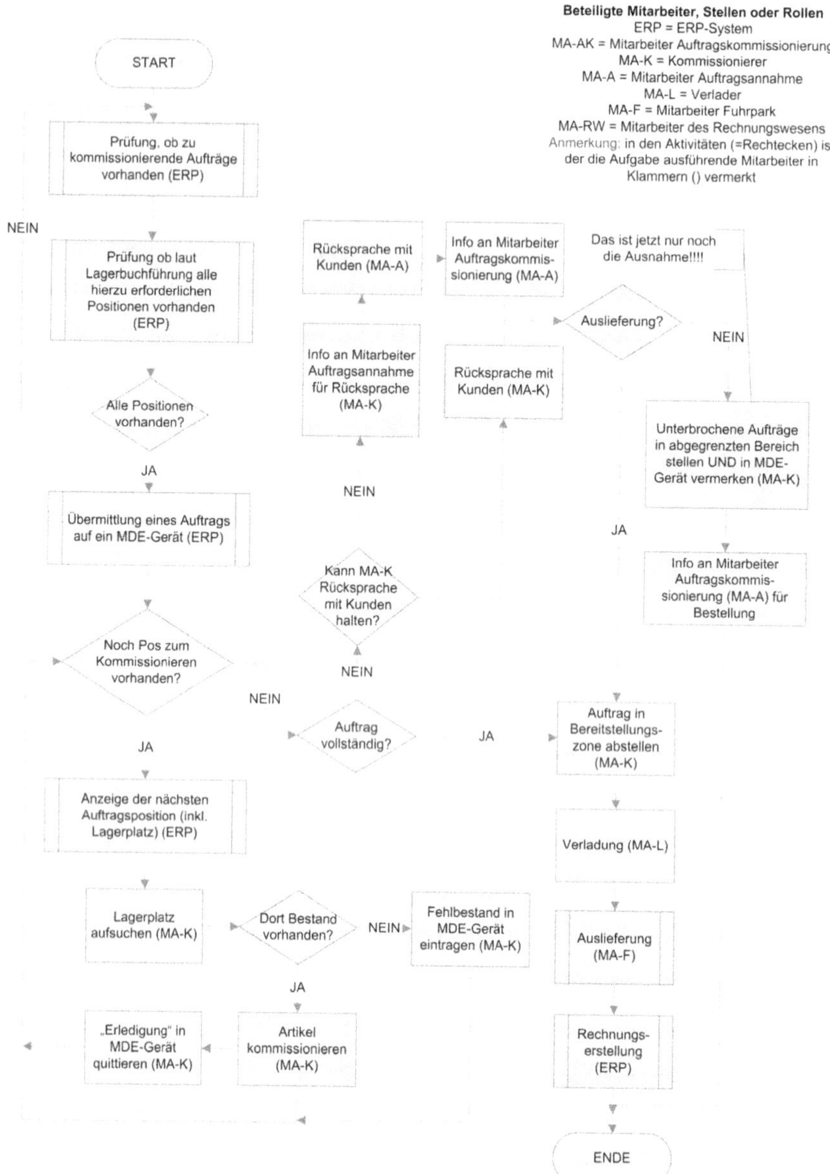
Auftragskommissionierung-SOLL
Beteiligte Mitarbeiter, Stellen oder Rollen
ERP = ERP-System
MA-AK = Mitarbeiter Auftragskommissionierung
MA-K = Kommissionierer
MA-A = Mitarbeiter Auftragsannahme
MA-L = Verlader
MA-F = Mitarbeiter Fuhrpark
MA-RW = Mitarbeiter des Rechnungswesens
Anmerkung: in den Aktivitäten (=Rechtecken) ist der die Aufgabe ausführende Mitarbeiter in Klammern () vermerkt
START
Prüfung, ob zu kommissionierende Aufträge vorhanden (ERP)
NEIN
Prüfung ob laut Lagerbuchführung alle hierzu erforderlichen Positionen vorhanden (ERP)
Alle Positionen vorhanden?
JA
Übermittlung eines Auftrags auf ein MDE-Gerät (ERP)
Noch Pos zum Kommissionieren vorhanden?
JA
Anzeige der nächsten Auftragsposition (inkl. Lagerplatz) (ERP)
Lagerplatz aufsuchen (MA-K)
Dort Bestand vorhanden?
NEIN
Fehlbestand in MDE-Gerät eintragen (MA-K)
JA
Artikel kommissionieren (MA-K)
„Erledigung" in MDE-Gerät quittieren (MA-K)
NEIN
Auftrag vollständig?
NEIN
Kann MA-K Rücksprache mit Kunden halten?
NEIN
Info an Mitarbeiter Auftragsannahme für Rücksprache (MA-K)
Rücksprache mit Kunden (MA-A)
Info an Mitarbeiter Auftragskommis-sionierung (MA-A)
Rücksprache mit Kunden (MA-K)
Das ist jetzt nur noch die Ausnahme!!!!
Auslieferung?
NEIN
Unterbrochene Aufträge in abgegrenzten Bereich stellen UND in MDE-Gerät vermerken (MA-K)
Info an Mitarbeiter Auftragskommis-sionierung (MA-A) für Bestellung
JA
JA
Auftrag in Bereitstellungs-zone abstellen (MA-K)
Verladung (MA-L)
Auslieferung (MA-F)
Rechnungs-erstellung (ERP)
ENDE

Abbildung 6.4: Auftragskommissionierung – SOLL Zustand

6.2.3 Bestellung

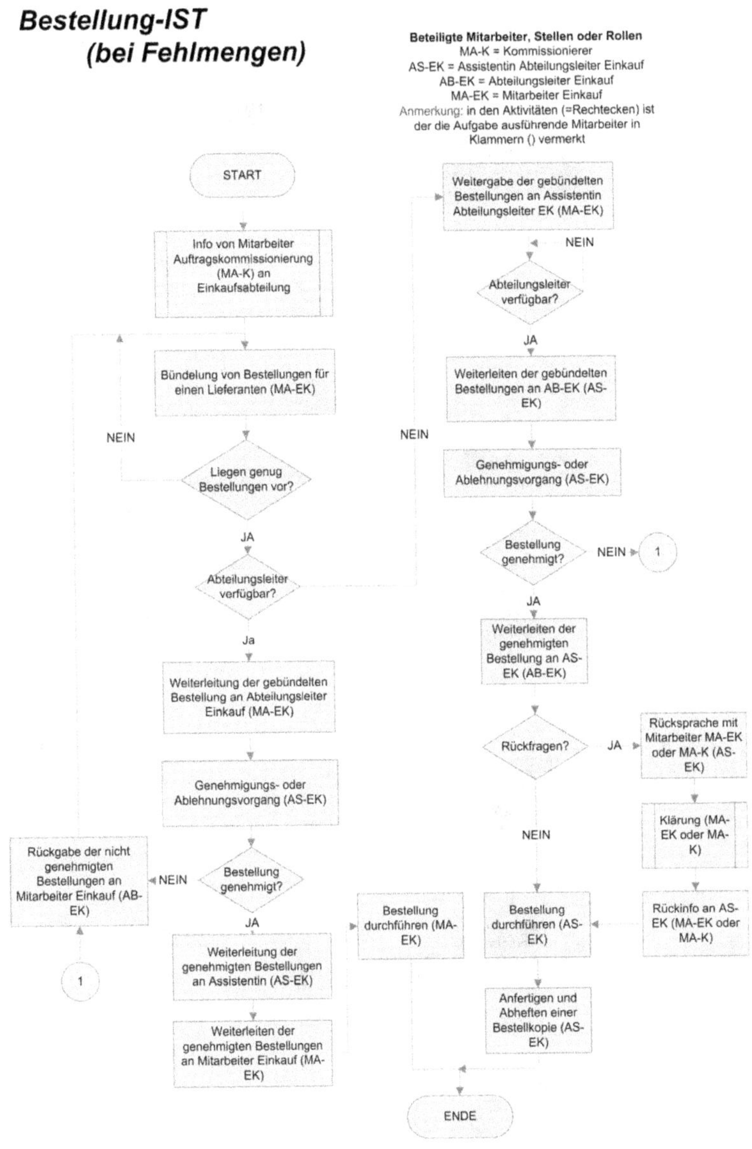
Bestellung-IST
(bei Fehlmengen)
Beteiligte Mitarbeiter, Stellen oder Rollen
MA-K = Kommissionierer
AS-EK = Assistentin Abteilungsleiter Einkauf
AB-EK = Abteilungsleiter Einkauf
MA-EK = Mitarbeiter Einkauf
Anmerkung: in den Aktivitäten (=Rechtecken) ist der die Aufgabe ausführende Mitarbeiter in Klammern () vermerkt
START
Info von Mitarbeiter Auftragskommissionierung (MA-K) an Einkaufsabteilung
Bündelung von Bestellungen für einen Lieferanten (MA-EK)
NEIN
Liegen genug Bestellungen vor?
JA
Abteilungsleiter verfügbar?
Ja
Weiterleitung der gebündelten Bestellung an Abteilungsleiter Einkauf (MA-EK)
Genehmigungs- oder Ablehnungsvorgang (AS-EK)
Bestellung genehmigt?
NEIN
Rückgabe der nicht genehmigten Bestellungen an Mitarbeiter Einkauf (AB-EK)
1
JA
Weiterleitung der genehmigten Bestellungen an Assistentin (AS-EK)
Weiterleiten der genehmigten Bestellungen an Mitarbeiter Einkauf (MA-EK)
NEIN
Weitergabe der gebündelten Bestellungen an Assistentin Abteilungsleiter EK (MA-EK)
NEIN
Abteilungsleiter verfügbar?
JA
Weiterleiten der gebündelten Bestellungen an AB-EK (AS-EK)
Genehmigungs- oder Ablehnungsvorgang (AS-EK)
Bestellung genehmigt?
NEIN
1
JA
Weiterleiten der genehmigten Bestellung an AS-EK (AB-EK)
Rückfragen?
JA
Rücksprache mit Mitarbeiter MA-EK oder MA-K (AS-EK)
Klärung (MA-EK oder MA-K)
Rückinfo an AS-EK (MA-EK oder MA-K)
NEIN
Bestellung durchführen (MA-EK)
Bestellung durchführen (AS-EK)
Anfertigen und Abheften einer Bestellkopie (AS-EK)
ENDE

Abbildung 6.5: Bestellung – IST Zustand (bei Fehlmengen)

Bestellung-SOLL (bei Fehlmengen)

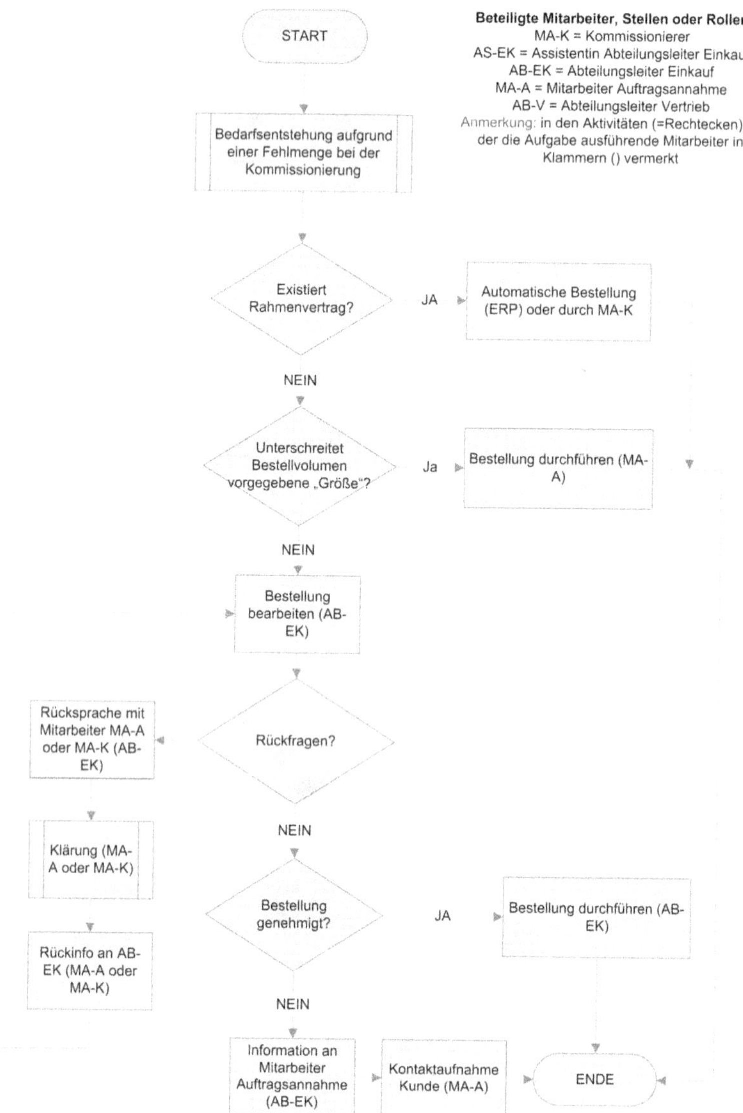
START
Beteiligte Mitarbeiter, Stellen oder Rollen
MA-K = Kommissionierer
AS-EK = Assistentin Abteilungsleiter Einkauf
AB-EK = Abteilungsleiter Einkauf
MA-A = Mitarbeiter Auftragsannahme
AB-V = Abteilungsleiter Vertrieb
Anmerkung: in den Aktivitäten (=Rechtecken) ist der die Aufgabe ausführende Mitarbeiter in Klammern () vermerkt
Bedarfsentstehung aufgrund einer Fehlmenge bei der Kommissionierung
Existiert Rahmenvertrag?
JA
Automatische Bestellung (ERP) oder durch MA-K
NEIN
Unterschreitet Bestellvolumen vorgegebene „Größe"?
Ja
Bestellung durchführen (MA-A)
NEIN
Bestellung bearbeiten (AB-EK)
Rücksprache mit Mitarbeiter MA-A oder MA-K (AB-EK)
Rückfragen?
NEIN
Klärung (MA-A oder MA-K)
Bestellung genehmigt?
JA
Bestellung durchführen (AB-EK)
Rückinfo an AB-EK (MA-A oder MA-K)
NEIN
Information an Mitarbeiter Auftragsannahme (AB-EK)
Kontaktaufnahme Kunde (MA-A)
ENDE

Abbildung 6.6: Bestellung – SOLL Zustand (bei Fehlmengen)

Effektives Wissensmanagement in der Bürogestaltung

Gerrit Fischer / Wolfgang Jaspers

Inhaltsverzeichnis

1 Einleitung

„Eine Investition in Wissen bringt noch immer die besten Zinsen.“
Benjamin Franklin (1706-1790)

Wissen, als vierter Produktionsfaktor neben den drei klassischen Faktoren Arbeit, Boden und Kapital, ist für viele Unternehmen in der heutigen Zeit zum wertvollsten Asset geworden. Laut Studien ist es in Unternehmen der Industrieländer zu mindestens 60% für die Gesamtwertschöpfung verantwortlich.[1]

Methoden und Konzepte zum Managen des Wissens unterscheiden sich aber grundlegend von den klassischen Managementmethoden in anderen Bereichen. Als Beispiel sei hierfür die Sonderstellung von Wissen als Ressource aufgezeigt, die als einzige ihrer Art durch Gebrauch vermehrt werden kann statt abzunehmen.

Auch wenn führende Ökonomen, wie z. B. der US-Amerikaner mit österreichischer Herkunft Peter F. Drucker[2], schon in den sechziger Jahren des letzten Jahrhunderts Begriffe wie den des **Wissensarbeiters** prägten, dauerte es doch bis in die neunziger Jahre bis erste praktikable Konzepte und Methoden entwickelt wurden, wie ein Unternehmen seine organisationale Wissensbasis[3] zielgerichtet managen kann, um einen optimalen Unternehmenserfolg zu generieren.[4]

Heutzutage stellen Globalisierung, steigender Wettbewerbsdruck, zunehmende Kundenerwartungen, komplexere und technisch anspruchsvollere Produkte und Dienstleistungen sowie immer kürzer werdende Produktzyklen Unternehmen vor so große Herausforderungen, dass ein zielgerichtetes Management der wertvollsten Ressource (Wissen) zunehmend unabdingbar wird.[5] Auch wird die Halbwertszeit des Wissens[6],

---

1 Vgl. KPMG (2001), S. 1.

2 Vgl. zu Peter F. Drucker: Drescher (2005), S. 46ff.

3 Unter der „organisationalen Wissensbasis“ wird die Gesamtheit allen relevanten Wissens eines Unternehmens verstanden.

4 Vgl. Probst; Raub; Romhardt (2010), S. 3f.

5 Vgl. Jaspers (2008), S. 1f.

6 Die „Halbwertszeit des Wissens“ beschreibt die Zeitspanne in der erworbenes Wissen nur noch die Hälfte wert ist. Vgl. hierzu: Jaspers (2008), S. 1f.

gerade für Spezialwissen (wie z. B. im IT-Bereich), immer kürzer, so dass auch hier der Druck wächst, Konzepte und Methoden einzusetzen, um mit der Zeit Schritt zu halten.[7]

Eines der bekanntesten und ersten gesamtheitlichen Konzepte in diesem Bereich ist der Wissenskreislauf mit acht Bausteinen nach Probst, Raub und Romhardt.[8]

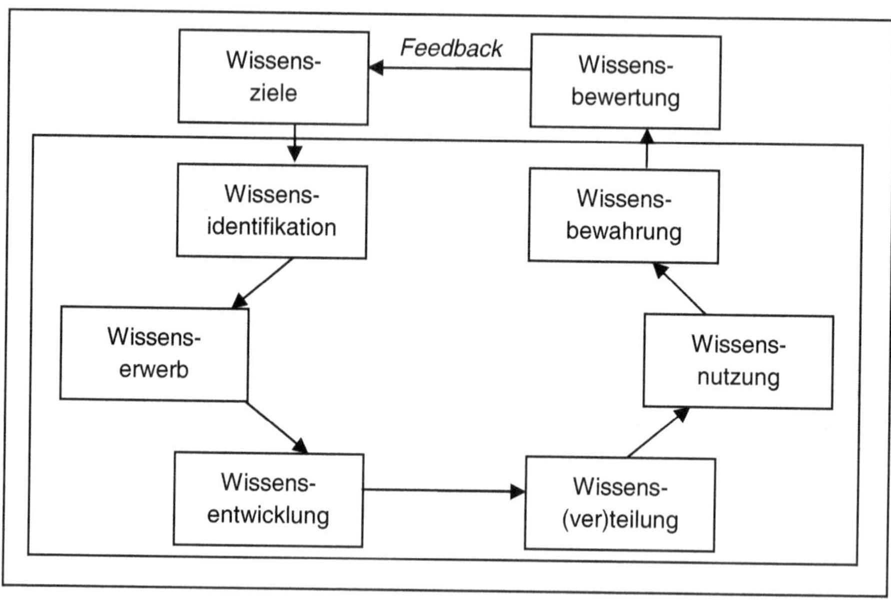

Abbildung 1.1: Bausteine des Wissensmanagements nach Probst, Raub, Romhardt[9]

Hierbei bilden sechs Kernprozesse die Basis des Wissensmanagements (innerer Kreislauf) die durch die beiden unterstützenden Prozesse Wissensziele (aufstellen) und Wissensbewertung (äußerer Kreislauf) ergänzt werden.

Sind eindeutige **Wissensziele** auf den drei Ebenen normativ, strategisch und operativ für das Wissensmanagement festgelegt, werden im Baustein **Wissensidentifikation** vorhandenes und benötigtes Wissen für die Zielerreichung identifiziert. Sollte eine Differenz auftreten (benötigtes Wissen ist nicht vorhanden) kann fehlendes Wissen

---

7 Vgl. Jaspers (2008), S. 1f.

8 Weiterführende Literatur zum Thema „Wissenskreislauf" ist zu finden bei: Probst; Raub; Romhardt (2010).

9 Eigener Entwurf in Anlehnung an Probst; Raub; Romhardt (2010), S. 32.

extern beschafft (Baustein **Wissenserwerb**) oder intern in der **Wissensentwicklung** erzeugt werden. Das gesamtheitlich zu nutzende Wissen wird anschließend ge- und verteilt (**Wissens(ver)teilung**) und nutzbar gemacht (**Wissensnutzung**) ehe es im letzten Schritt des inneren Kreislaufs für die spätere Anwendung sortiert und gespeichert werden kann (**Wissensbewahrung**). Im letzten Baustein des äußeren Kreislaufs sollte unterstützend zu den Kernprozessen ein Controlling stattfinden, um vor dem nächsten Durchlauf des Wissenskreislaufs Defizite zu erkennen und zu verbessern (Baustein **Wissensbewertung**).[10]

Einen etwas anderen Fokus (bei ähnlichem Grundkonzept) legt das Konzept des erweiterten Wissenstetraeders der Herausgeber dieses Sammelwerkes Jaspers und Fischer. Hierbei werden die zentralen Aufgaben in vier Ecken des Tetraeders vereint und zu den vier Prozessen Wissensbedarf festlegen, Wissensbedarf beschaffen, Wissensbedarf befriedigen sowie Wissen bewerten zusammengefasst. Um den Tetraeder herum wird aber (zeitlich gesehen vor der Einführung der Kernbausteine) der Fokus auf die organisatorischen Rahmenbedingungen für das Wissensmanagement und seine Einführung gelegt.[11] Hierunter fallen Themen wie eine wissensfreundliche Unternehmenskultur zu schaffen, wissensunterstützende Arbeitsbedingungen im Unternehmen zu implementieren oder Mitarbeiter zu motivieren, am Prozess des Wissensmanagements aktiv teilzunehmen.[12]

Eine der Rahmenbedingungen dieses Bereichs stellt die Arbeitsumgebung der Mitarbeiter eines Unternehmens dar, die großen Einfluss auf ein funktionierendes Wissensmanagement besitzt. Existiert eine wissensfreundliche Gestaltung der Arbeitsplätze (oder wird diese gezielt geschaffen) können spätere Methoden und Konzepte wesentlich schneller und effektiver implementiert und durchgeführt werden, was den Erfolg der geplanten oder umgesetzten Maßnahmen positiv beeinflusst.[13]

Eine solche wissensfreundliche Gestaltung einer Arbeitsumgebung soll in dieser Fallstudie exemplarisch für ein fiktives Unternehmen (siehe 2.1 VerPaMa GmbH) aufgestellt und optimiert werden.

---

10 Vgl. Probst; Raub; Romhardt (2010), S. 28ff.

11 Das Grundkonzept des „erweiterten Wissenstetraeders“ ist zu finden bei Jaspers (2008), S. 8ff. Es wurde seit der erwähnten Veröffentlichung durch die Autoren dieses Beitrags theoretisch und in praktischen Anwendungen weiter konkretisiert und verfeinert.

12 Vgl. Jaspers; Westerink (2008), S. 89f.

13 Vgl. Jaspers; Westerink (2008), S. 89ff.

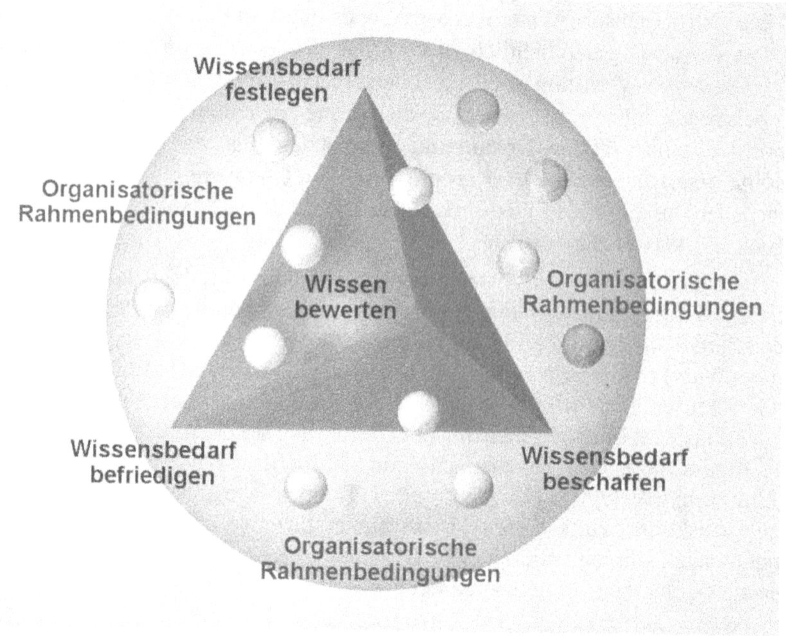

Abbildung 1.2: Das erweiterte Wissenstetraeder nach Jaspers, Fischer[14]

2 Ausgangssituation

2.1 VerPaMa GmbH

Die VerPaMa – Verpackungsmaschinen GmbH (nachfolgend nur noch als VerPaMa bezeichnet) ist ein in Deutschland ansässiges inhabergeführtes mittelständisches Unternehmen. Das Unternehmen entwickelt und produziert Verpackungsmaschinen. Der Vertrieb erfolgt weltweit über eigenes Vertriebspersonal sowie über rechtlich selbständige Handelsunternehmen. Das Unternehmen ist am Markt etabliert und verzeichnet einen jährlichen Umsatz von ca. 50 Mio. €.

---

14 Jaspers (2008), S. 9.

Vor fünf Jahren hat die VerPaMa eine neue Produktionsstätte inkl. Bürotrakt bezogen. Allerdings wurden die Abläufe und Bürozusammensetzungen 1:1 aus den alten Strukturen übernommen. Perspektivisch möchte das Unternehmen ein vollwertiges Wissensmanagement an Hand des Konzeptes des erweiterten Wissenstetraeders in näherer Zukunft einführen. Im Zug dieser Maßnahme denkt die Unternehmensleitung auch über eine Neustrukturierung der Arbeitsumgebung nach. Diese soll zeitlich früher als Grundlage für die später stattfindenden, weiterführenden Maßnahmen erfolgen.

2.2 Aufgabenstellung

Einer wissensmanagementfreundlichen Arbeitsplatzgestaltung kommt aus mehreren Gründen in der heutigen Zeit eine besondere Bedeutung zu.

Dem Organigramm (siehe Abbildung 2.1) entnehmen Sie die bei der VerPaMa GmbH im Verwaltungsbereich tätigen Mitarbeiter. Eine neue Produktionsstätte inkl. Bürotrakt wurde vor fünf Jahren errichtet und von den Mitarbeitern bezogen. Allerdings wurden aus Zeitnot weder Abläufe noch Strukturen (wie wird gearbeitet? wer arbeitet mit wem zusammen?) „optimiert". Deshalb plant das Unternehmen nun eine Neustrukturierung der Büroflächen nach wissensmanagementfördernden Gesichtspunkten.

Den Anfang macht dabei die Neustrukturierung des Erdgeschosses. Dort sind folgende Abteilungen angesiedelt:

- Geschäftsführung (Hr. Fritz Adam / Hr. Peter Adam) inkl. Sekretariat
- Rechnungswesen / Controlling (Leiter: Hr. Sommer)
- IT / Organisation (Leiter: Hr. Herzog)
- Produktion (Leiter: Hr. Dr. Seidel)
- Einkauf / Lagerwesen (Leiter: Hr. Koch)
- Empfang / Telefonzentrale

Die Abteilungen Marketing, Vertrieb, F&E sowie Personal sind im ersten Stock beheimatet und sollen erst zu einem späteren Zeitpunkt betrachtet werden.

Zusatzinformation:

Geschäftsführung: Die beiden Geschäftsführer Hr. Fritz Adam und Hr. Peter Adam besitzen bisher jeweils ein eigenes Büro mit vorgelagertem Sekretariat. Da sie sich mehrmals täglich austauschen, sollen in der neuen Planung zwei nebeneinanderliegende Büros angeordnet werden, denen ein Gemeinschaftssekretariat zugeordnet wird.

Rechnungswesen/ Controlling: Die drei Unterabteilungen Controlling, Finanzbuchhaltung und Rechnungsprüfung bearbeiten viele Prozesse, bei denen eine direkte Kommunikation erwünscht und nötig ist. Auch der Abteilungsleiter der Hauptabteilung Rechnungswesen/ Controlling (Hr. Sommer) tauscht sich im Laufe des Tages häufig mit seinen Mitarbeitern persönlich aus.

IT / Organisation: Die beiden Mitarbeiter der Systempflege/Hardware-Abteilung haben Berührungspunkte zu vielen Kollegen im Unternehmen. Die drei Programmierer (Abteilung Systempflege/ Software) arbeiten einen Großteil des Tages autark in Ihrem Büro.

Produktion: Der Bereich Produktion unterhält zwar ein Büro im Erdgeschoss, die Mitarbeiter sind aber die meiste Zeit im Produktionsbereich des Gebäudes unterwegs. Auch dort stehen Arbeitsplätze zur Verfügung, so dass das Büro im Erdgeschoss nur sporadisch und fast ausschließlich vom Produktionsleiter genutzt wird.

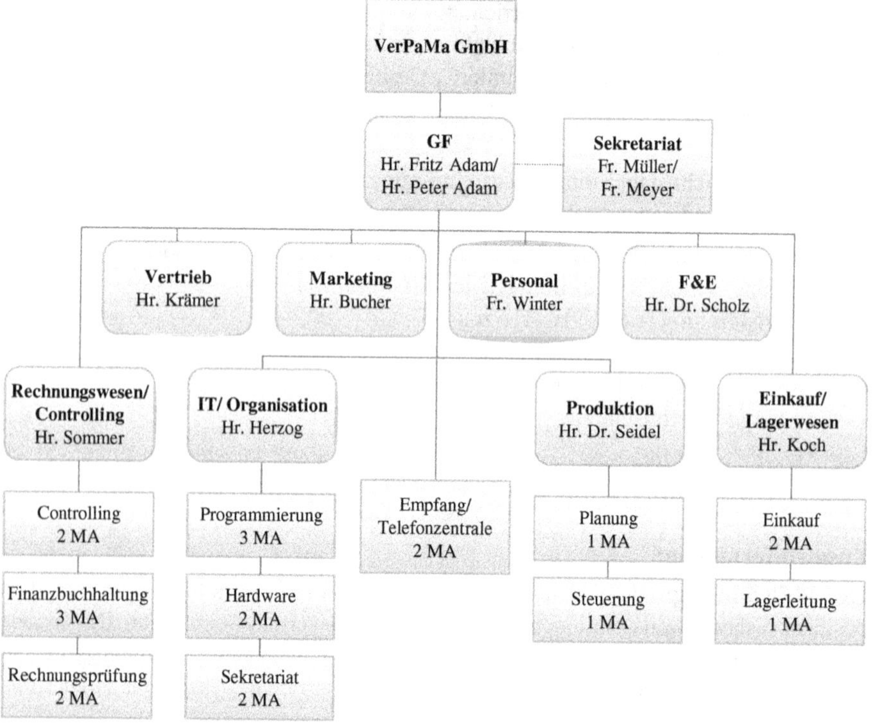

Abbildung 2.1: Organigramm der VerPaMa GmbH

Einkauf / Lagerwesen: Die Lagerleitung wird in Doppelfunktion vom Leiter Einkauf / Lagerwesen Hr. Koch ausgeführt. Neben seiner Tätigkeit im Büro ist er auch im Lagerbereich präsent, im Gegensatz zur Produktionsabteilung arbeitet Hr. Koch aber größtenteils im Verwaltungsbereich. Der Einkauf sollte ein eigenes Büro in der neuen Planung erhalten, da durch viele Telefonate mit Zulieferern andere Mitarbeiter in ihrer Arbeit gestört werden könnten.

Allgemein gilt schlechte Kommunikation im Unternehmen als großes Problem. In der Vergangenheit war informelle Kommunikation nicht erwünscht und galt als „Störfaktor". Arbeitsabläufe waren sehr stark „zerklüftet", so dass Mitarbeiter in ihrem („einfachen") Arbeitsbereich i. d. R. ohne Rückfragen auskommen sollten. Abteilungsdenken und Ressortegoismus sind ausgeprägt.

2.2.1 Wissensmanagementfreundliches Arbeitsumfeld

Führen Sie zunächst auf, wie ein wissensmanagementfreundliches Arbeitsumfeld / eine wissensmanagementfreundliche Arbeitsplatzgestaltung heutzutage aussehen sollte und worauf vor allem unter Aspekten eines „effizienten" Wissensmanagements zu achten ist.

2.2.2 Aufstellen von potentiellen Möglichkeiten

Bei der Neugestaltung der Arbeitsumgebung im Erdgeschoss setzt die Unternehmensleitung die folgenden Prioritäten:

- Raumoptimierung (Priorität, wonach Räume aufzuteilen, anzuordnen und auszustatten sind)
- Bürogröße (Anzahl der Mitarbeiter, die in einem Büroraum platziert werden)
- Zusatzräume (eingeplante Räume, die nicht direkt dem Arbeitsablauf, wie Büros, Technikraum etc., dienen)
- Beleuchtung (Konzepte rund um das Thema „Licht")
- Ausstattung (Ausgestaltungsoptionen der Räume z. B. Farben, Büromöbel etc.)

Listen Sie für jeden Bereich mehrere Möglichkeiten der Ausgestaltung auf und tragen Sie die gefundenen Ausprägungen in das vorgegebene Schema (Abbildung 2.2) ein.

Abbildung 2.2: Blanko-Schema für die Ausprägungen der fünf Bereiche

2.2.3 Kombination von sinnvollen Ausprägungen

Bilden Sie drei sinnvolle Ausprägungs-Kombinationen (Schema aus Aufgabe 2.2.2). Wählen Sie dabei als Startpunkt eine Ausprägung der Raumoptimierung aus und verknüpfen Sie diese mit logisch passenden Ausprägungen aus den anderen Bereichen.

2.2.4 Ausgestaltung der Büroplanung der VerPaMa

Wählen Sie für jede Abteilung eine sinnvolle Kombination aus und beschreiben Sie die Büroplanung (evtl. mit Grundriss-Zeichnung). Greifen Sie hierfür auch auf die ausgewählten Kombinationen aus Aufgabe 2.2.3 zurück.[15]

3 Lösung

3.1 Wissensmanagementfreundliches Arbeitsumfeld

Unternehmen müssen heutzutage vorhandenes Wissen effektiv nutzen und verteilen sowie Rahmenbedingungen schaffen, damit neues Wissen im Unternehmen entstehen kann. Hierfür sollten als Grundlage die Arbeitsbedingungen für die Mitarbeiter möglichst dahingehend gestaltet sein, dass diese bei der Erreichung ihrer Arbeitsziele optimal unterstützt werden. Zwei Anforderungen an die Gestaltung der Arbeitsplätze haben sich dabei als besonders wichtig herausgestellt. Hierzu gehört zum einen die Schaffung einer Arbeitsumgebung, in dem sich die Mitarbeiter wohlfühlen und zum anderen, Arbeitsabläufe zu schaffen, die die informellen Kommunikationen zwischen den Mitarbeitern ermöglichen und fördern.[16]

Fühlen sich Mitarbeiter an ihrem Arbeitsplatz wohl, so sind sie kreativer und lernfähiger. Dementsprechend werden sowohl die interne Wissensentwicklung als auch die Wissensverteilung gefördert. Serotonin und Dopamin[17] werden beim Menschen durch positive Gefühle (beim „Wohlfühlen“) verstärkt ausgeschüttet und wirken sich positiv auf die Lernfähigkeit des Gehirns aus.[18] Auch die freiwillige Weitergabe von Wissen wird von Mitarbeitern eher gelebt und unterstützt, wenn diese sich am Arbeitsplatz und in der Gruppe ihrer Kollegen eingegliedert fühlen statt als Außenseiter zu gelten.[19]

Beim Wissensfluss im Unternehmen wird permanent individuelles Wissen der Mitarbeiter in kollektives Wissen überführt, also durch Weitergabe zwischen den Mit-

---

15 Nutzen Sie für Zeichnungen geeignete Programme wie Microsoft Visio oder Sweet Home 3d (ein Open-Source-Projekt, http://www.sweethome3d.com/de/index.jsp [19.03.2011]).

16 Vgl. Jaspers; Westerink (2008), S. 89.

17 Serotonin und Dopamin sind sogenannte „Glückshormone“, die bestimmte Gehirnzonen aktiveren. Vgl. hierzu z. B. Horbach (2007).

18 Vgl. Rohde (2009), S. 108.

19 Vgl. Jaspers; Westerink (2008), S. 89.

arbeitern in das „Unternehmenswissen“ übernommen und später wieder individualisiert, also von anderen Mitarbeitern in ihr persönliches Wissen integriert, welches Sie für Ihre Arbeitsabläufe nutzen.[20] Ein elementarer Bestandteil dieses Prozesses ist dabei die informelle Kommunikation im Unternehmen. Laut einer Studie des Center for Workforce werden bis zu 70% der Wissensweitergabe durch informelle Kommunikation unter den Mitarbeitern erreicht.[21]

Um die Aufgabe einer optimalen Arbeitsplatzgestaltung nach Kriterien des Wissensmanagements zu lösen, sind vor allem fünf Kernbereiche abzudecken: Raumoptimierung, Bürogröße, Zusatzräume, Beleuchtung und Ausstattung. Um sinnvolle Kombinationen für Raum- und Bürogestaltungen zu bilden, werden diese fünf Bereiche im Folgenden näher beschrieben und mit möglichen Ausprägungen versehen.

3.2 Aufstellen von potentiellen Möglichkeiten

Bei der Planung eines Büros nach wissensmanagementtechnischen Gesichtspunkten ist auf viele Faktoren zu achten. Als Ausgangspunkt ist die Art der **Optimierung** festzulegen. Da jeder Raum unter bestimmten Gesichtspunkten optimiert wird, die hier jeweils anzustrebenden Ziele oftmals in Konkurrenz zueinander stehen, müssen Prioritäten gesetzt werden. Hierbei können die Prioritäten auf Kosten und den Platzbedarf für die neuen Büros, optimale Voraussetzungen für Wissensweitergabe und -generierung, kurze Kommunikationswege für Mitarbeiter und Abteilungen, die zusammen sitzen oder sich zuarbeiten oder auf Flexibilität der Gestaltung in Bezug auf zukünftige Änderungen liegen. Bei der Auswahl der **Bürogröße** wird festgelegt, wie viele Mitarbeiter räumlich abgetrennt zusammen arbeiten. Vor allem die Entscheidung für Einzel- oder Gemeinschaftsbüros ist hier je nach Abteilung entscheidend. Bei der Auswahl von **zusätzlichen Räumen** neben denen, die für die täglichen Arbeitsabläufe notwendig sind, muss meistens ein Kompromiss von wirtschaftlich sinnvollen Ausgaben und für den Wissensfluss nützlichen sowie für die Mitarbeiter motivierenden Räumen wie Kaffeeküchen, Wissenszimmer etc. abgewogen werden. Bei den **Beleuchtungskonzepten** sind sowohl Instrumente zur Nutzung von Tageslicht als auch künstliche Beleuchtungskonzepte zu untersuchen. Letztendlich ist die **Ausstattung** der Räume im Bezug Farbe, Technik, Kommunikationsmittel etc. festzulegen und anzupassen.

---

20 Vgl. Probst; Raub; Romhardt (2010), S. 125.

21 Vgl. Wuppertaler Kreis e.V. (2000), S. 27.

3.2.1 Raumoptimierung

Grundlage für die späteren Entscheidungen der Bürogestaltung bildet die Auswahl des Optimierungsziels. Jedes Unternehmen muss im Voraus festlegen, mit welchem Ziel eine Neugestaltung von Arbeitsflächen initiiert werden soll. Dabei sind einige Ziel oft konträr (z. B. zusätzliche Räume anzubieten (siehe 3.2.3) oder den Platzbedarf und somit die Kosten zu minimieren), so dass über Prioritäten eine Auswahl der wichtigsten Optimierungskriterien getroffen werden müssen.[22]

Bei der Optimierung nach *Platzbedarf und Kosten* versucht ein Unternehmen mit möglichst geringen Mitteln auf kleiner Fläche viele Arbeitsplätze unterzubringen. Dieses geschieht häufig bei Arbeitsplätzen, wo einfache Arbeit verrichtet wird, da die Mitarbeiter dort eher geringe Anforderungen an ihren Arbeitsplatz stellen. Viele Maßnahmen zur Verbesserung der Kommunikation und das Wohlfühlen der Mitarbeiter können dabei nicht umgesetzt werden.

Bei der Optimierung des *Wissensflusses und der Wissensgenerierung* sollen den Mitarbeitern Möglichkeiten zur Verfügung stehen, mit denen sie Wissen aufnehmen und weitergeben können sowie möglichst kreativ neues Wissen generiert werden kann. Hierfür ist es von zentraler Bedeutung, dass die formelle und informelle Kommunikation der Mitarbeiter gefördert wird. Auch müssen sowohl Möglichkeiten zur gemeinsamen Ideenfindung (z. B. in Brainstormings) als auch zur Abgeschiedenheit und Ruhe für das Ausarbeiten eigener Ideen geboten werden.

Stehen *kurze Kommunikationswege* im Vordergrund, hat dieses Auswirkungen sowohl auf die Bürogestaltung an sich als auch auf die Aufteilung, welche Abteilung (welcher Mitarbeiter) wo genau im Gebäude platziert ist. Auch sollten zielgerichtet Kommunikationsinstrumente in ausreichender Anzahl angeboten werden.

Eine *Flexibilität* in der Büroaufteilung und -gestaltung bedeutet, dass im Bezug auf Bürogrößen, technische Ausstattungen sowie der Planung von zusätzlichen Räumen schnelle Anpassungen an zukünftige Änderungen der Anforderungen möglich sein müssen.

In der Praxis werden meistens alle Ziele in unterschiedlicher Priorität verfolgt und umgesetzt, so dass in vielen Fällen ein Mix aus den vorigen Intentionen entsteht. Trotzdem sollte sich ein Unternehmen über die Prioritätenfestlegung ihrer Ziele bewusst sein.

---

22 Die hier angegebenen Ziele stellen eine Auswahl dar, die auf die spätere Einführung eines Wissensmanagements angepasst ist und keinen Anspruch auf Vollständigkeit erhebt.

3.2.2 Bürogröße

Je nach Aufteilung der räumlichen Gegebenheiten arbeitet eine unterschiedliche Anzahl von Mitarbeitern in einem Büro. Grundsätzlich gibt es die Möglichkeiten, durch

- *Einzelbüros* jedem Mitarbeiter einen eigenen Raum zuzuweisen,
- *Zellenbüros*, die meistens auf zwei Personen ausgelegt sind,
- *Gruppenbüros* für drei bis 25 Personen einzurichten oder
- *Großraumbüros*, in denen durch verschiedene Konzepte auf 400 m^2 oder mehr eine Vielzahl von Mitarbeitern (mehr als 20) untergebracht werden.
- Spezielle Formen sind das *non-territoriale Büro*, wo Räume von Mitarbeitern frei und ohne feste Zuordnung genutzt werden können und
- *Kombi-Büros*, die verschiedene Elemente der vorherigen Konzepte verbinden.

Folgende Vor- und Nachteile bringen die aufgeführten Aufteilungen mit sich:

Einzelbüros bieten dem Mitarbeiter ein Maximum an Privatsphäre, Abgeschiedenheit sowie den besten Schutz vor Störungen durch andere Mitarbeiter. Dadurch sind sie sowohl für konzentrierte und kreative Arbeiten wie die Erstellung von strategischen Konzepten oder das Bearbeiten komplexer mathematischer Berechnungen wie auch für vertrauliche Telefonate oder Kundengespräche optimal geeignet. Da nur ein Mitarbeiter das Büro „bewohnt" kann er abgestimmt auf seine Bedürfnisse den Raum beheizen, verdunkeln oder beleuchten und so eine für ihn optimale Wohlfühlatmosphäre schaffen.

Der Vorteil der Abgeschiedenheit kann aber auch zum Nachteil werden, wenn der Mitarbeiter sich „isoliert" fühl und dadurch weniger als gewünscht an der Kommunikation und Kooperation mit seinen Kollegen teilnimmt. Für Teamarbeit ist das Bürokonzept aus dem gleichen Grund überhaupt nicht geeignet. Auch ist die Aufteilung in Einzelbüros die platzaufwendigste, so dass für das Unternehmen hohe Kosten entstehen. Aus diesen Gründen (Kostenfaktor und „Isolation") werden Einzelbüros häufig nur für Mitglieder des Managements oder Abteilungsleiter des Unternehmens eingeplant.[23]

*Zellenbüros*_für zwei Mitarbeiter[24] schaffen optimale Grundlagen für die Zusammenarbeit der Bürobewohner. Dadurch eignen sie sich gut, wenn die Mitarbeiter ähnliche Aufgabenbereiche bearbeiten oder sich an Ablaufschnittstellen gegenseitig zuarbeiten. Häufig wird eine gesamte Etage so geplant, dass an einem Gang in der

---

23 Vgl. Rudow (2004), S. 256.

24 Grundsätzlich können Zellenbüros auch mit Einzelbüros oder Arbeitsplätzen für mehr als zwei Personen geplant werden. In diesem Fallbeispiel wurde der Einfachheit halber nur das Konzept mit Zwei-Personen-Büros betrachtet und deren Vor- und Nachteile aufgezählt.

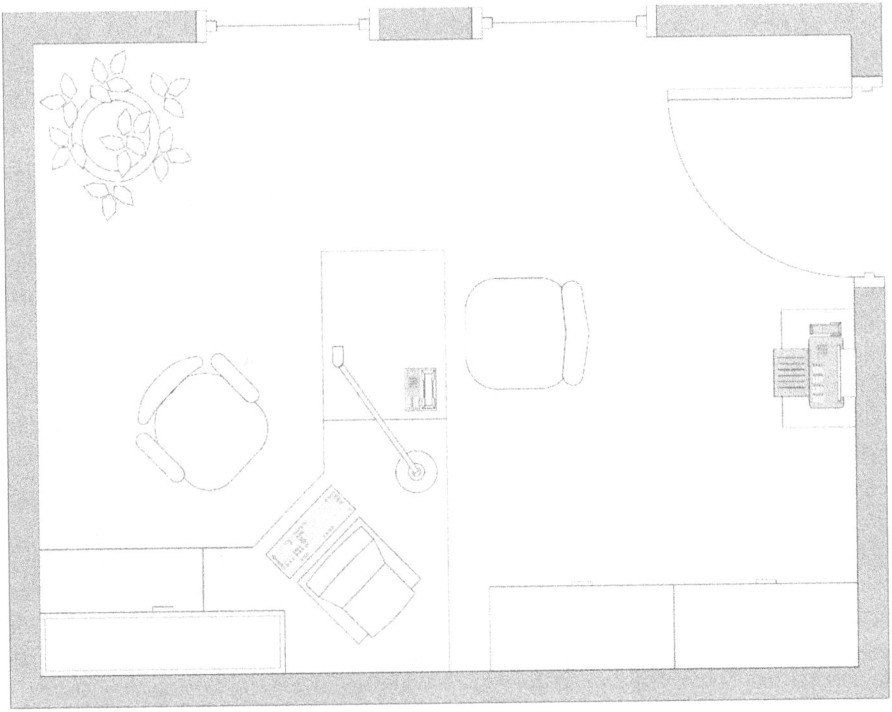

Abbildung 3.1: Entwurf eines Einzelbüros mit Sitzplatz für einen Besucher

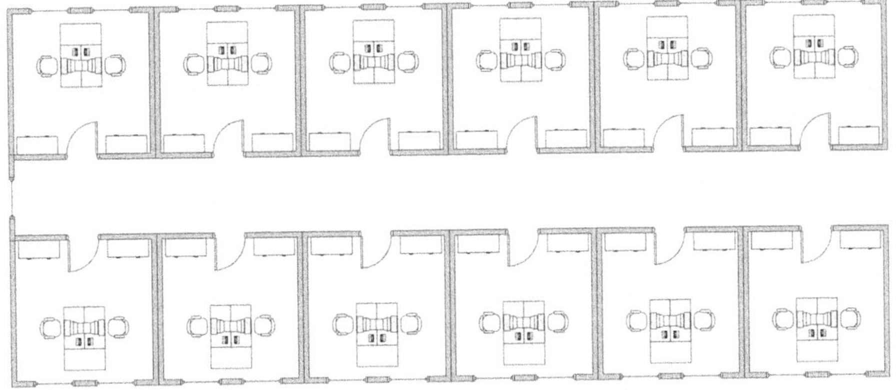

Abbildung 3.2: Entwurf einer Etage mit Zellenbüros für jeweils zwei Mitarbeiter

Mitte an beiden Seiten identische „zwei-Personen-Büros“ angesiedelt sind, in denen zwei aneinandergestellte Schreibtische stehen, an denen sich die beiden Mitarbeiter gegenüber sitzen und so optimal kommunizieren können. Auch eine gegenseitige Vertretung im Krankheits- oder Urlaubsfall ist so sehr gut möglich.

Gegenüber dem Einzelbüro ist eine Störung der beiden Mitarbeiter untereinander als Nachteil aufzuzählen, wobei sich die Störung durch Telefonate etc. gegenüber Bürokonzepten mit größeren Gruppen in Grenzen hält. Es existiert aber ein Konfliktpotential zwischen den beiden Büroinsassen. Jeder sieht das Büro in gewisser Hinsicht als sein eigenes an, so dass z. B. bei der Beleuchtung, der Raumtemperatur oder bei Dekorationsgegenständen wie Blumen etc. im Raum Unstimmigkeiten entstehen können. Auch birgt das tägliche Arbeiten mit der gleichen Person in einem Raum langfristig das Potential zu „atmosphärischen“ Störungen, die sich negativ auf das Arbeitsergebnis auswirken können, besonders wenn sich die Mitarbeiter gegenseitig zuarbeiten oder vertreten.[25]

Gruppenbüros für drei bis 25 Personen (auch Mehrpersonenbüros genannt) sollen die Vorteile von Zellenbüros und Großraumbüros (siehe nächste Seite) verbinden und die Nachteile dabei weitestgehend kompensieren. Häufig werden sie so ausgelegt, dass zusammengehörige Organisationseinheiten und Arbeitsgruppen in ihnen Platz finden. Die Arbeitsplätze werden durch Stellwände, die aber nicht deckenhoch sind sondern eine Höhe von ca. 1,5 Meter besitzen, optisch getrennt und möglichst fensternah angeordnet. Dadurch haben die Mitarbeiter einerseits eine gewisse Privatsphäre am Arbeitsplatz, können andererseits aber auch über die Wände hinweg mit ihren Kollegen direkt kommunizieren. Die Ablauforganisation wird somit durch bessere Kommunikation und Koordination effizienter.[26]

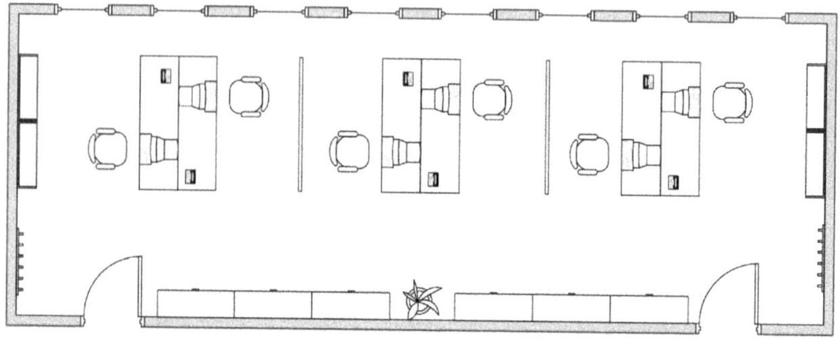

Abbildung 3.3: Entwurf eines Gruppenbüros mit sechs Arbeitsplätzen

25 Vgl. Lorenz (2005), S. 142ff.

26 Vgl. Lorenz (2005), S. 141f.

Zu den Nachteilen dieser Bürogestaltung gehören akustische Störungen und Ablenkungen durch anliegende Arbeitsplätze und Gespräche zwischen den Mitarbeitern sowie eventuelle Konflikte zwischen Allgemein- und Arbeitsplatzklima, wenn verschiedene Mitarbeiter unterschiedliche Raumtemperaturen bevorzugen.[27]

Großraumbüros mit mehr als 400 m² Fläche und mit mehr als 20 Mitarbeitern erweitern die Gruppenbüros. Hier werden wiederum durch nicht deckenhohe Stellwände einzelne Arbeitsplätze, Gruppenarbeitsplätze oder anderweitig genutzte Flächen (wie z. B. Archivflächen, Besprechungsräume etc.) abgetrennt. Vorteilhaft ist auch bei dieser Büroform die direkte Kommunikationsmöglichkeit zwischen den Mitarbeitern, was diese Form z. B. bei Börsenhandelsabteilungen sehr beliebt macht.[28]

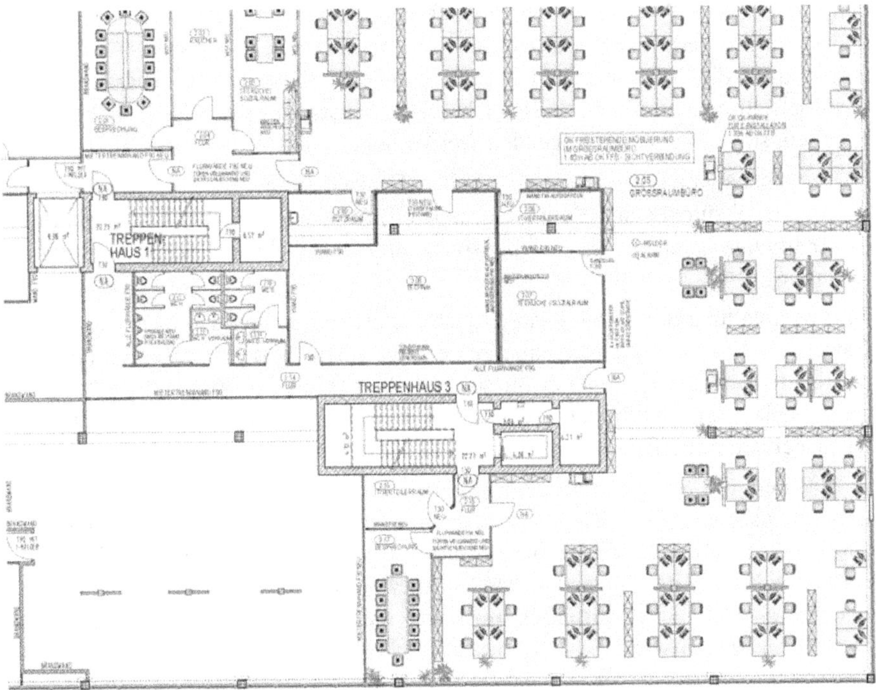

Abbildung 3.4: Beispiel eines Großraumbüro-Konzeptes[29]

---

27 Vgl. Rudow (2003), S. 257.

28 Vgl. Lorenz (2005), S. 140f.

29 http://www.suedwestpark.de/uploads/tx_cfamooflow/Grundriss_Var0-K05_1OG_MV_1001_Grossraumbuero_01.gif [23.03.2011].

Nachteilig ist neben den schon bei den Gruppenbüros angesprochenen Störungen, Ablenkungen und Raumtemperaturproblemen auch die Tatsache, dass je nach Raumgröße nicht alle Arbeitsplätze direkt in Fensternähe liegen und somit Arbeitsplätze in der Mitte des Raumes sehr unbeliebt sind. Die Verteilung der Arbeitsplätze kann somit auf Grund der verschiedenen Attraktivität zu Status-Streitereien und Neid zwischen den Mitarbeitern führen. Auch sind optimale Beleuchtungskonzepte (siehe 3.2.4) nur schwer zu realisieren, da einige Arbeitsplätze (z. B. in der Raummitte) nur künstlich beleuchtet werden können.[30]

Die ersten *non-territorialen Büros* wurden Ende der 80er Jahre in Skandinavien von Unternehmen der IT-Branche eingerichtet. Auf Grund der Tatsache, dass Mitarbeiter ihren Arbeitsplatz nur sehr selten in dieser Branche nutzen, sondern mehr Zeit im Außendienst, in Besprechungsräumen bei Meetings oder in Gemeinschaftsräumen in Teamsitzungen verbringen, wurden die Nutzungszeiten der zugewiesenen Büros so gering, dass die Wirtschaftlichkeitsgrenze unterschritten wurde. Hier sind nonterritoriale Büros vorteilhaft, da sie nicht jedem Mitarbeiter einen festen Arbeitsplatz zuweisen, sondern eine der folgenden drei Varianten wählen:

- Ein Arbeitsplatz für mehrere Mitarbeiter (Desk-Sharing)
- Eine Arbeitsumgebung (Raum, Gebäudeteil) für eine Abteilung (Room-Sharing)
- Mitarbeiter können ihren Arbeitsplatz frei im Gebäude wählen (Building-Sharing)[31]

Die Ausgestaltung der Büros kann je nach Anforderung nach den bisher erwähnten Konzepten (Einzel- bis Großraumbüro) erfolgen. Die Vorteile dieser freien Büroform sind neben den Kostenersparnissen (es gibt weniger Arbeitsplätze als Mitarbeiter) vor allem die Flexibilität, so dass sich z. B. Projektteams einen gemeinsamen Arbeitsbereich mit effizienten Kommunikationswegen suchen können.[32]

Als Nachteil gilt vor allem die fehlende Privatsphäre des Büros (keine persönlichen Einrichtungsgegenstände etc.) die zu einem geringeren Wohlgefühl der Mitarbeiter führen sowie teils suboptimale Arbeitsmittel. Bei Verbleib der Mittel in den Büros fehlen den Mitarbeitern unter Umständen Spezialmittel, wenn der Mitarbeiter Rollcontainer oder ähnliches mitführen muss um eigene Büromittel zu nutzen führt dieses zu erhöhtem Aufwand.[33]

30 Vgl. Rudow (2003), S. 256f.
31 Vgl. Lorenz (2005), S. 147f.
32 Vgl. Lorenz (2005), S. 147f.
33 Vgl. Lorenz (2005), S. 147f.

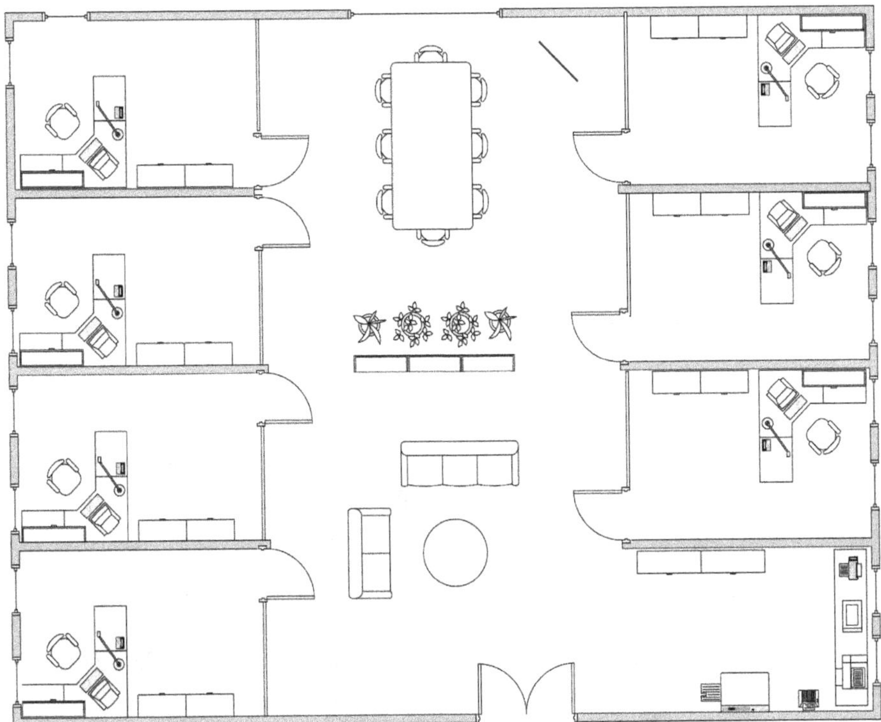

Abbildung 3.5: Entwurf eines Kombi-Büros für Teams bis zu sieben Mitgliedern

Kombi-Büros werden gemeinschaftlich genutzt und kombinieren Einzelbüros mit offenen Zonen. Die Wände zwischen den Büros und den offenen Flächen sind oft aus Glas und nähern diese optisch an. Durch diese Kombination wird sowohl die Privatsphäre im Einzelbüro gewahrt wie auch die Kommunikationsmöglichkeiten durch die offenen Flächen gefördert. Mitarbeiter können also je nach Bedürfnis die passende Arbeitsumgebung wählen.[34]

Nachteilig für die Unternehmen sind ein hoher Kostenaufwand durch den erhöhten Flächenbedarf sowie eine unflexible Raumplanung, da Kombi-Büros oft auf feste Gruppengrößen zugeschnitten sind und dann auch nur von Teams und Abteilungen ähnlicher Größe optimal genutzt werden können.[35]

---

34 Vgl. Rudow (2003), S. 257f.

35 Vgl. Rudow (2003), S. 257f.

3.2.3 Zusatzräume

Neben den eigentlichen Büros und benötigten Funktionsräumen (bspw. Archive oder Kopierräume) kann ein Unternehmen seinen Mitarbeitern weitere Räumlichkeiten zur Verfügung stellen. Hierdurch wird die informelle Kommunikation erhöht indem Anreize für Mitarbeiter entstehen, ihr Büro zu verlassen und sich mit anderen Mitarbeitern zu treffen. Des Weiteren unterstützen regenerative Zonen den Mitarbeiter „seinen Kopf freizukriegen" und seine Pausenzeiten effektiver zur Regeneration zu nutzen.[36]

Folgende Zusatzräume können im Bürogebäude installiert werden:[37]

- Besprechungsraum
- Wissenszimmer
- Kaffeeküche / Kantine
- Pausenraum / Aktivraum
- Meeting Points

Besprechungsräume bilden zentrale Anlaufstellen für eine geplante Kommunikation von Gruppen. Nach vorheriger Terminabsprache können sich Projektteams, Abteilungen und andere Gruppen gezielt hier treffen, um sich über ein Thema auszutauschen oder in einem Brainstorming Ideen zu entwickeln. Wichtig ist hier, dass das Raumkonzept flexibel ausgelegt ist, so dass verschiedene Tischanordnungen, verschiebbare Trennwände und technische Ausstattungsmöglichkeiten garantieren, dass Gruppen unterschiedlicher Größe, Zusammensetzung und mit variierenden Anforderungen trotzdem jeweils möglichst optimal diese Räume für Meetings nutzen können.[38]

Wissenszimmer sind für alle Mitglieder zugängliche Räume, in denen Papier, Schreibmaterialien, Moderationsmaterialien, Drucker bereitstehen und die Mitarbeiter die Möglichkeit haben, Internet und PC zu nutzen. Sie bieten den Mitarbeitern Raum für Diskussionen, informelle Treffen und selbstorganisierte Workshops.[39]

Kaffeeküchen und Kantinen bieten neben der reinen Nahrungs- und Getränkeaufnahme auch geeignete Treffpunkte für informelle Gespräche außerhalb der normalen Kommunikationsroutinen. Auch kann der ungeplante Gedankenaustausch zwischen Mitarbeitern, die während ihrer „normalen" Tätigkeit nicht miteinander kommunizieren, kreativitätsfördernd sein.[40]

---

36 Vgl. Waehlert (2011[a]), S. 4. Freimuth (2000), S. 41.

37 Die Auflistung zeigt einen Ausschnitt der Möglichkeiten. Alle möglichen Raumnutzungen aufzuzeigen würde den Rahmen dieser Fallstudie sprengen.

38 Vgl. Waehlert (2011[a]), S. 4.

39 Vgl. BMWi (2006), S. 8.

40 Vgl. Probst; Raub; Romhardt (2010), S. 118f. Moser (2002), S. 101.

Pausenräume und Aktivräume bieten Mitarbeitern die Möglichkeit vom Alltag abzuschalten und sich in den Pausenzeiten zu erholen. Während in Pausenräumen neben Gesprächen mit Kollegen vor allem die individuelle Erholung beim Lesen, Kaffeetrinken oder nur Ruhe im Vordergrund steht, können Mitarbeiter in Aktivräumen vom Arbeitsalltag bei einer Partie Billard, Kicker oder an Fitnessgeräten gezielt Stress abbauen und so „den Kopf frei" bekommen. Auch diese Räume fördern natürlich die Kommunikation zwischen den Mitarbeitern und somit den Wissensaustausch.[41]

Meeting Points sind Treffpunkte an zentralen Stellen im Unternehmen, (z. B. zentrale Gänge zur Kantine oder Stechuhr). Durch den Einsatz von Stehtischen, bequemen Sitzgelegenheiten oder auch Getränkeautomaten können Mitarbeiter motiviert werden, hier kurz zu verweilen und sich gedanklich auszutauschen. Auch sind diese Stellen ideal für die Platzierung von Informationsmitteln (Infotafeln, Schwarze Bretter etc.).[42]

3.2.4 Beleuchtung

Licht ist für Menschen nicht nur zur optischen Wahrnehmung wichtig, sondern stellt auch für andere grundsätzliche Lebensfunktionen die Grundlage dar. Es hat Auswirkungen auf Physis und Psyche, auf unser Wohlbefinden, unsere Stimmung, sowie unsere Konstitution und Leistungsfähigkeit.[43]

Auch bei Büroplanung ist die richtige Auswahl des Beleuchtungskonzeptes eine wichtige Aufgabe.[44] Optimal ist das Ausnutzen von Tageslicht. Hierfür sind sowohl Konzepte zur Verdunklung als auch evtl. das Umlenken von Tageslicht in lichtschwache Bereiche der Räumlichkeiten Optionen. Auf Grund von Bürogestaltungen, bei denen Arbeitsplätze nicht in ausreichender Fensternähe liegen (wie z. B. bei einigen Großraumbüros) und der Gegebenheit, dass auch früh morgens und abends sowie in Wintermonaten bei fehlendem Sonnenschein gearbeitet wird, ist es notwendig auch in diesen Fällen auf künstliche Lichtquellen zurückzugreifen. Bei diesen wird nach direkten und indirekten Lichtquellen unterschieden.[45]

Verdunklungen und Blendschutz sind bei direkter Sonneneinstrahlung notwendig. Vor allem wenn der Arbeitsplatz mit Blickrichtung zum Fenster ausgerichtet ist

---

41 Vgl. Zimmermann (2008), S. 22.

42 Vgl. Freimuth (2000), S. 41. Jaspers; Westerink (2009), S. 91.

43 Vgl. Waehlert (2011[b]), S. 1.

44 In Deutschland und der EU regeln eine Vielzahl von Richtlinien die Rahmenbedingungen, die ein Beleuchtungskonzept erfüllen muss. Dieses sind z. B. Vorschriften zur Anordnung der Leuchtquellen oder Leuchtstärken für verschiedene Einsatzbereiche.

45 Vgl. Waehlert (2011[b]), S. 6f.

können Blendeffekte auf Arbeitsfläche oder Computermonitor entstehen woraufhin die Sonneneinstrahlung begrenzt werden muss. Auch in Arbeitsräumen in denen ein Projektor oder Beamer genutzt wird, muss die Möglichkeit einer Verdunklung gegeben sein. Um Räume am Tag zu verdunkeln gibt es vier mögliche Maßnahmen:

- Bauliche Maßnahmen an der Hausfassade durch Außen-Jalousien, Markisen oder Vordächer
- Speziell abgedunkelte Gläser in den Fensterrahmen
- Rollos, Jalousien, Lamellen oder Vorhänge innen vor den Fenstern
- Stellwände in den Büros

Methoden zur *Umlenkung des Tageslichtes* zielen auf eine Erweiterung des tageslichtdurchfluteten Bereichs vom Fenster in Richtung der weiter innenliegenden Arbeitsflächen ab. Dieses wird durch (sehr kostenintensive) Lichtlenk-Systeme aus Prismen, Lamellen und Spiegeln sowie speziellen Fenstergläsern erreicht. Die Umlenkung erfolgt in Richtung Decke, von der das Licht dann ins Rauminnere verlängert wird. Neben den schon beschriebenen Vorteilen von Tageslicht gegenüber künstlichem Licht lassen sich durch solche Konzepte auch Energiekosten einsparen.[46]

Direkte, künstliche Beleuchtungen können sowohl zielgerichtet Lichtquellen (wie z. B. Schreibtischlampen) als auch Umgebungsbeleuchtungen (wie z. B. Deckenstrahler) sein. In der Praxis wird diese Form der Beleuchtung immer mehr nur für kleinere, ausgewählte Bereiche als sinnvoll erachtet, da eine flächendeckende, direkte Beleuchtung oft Reflexionen und Blendungen hervorruft, die im Arbeitsalltag störenden Einfluss auf die Mitarbeiter haben. Da die Arbeit mit Papier und Dokumenten aber eine hohe Lichtstärke erfordert, sind (zuschaltbare) direkte Lichtquellen am Schreibtisch dennoch weiterhin sinnvoll und notwendig.

Indirekte, künstliche Beleuchtung reduziert oder eliminiert die Nachteile der direkten Beleuchtung und kann somit optimal für das künstliche Umgebungslicht eingesetzt werden. Da für die Arbeit am PC oder für Telefonate eine geringere Lichtstärke im Vergleich zur Beleuchtung bei der Arbeit mit Papier und Dokumenten als angenehm empfunden wird, ist der Nachteile der geringeren Leuchtkraft gegenüber der direkten Beleuchtung beim Einsatz als Allgemeinbeleuchtung nicht relevant.

3.2.5 Ausstattung der Büroräume

Ist die Planung im Bezug auf Priorität der Anordnung, Größe und Beleuchtung der Büroräume abgeschlossen, müssen noch Details in der Ausgestaltung festgelegt werden, um den Mitarbeitern eine optimale Arbeitsumgebung für ihre Aufgaben zur

---

46 Vgl. Waehlert (2011^{b}), S. 6.

Verfügung zu stellen. Hierzu zählen z. B. die *Farbgestaltung* der Wände und Decken, die Auswahl von Büromöbeln und sonstigen Einrichtungsgegenständen wie z. B. Pflanzen, Bildern etc. Die *Ergonomie der Büromöbel* spielt eine große Rolle für das Wohlfühlen der Mitarbeiter sowie zur Prävention von gesundheitlichen Problemen (bspw. Haltungsschäden). Bei der *technischen Ausstattung* bestimmt die Aufgabe des Mitarbeiters im Unternehmen, welche technischen Hilfsmittel sinnvoll und notwendig sind. Aber auch der Zugang zu Möglichkeiten zur *Kommunikation* sollten hier bedacht werden (z. B. Zugang zu PCs). Bei der *Umfeldgestaltung* stehen vor allem (neben der Beleuchtung aus 3.2.4) klimatische und lärmreduzierende Maßnahmen im Vordergrund.

Die *Farbgestaltung* der Einrichtung und der Einrichtungsgegenstände bietet Möglichkeiten auf die Stimmung der Mitarbeiter sowie in Grenzen auch auf andere Gestaltungsbereiche wie z. B. die Beleuchtung Einfluss zu nehmen. Allgemein sollten schwach gesättigte Farben für den Raum, helle Farbtöne für das Mobiliar sowie einfarbige, helle Vorhänge und Jalousien verwendet werden.[47]

Bei der *ergonomischen Auslegung der Büromöbel* stehen vor allem Stühle und Tische im Vordergrund. Stühle, die nur eine ungesunde Sitzhaltung zulassen, führen zu weniger und kürzerer Atmung. Dadurch gelangt nicht genug Sauerstoff in die Blutbahn und ins Gehirn, was sich negativ auf das Wohlbefinden und die Arbeitsleistung des Mitarbeiters auswirkt. Ein höhenverstellbarer Stuhl, der eine gesunde Sitzposition, sowie die Möglichkeit zum „dynamischen Sitzen"[48] unterstützt, kann hier Abhilfe schaffen. Bei den Tischflächen sollte Wert auf ausreichend Platz gelegt werden. Nutzt der Mitarbeiter einen PC, sollte der Tisch so ausgelegt sein, dass dieser haltungsgerecht positioniert werden kann. Auch darf der Tisch keine glänzende Oberfläche besitzen, da sonst störende Reflexionen entstehen können. Eine auf den Mitarbeiter angepasste Tischhöhe beugt wiederum Haltungsschäden vor und hilft dem Mitarbeiter sich über längere Phasen zu konzentrieren. Stehtische können Abwechslung schaffen und durch die Bewegung des Mitarbeiters die Durchblutung und Muskeln anregen.[49]

Die *technische Ausstattung* des Büros wird vor allem vom Aufgabenspektrum des ansässigen Mitarbeiters bestimmt. PC, Telefon, Fax, Drucker, Kopierer oder Spezialgeräte können entweder im Büro zur Eigennutzung oder in Gemeinschaftsräumen positioniert werden. Da die Möglichkeiten in der heutigen Zeit hier fast endlos sind wird auf eine weitere Ausgestaltung der technischen Ausstattung im Rahmen dieser Fallstudie verzichtet.

---

47 Vgl. Rudow (2004), S. 261.

48 „Dynamisches Sitzen bedeutet einen häufigen Wechsel der Sitzhaltung." Sen (2001), S. 8.

49 Vgl. Sen (2001), S. 8.

Eine der Hauptaufgaben des Wissensmanagements ist die Verteilung des Wissens im Unternehmen. Wie in Kapitel 3.1 beschrieben, ist eine möglichst rege Kommunikation (formell und informell) hierfür eine notwendige Grundlage. Die *Kommunikation* unterstützende Mittel sind vielfältig. Hierzu zählen neben den technischen Möglichkeiten (wie Telefon und Email) vor allem kleine Besprechungstische, die es ermöglichen, dass auch Mitarbeiter aus anderen Büros kurz verweilen und sich mit dem Büroinhaber austauschen können. Eine mögliche Struktur hierfür als wandorientierte Arbeitsplatzgestaltung mit separatem Besprechungstisch wird im nächsten Abschnitt bei der Umfeldgestaltung vorgestellt. Informationen zu den Möglichkeiten zur Kommunikationssteigerung in den Gemeinschaftsräumen und Gängen sind Kapitel 3.2.3 (Zusatzräume) dieser Fallstudie zu entnehmen.

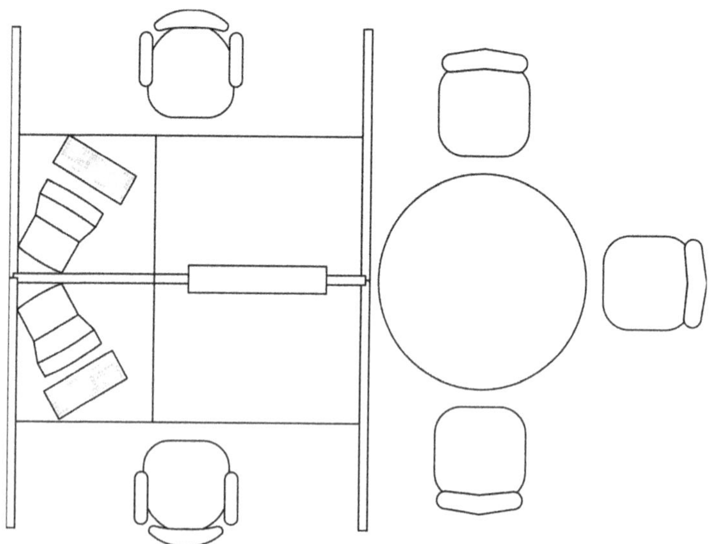

Abbildung 3.6: Wandorientierte Arbeitsplatzgestaltung mit Besprechungstisch[50]

In der *Umfeldgestaltung* des Büros wird vor allem darauf Wert gelegt, dass Störungen und Ablenkungen minimiert werden. Neben einem umfassenden Konzept zur Beleuchtung (siehe 3.2.4) stehen hierbei vor allem Lärmreduktion und klimatische Regulierung im Vordergrund. Auch Maßnahmen gegen optische Ablenkungen (z. B. durch Kollegen) sind hier denkbar. Eine Gestaltungsoption ist der wandorientierte

50 Eigener Entwurf in Anlehnung an Jaspers, Westerink (2008), S. 91.

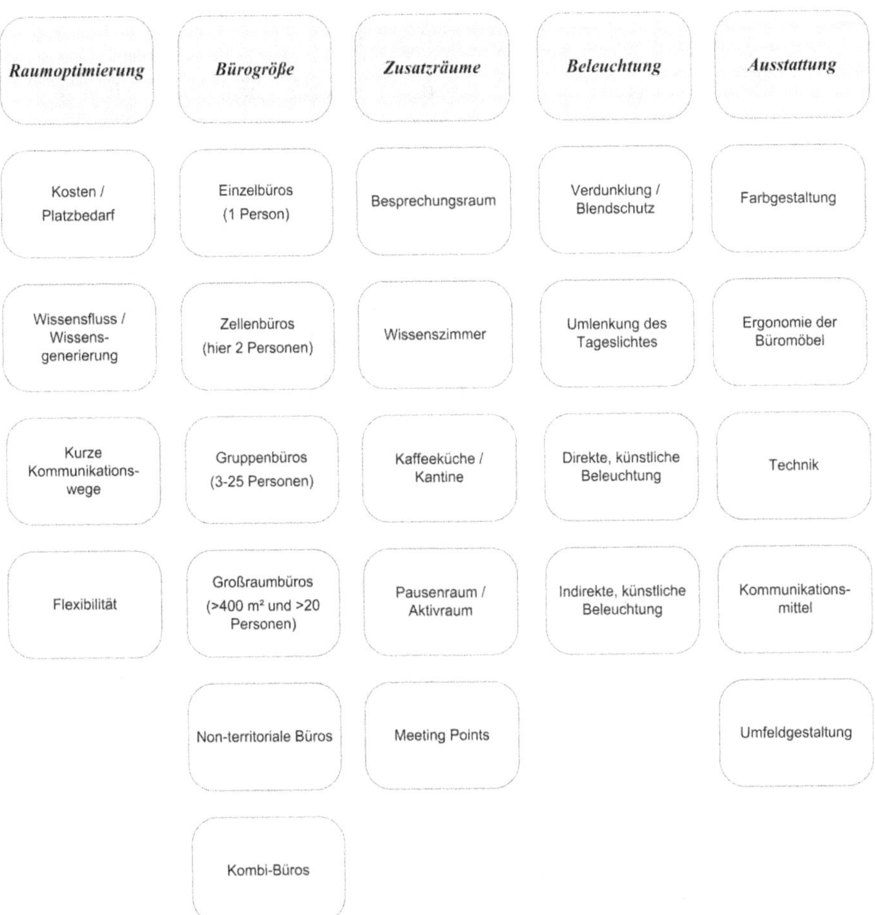

Abbildung 3.7: Übersicht aller Ausprägungen der fünf Bereiche

Arbeitsplatz mit Besprechungstisch. Hierbei sitzen sich zwei Mitarbeiter an Schreibtischen gegenüber. Trennwände sorgen für optische und akustische Abschirmung. Um die Kommunikation zwischen den Mitarbeitern nicht zu beeinträchtigen, ist die Trennwand zwischen den Arbeitsplätzen nicht durchgezogen. Der Besprechungstisch am Kopfende bietet die Möglichkeit, Mitarbeiter aus anderen Büros in die Kommunikation mit einzubeziehen. Ebenfalls denkbar ist, solche wandorientierten Arbeitsplätze als Zweierblocks in Gruppen- oder Großraumbüros zu integrieren.[51]

---

51 Vgl. Jaspers, Westerink (2008), S. 89ff.

3.2.6 Übersicht der Ausprägungen in den Kategorien

Abbildung 3.7 zeigt eine Übersicht der in den vorherigen Kapiteln aufgezeigten Möglichkeiten zur optimalen Bürogestaltung.

3.3 Kombination von sinnvollen Ausprägungen

Um nun Kombinationen von Ausprägungen zu bilden und Konzepte für eine sinnvolle Bürogestaltung abzuleiten, muss ein Startpunkt gefunden werden. Nicht nur auf Grund der Reihenfolge der fünf Bereiche ist eine Festlegung des Hauptoptimierungskriteriums ein guter Einstiegspunkt. Exemplarisch werden nachfolgend drei solche Kombinationen vorgestellt.

3.3.1 Optimierung nach Kosten / Platzbedarf

Wie in Abbildung 3.8 zu sehen ist bei den Optimierungskriterien nur „Kosten / Platzbedarf“ gewählt (dunkel grau hinterlegt und fett markiert / unterstrichen). Diese Auswahl schließt die anderen drei Ausprägungen aus (hell grau hinterlegt und kursiv).

Bei der Bürogröße sind Einzel- und Zellenbüros vom Platzbedarf zu aufwendig und somit kostenintensiv. Auch Kombi-Büros fallen hier auf Grund der Gemeinschaftsräume pro Kombi-Büro weg. Gruppenbüros sind theoretisch möglich (nicht farblich markiert in der Abbildung) aber suboptimal. Großraumbüros bieten den kleinsten Platzbedarf pro Arbeitsplatz und sind somit eine optimale Auswahl bei dieser Prioritätenfestlegung. Auch non-territoriale Büros, bei denen nicht jeder Arbeitnehmer einen festen Büroplatz besitzt, können sinnvoll sein.

Zusatzräume bedeuten zusätzlichen Platzbedarf, erfordern weitere Kosten und stehen dementsprechend dem Optimierungsziel konträr gegenüber. Allerdings kann auf einige Räume nicht oder nur sehr selten verzichtet werden. Deshalb ist zumindest eine kleine Kaffeeküche einzuplanen, die ebenfalls als Kantine und Pausenraum herhalten muss. Meeting Points und Besprechungsräume sind sinnvoll und trotz Kostenoptimierung oftmals notwendig. Für Wissenszimmer und eigene Pausen- und Aktivräume ist kein Budget vorhanden. Bei der Beleuchtung ist für tageslichtlose Zeiten eine direkte, künstliche Beleuchtung unbedingt notwendig. Indirekte, künstliche Beleuchtung kann im Budget eingeplant werden, ist aber nicht zwingend auszuwählen. Ebenso sind Verdunklungsmaßnahmen nur bei starker Beeinträchtigung wirtschaftlich möglich. Ein Tageslicht-Umlenksystem ist zu kostenintensiv. Abschließend bei den Ausstattungsvarianten ist eine sinnvolle Farbgestaltung kostengünstig und nützlich einzubringen sowie Ergonomie der Büromittel und technische

Ausstattungen je nach Bedarf zu wählen und im Kosten/Nutzen-Verhältnis zu bewerten. Erweiterte Kommunikationsmittel und Umfeldgestaltungsmaßnahmen sind wiederum nicht im Budget unterzubringen.

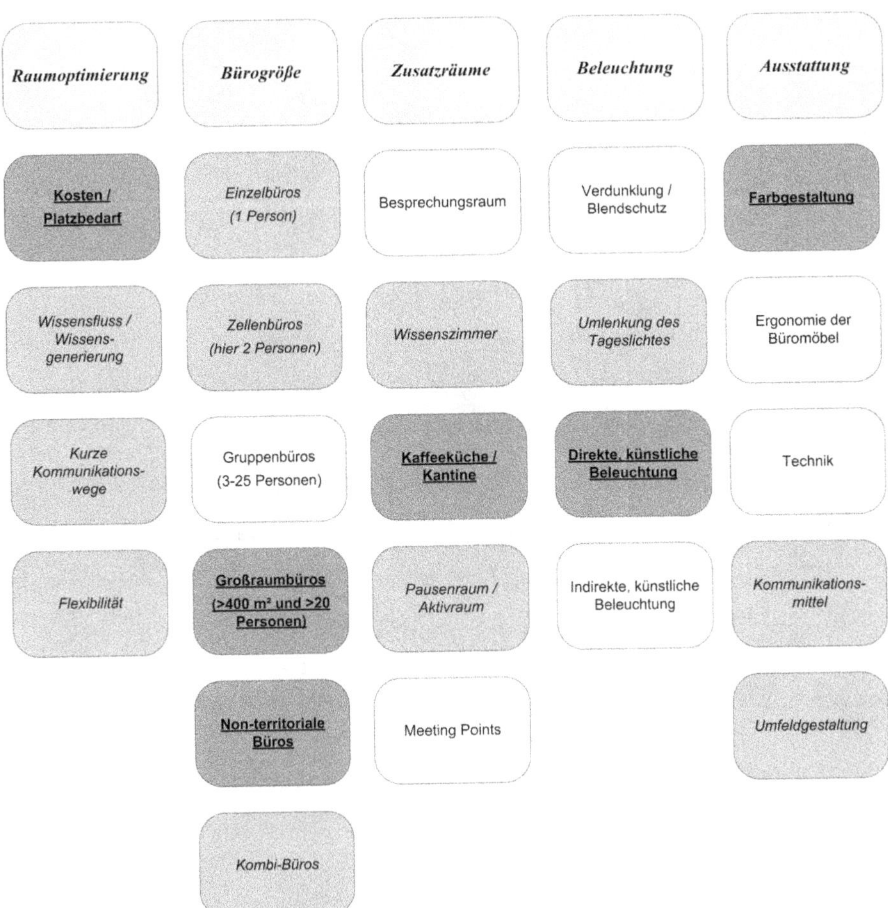

Abbildung 3.8: Schema mit Optimierung nach Kosten / Platzbedarf

3.3.2 Optimierung nach Wissensfluss / Wissensgenerierung

Da die meisten Ausprägungen schon im Hinblick auf den positiven Einfluss für ein späteres Wissensmanagement ausgewählt wurden gibt es zur Optimierung des Wissensflusses und der Wissensgenerierung kaum Einschränkungen (siehe Abbildung 3.9).

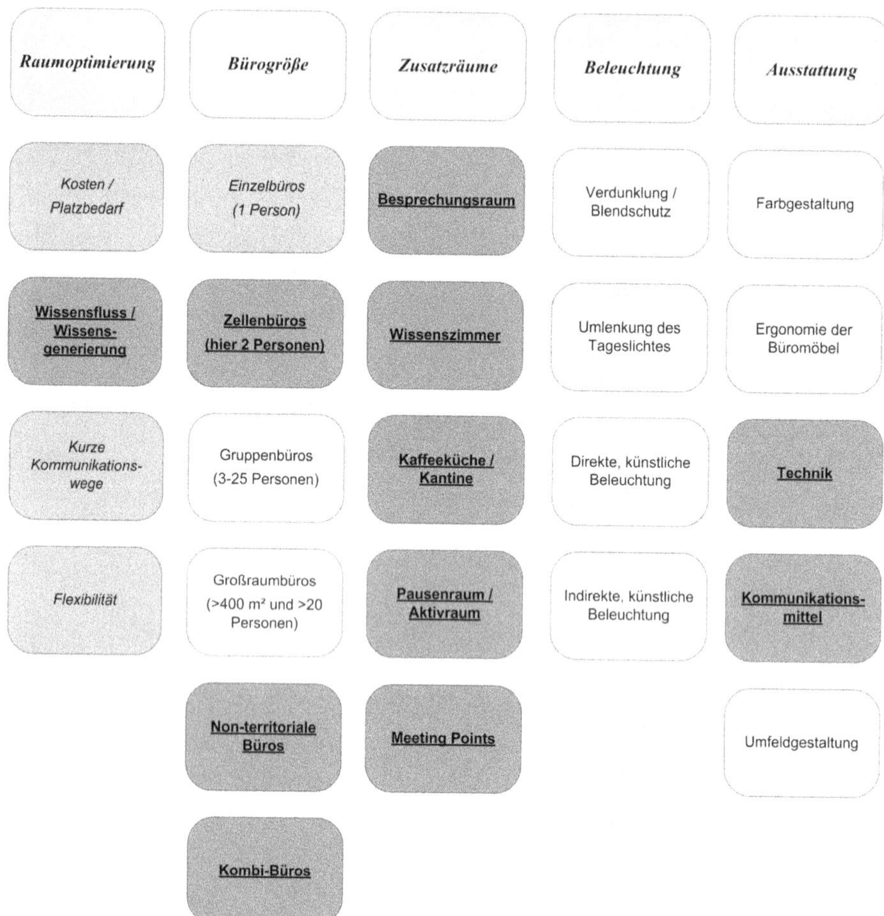

Abbildung 3.9: Schema mit Optimierung nach Wissensfluss / Wissensgenerierung

Einzig Einzelbüros sind durch die Isolation der Mitarbeiter eher negativ zu bewerten. Trotzdem wirken sich einige Ausprägungen positiver auf das Optimierungsziel aus als andere, so dass eine Abstufung stattfinden kann. Zellenbüros sind mit nur zwei Personen pro Raum zwar nicht optimal für den Wissensaustausch der Mitarbeiter, allerdings sind sie abgeschieden genug, um die Wissensgenerierung zu unterstützen. Bei non-territorialen Büros ändert sich die Besetzung der Büros im schnellen Wechsel, so dass viele Mitarbeiter mit verschieden zusammengestellten Bürogemeinschaften konfrontiert werden und somit auch immer andere Kommunikationspartner vorfinden. Kombi-Büros sind optimal für Teams und Abteilungen, da in den Gemeinschaftsbereichen in verschiedenen Gruppengrößen kommuniziert werden kann und in den abgetrennten Büros genug Ruhe für Ideenfindung vorhanden ist. Gruppenbüros und Großraumbüros bieten zwar gute Kommunikationsmöglichkeiten aber wiederum keine Rückzugschancen für die Mitarbeiter zur Wissensgenerierung und somit auch keine Privatsphäre.

Zusatzräume in dem beschriebenen Sinne sind alle wissensmanagementfördernd, so dass hier das Prinzip „je mehr, desto besser“ gilt. Beleuchtungskonzepte haben keinen großen Einfluss auf das Optimierungsziel und können so nach anderen Kriterien geplant werden. Bei den Ausstattungsmöglichkeiten sind Kommunikationsmittel und technische Ausstattung zur Informationsweitergabe besonders hilfreich. Farb- und Umfeldgestaltung sowie die Ergonomie der Büromöbel haben hier wiederum keinen positiven oder negativen Einfluss.

3.3.3 Optimierung nach Flexibilität

Soll das Bürokonzept möglichst flexibel für zukünftige Änderungen geplant werden (siehe Abbildung 3.10) sind Gruppenbüros, die häufig auf eine bestimmte Gruppengröße ausgelegt werden, nicht ausgelegt für zukünftige Gruppen, die aus mehr oder weniger Mitgliedern bestehen. Das gleiche Problem besteht bei Kombi-Büros. Zellenbüros sind zwar in sich sehr flexibel für neue Abteilungsstrukturen auszulegen, da häufig aber Abteilungen eine ganze „Zelle“, also einen ganzen Gang belegen, ist somit teilweise die Gesamtgröße vorgegeben. Zellenbüros können somit aber flexibler umgestaltet werden als die beiden vorher genannten Alternativen.

Einzelbüros, Großraumbüros (mit flexiblen Trennwänden etc.) sind sehr schnell an neue Anforderungen anzupassen, non territoriale Büros verändern ihre Struktur der Mitarbeiterzuordnung sowieso in kurzen Abständen, so dass alle drei Konzepte für das Optimierungsziel sehr gute Möglichkeiten bieten. Wissenszimmer und Besprechungsräume erhöhen die Flexibilität im Unternehmen, da sie den Mitarbeitern Möglichkeiten bieten, sich informell zu treffen oder zurückzuziehen und Wissen auszutauschen und zu generieren. Durch das Angebot dieser Räume können die Mitarbeiter freier planen als wenn sie nur ihre eigenen Büros nutzen können. Kantinen, Pausenräume und Meeting Points haben wenig Einfluss auf die Flexibilität einer Büroordnung. Sollte sich nicht die Gesamtzahl an Mitarbeitern stark verändern, gibt es kaum Gründe, diese Gemeinschaftsräume zukünftig zu verändern.

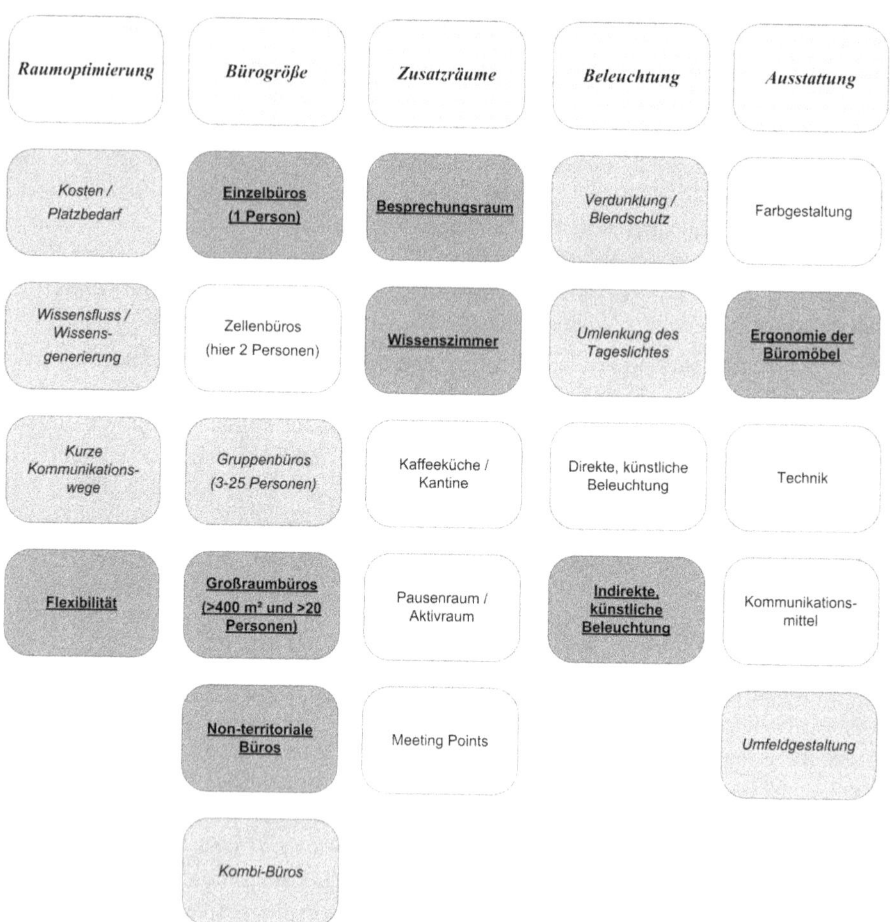

Abbildung 3.10: Schema mit Optimierung nach Flexibilität

Bei den Beleuchtungskonzepten stehen besonders Verdunklungen und Umlenksysteme, die Sonnenlicht von bestimmten Stellen fernhalten oder hinleiten einer flexiblen Umgestaltung der Büroräume im Wege. Sie müssten aufwendig angepasst werden oder sind in einer späteren Büroaufteilung nicht mehr optimal nutzbar bzw. sogar kontraproduktiv. Direkte künstliche Beleuchtung ist aus den gleichen Gründen eher unflexibel, wenn es sich um fest installierte Systeme wie Deckenstrahler handelt. Mobile Lampen (wie z. B. Schreibtischlampen) sind nicht davon betroffen. Indirekte Beleuchtung schafft ein Umgebungslicht und ist, da es nicht zielgerichtet ist, zu bevorzugen wenn die Gestaltung flexibel gehalten werden soll. Bei den Ausstattungsvarianten sind einige Umfeldgestaltungen fest installiert (z. B. Wände zum Lärmschutz) und als starre Systeme somit hinderlich. Ergonomisch geformte Büromöbel wie höhenverstellbare Schreibtische begünstigen wiederum spätere Veränderungen, da sie vielfach einsetzbar sind.

3.4 Ausgestaltung der Büroplanung der VerPaMa

Die VerPaMa hat spezielle Anforderungen der verschiedenen Abteilungen, die eine differenzierte Büroplanung nötig macht. Abbildung 3.11 zeigt den Grundriss der neugeplanten Etage, wobei sich der Eingang an der Südseite des Gebäudes befindet.

Die neue Büroplanung folgt einer Optimierung nach Wissensfluss und Wissensgenerierung. Kurze Wege, Zusatzräume zur Kommunikationsverbesserung sowie Bürogestaltungen und Anordnungen, die eine gute Kommunikation innerhalb der Abteilungen unterstützen, sind Ausdruck dieser Optimierungsanforderung. Dieses geht aber auf Kosten der Flexibilität (da die meisten Räume auf die Abteilungen zugeschnitten sind) und ist auch nicht die kostengünstigste Variante. Die Auslegung folgte den Anforderungen der VerPaMa und ist als Vorbereitung auf ein umfassendes Wissensmanagement der Zukunft anzusehen. Neben Einzelbüros der Abteilungsleiter und Geschäftsführung wurde größtenteils auf Gruppenbüros zurückgegriffen, mit Trennwänden als Raumteiler.

Hinter der großen Eingangsdoppeltür aus Glas befindet sich der Empfang mit Empfangstresen für die beiden Mitarbeiter und optisch abgetrennt durch Pflanzen eine Sitzecke für Besucher. Neben den beiden Türen zu den Bürofluren führt ein weiterer Durchgang neben dem Tresen direkt in den Besprechungsraum. Dieser ist mit einem großen Besprechungstisch sowie einem Whiteboard, einem Beistelltisch für Getränke sowie mit technischer Ausrüstung wie z. B. einem Projektor ausgestattet. Eine zweite Tür führt von hier in einen der Büroflure, damit die Mitarbeiter nicht durchs Foyer gehen müssen.

In direkter Nähe zum Besprechungsraum befinden sich die Büros der Geschäftsführung. Um Störungen zu vermeiden führt der Weg nur über das kombinierte Sekretariat mit den zwei Sekretärinnen. Die Geschäftsführerbüros sind größer geschnitten als die restlichen Räume und bieten jeweils eine Sitzecke für drei Personen. Gegenüber dem Sekretariat befindet sich der Pausenraum, der gleichzeitig Kaffeeküche ist. Sowohl ein großer Tisch als auch ein Sofa laden zum Verweilen ein. Eine Kantine ist in einem separaten Teil des Unternehmens untergebracht, so dass der Küchenbereich im südlichen Bereich des Raums keinen besonderen Anforderungen genügen muss.

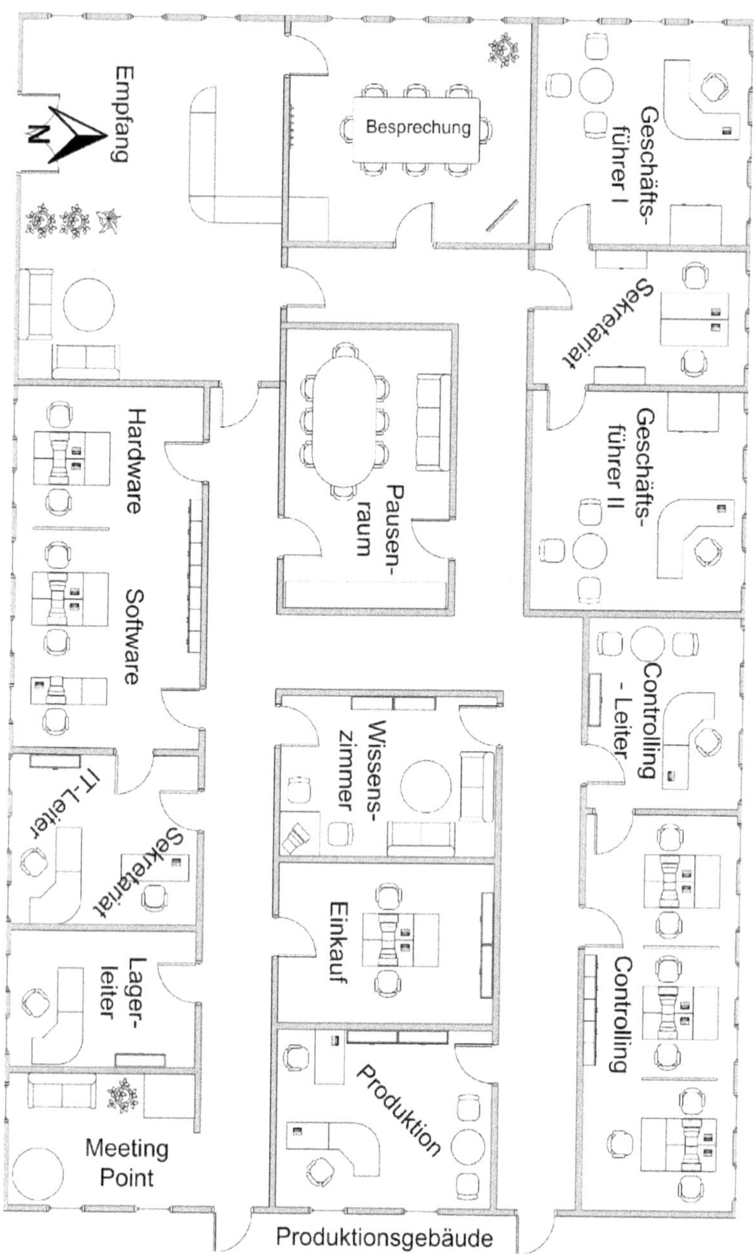

Abbildung 3.11: Grundriss der geplanten Erdgeschoß Etage der VerPaMa

Auf der „Nordseite“ des Gebäudes in der Abbildung befinden sich das Büro des Leiters Rechnungswesen / Controlling sowie angrenzend mit einem direkten Durchgang die drei untergeordneten Abteilungen Rechnungsprüfung, Controlling und Finanzbuchhaltung (in der Abbildung nur mit „Controlling“ beschrieben). Durch die Planung des Büroraums im Stile eines Gruppenbüros mit Trennwänden wird die tägliche Kommunikation der dort ansässigen Mitarbeiter (siehe Aufgabenstellung) optimal unterstützt. Auch der Leiter der Abteilung ist über den direkten Zugang zum Gruppenbüro in der Nähe seiner Mitarbeiter platziert ohne auf seine Privatsphäre und Ruhe verzichten zu müssen.

Gegenüber dem Controlling-Trakt von der Gebäudemitte bis zur östlichen Seite befindet sich ein Wissenszimmer mit einer Sitzecke, einem Tisch mit Stühlen und PC sowie Bücherregale, in denen zusätzliche Schreibmaterialien etc. untergebracht sind. Zwei Zugänge sowie die zentrale Lage schaffen kurze Wege für alle Mitarbeiter aus allen Richtungen. Nebenan ist der Einkauf in einem eigenen Büro beheimatet, damit die dort stattfindenden häufigen Telefonate keine anderen Mitarbeiter stören. Am Ende des Ganges sitzt der Produktionsleiter. Da seine beiden Mitarbeiter ihren Arbeitsplatz im Büro nur sehr selten nutzen, ist ein Schreibtisch für diese Zwecke im Raum des Produktionsleiters ausreichend. Das Produktionsgebäude ist angrenzend beheimatet und kann über Türen am Ende des Flurs betreten werden. Der Produktionsleiter hat somit sehr kurze Wege zu den Produktionsbereichen. Fenster in seinem Büro zur Produktionsfläche lassen ihn einen guten Überblick bewahren.

An der Gebäudeaußenseite in südlicher Richtung ist direkt hinter dem Durchgang vom Foyer die IT angesiedelt. Ein Raum für die Abteilungen Hardware und Software (getrennt durch eine Trennwand) sowie ein Büro für den IT-Leiter inkl. Sekretariat gewährleisten auch hier kurze Wege und stellen eine gute Kommunikation untereinander sicher. Angrenzend liegt das Büro des Leiters Einkauf / Lagerwesen (der in Doppelfunktion auch Lager leitet), direkt gegenüber der ihm unterstellte Einkauf. Am östlichen Ende des Flurs, kurz vor dem Durchgang zur Produktion ist ein Meeting Point untergebracht wo sich vor allem auch Mitarbeiter aus der Produktion mit den Büroangestellten aus der Verwaltung treffen können. Ein Sofa und ein Stehtisch sorgen hier für gute Möglichkeiten zu kurzen informellen Zusammenkünften, Fenster zur Produktionsfläche schaffen eine optische Verbindung der beiden Gebäudeteile.

Bei den Beleuchtungsoptionen ist positiv anzumerken, dass die meisten Arbeitsplätze direkten Zugang zu Fenstern und somit über Tageslicht verfügen. Dort sind unterstützende künstliche, indirekte Beleuchtungen als Umgebungslicht und Schreibtischlampen als direkte Beleuchtung ausreichend. Nur in den Räumen des Einkaufs sowie der Produktion sind aufwendigere Konzepte von Nöten, da dort keine direkte Sonneneinstrahlung vorliegt. Hier sind Tageslicht-ähnliche Leuchtmittel in der Umgebungsbeleuchtung empfehlenswert. Der Pausenraum sollte sehr hell ausgeleuchtet werden, das Wissenszimmer kann ähnlich einer Bibliothek mit dunklerem, indirektem Umgebungslicht ausgestattet werden, wobei Spots oder Schreibtischlampen an den Sitzplätzen für ein konzentriertes Arbeiten die nötige Beleuchtung bereitstellen.

4 Zusammenfassung

Das Fallbeispiel hat sowohl eine Herangehensweise als auch eine Lösung für ein fiktiven Unternehmens und die Herausforderung einer wissensmanagementfreundlichen Bürogestaltung aufgezeigt. Dabei wurden methodisch in mehreren Stufen Bereiche festgelegt, auf die besonders zu achten ist, mögliche Ausprägungen der Bereiche vorgestellt und diese sinnvoll zu drei Bürogestaltungen verknüpft. Am Ende wurde auf Grund dieser Möglichkeiten ein Büroplan für ein fiktives Unternehmen aufgestellt. Sowohl die Vorgehensweise als auch die erarbeiteten Lösungen sind, wenn auch nicht unbedingt eins zu eins, übertragbar auf ähnliche Aufgaben in realen Unternehmen.

5 Literatur

BMWi – Bundesministerium für Wirtschaft und Technologie (2006): e-facts Informationen zum E-Business. Innovationspolitik, Informationsgesellschaft, Telekommunikation. Online im Internet: http://www.ec-net.de/Dateien/BMWi/PDF/e-facts/e-facts-nr-10-wissensmanagement,property=pdf,bereich=ec__net,sprache=de,rwb=true.pdf [23.03.2011].

Drescher, W.: Die bedeutendsten Management-Vordenker. Frankfurt/ Main (2005).

Freimuth, J.: Kommunikative Architektur und die Diffusion von Wissen. In: Wissensmanagement. Ausgabe 4 (2000), S. 41–45.

Horbach, W.: Glückshormone Serotonin und Dopamin. Online im Internet: http://blog.gluecksnetz.de/2007/08/31/gluckshormone-serotonin-und-dopamin/ [27.03.2011]

Jaspers, W.: Wissensmanagement – ein Erfolgsfaktor für die Zukunft. In: Jaspers, W.; Fischer, G. (Hrsg.): Wissensmanagement heute. München (2008), S. 1–5.

Jaspers, W.: Einführungsstrategie für Wissensmanagement – Das Konzept des „erweiterten Wissenstetraeders“. In: . In: Jaspers, W.; Fischer, G. (Hrsg.): Wissensmanagement heute. München (2008), S. 8–34.

Jaspers, W.; Westerink, A.: Implementierungsvoraussetzungen und Rahmenbedingungen für eine erfolgreiche Wissensmanagement-Einführung. In: Jaspers, W.; Fischer, G. (Hrsg.): Wissensmanagement heute. München (2008), S. 67–95.

KPMG Consulting: Bedeutung und Entwicklung des multimediabasierten Wissensmanagements in der mittelständischen Wirtschaft. Schlussbericht Projekt-Nummer 41/00. Studie im Auftrag des Bundesministeriums für Wirtschaft und Technologie. Eigenverlag (2001).

Lorenz, D.: Menschengerechte Gestaltung der Büroarbeit. In: Schneider, W.; Windel, A.; Zwingmann, B. (Hrsg.): Die Zukunft der Büroarbeit. Bremerhaven (2005), S. 133–153.

Moser, K.: Wissenskooperationen: Die Grundlage der Wissensmanagement-Praxis. In: Lüthy, W.; Voit, E.; Wehner, T. (Hrsg.): Wissensmanagement Praxis – Einführung, Handlungsfelder und Fallbeispiele. Zürich (2002), S. 97–113.

Probst, G.; Raub, S.; Romhardt, K.: Wissen managen. Wiesbaden (2010).

Rohde, C.: Personalentwicklung als ein Stützpfeiler der Kreativität im Unternehmen. In: Papmehl, A.; Gastberger, P.; Budai, Z. (Hrsg.): Die kreative Organisation. Wiesbaden (2009).

Sen, K.: Dynamisches Sitzen: ein Element der bewegten Schule. Studienarbeit. Norderstedt (2001).

Waehlert, M.: Broschüre Arbeitsgestaltung: Kommunikation im Büro. Online im Internet: http://www.m-waehlert.de/docs/download/7_Kommunikation.pdf [23.03.2011[a]].

Waehlert, M.: Broschüre Arbeitsgestaltung: Kommunikation im Büro. Online im Internet: http://www.m-waehlert.de/docs/download/3_Licht.pdf [23.03.2011[b]].

Wuppertaler Kreis e.V.: Wissensmanagement in mittelständischen Unternehmen. Ein Leitfaden. Online im Internet: http://www.wkr-ev.de/leitfaeden/bericht54.pdf [19.03.2011].

Zimmermann, G.: Warum zum Meeting nicht einfach ins Büro? In: Creditreform Magazin. Ausgabe 8 (2008), S. 22–23.

http://www.sweethome3d.com/de/index.jsp [19.03.2011].

http://www.suedwestpark.de/uploads/tx_cfamooflow/Grundriss_Var0-K05_1OG_MV_1001_Grossraumbuero_01.gif [23.03.2011

Innovationsmanagement am Beispiel eines neuartigen Fitnessgerätes

Gerrit Fischer / Herwig Fischer

Inhaltsverzeichnis

1 Einleitung

Eine Innovation (vom lateinischen „innovatio“ = Erneuerung) zeichnet sich vor allem durch die Neuartigkeit der Sache aus.[1] Dabei wird sowohl zwischen Produktinnovation und Prozessinnovation unterschieden, als auch zwischen radikal-revolutionären Innovationen (z. B. ein komplett neuartiges Wirkprinzip) und inkrementell-evolutionären Innovationen (z. B. beim kontinuierlichen Verbesserungsprozess).[2] Des Weiteren ist zu unterscheiden ob die Innovation für ein spezielles Unternehmen neu ist, im Markt aber schon bekannt (eine sogenannte „Betriebsinnovation“) oder eine echte Neuerung für den gesamten Markt darstellt („Weltneuheit“).[3]

Innovationsmanagement, als Kernaufgabe im betriebswirtschaftlichen Bereich, befasst sich mit allen unternehmerischen Aufgaben ausgerichtet auf die jeweilige Innovation. Dabei werden von kreativitätssteigernden Maßnahmen zur Ideenfindung bis hin zu Vermarktungsstrategien zur Markteinführung alle begleitenden Aufgaben, die den späteren Erfolg der Innovation beeinflussen, in dieser Disziplin vereint.

Diese Fallstudie befasst sich mit einer zentralen Aufgabe im Innovationsprozess, die zwar maßgeblich zum wirtschaftlichen Erfolg beiträgt aber häufig von Unternehmen und Entwicklern nicht zielgerichtet und sorgfältig genug analysiert und zu einem sinnvollen Ergebnis geführt wird. Es handelt sich hierbei um die Wahl der richtigen Strategie bei der Auswahl der Produktionsart und der Preispolitik, der Vertriebs- und Vermarktungsstruktur sowie der daraus resultierenden Partizipation der Entwickler / des entwickelnden Unternehmens am späteren Markterfolg. Da die Entscheidung in einem dieser Bereiche auch Auswirkungen auf die anderen Bereiche hat, müssen die Entscheidungen nicht singulär sondern im Kontext getroffen werden um eine bestmögliche Strategie zu gewährleisten.

---

1 Vgl. Hauschildt (2004), S. 3f.

2 Vgl. Vahs; Burmester (2005), S. 45f.

3 Vgl. Corsten; Meier (1983), S. 251.

2 Ausgangssituation

2.1 Cross-Shaping

Der Cross-Shaper ist ein neuartiges Fitnessgerät zum Einsatz im Outdoor-Bereich und fällt somit unter die radikal-revolutionäre Produktinnovation, als echte Weltneuheit. Ähnlich einer Kreuzung aus Nordic-Walking Sticks und Cross-Trainer verbindet es die Vorteile beider Sportgeräte (Outdooreinsatz, freie Bewegungsgeometrie, erhöhter Muskeleinsatz, hoher Kalorienverbrauch, hoher Cardio-Trainingseffekt).

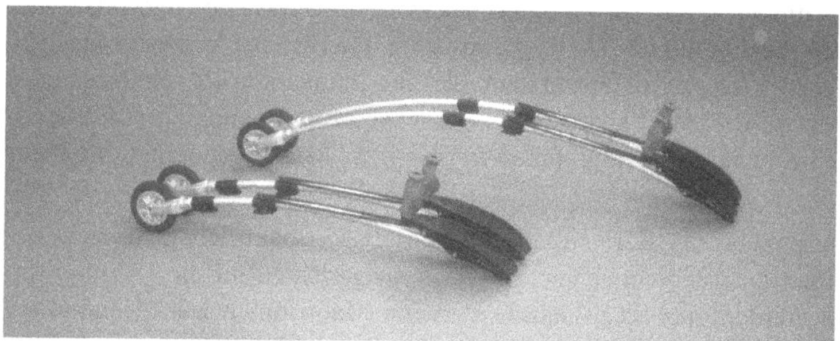

Abbildung 2.1: Cross-Shaper Sticks

Versuche haben gezeigt, dass der quadropedale Gang (Nutzung von Armen und Beinen zur Fortbewegung) mit dem Einsatz der oberen Muskelgruppen im Rhythmus der Armbewegung spontan von den meisten Menschen als angenehmen empfunden wird. Dieses ist z. B. beim Skilanglauf zu beobachten. Der Cross-Shaper setzt genau hier an und schafft eine Möglichkeit unabhängig von Schnee und Bergen sowie, im Gegensatz zum Cross-Trainer, outdoorfähig auf jedem Gelände, wo Jogging und Spazierengehen möglich ist, diese freien Bewegungsabläufe zur sportlichen Betätigung zu nutzen.

Das Produkt Cross-Shaper muss dabei als Trendsetter für eine neue Sportart diese zugleich in den Markt einführen und verbreiten, also einen eigenen Absatzmarkt erst kreieren, um wirtschaftlichen Erfolg generieren zu können.

2.2 Erfinder / Entwickler

Der Cross-Shaper wurde in Kooperation von einem Orthopäden und einem technischen Innovationsberater erfunden und entwickelt. Zum Zweck der Vermarktung, des Vertriebs und der Produktion ist die Cross-Shaper Sports GmbH gegründet worden. Die zu Grunde liegenden Voraussetzungen sind dennoch ähnlich bei Zufallserfindungen sowie gezielte Erfindungen aus anderen Segmenten als dem bisherigen Produktportfolio (meist zur Diversifikation) bei kleinen und mittelständischen Unternehmen.

2.3 Aktuelle Situation

Das Produkt ist bis zu einem Stand entwickelt worden, dass erste marktreife Cross-Shaper Sticks produziert und vertrieben werden können. Das Unternehmen steht nun vor der Frage, wie, wo und bei wem produziert werden soll und welche Stückzahlen, Qualitäten sowie technische Güten der Geräte angestrebt werden sollen, was zu dem erzielbaren Verkaufspreis sowie zu der Marktstrategie führt. Des Weiteren ist zu klären, wie die Vermarktungsstrategie sowie die Vertriebsstruktur aufgebaut wird sowie die Frage, wie die Entwickler optimal an einem späteren Markterfolg bei überschaubarem Risiko partizipieren können.

2.4 Aufgabenstellung

2.4.1 Aufstellen aller potentiellen Möglichkeiten

Der neu entwickelte Cross-Shaper kann auf verschiedenen Wegen produziert, vermarktet und vertrieben werden. Führen Sie für die Bereiche

- Produktion & Preispolitik
- Vertriebsstruktur
- Vermarktung
- Partizipation der Initiatoren / des entwickelnden Unternehmens (Art der Erfolgsbeteiligung)

jeweils mehrere Möglichkeiten auf, die für das neuartige Sport- und Trendgerät gewählt werden können.

Decken Sie dabei bei der Preispolitik möglichst verschiedene Qualitätsstufen und Marktsegmente ab und berücksichtigen Sie bei den Produktionsmöglichkeiten verschiedene Standorte sowie Eigen- und Fremdfertigung. Bei den Vertriebsstrukturen sollten Sie einen eigenen Vertrieb und Fremdvertriebsmöglichkeiten voneinander abgrenzen, bei den Vermarktungsoptionen auf mögliche Werbeträgeroptionen zur positiven Imagebildung sowie Vermarktungskanäle eingehen. Zuletzt unterscheiden Sie bei der Erfolgsbeteiligung welche Art von Investoren aufgenommen werden können in das Projekt, in welchem Umfang und zu welchem Zeitpunkt diese eingebunden werden und berücksichtigen Sie Möglichkeiten eines Verkaufs des Projektes gegen Einmalzahlung oder Lizenzzahlungen.

Tragen Sie die gefunden Ausprägungen in das Schema (Abbildung 2.2) ein:

Preispolitik
Fertigungs-verfahren
Vertriebsstruktur
Vermarktung I
Vermarktung II
Erfolgsbeteiligung

Abbildung 2.2: Blanko-Schema zu den Entscheidungsmöglichkeiten der Aufgabenstellung

2.4.2 Kombination von sinnvollen Ausprägungen

Bilden Sie im zweiten Schritt drei sinnvolle Kombinationen aus den Ausprägungen der Bereiche Preispolitik, Produktionsart, Vertriebsstruktur, Vermarktungsart sowie Art der Erfolgsbeteiligung der Initiatoren. Gehen Sie dabei als Startpunkt möglichst von verschiedenen Preispolitiken aus und bilden Sie jeweils eine sinnvolle Strategie als Kombination aus den weiteren Auswahloptionen.

2.4.3 Auswahl der besten Möglichkeit

Beschreiben Sie Vor- und Nachteile der aufgestellten Kombinationen und wählen Sie die wirtschaftlich sinnvollste Lösung für das weitere Vorgehen der Cross-Shaper Sports GmbH aus.

3 Lösung

3.1 Aufstellen der verschiedenen Möglichkeiten

3.1.1 Ausprägungen der Fertigungsverfahren und Preispolitik

Die Auswahl der optimalen Strategie zur Fertigung eines Produktes hängt im Wesentlichen von der benötigten Qualität und dem hiervon abhängigen Preissegment ab, in dem das Produkt positioniert werden soll. Die Extrempositionen sind hierbei ein High-Tech-Produkt, welches mit größter Genauigkeit und kleinster Fehlertoleranz aus hochwertigen Materialien hergestellt wird, und ein Low-Tech-Produkt, welches für einen möglichst geringen Herstellpreis in annehmbarer Toleranz und Güte produziert werden kann. Eine mittlere Variante würde zwischen diesen Randpositionierungen liegen.

Sport- und Fitnessgeräte für den privaten Sportgebrauch (im Gegensatz zu professionell eingesetzten Trainingsgeräten in Studios) liegen im Allgemeinen innerhalb einer relativ schmalen Variationsbreite in Bezug auf Qualität, Material, Design und Haltbarkeit. Zumindest wenn eine Breitenwirkung mit hoher Marktpenetration und nachhaltigem Markterfolg erzielt werden soll fallen exotische Konstruktionen mit hohen Handarbeitsanteil oder spektakulären „Supermaterialien“ wie Leder, Edelholz oder Edelstahl aus. Die als realistisch ins Auge zu fassende Positionierung reichte damit von teleskopierbaren und gebogenen Stäben aus Carbonfasern, Armschalen aus poliertem Aluminium mit Polsterung aus Polyurethan und verchromten Laufrädern mit lautloser Rücklaufsperre und Luftreifen in der **HighEnd Variante** bis zu geraden Stäben in Festlänge aus Aluminiumrohren mit spritzgegossenen Armschalen aus Polyamid und reifenlosen gespritzten Rollen wie in Inline Skates mit klickerndem Ratschenfreilauf (wie im Fahrrad) in der **LowEnd Variante**. Eine **mittlere Variante** ist mit folgenden technischen Parametern möglich: Hochlegierte eloxierte gebogene Alurohre, teleskopisch stufenlos längenverstellbar, Armschalen in Spritzguss mit glaskugelverstärktem Polyamid, Laufräder mit Luftreifen und lautlosen Rücklaufsperren, Handgriffe aus Kork ergonomisch geformt und rechts und links unterschiedlich und auswechselbar, kraftjustierbare Elastomerbänder zur individuellen Einstellung der Bizepsvorspannung.

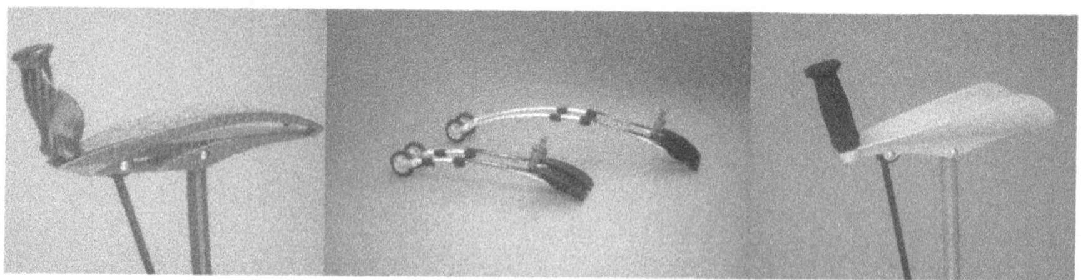

Abbildung 3.1: Varianten des Cross-Shapers[4]

Die relevanten Entscheidungsgrößen liegen in den Entwurfsparametern Herstellkosten, Stückzahl, Kostenelastizität der Stückzahl, Werkzeuginvestitionen einerseits und dem gegenübergestellt in den Zielparametern Funktion, Design, Wertanmutung, und Haltbarkeit. Gleichgewichte zwischen diesen Vorgaben sind nicht gleitend und stufenlos, sondern nur in gewissen Intervallgrößen der angepeilten Konsumentenpreise und -preisschwellen möglich.

Die erzielbaren Stückzahlumsätze bei gegebenen Markteinführungsbudgets definieren weniger absolute Umsatzzahlen als vielmehr erreichbare Marktanteile in der jeweiligen Preiskategorie. Wenn also ein Aufwand betrieben werden kann, der innerhalb eines gegebenen Zeithorizontes eine Marktpenetration von z. B. 10 % erreichen wird, dann entspricht das einer Menge von z. B. 200.000 Stk./Jahr für die Preisklasse bis € 250,–, aber nur 10.000 Stk. in der Kategorie über € 500,–. Die Entscheidung für eine bestimmte Fertigungstechnologie und damit für eine bestimmte Zielpreislage hat damit auch immer den Charakter einer selbsterfüllenden Prophezeiung. Pessimistische Annahmen führen zu geringen Investitionen und damit zu geringen Automatisierungsgraden der Produktion, damit zu hohen Preisen welche wiederum die geringen Absatzmengen begründen und somit die pessimistische Stückzahlschätzung vom Anfang bestätigen. Allerdings ist die Umkehrbarkeit des Prozesses – ein mutiger Einstieg wird belohnt mit einer Erfolgsspirale – ebenfalls gegeben.

In der beschriebenen Spannweite der Produktqualität waren Fertigungskosten in ersten Abschätzungen realisierbar, die für die HighEnd – Variante bei ca. € 120.–, bei der Low End Lösung bei ca. € 30,– und bei einer funktional optimalen Lösung in gehobener Qualität (mittlere Variante) bei € 50,– liegen würden. Bei einem branchenüblichen Aufschlagsfaktor von fünf zwischen Netto-Fertigungskosten zum

4 von links nach rechts: High-Tech, mittleres Segment, Low-Tech

Kundenendpreis lagen damit die errechneten Preise bei € 600.– (strategisch evtl. reduzierbar auf € 499,–) für das Luxusprodukt, bis € 149,– für die preisgünstigste Variante mit einem Preis im mittleren Segment von € 249,–.

Die Kostenvorteile der mittleren Variante sind erst realisierbar bei Stückzahlen > 100.000 zur Amortisation der teuren Spritzgusswerkzeuge für acht verschiedene Bauteile und Komponenten. Die Grenzstückzahlen zum Erreichen des Break-Even für die Low End Variante liegen bei 200.000 Stk. p.a. nach Aufbau einer stabilen Fließfertigung in einem Niedriglohnland, wohingegen eine Exklusiv-Ausführung mit hohen Anteilen der Wertschöpfung durch Handarbeit qualifizierter Arbeitskräfte (Manufaktur) durchaus schon bei 10.000 Stk. insgesamt wirtschaftlich sein kann.

Genauere Szenarioanalysen zeigen dabei auch die Schwachstelle einer optimistischen Annahme für die Marktakzeptanz: Würden die Umsatzziele deutlich verfehlt, wäre der kumulierte Verlust deutlich höher als bei einer Hochpreispositionierung mit geringeren Werkzeugkosten. Hinzu kommt die Notwendigkeit, dass die freizugebenden Losgrößen für die Produktion aufgrund der Lernkurven bei den Handarbeitsplätzen für die Montage und wegen der Kostenminimierung von Zukaufteilen ebenfalls nach oben abgeschätzt werden müssen. Würden die Absatzziele verfehlt, blieben somit nicht nur hohe Kosten für nicht amortisierte Werkzeuge sondern auch noch hohe Lagerbestände zurück.

Weiter erschwerend kommt hinzu, dass eine funktionale Produktinnovation, die nicht auf dem Markt zündet, auch bei Preisnachlässen zur Schadensbegrenzung oft nicht abzusetzen ist.

Die Ausgangsituation des Projektes (Erfindung außerhalb einer industriellen Plattform) bedingte auch die Planung eines vollständig neuen Business Case für die Produktion, die in verschiedenen Varianten möglich ist:

1. Fremdfertigung mit vollständiger Wertschöpfung im Auftrag
2. Aufbau einer eigenen Fertigung
3. Fremdfertigung mit Lizenzvergabe

1. Fremdfertigung mit vollständiger Wertschöpfung im Auftrag an einen oder mehrere Lohnfertiger

Alle Wertschöpfungsprozesse der Cross-Shaper in allen untersuchten Varianten sind bei Lohnfertigern sowohl in Deutschland, im europäischen Ausland (auch in Niedriglohnländern wie Polen oder Ungarn) als auch in Fernost verfügbar. Nach genauer Spezifikation können fertige Produkte sowohl bei einem einzigen Generalunternehmer als auch Einzelteile wie Griffe oder Armschalen oder auch Komponenten wie Laufräder mit Felge, Schlauch, Ventil, Lager, Achse und Rücklaufsperre geordert werden.

Um zu verhindern, dass besonders Lohnfertiger in Fernost an ihrem Auftraggeber vorbei unter Umgehung von Schutzrechten Waren in den Markt bringen, können die Komponenten bei unterschiedlichen Betrieben beauftragt werden, so dass nur eine letzte (und besonders vertrauenswürdige) Endmontagestelle Zugriff auf fertige Produkte hat. Eine Rückverfolgung von Schwarzlieferungen ist damit am besten möglich. Allerdings erfordert diese Vorgehensweise ein Maximum an Projektmanagement und Controlling, da Lieferverzug oder Minderqualität bei nur einem einzigen Unterlieferanten den gesamten Fertigungsplan gefährden kann. Außerdem hat der Auftraggeber die Gesamtverantwortung nicht nur für das Endprodukt sondern auch jedem einzelnen Teilelieferanten gegenüber für Defizite (Lieferverzüge, Qualitätsfehler) eines anderen Teilelieferanten durch die unvermeidliche Schnittstellenverantwortung.

Bei Einsatz von Werkzeugen (hier sehr teuren Spritzgussformen) kommt die Verantwortung für Qualitätsprobleme in der Werkzeugfertigung hinzu. Außerdem sind die Werkzeugkosten entweder vorschüssig vom Auftraggeber selbst zu finanzieren oder sie werden vom Lohnfertiger auf die Stückpreise umgelegt. Letztere Lösung führt nur scheinbar zur Reduktion der Anlaufkosten für den Auftraggeber, da i. d. R. Minimalmengen abzunehmen sind, in denen die Werkzeugamortisation schon eingerechnet wurden (dann kommen zum Werkzeug noch hohe Startorderlosgrößen hinzu) und außerdem sinken die Stückpreise nach Amortisation des Werkzeuges oft nicht in vollem Umfang.

Bei einer Produktion in Fernost, wo besonders günstige Lohnkosten zu niedrigen Preisen führen, kommt als weiteres Problempotenzial hinzu, dass der lange Frachtweg gerade bei den ersten Fertigungslosen, wo die größten Qualitätsprobleme zu erwarten sind, zu Zeitverzügen und Kostenanstiegen in den kritischen Projektphasen der Markteinführung führt. Außerdem müssen umständliche Akkreditivzahlungen abgewickelt werden, die Kosten- und Verwaltungsaufwand nach sich ziehen.

Im Anschluss an die Warenlieferung muss dann ein eigenes oder fremdes Lager mit Materialwirtschaft, Versand und Fakturierung aufgebaut bzw. verfügbar gemacht werden, wodurch weitere Investitionen erforderlich sind.

Folgende Ausprägungen der Produktions- & Preispolitik sind denkbar:

- *Fremdfertigung in Deutschland (High-End bis mittleres Segment möglich)*
- *Fremdfertigung in Europa (Mittleres Segment bis Low-End möglich)*
- *Fremdfertigung in Asien (nur Low-End möglich)*

2. Aufbau einer eigenen Fertigung

Diese Lösung sichert den maximalen eigenen Einfluss und die Kontrolle über das Projekt und die Verzahnung von Produktion und Vertrieb. Außerdem wird die größtmögliche Vertraulichkeit in der Abwicklung sichergestellt. Bei funktional völlig neuen Produkten (wie hier beim Cross-Shaper) ergeben sich erfahrungsgemäß beim Aufbau der Fertigung noch innovative Lösungen, mit denen Funktion und/oder Design verbessert, Kosten gesenkt und Prozesse zur Qualitätssicherung optimiert werden können. Die Implementierung solcher Lösungen wird allgemein als Kompetenz eines Unternehmens interpretiert und stellt eine Wertsteigerung für selbiges dar. Beim Aufbau einer Fremdfertigung geht diese Wertsteigerung, die oft vom externen Auftraggeber geleistet wird, in die Bilanzhülle des Lohnfertigers ein – beim Aufbau einer eigenen Produktion bleibt die Wertschöpfung beim Initiator.

Demgegenüber stehen im Wesentlichen zwei Problemfelder – nämlich der hohe Finanzierungsbedarf und die unvermeidlichen, organisatorischen Schwierigkeiten eines Start-Ups von Null, wenn aus neuen einzelnen Mitarbeitern ein funktionierendes Kompetenzteam geformt werden muss. Außerdem sollten Räume verfügbar und Maschinen innerhalb der geforderten Fristen lieferbar sein. Um alle diese Aufgaben zu bewältigen, werden große Anteile der Ressourcen in „Nebenkriegsschauplätzen“ gebunden, die eigentlich der Entwicklung und Vermarktung des Produktes zufließen sollten.

Bei einer professionellen Standortauswahl ist allerdings auch die Einbindung regionaler oder bundesweiter Fördermittel zur Entlastung der Finanzierung möglich. Außerdem kann eine leistungsfähige Materialwirtschaft und Steuerung im Fertigungsprozess als Basis genutzt werden, auf der auch Lagerhaltung, Versand, Fakturierung und Auftragsbearbeitung der Fertigprodukte implementiert werden kann.

Mögliche Ausprägungen der eigenen Produktion sind:

- *Eigene Fertigung eines Produktes des mittleren Segments*
- *Eigene Fertigung eines Produktes im High-End-Bereich*

3. Fremdfertigung mit Lizenzvergabe

Aus der besonderen Ausgangsituation des Projektes, eine isolierte Produktidee ohne die Altlasten eines existierende Unternehmens, eröffnet sich aus Sicht der Initiatoren immer auch die Option, nur und ausschließlich die Position des Ideengebers (Erfinders) einzunehmen und sich selbst auf eine reine Lizenzvergabe oder die Vergabe von Nutzungsrechten für Fertigung und/oder Vertrieb regional gesplittet oder weltweit zu beschränken. Üblicherweise sind mit solchen Strategien Erträge als Einmalzahlungen (Downpayments), Jahrespauschalen (annual Fees) und Stücklizenzen (Royalties) zu erzielen.

Die besondere Attraktivität dieser Lösung liegt in der Vorstellung einer ultimativen Cashcow mit einer Umsatzrendite von 100% – also Umsatz = Gewinn. Nachdem einmal alle Lizenzverträge geschlossen sind fallen als Aufwand lediglich die Kosten für die Patenterhaltung an und evtl. die Rechnungsstellung für die Einnahmen.

Der Nachteil dieser Lösung liegt im vollkommenen Verlust des Einflusses auf das Projekt. Die Nachhaltigkeit des Erfolges erarbeitet das Unternehmen sich in den ersten Phasen der Realisierung, bei der Produktpositionierung, der Zielgruppenidentifikation, dem Aufbau des Markenimages, der Integration flankierender Accessoires und wo durch Sponsorships eine Identität geschaffen wird. Ein Lizenznehmer wird damit den dominanten Einfluss übernehmen und die Frage, ob er das optimal umsetzen will und kann, ist vom Lizenznehmer schwer abzuschätzen. Selbst bei positiven Signalen in den frühen Phasen vor Vertragsabschluss können sich Interessenlagen verschieben oder handelnde Personen im Unternehmen des Lizenznehmers werden ausgetauscht und damit ändern sich Prioritäten. Obendrein entwickeln sich im Erfolgsfall schnell Begehrlichkeiten, wenn hohe Summen an einen „untätigen" Erfinder gezahlt werden müssen, so dass schnell Bemühungen entstehen, die Patente zu umgehen – u. U. auch um den Preis eines schlechteren Ergebnisses.

Gerade weil die Potenziale einer Erfindung in einer frühen Phase noch sehr spekulativ sind, können i.d.R. nur geringe Downpayments (Einmalzahlung) und Annual Fees (Jahresgebühr), die einzigen sicher kalkulierbaren Fixgrößen für den Lizenzgeber, durchgesetzt werden und die Ansprüche beschränken sich auf die Royalties (Stücklizenzgebühren). In der Praxis besteht die Gefahr, dass nachverhandelt wird mit dem Argument, das Produkt würde sich viel besser verkaufen, wenn die Preise gesenkt würden, was aber nur möglich wird, wenn der Lizenzgeber seine Ansprüche freiwillig reduziert, durch Absenken der Stücklizenzgebühr oder auch durch Verzicht auf Lizenzen für Produkte, die für Promotion, Sponsorships, Test, Demos etc. eingesetzt werden.

Bei der Lizenzvergabe sind alle Preispositionierungen von Low-End bis High-End prinzipiell möglich wobei eine Lizenzvergabe bei High-End Produkten auf Grund der geringen Stückzahl und der engen Marktpositionierung eher unüblich ist. Die Unterscheidung hier liegt in der Art der Lizenzzahlungen an die Entwickler:

- Lizenzvergabe als Kombination eines Downpayments, einer annual Fee und Royalties (Low-End und mittleres Segment)
- Lizenzvergabe nur über Royalties (Low-End und mittleres Segment)

Folgende kombinierte Ausprägungen sind also im Bereich Produktion & Preisgestaltung sinnvoll:

Preisgestaltung

High-End-Produkt (Preis € 499,-)	Mittleres Segment (Preis € 249,-)	Low-End-Produkt (Preis € 149,-)

Produktionsvarianten

Fremdfertigung in Deutschland	Fremdfertigung in Europa	Fremdfertigung in Asien
Eigene Fertigung in Deutschland	Lizenzvergabe Downpayment / annual Fee & Royalties	Lizenzvergabe über Royalties

3.1.2 Ausprägungen der Vertriebsstrukturen

Funktionale Innovationen schaffen definitionsgemäß einen völlig neuen Markt mit neuen Zielgruppen, geändertem oder erweitertem Konsumentenverhalten und anderen Einkaufszyklen und Saisoneffekten. Besonders anspruchsvoll in Bezug auf die favorisierten Vertriebsstrukturen sind Produkte, deren Gebrauch der Konsument nicht nur verstehen muss (Erklärungsbedürftigkeit) sondern deren Gebrauch er auch noch erlernen muss (Ausbildungsbedarf). Der Cross-Shaper qualifiziert sich in der Kategorie der Produkte mit erheblichem Erklärungs- und Schulungsbedarf.

Der klassische Vertrieb, Produkte im Umfeld der vorhandenen Wettbewerbsprodukte zu platzieren, abzuwarten und nach und nach über den Ersatzkaufbedarf durch günstigere Preise, eine bessere Platzierung im Regal oder eine auffälligere Verpackung einen Marktanteil zu erobern, entfällt damit. Ein Nachkaufpotenzial durch Ersatzbedarf gibt es nicht weil die ganze Produktkategorie nicht existiert. Sucht das Unternehmen den Weg über den **Einzelhandel**, muss deswegen mit langen und teuren Phasen der Vertrauensentwicklung gerechnet werden, in denen Kommissionsverträge oder lange Zahlungsziele (letzteres läuft auch wieder auf Kommission hinaus, da der Einzelhändler nicht abverkaufte Ware, die er seinerseits noch nicht bezahlt hat, einfach retournieren wird) eingeräumt werden müssen. Außerdem bedarf es aufwändiger POS Aktiv-Materialien wie Video/Audio Displays mit Erklärungen, aktiver Events für Verkaufsförderung am POS durch den Lieferanten etc. um überhaupt gelistet zu werden. Zusätzlich wird eine PR Begleitung lokal und überregional erwartet und ein Nachweis über generelle Werbeaktivitäten. Der „Reinverkauf" in die Geschäfte erfordert außerdem die Präsenz auf Einkaufsmessen und Orderzentren und Abgaben an Einkaufsverbände. Zusätzlich muss eine aktive Salesforce aus Handelsvertretern oder Reisenden geschaffen werden.

Solche Situationen der Einführung schulungsintensiver Produkte eröffnen aber auch Chancen, z. B. Erklärung und Schulung mit **aktivem Vertrieb** zu verbinden. Aus

Sicht des Kunden wird damit die Barriere einer Kaufentscheidung zunächst ganz vermieden, weil der Kunden gar kein direktes Kaufangebot bekommt. Stattdessen wird nur angeboten, eine neue Art des Fitnesstrainings auszuprobieren, in dem ein Netzwerk von Personal Trainern, Sportlehrern, Physio-Therapeuten und Instruktoren in Sportvereinen aufgebaut wird. Ist das neue Produkt nachhaltig erfolgreich an der entscheidenden Front, nämlich beim Endverbraucher, indem es – einmal gekauft und verstanden – dauerhaft weiter benutzt, nachgekauft und weiter empfohlen wird, so sollte mit einem **Netzwerk von Ausbildern** eine stabile Marktposition geschaffen werden, aus der heraus sich die inneren Wachstumsstärken des Produktes freisetzen kann und einen exponentiellen progressiven Schub (Krümmung des Verkauf-Hockeystick (exponentielle Kurve)) auslöst.

Bedingung ist, dass alle involvierten Stationen wie Trainer, Instruktoren, Ausbilder, Sportlehrer, Vereinstrainer und auch Verbände am Erfolg interessiert sind, weil sie ihre eigenen Interessen dort wiederfinden. Ein Businesscase muss deswegen die Interessenlagen genau analysieren und abdecken um Spannungen zu vermeiden, die entstehen, wenn eine Untergruppe der Vertriebsstruktur auf Kosten der anderen gewinnen könnte. Mit wachsendem Bekanntheitsgrad kann zusätzliche Nachfrage, die nicht in direktem Zusammenhang mit dem Schulungsverfahren steht, über einen direkten Internetversand erfolgen, der heute über Suchmaschinen für große Teile der Bevölkerung ein sicheres Auffinden bei echtem Interesse praktisch garantiert. Dieser Fall würde z. B. eintreten, wenn Kunden andere Personen zufällig beim Cross-Shapen beobachten (Windfall Profit) und somit zu potentiellen Käufern werden.

Eine weitere Möglichkeit des Vertriebes ist die Vergabe von Vertriebsrechten an **Importeure und Distributoren**. In diesem Fall werden Verträge mit etablierten Vertriebsgesellschaften exklusiv für bestimmte Territorien (Länder) vergeben. Im Sportbereich bieten sich dazu Unternehmen an, die Produkte in die gleichen Fachgeschäfte verkaufen und über eine Salesforce verfügen, die diese Geschäfte besucht und betreut. Besonders wenn die anderen Produkte, die nicht in direkter Konkurrenz zum Cross-Shaper liegen dürfen, über ein hohes Renomee mit großer Nachfrage verfügen sind positive Rückkopplungseffekte zu erwarten. Vertraglich abgesicherte Mindestmengen, die der Importeur abnehmen muss, garantieren, dass große Teile der Planungsrisiken für das Kernunternehmen verlagert werden können. Importeur/Distributorenkonzepte für den Vertrieb sind ähnlich wie Lizenzverträge für Nutzungsrechte von Patenten in abgeschwächter Form– nur mit dem Unterschied, dass die Fertigung und Lieferung der Ware sowie der Aufbau des Markenimage hier vom Lizenzgeber selbst übernommen wird. Damit werden Einfluss und Kontrolle für den Initiator größer, Risiken der Abhängigkeit reduziert, eigene finanzielle Vorleistungen allerdings höher.

Folgende Vertriebsmöglichkeiten bestehen für das Produkt Cross-Shaper:

Vertrieb über Einzelhandel	Eigener, aktiver Vertrieb	Vertrieb über Importeure / Distributoren

3.1.3 Ausprägungen der Vermarktung

Der Cross-Shaper, als neues Produkt, exponiert seine Kunden bei der Benutzung auf Grund des Einsatzgebietes im Outdoor-Bereich an Stellen mit hoher Personendichte wie in Parks, Spazierwegen und Laufstrecken bei schönem Wetter stark in der Öffentlichkeit. Dementsprechend ist das Image des Produktes, welches sich aus der Kernzielgruppe und dem Gebrauchsimage definiert, ein nicht zu unterschätzendes Kaufkriterium. Hieraus ergeben sich Sympathiewerte, die sich auf den Benutzer übertragen, sein Image prägen und damit die Identifikationsbereitschaft mit dem Produkt entweder fördern oder blockieren. Hier zeigt der Cross-Shaper einige Besonderheiten auf, dahingehend, dass

- das Gerät selbst, wenn es nicht in Gebrauch ist, eher unsportlich und „Reha"-verdächtig aussieht (Grunddesign ähnlich Krücken)
- er im Stillstand, wenn der Cross-Shaper nicht in Bewegung ist, also beim Start oder beim Abwarten an einer roten Ampel, ebenfalls wie eine Gehhilfe wirkt
- bei richtigem Gebrauch jedoch auch auf weite Sicht eine sehr fließende, rhythmische und kraftvolle Bewegung wahrgenommen wird, die den Cross-Shaper zum ambitionierten Sportler macht
- eine Ähnlichkeit zum Nordic Walking auf den ersten Blick besteht, die schon eine etablierte Zielgruppe markiert
- in jedem Fall von jedem Cross-Shaper *„in Action"* eine weitreichende Signalwirkung ausgeht.

Damit ergibt sich bei der Aufgabe der Positionierung die Notwendigkeit, dass unbedingt die ersten 10.000 Kunden, die mit den Cross-Shapern nach Markteinführung laufen, in einer positiv prägenden Zielgruppe liegen.

Um aktiv Einfluss auf die Auswahl dieser Zielgruppe zu haben stehen verschiedene Instrumente zur Verfügung:

- Sponsor- und Promotionverträge mit einer Leitfigur bzw. einer Gruppe aus Leitfiguren
- Verteilung der ersten Cross-Shaper an ausgewählte Zielgruppen zu günstigeren Bedingungen (Einführungskonditionen)

Sponsorverträge mit Spitzensportlern sind teuer, wenn Personen ausgewählt werden sollen, die wirklichen Bekanntheitsgrad, hohe Sympathiewerte und Zuordnung zur angepeilten Zielgruppe mitbringen. Außerdem machen solche Verträge nur Sinn, wenn auch durch Werbung in TV, Radio oder Printmedien die Leitfigur aktiv mit dem Produkt in Zusammenhang gebracht dargestellt wird.

Budgets dazu in der erforderlichen Größenordnung stehen aber bei einem neuen Produkt (wenn es nicht von einem bestehenden, finanzkräftigen Großunternehmen entwickelt wurde) oftmals nicht zur Verfügung.

Andererseits liegt ein gut nutzbares Potenzial der Cross-Shaper im PR Bereich, da eine Weltneuheit, ohne Einschränkungen bei der Nutzergruppe in Bezug auf Trainingszustand, Alter, etc., in fast jeder Zeitung und auf jedem TV Kanal präsentationsfähig ist. Optimal sind die Chancen für eine hohe Medienpräsenz, wenn ein neues, vorzugsweise erklärungsbedürftiges Produkt in Zusammenhang mit einer bekannten Persönlichkeit (Celebrity) vorgestellt werden kann. Dann tritt die positive Kopplung von Produkt und Leitfigur mit hoher Öffentlichkeitswirkung ein, ohne teure Annoncen oder Spots schalten zu müssen.

Celebrities achten i. d. R. sehr darauf, dass sie nicht durch zu viele verschiedene Produkte in der Wahrnehmung der Öffentlichkeit ihre Identität verlieren oder ihr Image belasten. Beides wird allenfalls dann in Kauf genommen, wenn der Vertrag besonders hoch dotiert wird. Im Falle des Cross-Shapers wird aber weder ein alternatives Produkt blockiert (für ein Shampoo oder eine Deodorant kann man nur einmal einen Vertrag abschließen, ein neues innovatives Produkt kann als Add-On kombiniert werden) noch wird eine übermäßige öffentliche Präsenz durch Werbemaßnahmen aufgebaut. Die PR Präsenz in redaktionellen Beiträgen hat einen völlig anderen Stellenwert als ein Werbespot oder eine Annonce. Zusätzlich lässt sich ein Produkt mit hohem Aufmerksamkeitsfaktor gut mit etablierten Produkten kombinieren. Im gleichen Werbespot kann z. B. ein isotonisches Getränk oder Sportbekleidung in derselben Filmsequenz, die zur Darstellung des Cross-Shapens gedreht wurde, dargestellt werden.

Die Auswahl der Leitfigur kann auch strategisch so erfolgen, dass ein Multiplikationseffekt eintritt, z. B. indem ein Sporttrainer (der nicht so bekannt ist, dass seine Forderungen für einen Sponsorvertrag außerhalb der Limits liegen) die Cross-Shaper einsetzt, um eine Nationalmannschaft oder einen Spitzensportler zu trainieren. Um dennoch einen Imagetransfer zu generieren, wird dann in den PR Berichten der Trainer mit Cross-Shaper gezeigt, und in kurzen Spots werden auch die von ihm trainierten Spitzensportler eingeblendet, die aber dabei nicht unbedingt mit den Geräten trainieren müssen, da sie sonst ebenfalls in die Verträge einzubinden sind.

Ein weiteres, kostengünstiges Instrument, um den Bekanntheitsgrad eines innvovativen Produktes mit hoher Signalwirkung zu erhöhen, ist das Product Placement – also die Einblendung des Gerätes in Spielfilmen oder – noch wirksamer – die Integration des Produktes in das Storyboard der Handlung.

Eine letzte sehr wichtige Methode zur Einführung eines Produktes mit hohem Innovationsgrad kann das Event-Marketing darstellen, besonders dann, wenn wie beim Cross-Shaper praktisch jeder Konsument zwischen acht und 88 Jahren in die Zielgruppe passt. Damit ist die Trefferquote bei einem Event an einer Stelle, wo große Personendichten anzutreffen sind (Lauftreff, Marathon, Bundesgartenschau, Shopping Mall etc.), wenn Personen angesprochen und zu einem Testlauf eingeladen werden, praktisch 100%. Wichtig bei solchen Präsentationen ist, dass niemand, der mutig aus der Menge heraustritt und sich exponiert als Testperson, dabei diskreditiert und lächerlich gemacht wird. Das hätte eine negative Rückwirkung auf das Produkt und würde weitere Testpersonen abschrecken. Der Cross-Shaper bietet sich hier an, da die Cross-Shaper Bewegung schnell und sicher erlernbar ist und auch erste Gehversuche nicht in prekäre Situationen führen können.

Folgende Marketingmaßnahmen sind also prinzipiell für ein innovatives Produkt denkbar:

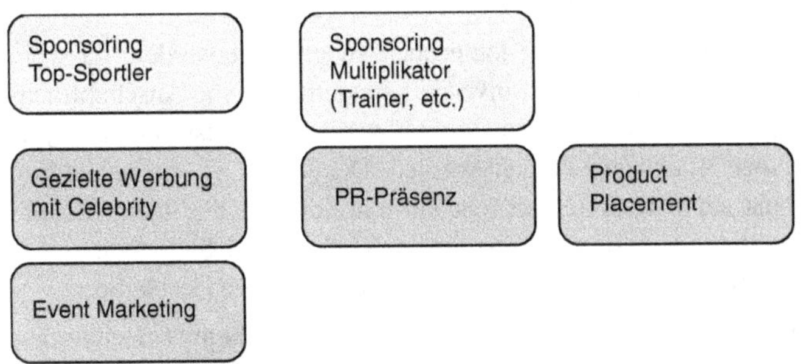

3.1.4 Ausprägungen der Erfolgsbeteiligung

Ein Start-Up Projekt beginnt wie der Name schon sagt zunächst mit einer Idee und jede Aktivität auf dem Weg zur Realisierung stellt eine Wertsteigerung in Sinne einer Sacheinlage dar, solange bis das Projekt einen Punkt erreicht, wo es sich in einen Business Case aufwerten muss, um die nächsten Wachstumsphasen bestreiten zu können. An diesem Kulminationspunkt erfolgt zwangsläufig eine quantitative Bewertung aller Vorleistungen, der Idee selbst, der Zukunftspotenziale und der Rechte, die Verwertung und Umsetzung der Idee anderen untersagen zu können, durch Patentschutz und Warenzeichenrechte und damit ein Monopol geschaffen zu haben.

Hier müssen die Initiatoren i. d. R. weitere Partner in das Projekt einbinden, um die Aufgaben der Realisierung umzusetzen. Dabei ist sinnvollerweise zu unterscheiden zwischen Kapitalinvestoren, die Geld meistens als Gesellschafter einlegen mit dem Ziel einer attraktiven Rendite einerseits und Synergieinvestoren, die ihrerseits Sachleistungen einbringen können, wie Entwicklungs- und Fertigungskapazitäten, Marketing-Know How oder Vertriebsorganisationen, PR-Expertise oder auch einen persönlichen Bekanntheitsgrad andererseits.

Der Vorteil bei der Integration eines Kapitalinvestors liegt für die Initiatoren eines Projektes darin, dass nach einmaliger Kapitalspritze mit einem einzigen Vertragspartner alle weiteren Maßnahmen wegen der dann vorhandenen eigenen Liquidität aus einem Auftraggeberstatus heraus einfach mit Pflichtenheft zur Leistungserfüllung als Unteraufträge (Entwicklung, Fertigung, Logistik, Marketing, Vertrieb etc.) vergeben werden können oder aber indem in eigene Kapazitäten dazu investiert wird. Insgesamt also ein Maximum an Unabhängigkeit bzw. an eigener Verantwortung.

Der Nachteil diese Lösung liegt darin, dass der Investor damit in einer sehr frühen Phase in das Projekt einsteigt, in der Zukunftspotenziale der Idee noch schwer zu konkretisieren sind. In einer Wertermittlung zur Bestimmung des Kurswertes von Geschäftsanteilen sind damit hohe Risikoabschläge zu berücksichtigen, das heißt der Initiator verkauft Anteile zu einem für ihn schlechten Kurs.

Eine weitere Variante der Beteiligungslösung kann auch so gestaltet werden, dass ein Kapitalinvestor nicht in die Gesellschaft selbst investiert sondern nur eine Anschubfinanzierung bereitstellt, ohne selbst im Unternehmen aktiv zu werden. Stattdessen kann dieser Typ Investor später mit einer Stücklizenz bedient werden. Der Vorteil für ihn liegt darin, dass das Geschäftsergebnis seine Rendite nicht beeinflusst sondern nur die verkaufte Stückzahl zählt. Das garantiert dem Investor maximale Klarheit und Sicherheit seiner Investition und dem Initiator ein Maximum an Gestaltungsfreiheit seines Geschäftes.

Bei der Integration von Synergie-Investoren erfolgt die Einlage (=Leistungserbringung) sukzessive, so dass mit jeder Einlage eine Aufwertung des Projektes und damit eine Kurssteigerung erzielt wird. Da die einzelnen Synergie- Investments zeitlich sequentiell aufeinanderfolgen (Produktentwicklung, Fertigung, Logistik, Vertrieb, Marketing, PR etc.) wird die Übertragung von Geschäftsanteilen im Mittel zu einem viel höheren Kurswert durchgeführt mit dem Ergebnis, dass dem Initiator selbst am Ende höhere Anteile verbleiben. Eine Ergebnismaximierung kann dann erreicht werden, wenn nach quantifizierbaren Zwischenergebnisstufen (Meilensteinen) eine möglichst objektivierbare Neubewertung der Kurse von Anteilen vorgenommen werden kann. Hinzu kommt, dass für die Investoren der frühen Phasen mit jeder Kurssteigerung eine objektive Wertsteigerung realisiert wurde, die das eingegangene Engagement rechtfertigt und die Eigendynamik des Projektes verstärkt.

Die beim Cross-Shaper durchgeführten Meilensteine sind:

- Idee zur Aufgabenstellung (Sportgerät zum quadropedalen Lauf)
- Technische Lösung mit Funktionsträger
- Patentverfahren
- Prototypenentwicklung und -erprobung
- Business Case, Finanzierung, Vertragsgestaltung
- Warenzeichen
- Produktion (Serienentwicklung, Werkzeuge, QS, Montage, Materialwirtschaft)
- Logistik, Auftragsbearbeitung, Fakturierung
- Nationaler Vertrieb
- Marketing, Promotion
- Internationaler Vertrieb

Neben den beiden Varianten der Investorenbeteiligung, unabhängig ob Kapital- oder Synergie-Investoren, eröffnet sich für die Initiatoren eines Projektes in bestimmten Phasen auch die Option, selbst aus dem aktiven Geschäft ganz auszusteigen und den bis zum Ausstiegszeitpunkt erreichten Status als Ganzes zu veräußern. Dabei kann er dennoch an zukünftigen Erträgen partizipieren – ähnlich wie bei einem Lizenzvertrag über Einmalzahlungen, laufende Erfolgsbeteiligungen in Form von Stücklizenzen oder Gewinnanteilen. Diese Lösung bietet sich insbesondere dann an, wenn die Initiatoren selbst im Management wenig oder keine Erfahrungen haben und das operative Geschäft nicht führen wollen oder können. Nach Erreichen eines markanten Meilensteins (s. o.), wenn die erzielte Wertsteigerung objektiv quantifizierbar ist, können so unter Umständen maximale Gewinne bzw. eine vollständige Amortisation der Vorinvestitionen sofort realisiert werden (Downpayment) ohne dass auf Ansprüche auf zukünftige Erträge ganz verzichtet werden muss. Besondere Chancen für eine Übernahme zu guten Konditionen für den Verkäufer ergeben sich evtl. dann, wenn an einen marktführenden Wettbewerber verkauft wird, der durch die Innovation bestehende Marktpositionen einbüßen würde. In diesem Fall muss der Verkäufer darauf achten, Konditionen im Übergabevertrag vorzusehen, die eine Schubladen-Patent-Strategie verhindert, da sonst der Käufer eine Übernahme nur tätigt, um das neue Produkt zu blockieren, womit dann alle zukünftigen Erträge für den Veräußerer verloren wären.

Es stehen somit drei Möglichkeiten der Erfolgsbeteiligung zur Auswahl:

Einbindung von Kapitalinvestoren	Einbindung von Synergie-Investoren	Verkauf des Projektes

3.2 Bildung von drei sinnvollen Kombinationen

In der folgenden Abbildung 3.2 sind alle möglichen Ausprägungen der Bereiche Preispolitik, Fertigungsverfahren, Vertriebsstruktur, Vermarktung und Erfolgsbeteiligung aufgelistet.

Um nun sinnvolle Kombinationen als mögliche Geschäftsmodelle zu bilden sollte ein Startkriterium festgelegt werden welches frei wählbar ist. Ausgehend von dieser Wahl ergeben sich dann mögliche (und unmögliche) Kombinationen mit Ausprägungen der folgenden Bereiche und somit ist die weitere Auswahl oftmals vorbestimmt oder zumindest eingeschränkt im Freiheitsgrad. Als Ausgangspunkt im Projekt Cross-Shaper bietet sich die Preispolitik an. Hier können über Marktforschungen und Szenarioanalysen sinnvolle Strategien unabhängig von den weiteren Kriterien getestet und optimiert werden. Ausgehend von der Auswahl des Verkaufspreises ergeben sich dann die weiteren Festlegungen.

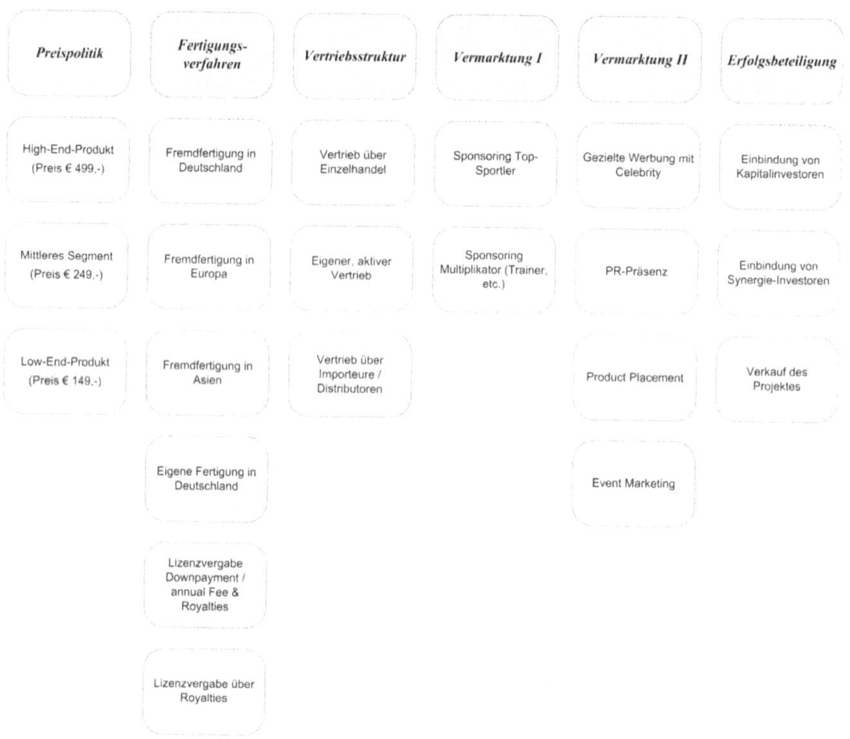

Abbildung 3.2: Übersicht der verschiedenen Ausprägungen in den Bereichen

Um die Auswahl der Kombinationen so wie die Restriktionen der Ausprägungen (also welche Kombinationen NICHT möglich sind) grafisch darzustellen werden die gewählten Ausprägungen in den folgenden Abbildungen in dunkelgrauen Boxen und fett, unterstrichen im Schriftbild dargestellt, die nicht möglichen in hellgrauen Boxen und kursiv geschrieben.

3.2.1 Kombination 1: Low End Produkt über Lizenzvergabe

Die erste Kombination geht als Startpunkt von einer Positionierung im günstigen Preis-Segment aus, also von einem Low-End-Produkt. Wie in Kapitel 3.1.1 gezeigt scheidet auf Grund des Preisdrucks eine Fertigung in Deutschland (sowohl fremdgefertigt als auch in eigener Produktion) als Option aus. Als sinnvollste Variante in diesem Bereich wurde hier eine Lizenzvergabe über Royalties gewählt. Die Vorteile hierbei bestehen darin, dass keine Fertigung im Ausland (Europa oder Asien) mit hohem Aufwand und Risiko aufgebaut und kontrolliert werden muss. Da ein Produkt in diesem Preissegment nur auf Grund hoher Stückzahlen ein wirtschaftlicher Erfolg werden kann (da die Gewinnmargen pro Stück gering sind und die Produktionskosten nur bei hohen Stückzahlen so weit gedrückt werden können, dass eine rentable Gesamtkalkulation möglich ist) bietet sich eine Lizenzvergabe nur über Royalties an. Das Risiko für die Initiatoren des Projektes über die Royalties nicht genügend vergütet zu werden ist minimal (auf Grund der zu erwartenden hohen Stückzahl) und die Bereitschaft der Lizenznehmer vorab ein Downpayment zu zahlen ist gering (da bei geringen Stückzahlen das Produkt keine Gewinne produzieren kann und bei hohen Stückzahlen die Initiatoren über die Royalties gut vergütet werden).

Ein Massenprodukt im Low-End-Segment wird optimaler Weise über Distributoren (im Ausland Importeure) vertrieben, da der Aufwand bei der direkten Ansprache des Einzelhandels oder sogar bei einem neu aufgebautem Eigenbetrieb auf Grund der hohen Stückzahlen kaum zu bewältigen ist. Bei der Vermarktung ist es oftmals schwierig für ein Low-End-Produkt im Sportbereich einen Spitzensportler zu gewinnen (der sich ja selbst als Profi versteht und somit konträr zum Image des Produktes auftritt) so dass die Auswahl eines Multiplikators als werbetechnische Leitfigur die beste Lösung ist. Mit diesem sollte über direkte Werbung in der Breite (also z. B. in Zeitungen mit hoher Auflage) versucht werden eine möglichst große Zielgruppe aus unterschiedlichen Bereichen zu erreichen um die Zielgruppe der potentiellen Käufer nicht von vorneherein einzuschränken und somit die Absatzchancen zu gefährden. Event-Marketing auf Messen, etc. ist ebenfalls ein gutes Instrument für ein Low-Tech-Produkt, wenn es auf Messen präsentiert wird, die einer breiten Masse von Personen zugänglich ist. Product-Placement und verstärkte PR-Präsenz ist auf Grund des Low-End-Charakters des Produktes meistens keine Option, da die meisten Medien hierfür eher luxuriösere Produkte nutzen.

Bei der Erfolgsbeteiligung hat der Entscheider sich ja auf Grund der Produktionsverfahren schon auf die Beteiligung über Lizenzgebühren (ohne Downpayment oder annual fee) entschieden.

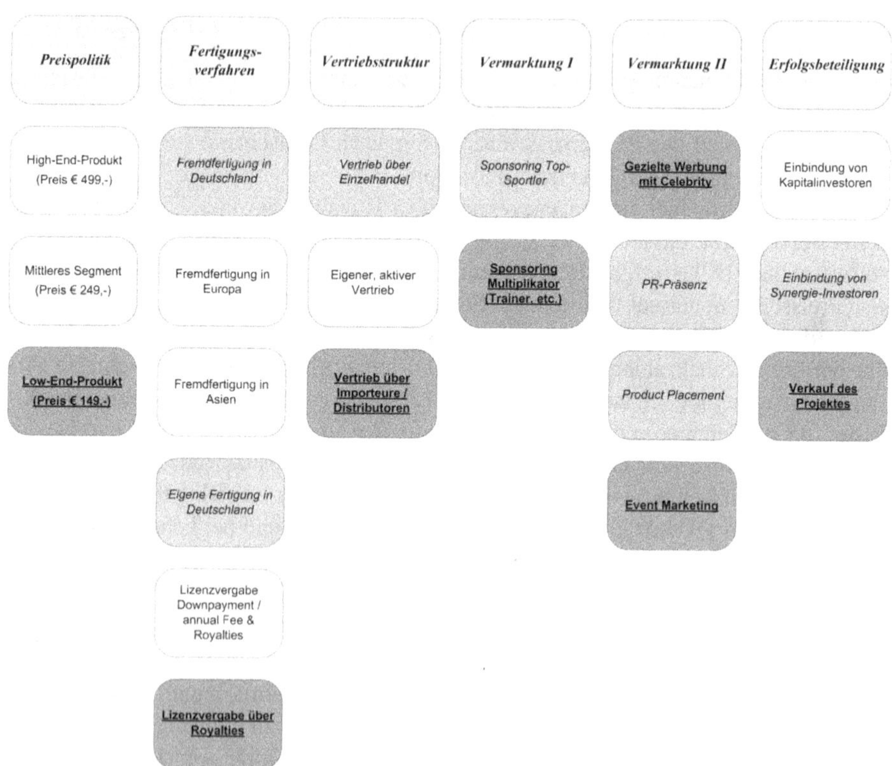

Abbildung 3.3: Kombination auf Basis eines günstigen Verkaufspreises

Die Kombination 1 basiert somit auf einem Massenprodukt, welches an einen finanzstarken Partner abgegeben wird, der die Initiatoren über die Zahlung von Royalties am Erfolg beteiligt.

3.2.2 Kombination 2: Mittleres Preissegment mit eigener Fertigung

Wird das mittlere Preissegment als Ziel im ersten Schritt angewählt ergeben sich andere Kombinationsmöglichkeiten und nur eine Ausschlussvariante. Die einzige Einschränkung bei einem Produkt, welches preislich und von der Qualität, Ausstattung, Materialien, etc. her mittig zwischen dem günstigen Low-End und dem teuren High-End-Produkt liegt, ist die, dass eine Fremdfertigung in Asien nicht in Frage kommt, da die Produktqualität nicht garantiert und sinnvoll kontrolliert werden kann ohne erheblichen Aufwand, der in keinem Verhältnis zu etwaigen Vorteilen steht (bei bestehenden Geschäftsverbindungen von großen Unternehmen zu Produktionsstandorten in Asien kann sich dieser Sachverhalt anders darstellen).

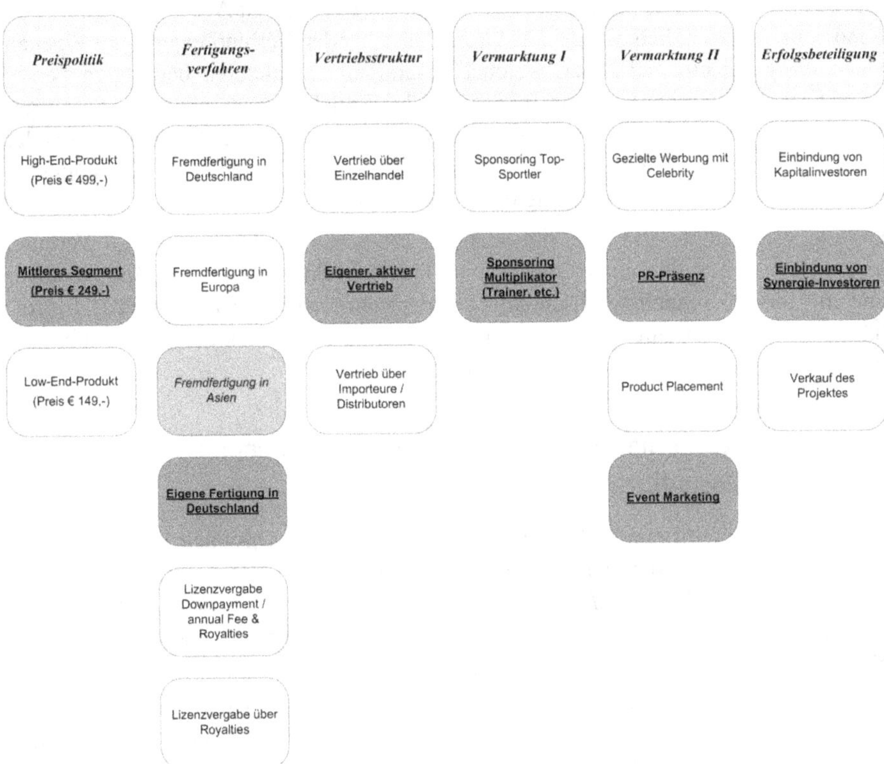

Abbildung 3.4: Kombination für eine Marktstrategie im mittleren Preis-Segment

Ausgehend vom Zielpreissegment wurde als sinnvolle Lösung im Bereich Vertrieb ein Direktvertrieb über selbst ausgebildete Trainer gewählt, da diese das erklärungsbedürftige Produkt ohne vorherigen Kaufzwang dem Kunden optimal näher bringen können um diesen vom Trainingseffekt und Fun-Faktor zu überzeugen. Ausgehend von dieser Strategie bietet sich eine eigene Fertigung an, um vor allem möglichst am Anfang flexibel auf das Feedback des Marktes reagieren zu können und im direkten Kontakt mit den Trainern den Markt optimal zu bedienen. Im Vermarktungsbereich ist ein TOP-Sportler in der frühen Phase des Projektes nicht zu bezahlen, so dass über Multiplikatoren, die auf Events und bei PR-Präsenz das Produkt in der Öffentlichkeit vertreten, zurückgegriffen wird. Gezielte Werbung (die vor allem großflächig angelegt ist) sowie Product Placement (welches einigen Aufwand und Zeit in der Kontaktaufnahme zu den richtigen Ansprechpartnern benötigt) fielen ebenso aus Budgetgründen sowie dem, im Falle des Product Placements, Zeitverzug bis die Botschaft im Markt ist (z. B. bei einem Film von Drehzeit zu Ausstrahlung im TV / Kino) aus. Letztendlich wurde auf Grund bestehender Verbindungen eine eigenen Herstellung bei einem Partner, welcher zusammen mit anderen beteiligten Personen / Unternehmen als Synergie-Investor in das Projekt eingebunden wurde, ausgewählt. Diese Entscheidung hält sowohl das Kapitel innerhalb des kleinen Kreises der Beteiligten, als auch die Summe der Entscheidungsträger klein um so möglichst schnell und effizient am Anfang agieren zu können.

Die hier aufgezeigte Strategie zielt also auf ein schlankes Unternehmen / Verbund hin, welches über eine eigens aufgebaute Trainerstruktur direkt den Markt bedient und mit diesem schnell wachsen soll. Die Optionen nach der Anlaufphase Einzelhändler oder Importeuren für andere Länder strategisch in das Projekt einzubinden bleiben von dieser Anfangsstrategie unberührt.

3.2.3 Kombination 3: High End Produkt in deutscher Fremdfertigung

Zielt das Projekt auf ein High-End-Produkt ab, fallen die Optionen Fremdfertigung im Ausland (wegen schwieriger / fehlender Möglichkeit der Qualitätssicherung), Vertrieb über Distributoren / Importeure (auf Grund kleiner Stückzahlen) sowie ein Verkauf des gesamten Projektes in einer frühen Phase (da nur kleine Stückzahlen in einem engen Markt erreichbar sind) weg.

Von den bestehenden Optionen ist die Variante über eine Fremdfertigung in Deutschland (hohe Qualität und Know-How, welches bei einem eigenen Aufbau der Fertigung nur schwer schnell erreichbar / beschaffbar ist) und den direkten Vertrieb über den Einzelhandel zu präferieren. Gerade die Positionierung des Produktes, sowohl preislich als auch von den zu erwartenden Stückzahlen, macht einen direkteren Vertrieb nötig, der aber im Gegensatz zum Produkt des mittleren Segments aus strategischen und marketingtechnischen Gesichtspunkten in optimaler Weise hier über den Einzelhandel laufen soll.

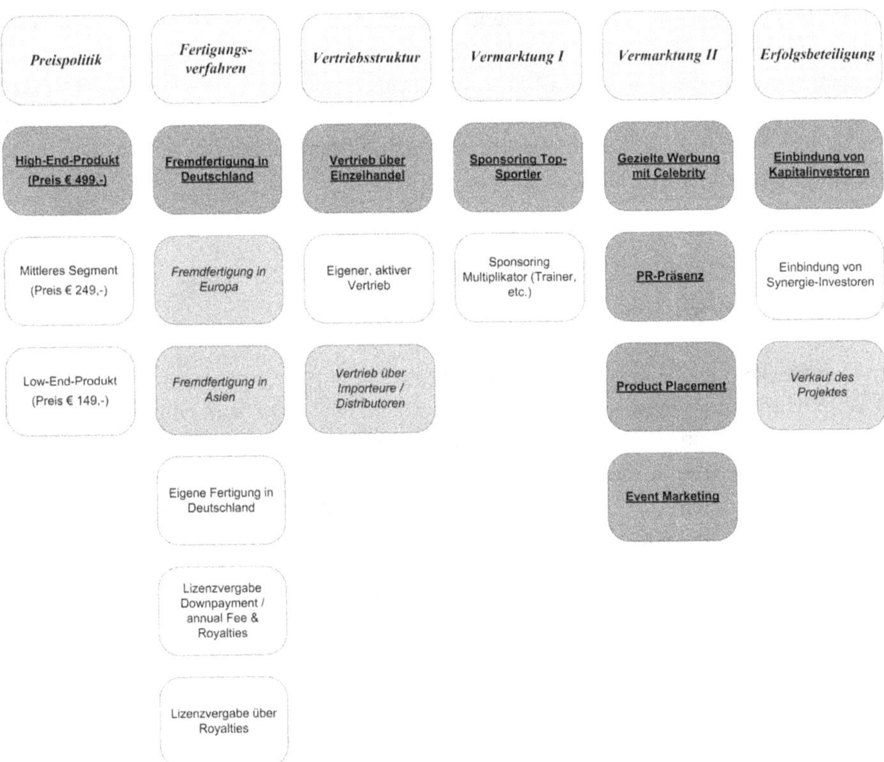

Abbildung 3.5: High-End-Lösungskombination für das Projekt

Die Einbindung eines TOP-Sportlers, der sich auch sehr gut mit dem High-End-Produkt identifizieren kann, sowie die Nutzung sämtlicher Marketingkanäle von der gezielten Werbung über PR-Präsenz und Product Placement, die beide mit dem „Luxus-Produkt" am einfachsten zu bekommen ist, bis hin zum Event Marketing auf Fachmessen, sind notwendige Mittel um das Produkt sinnvoll zu positionieren und ein Image aufzubauen, was die Klientel der High-End-Käufer (besonders sportliche Menschen, die das beste Fitness-Gerät suchen oder wohlhabende Kunden, die das Gerät mit dem „besten" Image kaufen wollen) bei einem Kauf unterstützen soll.

Um die notwendigen, finanziellen Anfangsbedingungen für diese kostenintensive Strategie zu realisieren, sollten Kapitalinvestoren eingebunden werden, denen eine klare Exit-Strategie nach der Anlaufphase und eine hohen Rendite durch die großen Gewinnspannen pro verkauftem Gerät angeboten werden können.

Diese Gesamtstrategie führt zu einem anfänglichen Nischenprodukt im sehr umkämpften High-End-Luxus-Markt für Sportartikel, die aber nach Bedienung von großen Marktanteilen in diesem Bereich auch nach unten auf die Bereiche des mittleren Segments erweitert werden kann um zusätzliche Potentiale zu schaffen. Dieses sollte aber zeitlich nicht zu früh geschehen, um das aufgebaute Image der bisherigen Käufer nicht zu schnell zu unterwandern.

3.3 Auswahl der besten Kombination inkl. Vor- und Nachteilen

In der Gesamtzielstellung soll sinnvollerweise in allen Projekten immer die Gewinnmaximierung angestrebt werden – möglichst als Win / Win Situation aller involvierten Partner und Personen. Unter der Maßgabe, den Cross-Shaper als ein Produkt zu positionieren, das sich nachhaltig als Sport- und Fitnessgerät im Markt dauerhaft etablieren kann, muss der zeitliche Horizont zur Bewertung der besten Strategie einerseits langfristig gewählt werden. Andererseits muss aber sichergestellt sein, dass kurzfristig eine stabile wirtschaftliche Situation erreicht wird, um das Unternehmen in der Aufbauphase unabhängig von weiteren Anschubfinanzierungen und stabil gegen unerwartete Hürden und zeitliche Verzögerungen z. B. durch Saisoneffekte zu machen.

Die besten Voraussetzungen unter diesen Prämissen liefert die Lösungskombination 2, mit einem mittleren Preissegment die richtige Balance aufzubauen, mit der ein höherwertiges Produkt gefertigt werden kann. Eine dazu passende Marketingstrategie zur Positionierung in der Klasse der Meinungsbildner und Multiplikatoren ist somit gewährleistet und gleichzeitig kann eine breitere Zielkundschaft erreicht werden.

In der Alternative einer Positionierung im Luxussegment besteht das Risiko, als erste Zielkundschaft die wohlhabenden und damit aber eher älteren und nach den Kriterien der Sportlichkeit eher weniger positiv meinungsbildenden Personen zu erreichen. Der Cross-Shaper hätte damit in der öffentlichen Wahrnehmung schnell das Image der Softvariante des Nordic Walking oder – noch schlechter – eines Reha-Produktes. Die Situation ist hier anders als z. B. im Sportwagenmarkt, in dem wegen der hohen Preise die Klientel auch eher älter ist (und oft auch gar nicht mehr schnell fährt), wo aber das Signal dominant von dem Auto und nicht vom Fahrer ausgeht, wohingegen das Produkt Cross-Shaper selbst weniger prägende Wirkung ausstrahlt als die Person, die das Cross-Shaping betreibt. Im einen Fall wertet das Produkt seinen Besitzer auf, im anderen wertet der Benutzer das Produkt ab.

Hinzu kommt, dass ein Sportgerät auch immer schnell Gebrauchspuren zeigt und zeigen darf und eine übertriebene Qualität und Wertigkeit hinderlich wäre. Die angepeilte Botschaft sollte auf Lifestyle, Fitness, Wellness, Fun, positives Körperbewusstsein und Leichtigkeit zielen und weniger auf Luxus, Prestige und finanzielle Potenz des Kunden hinweisen. Auf dieser Basis sind die Chancen auf schnelle Marktöffnung mit der meinungsbildenden Zielgruppe der Innovatoren, die in diesem Fall aktive Sportler sein müssen und danach auf nachhaltige Breitenentwicklung durch die Trendfollower als optimal einzuschätzen.

Die Positionierung im Niedrigpreissegment hätte dagegen wegen der insgesamt in allen Wertschöpfungsstufen niedrigeren Erträge Gewinnpotenziale reduziert, aber auch zusätzlich das Risiko enthalten, mit dem Produkt nach kurzfristiger Marktresonanz in einer Ecke der „Gimmicks und Gadgets“ zu enden. Außerdem wäre ein potenter und damit anspruchsvoller Kapitalinvestor notwendig gewesen, um die für einen preiswerten Fernost-Import notwendigen Mengen auf Lager legen zu können. Investitionen für Lager, Handhabung der Hardware, Fakturierung, Gebäudemieten und Personalkosten hätten weiteren Kapitalbedarf hervorgerufen. Unabhängig vom Gesamtergebnis werden damit die Gewinnmaximierungsziele der Initiatoren in jedem Fall verfehlt.

Deswegen wird die Mittelpreisstrategie bevorzugt und dazu als Synergie-Investor ein etablierter Fertigungsbetrieb gesucht, der in Deutschland angesiedelt ist und der eigene Kompetenzen zur Qualitätssicherung, Materialwirtschaft und Fertigung mit hoher eigener Fertigungstiefe mitbringt. Er sollte damit in der Lage sein, mit eigenem Werkzeugbau praktisch alle benötigten Leistungen als Sachwerte einzubringen und nicht als Cashaufwendungen außer Haus beauftragen zu müssen. Überdies muss in diesem Unternehmen ein kompletter Einzelversand mit Auftragsbearbeitung, Fakturierung, Versand, Retourenbearbeitung und Umsatzstatistiken in einem vernetzten ERP System verfügbar sein, so dass der Kernbereich „Hardware“ vollständig aus der neuen Cross-Shaper Sports GmbH ausgelagert werden kann.

Das neue Unternehmen kann sich somit auf das Kerngeschäft des Vertriebs und des Marketings des Produktes und der neuen Sportart konzentrieren ohne die Kontrolle über die Hardware völlig aus der Hand zu geben (wie es z. B. bei der Lösung des Imports der Ware aus Fernost der Fall wäre). Hierfür wird ein erfahrener Mitarbeiter aus dem Bereich Personal Training eingestellt, der ein Netzwerk von Sportlehrern und Trainern betreiben und der Seminare zur Ausbildung von Instruktoren der neuen Sportart des Cross-Shaping entwickeln und durchführen wird. Das gesamte Unternehmen kann somit extrem schlank und mit sehr geringen eigenen Investitionen und sehr geringen Fixkosten realisiert werden. Da der Verkauf der Geräte ebenfalls über das Netzwerk der Trainer erfolgt, benötigt die Kerngesellschaft nur relativ geringe, eigene Ressourcen für Marketing und Controlling. Sobald ein kritischer Marktanteil mit diesem Vertriebsweg erreicht ist, soll der weitere Vertrieb auf den Sportfachhandel ausgedehnt werden. Dazu können zum gegebenen Zeitpunkt auch etablierte Vertriebsgesellschaften wie Großhändler oder Distributoren eingeschaltet werden.

Erst zu einem viel späteren Zeitpunkt ist es sinnvoll in speziellen Aktionen auch niedrigpreisige Chargen von Cross-Shapern als Sonderserien über die bekannten Vertriebskanäle der Einzelhandelsketten zu vertreiben. Bis dahin bleibt die bevorzugte Positionierung im mittleren Segment unverändert.

Das Netzwerk der Instruktoren wird auch langfristig als flankierende Einheit erhalten bleiben, den Absatz fördern und die neue Sportart immer neu beleben. Über die Kursgebühren, die Endkunden für die Seminare bezahlen, ist dieses System selbstfinanzierend bzw. evtl. sogar ein zusätzliches Profitcenter.

Durch die Patente für die Produkte und die damit verbundenen Schutzrechte für das Warenzeichen „Cross-Shaping“ bleibt diese Struktur in allen Geschäftsbereichen monopolisiert und deswegen einer weniger belasteten Preiselastizität unterworfen als Wettbewerbsprodukte.

4 Zusammenfassung

Innovationsmanagement besteht aus einer Fülle von Managementaufgaben zu einer neue Idee und Entwicklung. Nicht selten sind Entscheidungen dabei wirtschaftlich optimal nicht singulär zu treffen sondern betreffen auf Grund der Interdependenzen mehrere Bereiche.

In dieser Fallstudie wurde für die Teilaufgabe bei Innovationen, die beste Strategie für Preispolitik, Produktion, Vertrieb, Vermarktung und Erfolgsbeteiligung zu finden, ein Lösungsansatz inkl. der gedanklichen Herleitung präsentiert. Da sich in der Realität gerade bei Innovationen jeder Fall anders darstellt gibt es für die meisten Aufgaben des Innovationsmanagements keine „Patentlösung“, so dass die Vorgehensweise bei der Entscheidungsfindung in dieser Fallstudie als übertragbarer auf andere Aufgabenstellungen zu erachten ist, als die ausgewählte Lösung an sich.

5 Literaturverzeichnis

Corsten, H.; Meier, B.: Organisationsstruktur und Innovationsprozesse(I). In: WISU (6/1983), S. 251–256.

Hauschildt, J.: Innovationsmanagement. Vahlen (2004).

Vahs, D.; Burmester, R.: Innovationsmanagement. Stuttgart (2005).

Stichprobeninventur

Anwendungsvoraussetzung, Planung, Realisierung

Wolfgang Jaspers

Inhaltsverzeichnis

1 Einleitung

Aufgrund der Vorgaben des HGB ist jedes Unternehmen verpflichtet, einmal jährlich sein Vorratsvermögen zu inventarisieren. Die klassische Vorgehensweise ist hier, alle Vorratsgegenstände vollständig aufzunehmen. Traditionelle Inventurerleichterungsverfahren wie die zeitlich verlegte Stichtagsinventur oder auch die permanente Inventur ermöglichen zwar eine zeitliche Verlagerung der Inventurarbeiten unabhängig vom Bilanzstichtag, erfordern aber weiterhin die lückenlose Inventarisierung aller Vermögensgegenstände. Lediglich die Stichprobeninventur schöpft wesentliches Rationalisierungspotenzial aus, indem nur eine geringe Teilmenge (= Stichprobe) aller Vermögensgegenstände überprüft werden muss. Im Rahmen des Fallbeispiels erfährt der Leser zunächst etwas über die grundsätzlichen Inventurverfahren (→ Gesetzliche Grundlage zur Inventurdurchführung), stellt die Vorteile der verschiedenen Inventurvereinfachungsverfahren gegenüber (→ Inventurvereinfachungs-/ Rationalisierungsverfahren) und lernt dann die Stichprobeninventur, ihre Anwendungsvoraussetzungen sowie ein Konzept zur Durchführung (→ Stichprobeninventur), das am Beispiel des fiktiven Unternehmens „VerPaMa – Verpackungsmaschinen GmbH" erläutert wird, kennen.

Die anhängenden Lösungsvorschläge sind so konzipiert, dass Lösungen auf ähnliche Unternehmenssachverhalte in Theorie und Praxis adaptiert werden können. Da die Aufgaben in einigen Teilen aufeinander aufbauen, sind sie „sequentiell" abzuarbeiten. Es ist somit sinnvoll, nach jeder Teilaufgabe die „eigene" Lösung mit der anliegenden Musterlösung zu vergleichen und erst dann mit der Bearbeitung der nächsten Aufgabenstellung fortzufahren.

2 VerPaMa GmbH

Die VerPaMa – Verpackungsmaschinen GmbH (nachfolgend nur noch als VerPaMa bezeichnet) ist ein in Deutschland ansässiges inhabergeführtes mittelständisches Unternehmen. Das Unternehmen entwickelt und produziert Verpackungsmaschinen. Der Vertrieb erfolgt weltweit über eigenes Vertriebspersonal sowie über rechtlich selbständige Handelsunternehmen. Das Unternehmen ist am Markt etabliert und verzeichnet einen jährlichen Umsatz von ca. 50 Mio. €.

Das Unternehmen verfügt über mehrere Läger, die im eingesetzten ERP-System geführt werden. Die Läger L1 und L7 werden stellplatzbezogen[1] entweder voll-

Lager		L1	L2	L3	L4	L5	L6	L7	**#Artikel**	**#Stellplätze**
Verwaltung	stellplatzverwaltet	X						X	3.000	5.000
	artikelverwaltet		X	X	X	X	X		22.000	65.000
								Summe	**25.000**	**70.000**
bisheriges Inventur-verfahren	permanente Inventur	X						X		
	Stichtagsinventur		X	X	X	X	X			
Bestands-qualität des Lagers	sehr gute Qualität	X	X		X		X		20.000	52.000
	gute Qualität							X	3.000	10.000
	schlechte Qualität			X		X			2.000	8.000
								Summe	**25.000**	**70.000**

Tabelle 2.1: Darstellung der Läger der VerPaMa für das Bilanzjahr 2010

[1] Anm.: Das bedeutet, dass in der Lagerbuchführung zu jeder Artikelmenge exakt angegeben werden kann, auf welchem Stellplatz sich diese Positionen befinden.

automatisch oder manuell verwaltet. Bei den Lägern L1, L2, L4, L6 und L7 geht das Unternehmen von einer „guten“ bis „sehr guten“ Bestandszuverlässigkeit aus. In den Lägern L3 und L5 lagern Positionen wie Kleinwerkzeuge, Schrauben, Muttern etc. die zum einen eine hohe Umschlagsgeschwindigkeit aufweisen und zum anderen bei denen unkontrollierte Bestandsveränderungen (Diebstahl, Entnahme ohne Verbuchung etc.) nicht ausgeschlossen werden kann. Insgesamt befinden sich in den Lagerbereichen L1 bis L7 ca. 25.000 verschiedene Artikel auf ca. 70.000 Stellplätzen. Hiervon fallen auf die „sehr bestandszuverlässigen“ Lagerbereiche L2, L3, L4 und L6 ca. 52.000 Stellplätze, auf denen ca. 20.000 verschiedene Artikel lagern und auf das „bestandszuverlässige Lager“ L7 10.000 Stellplätze mit ca. 3.000 verschiedenen Artikeln. Auf den „bestandszuverlässigen“ Lagerplätzen befinden sich 2.000 Artikel auf ca. 8.000 Lagerplätzen.

Im Bilanzjahr 2010 erfolgte die Inventarisierung der stellplatzbezogenen Läger L1 und L7 permanent (D. h. die Mitarbeiter haben im Verlaufe des Jahres die hierzu gehörenden Stellplätze überprüft. Der Aufwand hierfür wurde aber nicht erfasst.), die der übrigen Läger zeitnah zum Bilanzstichtag (zeitnahe Stichtagsinventur). Zu dieser Durchführung wurden 50 Mitarbeiter benötigt, die mit den Inventurarbeiten drei Tage á jeweils zwölf Arbeitsstunden beschäftigt waren. Tabelle 2.1 fasst diese Angaben noch einmal zusammen.

3 Aufgabenstellungen

3.1 Gesetzliche Grundlage zur Inventurdurchführung

Erläutern Sie die gesetzliche Grundlage zur Durchführung einer Inventur.

3.2 Inventurvereinfachungs-/ Rationalisierungsverfahren

Was für Kosten(-arten) fallen für eine Inventur an? Wie „teuer“ ist eigentlich eine Inventur? Welche „Rationalisierungsmöglichkeite“ stehen einem Unternehmen zur Verfügung, seine jährlichen Inventurarbeiten durchzuführen? Stellen Sie die verschiedenen Inventurtypen/ -arten vor und beschreiben Sie diese!

3.3 Stichprobeninventur

3.3.1 Erläutern Sie das Inventurvereinfachungsverfahren der „Stichprobeninventur“ (Definition und gesetzliche Vorschriften) und recherchieren Sie Rationalisierungspotenziale der Stichprobeninventur!

Die Durchführung der Stichprobeninventur erfordert bestimmte „Anwendungsvoraussetzungen“. Erarbeiten Sie, auf welcher Grundlage die Stichprobeninventur erlaubt ist und welche „Fachinstitution“ diese Grundlage durch ein Fachgutachten spezifiziert hat.

Heutzutage führen bereits zahlreiche Unternehmen die Stichprobeninventur durch. Versuchen Sie zu erarbeiten, wie viele Positionen diese Unternehmen bei einer Stichprobeninventurdurchführung „aufnehmen“ müssen. Gibt es hier eine Abhängigkeit von Stichprobenumfang und Lagergröße?

3.3.2 Wann ist der Einsatz der Stichprobeninventur empfehlenswert (Effizienz, Effektivität)?

Bei dieser Aufgabe ist zu erarbeiten, ab welcher Lagergröße bzw. ab welcher Inventurkostenhöhe es sich lohnt, sich mit der Rationalisierungsmethode „Stichprobeninventur“ auseinander zu setzen und welche Anwendungsvoraussetzungen erfüllt sein müssen, damit die Stichprobeninventur „gelingt“?

3.3.3 Wie könnte Ihrer Ansicht nach ein „Modell“ zur Einführung der Stichprobeninventur aussehen? Führen Sie auf, was der Anwender bis zum erfolgreichen Einsatz der Stichprobeninventur tun muss.

Entwerfen Sie ein „Modell“, dessen Inhalt als To-Do-Liste verstanden werden kann, beschreiben Sie die in diesem Zusammenhang anfallenden Tätigkeiten genauer und schlussfolgern hieraus und aus der aktuellen Situation bei der VerPaMa, was dort (noch) zu tun ist, um die Stichprobeninventur erfolgreich einzuführen.

Orientieren Sie sich hierbei an folgendem Schema und verfeinern Sie dieses in Ihrem Modell:

- Lohnt sich die Stichprobeninventur für die VerPaMa?
- Sind die wesentlichen Anwendungsvoraussetzungen bei der VerPaMa gegeben?

- Welche Läger kommen bei der VerPaMa für die Stichprobeninventur in Betracht und wie können diese „abgegrenzt“ (räumlich, sachlich, zeitlich) werden?
- Was könnte einen Untersuchungsgegenstand einer Stichprobenprüfung darstellen bei der VerPaMa darstellen (Artikel, Lagerplatz etc.)?
- Die Stichprobeninventur kann zum Bilanzstichtag, als zeitlich vor- bzw. nachverlegte oder als permanente Stichprobeninventur konzipiert werden? Welche Kombination empfehlen Sie der VerPaMa?
- Grundsätzlich sind für die Durchführung der Stichprobeninventur Test- und Schätzverfahren zulässig. Erörtern Sie, ob Test- oder Schätzverfahren für die VerPaMa und ihre Läger geeigneter erscheinen.
- Welche „Berechnungsparameter“ kann der Anwender bei der Bestimmung des Aufnahmeumfangs beeinflussen? Wie würden Sie diese Parameter für die VerPaMa wählen?
- Was ist grundsätzlich bei der Aufnahme der ausgewählten Positionen zu beachten?
- Welche „Qualitätsparameter“ dürfen im Ergebnis (in Abhängigkeit vom gewählten Hochrechnungsverfahren) nicht überschritten werden? Welche Möglichkeiten hat der Anwender, wenn dieses doch passiert? Wie ist das Ergebnis der Stichprobeninventur zu dokumentieren?
- Wie kann die VerPaMa (im Rahmen von „Vorarbeiten“) sicherstellen, dass die inventarisierten Läger die notwendige Bestandssicherheit für eine erfolgreiche Stichprobeninventurdurchführung besitzen?

4 Lösungsvorschläge

4.1 Gesetzliche Grundlage zur Inventurdurchführung

Das in den Grundsätzen ordnungsmäßiger Buchführung verankerte Vollständigkeitsgebot verlangt von einem Kaufmann die Bilanzierung aller Vermögensgegenstände. Somit ist zu Beginn eines Handelsgewerbes und zum Ende eines jeden Geschäftsjahres im Rahmen einer Inventur eine Abstimmung zwischen den in der (Lager-) Buchhaltung aufgeführten und den tatsächlich vorhandenen Vermögenswerten erforderlich (§240 Abs. 1,2 HGB). Die Stichprobeninventur ist gesetzlich im Handelsgesetzbuch (§ 241, Abs. 1 HGB) geregelt.

4.2 Inventurvereinfachungs-/ Rationalisierungsverfahren

Was für Kosten(-arten) fallen für eine Inventur an?

Inventurkosten setzen sich aus verschiedenen Bestandteilen zusammen. Zu den Aufnahmekosten (Arbeitszeit und Überstunden) sind auch die Vorbereitungskosten (B. B. Aufräumen des Lagers) wie auch Nachbereitungskosten hinzuzufügen. Diese fallen durch die Überprüfung und Buchung der festgestellten Abweichungen an. Die Entstehung von Fehlerkosten ist bei der Durchführung einer (Voll-)Inventur wahrscheinlich, jedoch sind diese schwer zu quantifizieren. Fehlerkosten entstehen dadurch, dass für die Durchführung der Inventur oftmals Hilfspersonal eingesetzt werden muss, das entweder nicht über die erforderliche Qualifikation verfügt oder in manchen Fällen auch unmotiviert ist. Hierdurch kann die Situation eintreten, dass die Qualität einer Lagerbuchführung nach einer unter diesen Voraussetzungen durchgeführten Vollinventur „schlechter“ ist als vor der Inventurdurchführung. Die nach durchgeführter Inventur im Tagesgeschäft festgestellten Fehler und deren Folgen bestimmen die erwähnten Fehlerkosten. In vielen Fällen ist ein Unternehmen für die Dauer der Inventurarbeiten gezwungen, Läger oder Lagerbereiche zu schließen. Die hiermit verbundenen Umsatzverluste oder allgemein Kosten, die entstehen, weil der „normale“ betriebliche Ablauf gestört ist, zählen zu den Opportunitätskosten.

Wie „teuer“ ist eigentlich eine Inventur? Welche „Rationalisierungsmöglichkeiten“ stehen einem Unternehmen zur Verfügung, seine jährlichen Inventurarbeiten durchzuführen? Stellen Sie die verschiedenen Inventurtypen/ -arten vor und beschreiben Sie diese!

Die Stichtagsinventur in Verbindung mit einer Vollaufnahme stellt die klassische Inventurmethode dar. Hierbei wird der Bestand (Istbestand) jeder im Lager befindlichen Position mit dem Bestand (Sollbestand) der Lagerbuchführung durch eine vollständige Überprüfung verglichen. Die Kosten einer Vollinventur sind aber oftmals nicht unerheblich und können zwei bis acht Prozent des inventarisierten Lagerwertes oder durchschnittlich bis zu zehn €/ Aufnahmeposition ausmachen.[2] Des Weiteren ist eine Vollinventur nicht wertschöpfend und birgt aufgrund ihrer zeitlichen Dauer, der monotonen Tätigkeit der Aufnahmearbeiten sowie des oftmals nicht zu vermeidenden Einsatzes von Hilfskräften oder unqualifiziertem Personal die Gefahr, dass die Genauigkeit der Buchbestände nach einer durchgeführten Vollinventur eher ab- als zunimmt.

---

[2] Vgl. Jaspers (1994), S. 9.

Der Gesetzgeber lässt als Alternative zu einer Vollinventur verschiedene Inventurvereinfachungsverfahren zu. Hierzu zählen die zeitnahe Stichtagsinventur, die die Verteilung der Inventurarbeiten auf einen Zeitraum von zehn Tagen um den Bilanzstichtag erlaubt, die zeitlich verlegte Stichtagsinventur, die die Verlagerung des Aufnahmetags (und des zehntägigen Aufnahmezeitraums) drei Monate vor und zwei Monate nach dem Bilanzstichtag zulässt und die permanente Inventur, bei der die Aufnahmearbeiten über das Bilanzjahr verteilt werden können. Allerdings verlangen die vom Gesetzgeber zugelassenen und aufgeführten Vereinfachungsverfahren weiterhin die vollständige körperliche Aufnahme aller Vermögensgegenstände (mit den dargestellten Abläufen), erlauben dem Anwender aber eine gewisse Flexibilität bei der zeitlichen Gestaltung der Inventurarbeiten.[3] Eine weitere Inventurrationalisierungsmethode stellt die Stichprobeninventur dar, die in Kapitel 0 erläutert wird. Tabelle 4.2 (Kapitel 4.3.1) fasst alle zulässigen Inventur- und Inventurvereinfachungsverfahren noch einmal zusammen.

4.3 Stichprobeninventur

4.3.1 Erläutern Sie das Inventurvereinfachungsverfahren der „Stichprobeninventur“ (Definition und gesetzliche Vorschriften) und recherchieren Sie Rationalisierungspotenziale der Stichprobeninventur!

Der Einsatz von Stichprobenverfahren, die zum Zwecke der Inventarisierung seit dem 1.1.1977 in Deutschland erlaubt sind (§241 Abs. 1 HGB), ermöglicht eine wesentliche Reduzierung der Inventurkosten. Hierbei lassen die zulässigen Verfahren mit einem geringen Aufwand eine qualifizierte Aussage über die Bestandszuverlässigkeit einer vorliegenden Lagerbuchführung zu. Für ihre Durchführung sind ergänzend zu den Ausführungen im HGB aus steuerrechtlicher Sicht R 30 EStR und aus handelsrechtlicher Sicht die Empfehlungen des Hauptfachausschusses des Instituts der Wirtschaftsprüfer e.V. (HFA) zu beachten.[4]

Bei der Stichprobeninventur wird aus einer Grundgesamtheit (oder einem Lagerbereich) eine repräsentative Stichprobe ausgewertet und auf dieser Grundlage auf das gesamte Lager „rückgeschlossen“. Die Verfahren der Stichprobeninventur sind nicht nur zur Durchführung der geforderten handels- und steuerrechtlichen Jahresinventur geeignet, sondern erlauben auch während des Bilanzjahres die Qualität einer Lager-

---

3 Vgl. allgemein zur Inventurdurchführung: IDW (1990a).

4 Vgl. IDW (1990b).

buchführung mit geringem Aufwand zu beurteilen. Obwohl die Stichprobeninventur zur Inventarisierung aller Vermögensbestände eines Unternehmens eingesetzt werden kann, bietet das Vorratsvermögen die größten Einsparungspotenziale, die lagerbedingt mehr als 95 % betragen können. Tabelle 4.1 führt exemplarisch für elf durchgeführte Stichprobeninventuren die Anzahl der Grundgesamtheitselemente, den jeweiligen Lagerwert sowie den notwendigen Aufnahmeumfang absolut und prozentual (bezogen auf die Anzahl der Grundgesamtheitselemente) auf.

So zeigt Tabelle 4.1 grundsätzlich, dass die Anzahl der Grundgesamtheitselemente (Anzahl zu inventarisierende Stellplätze oder Artikel) und auch der Lagerwert keine direkten Rückschlüsse auf den Erhebungsumfang zur Durchführung der Stichprobeninventur zulässt. Lager-Nr 5 bspw. verfügt über 11.303 „Grundgesamtheitselemente“ von denen 150 Positionen zu prüfen waren, Lager-Nr 11 umfasst über die ca. 22-fache Menge an Grundgesamtheitselemente, benötigt allerdings nur ca. 1/3 mehr Aufnahmepositionen. Ausschlaggebend für den Erhebungsumfang sind somit nicht Lagerwert und Positionsanzahl, sondern die statistische Verteilung der Grundgesamtheitselemente.

Tabelle 4.2 fasst die verschiedenen Inventurverfahren und -vereinfachungsverfahren noch einmal zusammen.

4.3.2 Wann ist der Einsatz der Stichprobeninventur empfehlenswert (Effizienz, Effektivität)?

Damit die Stichprobeninventur effektiv („die richtigen Dinge machen!“) und effizient („die Dinge richtig machen!“) eingesetzt werden kann, sind verschiedene Voraussetzungen zu beachten. Grundsätzlich liefern alle anerkannten mathematisch-statistischen Stichprobenverfahren eine repräsentative Aussage über die betrachtete Lagerbuchführungsqualität, aus der dann durch eine Analyse der festgestellten Abweichungen Rückschlüsse auf das Lager oder die Grundgesamtheit gezogen werden können. Damit eine Stichprobeninventur aber als Ersatz für eine vollständige Inventarisierung dienen kann, muss dem Lager eine bestandszuverlässige Lagerbuchführung zugrunde liegen. Diese wird dann nach der Überprüfung der Stichprobe und der Ermittlung von Qualitätskennzahlen bestätigt oder verneint. Ein Stichprobenverfahren in dieser Form kann jedoch nicht die (zweifelhafte[5]) Funktion einer Vollin-

5 „Zweifelhaft“ deshalb, da eine einmalige Überprüfung und ggf. Korrektur lediglich ein „Beseitigen der Symptome“ aber kein „Bekämpfen der Ursachen“ darstellt. Zudem ist auch diese einmalige Überprüfung nicht ausreichend, Dispositionssicherheit zu erhöhen, Kundenzufriedenheit sicherzustellen, im Lager gebundenes Kapital zu reduzieren etc.

Lager-Nr.	Anzahl Artikel/ Lagerplätze	Lagerwert (EURO)	Aufnahme-umfang	in %
1	11.270	11.175.540	73	0,648
2	2.332	3.414.902	92	3,945
3	32.263	2.913.175	142	0,44
4	20.057	9.010.743	113	0,563
5	37.364	22.656.140	282	0,755
6	11.303	2.159.070	150	1,327
7	53.729	19.458.710	150	0,279
8	4.890	16.038.410	95	1,943
9	3.877	5.348.551	63	1,625
10	6.338	2.074.420	99	1,562
11	247.769	45.365.850	195	0,079

Tabelle 4.1: Rationalisierungspotenziale bei der Stichprobeninventur

Inventur-(vereifachungs)-verfahren	Zeitpunkt der Durchführung	Voraussetzung
„klassische“ Stichtagsinventur	Bilanzstichtag	keine
zeitnahe Stichtagsinventur	Zeitraum von ± 10 Tagen um den Bilanzstichtag	keine
vor- oder nachverlegte Stichtagsinventur	Zeitraum von ± 10 Tagen drei Monate vor und zwei Monate nach dem Bilanzstichtag (Aufnahme muss sich aber in diesem Zeitraum befinden)	funktionierende Bestandsfortschreibung
permanente Inventur	Zeitraum beliebig während des Bilanzjahres	funktionierende Bestandsfortschreibung
Stichprobeninventur	als Stichtags-Stichprobeninventur und permanente Stichprobeninventur konzipierbar	hohe Bestandssicherheit und funktionierende Bestandsfortschreibung

Tabelle 4.2: Inventurverfahren und Inventurvereinfachungsverfahren

ventur übernehmen, einmal im Bilanzjahr lagerweite Bestandskorrekturen durchzuführen und Bestandsdifferenzen auszubuchen. Die Lagerbuchführung muss also „ordnungsgemäß“ sein und die Stichprobeninventur bestätigt dieses. Inwieweit die

Durchführung der Stichprobeninventur effizient ist, ist unternehmens- bzw. lagerspezifisch zu beantworten. Auch eine Stichprobeninventur, die in Eigenregie nach dem Erwerb einer entsprechenden Software oder durch die Inanspruchnahme eines Dienstleisters durchgeführt wird, verursacht Kosten. Ob sich diese Kosten rechtfertigen ist in Abhängigkeit von den bisherigen Vollinventurkosten, zu denen u. a. auch Opportunitätskosten durch Lagerschließung, Störungen des gewöhnlichen betrieblichen Ablaufs etc. gehören, zu entscheiden. (→ siehe hierzu Kapitel 3.2).

4.3.3 Wie könnte Ihrer Ansicht nach ein „Modell" zur Einführung der Stichprobeninventur aussehen? Führen Sie auf, was der Anwender bis zum erfolgreichen Einsatz der Stichprobeninventur tun muss.

Analyse aktueller Vollinventurkosten:

Bevor sich ein Unternehmen mit der Planung einer Stichprobeninventur beschäftigt, ist zunächst der Aufwand für eine Vollinventur zu quantifizieren. Sind für die Durchführung der Inventurarbeiten mehr als zwanzig Mitarbeiter erforderlich, erstrecken sich die Inventurarbeiten über mehrere Tage, ist die Durchführung einer (bisherigen) Vollinventur mit einer erheblichen Störung des Tagesgeschäfts verbunden oder steht für die Durchführung der Inventurarbeiten nur ein „kurzer" Zeitraum zur Verfügung (z. B. bei Mehrschichtbetrieb und einer sechs- oder sieben-Tage-Woche), kann die Stichprobeninventur eine sinnvolle Alternative zur Durchführung einer Vollinventur darstellen.

Situation bei der VerPaMa: Eine Analyse der Aufwendungen für eine Vollinventur hat ergeben, dass für die manuell betriebenen Läger im Bilanzjahr 2010 zur Durchführung der Inventurarbeiten drei Tage benötigt und die Positionsaufnahme von ca. 50 Mitarbeiter durchgeführt wurde. Die vollautomatischen Läger wurden permanent im Laufe des Geschäftsjahres inventarisiert. Der hier entstandene Aufwand ist nicht dokumentiert. Da Erfahrungswerte für eine lagerspezifische Stichprobeninventur für vergleichbare Läger zeitliche Aufwendungen von ca. vier bis sechs Stunden und einen Personaleinsatz von acht bis zehn Mitarbeitern belegen, kann auf eine detaillierte Aufwandsberechnung der Kosten für eine Vollinventur verzichtet werden. Die Durchführung der Stichprobeninventur erscheint bei der VerPaMa sicherlich sinnvoll.

Lagerbuchführung

Entscheidet sich das Unternehmen, die Stichprobeninventurplanung zu forcieren, sind als nächstes die Lagerbereiche zu identifizieren, für die eine Stichprobeninventur in Frage kommen könnte. Grundsätzlich kann die Stichprobeninventur auch bei

Lägern ohne eine (bestandszuverlässige) Lagerbuchführung durchgeführt werden. Liegt eine bestandszuverlässige Lagerbuchführung vor, dient die Stichprobeninventur dazu, diese zu bestätigen oder zu verneinen. Der Aufwand zur Durchführung hält sich hierbei in Grenzen. In der Regel reicht die Überprüfung von 150 bis 200 Grundgesamtheitspositionen aus, die Qualität einer vorhandenen Lagerbuchführung zu beurteilen. Einsatzbereiche sind hier Vorrats- oder Magazinläger, die zentral geführt werden. Aber auch Läger des Einzel- bzw. Großhandels können für die Stichprobeninventur in Frage kommen. Verfügen die betrachteten Läger über keine bestandszuverlässige Lagerbuchführung ist die Stichprobeninventur ebenfalls anwendbar. Nur wird dann nicht die Qualität einer vorhandenen Lagerbuchführung bestätigt, sondern mit Hilfe eines Stichprobenverfahrens überhaupt erst ein Lagerwert bestimmt. Der Aufwand der zweiten „Stichprobeninventur-Variante" ist wesentlich höher als bei der ersten und umfasst ca. zehn bis 25 % aller Grundgesamtheitselemente. Anwendungsvoraussetzung ist bei dieser Stichprobeninventurvariante zudem, dass die zu überprüfenden Positionen alle mit einem Preis (VK oder EK/HK) versehen und ausgezeichnet sind. Diese Voraussetzung ist in der Regel nur im Einzelhandel gegeben. Für die weitere Aufgabenstellung in diesem Fallbeispiel ist ausschließlich die erste Variante relevant.[6]

Situation bei der VerPaMa: Die Läger L1 bis L7 werden in der vorhandenen Lagerbuchführung verwaltet. Die Unternehmensleitung der VerPaMa wie auch die Lagerleitung gehen für die Läger L1, L2, L4, L6 und L7 von einer guten bis sehr guten Bestandszuverlässigkeit aus und sehen der erfolgreichen Durchführung der Stichprobeninventur hier optimistisch entgegen. Die Lagerbereiche L3 und L5 haben sich in der Vergangenheit als ungenau erwiesen, so dass für diese Lagerbereiche zum Jahresende eine Vollinventur geplant wird. Die für die Durchführung der Stichprobeninventur selektierten Lagerbereiche haben somit einen Umfang von ca. 23.000 Artikeln, die auf ca. 62.000 verschiedenen Stellplätzen lagern.

Räumliche, zeitliche und sachliche Abgrenzung

Räumliche Abgrenzung: Verfügt das Unternehmen über mehrere, auch räumlich getrennte (Teil-)Läger ist die Zusammenfassung dieser Läger zu einer Inventurgrundgesamtheit möglich. Hierdurch kann ein hoher Rationalisierungsvorteil erzielt werden, denn in der Regel erfordert die Zusammenfassung von zwei strukturähnlichen Grundgesamtheiten nur einen Gesamtstichprobenumfang, der ca. die Hälfte der addierten zwei Teilstichprobenumfänge jeder einzeln betrachteten Grundgesamtheit ausmachen würde. Voraussetzung für die Zusammenfassung ist allerdings, dass die

6 Weiterführende Literatur zum Thema „Stichprobeninventuren im Einzelhandel" sind z. B. zu finden bei: AWV (1984). Jaspers (2010).

Lagerorganisation (Technik, Mitarbeiter) und auch die Bestandszuverlässigkeit der vorhandenen Lagerbuchführung bei allen Teillägern vergleichbar oder ähnlich bzw. gleich „gut" ist. Zu beachten ist die letzte Voraussetzung deshalb, weil die Stichprobeninventur nur ein Ergebnis je Grundgesamtheit liefert. Somit ist die Gefahr gegeben, dass durch die schlechte Qualität eines Lagerbereichs auch allen anderen Lagerbereichen mit einer guten Qualität die Bestandszuverlässigkeit abgesprochen werden muss. Analog zu der Zusammenfassung von Teillägern zu einer Grundgesamtheit ist es auch möglich, einzelne Lagerbereiche eines Lagers von der Stichprobeninventur auszugrenzen. Ist bspw. bekannt, dass in einem Lagerbereich unkontrollierte Bestandsveränderungen entstehen können, empfiehlt es sich, hier auf die Stichprobeninventur zu verzichten. Für diese eindeutig identifizierten Bereiche ist dann am Jahresende eine Vollinventur durchzuführen.

Sachliche Abgrenzung: Grundsätzlich sind das Lager und die Inventurgrundgesamtheit für die Stichprobeninventur so abzugrenzen, dass nur dem Unternehmen wirtschaftlich gehörenden Positionen eingezogen werden. Posten, die bereits umsatzauswirkend gebucht, aber noch nicht ausgeliefert wurden oder Waren, die sich bereits im Bestand befinden, aber noch nicht bezahlt sind, fallen hierunter. Viele Unternehmen versuchen heutzutage durch die Einrichtung von Konsignationslägern, im Lager gebundenes Kapital zu reduzieren. Konsignationsläger enthalten Artikel (Konsignationsartikel), die ein Lieferant (Konsignant) im Lager seines Kunden (Konsignator) „lagert" und die erst bei Entnahme in Rechnung gestellt werden. Wirtschaftlicher Eigentümer bleibt also der Konsignator so lange, bis der Konsignant die Ware bezahlt. Da das die Inventur durchführende Unternehmen zum Zeitpunkt der Inventur für diese Positionen die „Verfügungsmacht" hat, ist es nach IAS („International Accounting Standards") zulässig, das der Konsignator diese Positionen auch im Rahmen der Aufnahme „seiner" Bestände inventarisiert.[7] In jedem Fall ist aber die gewählte Vorgehensweise mit der das Unternehmen betreuenden Wirtschaftsprüfungsgesellschaft abzustimmen.

Zeitliche Abgrenzung: Zur Durchführung der Stichprobeninventur muss eine genaue zeitliche Abgrenzung der Warenbestände für den Inventurstichtag möglich sein. Das bedeutet, dass alle Bestandsbewegungen vor der Durchführung der Stichprobeninventur im Lagerverwaltungssystem gebucht sein müssen. Sofern es nicht möglich ist, das „normale" Tagesgeschäft für die Zeit der Aufnahme „ruhen" zu lassen sind sämtliche Bestandsbewegungen (buchungstechnisch wie auch physisch) zu dokumentieren.

7 Vgl. hierzu die Ausführungen bei: Jaspers, W.: Die Durchführung der Stichprobeninventur unter Berücksichtigung von Konsignationslägern. In: StBp (2003), S. 341–344.

Situation bei der VerPaMa: Da die Lagerorganisation in den Lägern L1, L2, L4 und L6 vergleichbar (gut) ist entscheidet sich das Unternehmen diese vier Läger zu einer Inventurgrundgesamtheit (GG1) zusammen zu fassen (ca. 52.000 Stellplätze). Für das Lager L7 wird zwar auch eine ausreichende Bestandszuverlässigkeit angenommen, die allerdings geringer als in den anderen Lagerbereichen geschätzt wird. Aus diesem Grund wird für das Lager L7 eine separate Inventurgrundgesamtheit (GG2) gebildet (ca. 10.000 Stellplätze). Im Lagerbereich L2 befinden sich auch Konsignationsartikel. Da diese jedoch genauso behandelt werden, wie „eigene“ Positionen, entscheidet die Inventurleitung in Absprache mit der betreuenden Wirtschaftsprüfungsgesellschaft, diese Positionen in der GG1 zu belassen. Organisatorisch wird zudem für die Durchführung einer Stichprobeninventur sichergestellt, dass die beiden gebildeten Grundgesamtheiten für den Zeitpunkt der Inventurdurchführung zeitlich abzugrenzen sind. Das bedeutet, dass alle Warenzu- und Abgänge, Reservierungen etc. „bestandsrein“ gebucht werden und für die Positionsaufnahme sichergestellt ist, dass buchmäßiger Sollbestand dem physischen Bestand im Lager entspricht.

Definition des Grundgesamtheitselements

Nachdem die zu inventarisierenden Grundgesamtheiten räumlich, sachlich und zeitlich abgegrenzt wurden, erfolgt im nächsten Schritt die Definition der Untersuchungselemente für die gebildeten Grundgesamtheiten. Die gebräuchlichste Grundgesamtheitsdefinition ist eine „Artikelposition“, bei der alle Teilmengen eines Artikels, die sich zum Zeitpunkt der Inventurdurchführung „irgendwo“ im Lager befinden, aufgenommen werden müssen. Sind für eine Artikelposition Teilmengen an verschiedenen Lagerorten vorhanden, steigt der Erhebungsaufwand. Liegt nicht nur eine bestandszuverlässige Lagerbuchführung vor, sondern ist diese auch „stellplatzgenau“, kann als Erhebungseinheit die Teilmenge eines Artikels auf einem Stellplatz definiert werden. Das setzt allerdings voraus, dass sich auf einem eindeutig zu identifizierenden Stellplatz auch tatsächlich der zu überprüfende Artikel (oder eine Teilmenge dieses Artikels) mit seiner buchmäßigen Bestandsmenge befindet. Des Weiteren ist auch die Definition einer Charge, eines Auftrags, einer Palettenidentifikationsnummer etc. als Grundgesamtheitselement möglich.

Situation bei der VerPaMa: Für GG1 wird als Grundgesamtheitselement (= Erhebungselement) die Teilmenge eines Artikels auf einem Stellplatz definiert. Hier wird davon ausgegangen, dass zusätzlich zur Bestandssicherheit auch eine hohe Genauigkeit in Bezug auf die verwendeten und dokumentierten Lagerplätze gegeben ist. In der GG2 ist hingegen aufgrund der räumlichen Gegebenheiten und der nicht vorhandenen Technik eine chaotische Lagerung vorzufinden. Hier werden Artikel dort gelagert, „wo gerade Platz ist“. Für das GG2 kommt deshalb nur die Definition eines Artikels als

Aufnahmeelement in Frage. Für GG1 wird somit eine Grundgesamtheit mit ca. 52.000 Stellplätzen und für GG2 eine mit ca. 3.000 Artikeln definiert.

Festlegung des Inventursystems

Neben der Festlegung des Inventurverfahrens (Vollaufnahme, Stichprobeninventur oder Kombination beider Verfahren) kann die Durchführung einer Inventur in zeitlicher Hinsicht durch drei „Inventursysteme" realisiert werden: permanent, zeitlich verlegt, zeitnah oder am Bilanzstichtag (Vgl. hierzu die Ausführungen in Kapitel 3.2). Liegt für eine betrachtete Grundgesamtheit ein lagerspezifisches Inventurkonzept vor, sind die Aufnahmearbeiten i. d. R. in weniger als einem Tag abgeschlossen. Hierdurch kann auf die Durchführung der permanenten Stichprobeninventur verzichtet werden, die einerseits die Berücksichtigung aller Bestandsbewegungen vom Zeitpunkt der Stichprobenumfangberechnung bis zur Hochrechnung/ Ergebnisermittlung erfordert und andererseits die zum Zeitpunkt der Stichprobenumfangberechnung zugrunde gelegte Struktur eines Lagers in diesem Zeitraum „negativ" beeinflussen und den gesamten Erhebungsumfang der Stichprobeninventur um den Faktor „2" erhöhen kann. Aus diesem Grund erscheint die zeitliche vorverlegte Stichtagsinventur die sinnvollste Alternative zur Durchführung der Stichprobeninventur.[8]

Situation bei der VerPaMa: Da bei einer lagerspezifischen Inventurkonzeption für jede Grundgesamtheit ein Zeitaufwand von max. vier bis sechs Stunden erwartet wird, entscheidet sich das Unternehmen für eine „zeitlich vorverlegte Stichtags-Stichprobeninventur". Die Inventurarbeiten werden hierzu für einen Samstagvormittag geplant.

Auswahl des anzuwendenden Stichproben-/ Hochrechnungsverfahren

Liegt der Inventurdurchführung eine bestandszuverlässige Lagerbuchführung zugrunde, sind mehrere Hochrechnungsverfahren für die Durchführung der Stichprobeninventur zulässig. Erlaubte Verfahren zur Durchführung der Stichprobeninventur können in Test- und Schätzverfahren unterteilt werden. Wogegen Testverfahren wie der homograde Sequentialtest als Ergebnis eine generelle „gut"- oder „schlecht"-Feststellung des Lagers ermöglichen, erlauben Schätzverfahren wie z. B. die geschichtete Mittelwertschätzung, die Qualität der betrachteten Lagerbuchführung durch „Qualitätskennzahlen" (relativer Stichprobenfehler und prozentuale Abweichung zwischen Buch- und Schätzwert) zu beurteilen. Alle Verfahren implizieren, dass im Ergebnis einer durchgeführten Stichprobeninventur bestimmte „Toleranzwerte" für diese Qualitätskennzahlen nicht überschritten werden. So darf beim Ein-

---

8 Inventur zur Festlegung des Inventurdatums ist finden bei Jaspers; Meinor (2005).

satz eines Schätzverfahrens z. B. der relative Stichprobenfehler, der die Genauigkeit einer durchgeführten Schätzung beschreibt, nicht größer als ein Prozent sein.[9] Testverfahren wie der Sequentialtest (homograd oder heterograd) stellen hierbei höhere Anforderungen an die Qualität der zugrunde gelegten Lagerbuchführung und sind in der Regel nur bei vollautomatisch verwalteten Lagersystemen erfolgreich einsetzbar, bei denen Bestandsabweichungen aufgrund des organisatorischen Ablaufs nahezu unmöglich sind. Hingegen können Schätzverfahren auch dann angewendet werden, wenn zwischen Soll- und Istbeständen Abweichungen (die sich allerdings in einem bestimmten Rahmen befinden sollten) vermutet werden. Als unter allen Bedingungen (großer, kleiner Stichprobenumfang/ viele, wenige oder gar keine festgestellte Bestandsdifferenzen) sinnvoll und zielorientiert einsetzbares Schätzverfahren hat sich die geschichtete Mittelwertschätzung erwiesen. Wird die Durchführung der Stichprobeninventur auf die zugrunde liegende Grundgesamtheit abgestimmt (lagerindividuelles Inventurkonzept), liefert die geschichtete Mittelwertschätzung zum einen erwartungstreue Schätzwerte und ermöglicht zum anderen den gesamten Erhebungsaufwand für eine Grundgesamtheit auf ein Minimum zu beschränken.[10]

Situation bei der VerPaMa: Die grundsätzliche Entscheidung für ein Test- oder Schätzverfahren wird zugunsten eines Schätzverfahrens getroffen. Der Grund hierfür liegt zum einen darin, dass Schätzverfahren „fehlertoleranter" sind als Testverfahren und zum anderen dass der Aufnahmeumfang von Schätzverfahren nicht unbedingt höher sein muss, als beim Einsatz von Testverfahren. Das Unternehmen entscheidet sich für den Einsatz der geschichteten Mittelwertschätzung.

Parametereinstellung zur Durchführung der Stichprobeninventur

Vor der Durchführung der Stichprobeninventur sind bestimmte „Verfahrensparameter" festzulegen. Diese Festlegung kann entweder aufgrund einer Simulation, den Erkenntnissen der letztjährigen Inventurdurchführung, einer Test-Stichprobeninventur oder bei einer erstmaligen Durchführung auf Erfahrungswerten für ähnliche Läger basieren. Zu diesen Parametern gehören u. a. die Größe der Vollaufnahmeschicht (Anteil der „hochwertigen" Positionen an der Inventurgrundgesamtheit) wie auch die Parameter für die Stichprobenumfangberechnung. Der Hauptausschuss des Instituts der Wirtschaftprüfer e. V. (HFA)[11] nennt hierzu zwar einzuhaltende Vorgaben (hochwertige Positionen sind vollständig aufzunehmen, der Stichprobenumfang muss so groß bemessen sein, dass der relative Stichprobenfehler der Schätzung nicht größer als 1 % ist etc.), lässt dem Anwender bei der

---

9 Vgl. IDW (1990b).

10 Vgl. hierzu z. B.: Jaspers (1994), S. 101ff.

11 Vgl. hierzu und allgemein zu den gesetzlichen Vorgaben zur Durchführung einer Stichprobeninventur: IDW (1990b).

Durchführung aber auch Freiheiten. Da das Ziel der Inventurdurchführung nicht die maximale Genauigkeit des Ergebnisses ist, sondern eine vorgegebene Genauigkeit mit möglichst geringem Aufwand einzuhalten, besitzt diese Parameterfestlegung eine hohe Bedeutung. Für Stichprobeninventuren, die auf bestandszuverlässigen Lagerbuchführungen basieren, reicht eine Vollaufnahmeschicht, die max. 30 % des Gesamtlagerwertes abdeckt, vollkommen aus. Zusätzlich hat der Anwender noch die Möglichkeit, Positionen, die aufgrund ihres Wertes nicht in die Vollaufnahmeschicht „fallen" würden, deren Überprüfung jedoch aus anderen Gründen sinnvoll sein kann (dispositive Bedeutung, lange Wiederbeschaffungszeit etc.) mit in die Vollaufnahmeschicht aufzunehmen. Ebenfalls sind an dieser Stelle die Parameter zur Größenfestlegung des Stichprobenumfangs festzulegen. Ist eine bestandszuverlässige Lagerbuchführung zu bestätigen, reichen lagerstrukturbedingt max. 5 % der Stichprobengrundgesamtheitselemente (ohne die bereits abgegrenzten Vollaufnahmeelemente) aus, erwartungstreue Schätzwerte zu erzielen.

Situation bei der VerPaMa: Grundsätzlich wird die Bestandszuverlässigkeit von GG1 höher eingeschätzt als für GG2. Somit können die Größe der Vollaufnahmeschicht und auch die Anzahl der zu überprüfenden Stichprobenpositionen hier geringer festgelegt werden. Des Weiteren müssten für GG1 aufgrund der Stellplatzorientierung und der Tatsache, dass ein Stellplatz räumlich (und somit auch wertmäßig) begrenzt ist, eine große Anzahl Stellplätze im Rahmen der Vollaufnahmeschicht inventarisiert werden, um hier einen hohen Wertanteil am Gesamtlager zu erreichen. Für GG1 wird somit der Umfang der Vollaufnahmeschicht auf drei % beschränkt und für GG2 auf 30 % des Gesamtlagerwertes festgelegt.

Bestimmung der Aufnahmepositionen

Nachdem die vorhergehenden Tätigkeiten erledigt sind, erfolgt im nächsten Schritt die Erstellung der Aufnahmelisten mit Hilfe eines „Stichprobeninventurprogramms". Im Ergebnis erhält der Anwender ein Verzeichnis, das hochwertige Positionen und zufällig ausgewählte Positionen beinhaltet und als Grundlage für die Positionsaufnahme dient.[12]

Aufnahmedurchführung

Die Aufnahmedurchführung geschieht bei der Stichprobeninventur mit mindestens der gleichen Sorgfalt wie bei einer Vollinventur. Liegt der Inventur eine Lagerbuchführung zugrunde, können Aufnahmepositionen (für Vollaufnahme und Stichprobe) zweifelsfrei bestimmt und in einer Aufnahmeliste ausgewiesen werden. Diese Positionen sind lückenlos aufzunehmen.

---

12 Vgl. hierzu z. B. das Programm *ask*JiM (www.stichprobeninventur.de).

Situation bei der VerPaMa: In beiden Inventurgrundgesamtheiten befinden sich Positionen mit hohen Stückzahlen, deren „exakte“ Bestandsbestimmung einen unverhältnismäßig hohen Aufwand erfordert. ***Der Einsatz arbeitserleichternder Aufnahmetechniken***, bei der eine Teilmenge des aufzunehmenden Artikels gewogen und dann auf die Gesamtmenge der zu inventarisierenden Teile dieses Artikels per „Dreisatz“ geschlossen wird, findet hier Anwendung. Die betreuende Wirtschaftsprüfungsgesellschaft stimmt dieser Maßnahme zu und erlaubt den Einsatz arbeitserleichternden Aufnahmetechniken ab einer Soll-/ Istmenge von 200 Mengeneinheiten.[13]

Hochrechnung und Ergebnisermittlung

Nach durchgeführter Aufnahme werden die inventarisierten Grundgesamtheitselemente ausgewertet (Einsatz eines Stichprobeninventurprogramms). Als Ergebnis dürfen der relative Stichprobenfehler und die prozentuale Abweichung zwischen Buch- und Schätzwert die 1 bzw. 2 %-Grenze nicht überschreiten und auch die Anzahl der festgestellten Abweichungen nicht zu hoch sein.[14]

Nacherhebung

Effizient ist eine Stichprobeninventur dann, wenn die zur Anerkennung der Schätzung vorgegebenen Richtwerte (wie z. B. der für den zulässigen relativen Stichprobenfehler = Schätzfehler) mit minimalem Erhebungsaufwand gerade unterschritten werden. Für den Anwender ergibt sich hieraus ein Dilemma. Auf der einen Seite möchte er möglichst wenige Positionen aufnehmen, auf der anderen Seite ist die Anzahl der notwendig aufzunehmenden Positionen von der unbekannten Lagerstruktur und auch der Genauigkeit der Lagerbuchführung abhängig. Die Stichprobenumfangberechnung basiert also auf Annahmen, die aus der vorhandenen Lagerbuchführung stammen können oder „geschätzt“ werden. Stimmen diese mit der Realität nicht überein, wird das Schätzergebnis zu ungenau. Eine geringe „Ungenauigkeit“ kann im Rahmen einer Nacherhebung präzisiert werden. Hier erfolgt dann in den wenigen Bereichen, die zu einer unpräzisen Schätzung beigetragen haben, eine Aufnahme weiterer Positionen.

Situation bei der VerPaMa: Über die Durchführung einer Nacherhebung kann erst bei einer konkreten Stichprobeninventurdurchführung entschieden werden. Organisatorisch wird jedoch sichergestellt, dass die Positionsaufnahme zeitlich nicht eingeschränkt ist und nach der „eigentlichen“ Positionsaufnahme Mitarbeiter für die Durchführung einer Nacherhebung zur Verfügung stehen.

---

13 Vgl. hierzu z. B.: Jaspers; Runte (2000).

14 Vgl. IDW (1990b), S. 654.

Dokumentation

Die Durchführung der Stichprobeninventur sollte mit der Erstellung einer aussagekräftigen Dokumentation enden, die Anwender, WP-Gesellschaft, Betriebsprüfer oder andere Stakeholder in die Lage versetzen muss, die im Rahmen der Stichprobeninventur festgestellten Ergebnisse nachvollziehen zu können.

Situation bei der VerPaMa: Der Dienstleister bietet die Erstellung einer Dokumentation für jede durchgeführte/ begleitete Stichprobeninventur an, so dass die VerPaMa diese nicht selbst erstellen muss.

Bestätigung der vermuteten Bestandszuverlässigkeit

Dient die Stichprobeninventur dazu, die Bestandszuverlässigkeit einer vorhandenen Lagerbuchführung zu bestätigen, ist im Ergebnis auch denkbar, dass diese verneint wird. Dieses wird dann der Fall sein, wenn für die zu überprüfenden Positionen Soll- und Istbestände in vielen Fällen nicht überein stimmen und eine Nacherhebung wenig Aussicht auf Erfolg besitzt oder diese bereits gescheitert ist. Kann die Ursache für die ermittelten Differenzen behoben werden und verbleibt bis zum Bilanzstichtag noch genügend Zeit für eine weitere Realisierung, ist es zulässig, die Stichprobeninventur noch einmal durchzuführen (allerdings werden hier aufgrund der systemimmanenten Zufallsauswahl andere Positionen zu überprüfen sein). Ist die Qualität der Lagerbuchführung jedoch kurzfristig nicht zu verbessern, muss das Unternehmen eine Vollinventur durchführen. Damit ein Unternehmen seine Inventurarbeiten „planen" kann, unabhängig davon, ob eine weitere Stichprobeninventur möglich oder eine Vollinventur nötig wird, empfiehlt es sich, frühzeitig ein Gefühl für die Qualität der betrachteten Lagerbuchführung und deren Genauigkeit zu bekommen. Hierzu bieten sich entweder die Analyse der letzten Vollinventurdaten an (hier ist für jede Position Soll- und Istbestand verfügbar, so dass eine Stichprobeninventur simuliert werden kann) oder die zeitnahe Durchführung einer Test-Stichprobeninventur. Diese ist zwar zeitaufwendiger, erlaubt jedoch eine genauere Einschätzung der Bestandszuverlässigkeit unter realen Bedingungen und zum aktuellen Zeitpunkt.

Situation bei der VerPaMa: Um die vermutete Bestandssicherheit zu bestätigen, entscheidet die Unternehmensleitung für jede gebildete Grundgesamtheit eine Test-Stichprobeninventur unter realen Bedingungen durchzuführen. Im Gegensatz zur Alternative, die letzten Vollinventurdaten auszuwerten, hat eine Test-Stichprobeinventur den Vorteil, zeitnaher eine Erkenntnis über die Qualität des Lagers zu liefern. Des Weiteren vermutet die Unternehmensleitung, dass die festgestellten Bestände der letzten Vollinventur aufgrund von zeitlichen Restriktionen und dem Einsatz von Hilfspersonal bei der Aufnahme fehlerbehaftet waren und nicht die tatsächliche Qualität der Lagerbuchführung(en) widerspiegeln.

Abbildung 4.1 fasst die zur Durchführung der Stichprobeninventur erforderlichen Schritte noch einmal grafisch zusammen.

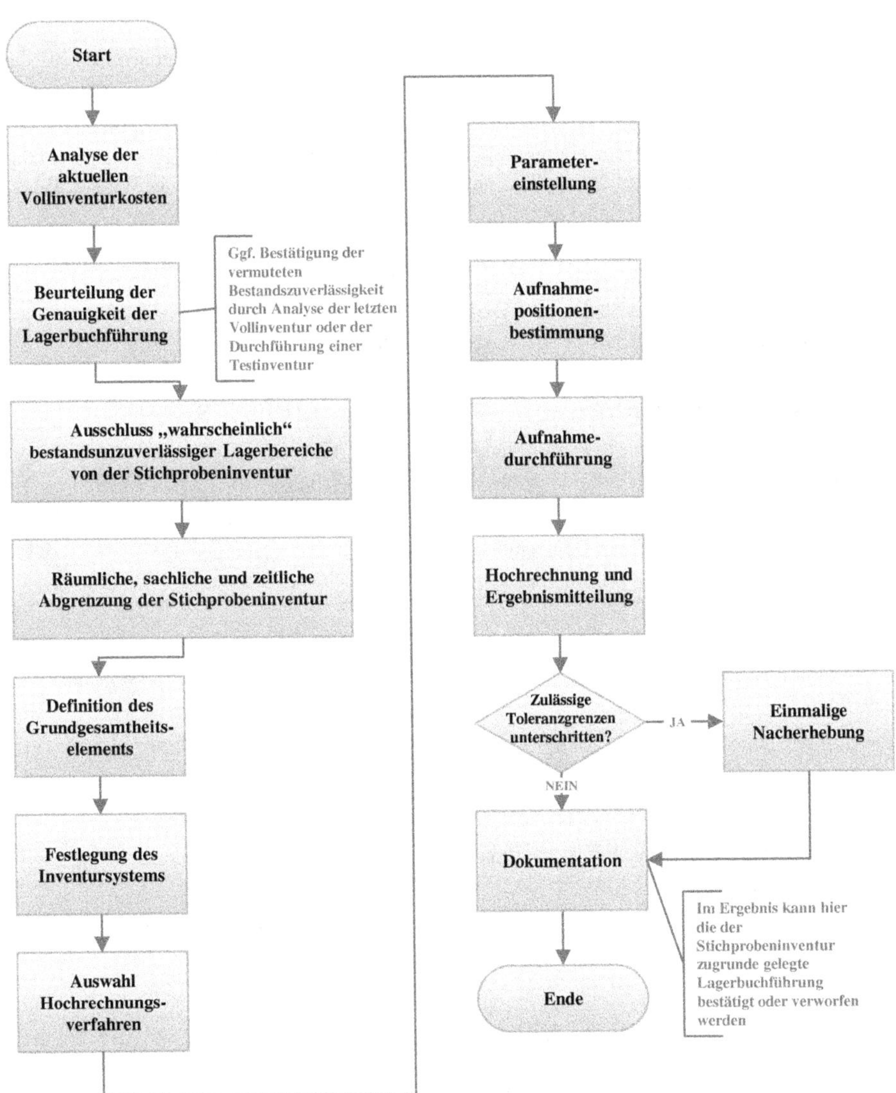

Abbildung 4.1: „Modell" zur Einführung der Stichprobeninventur

5 Literatur

AWV – Arbeitsgemeinschaft für wirtschaftliche Verwaltung e.V.: Stichprobeninventur in Vertriebseinrichtungen des Handels. Eschborn (1984).

Heike, H.-D.; Jaspers, W.: Ein Verfahren zur approximativen Bestimmung der optimalen Schichtung und Stichprobenaufteilung durch iterative Festlegung von Schichtgrenzen, Schichtenanzahl und Stichprobenumfängen. In: Jahrbücher für Nationalökonomie und Statistik Bd. 210/1-2 (1992), S. 117–126.

Heike, H.-D.; Jaspers, W.: Optimum stratification and allocation by arithmetic resp. geometric sequences and iterative refinement. Vortrag auf der „International Conference on Establishment Surveys der American Statistical Association", 27. – 30. Juni 1993 in Buffalo, New York, USA. In: ICES. Proceedings of the American Statistical Association (1993).

Heike, H.-D.; Jaspers, W.: Optimum stratification and allocation in inventory sampling. An efficient two stage grid search procedure. In: Statistical Papers (1/1998), S. 29–40.

Institut der Wirtschaftsprüfer in Deutschland e. V. (IdW), HFA: Stellungnahme 1/1990: Zur körperlichen Bestandsaufnahme im Rahmen von Inventurverfahren. In: WPg (1990a), S. 143–149.

Institut der Wirtschaftsprüfer in Deutschland e. V. (IdW), HFA: Stellungnahme 1/1981 i. d. F. 1990: Stichprobenverfahren für die Vorratsinventur zum Jahresabschluss. In: WPg (1990b), S. 649–657.

Jaspers, W.: Stichprobeninventur in der Praxis. Darstellung eines heuristischen Verfahrens zur approximativen Bestimmung des optimalen Umfangs geschichteter Stichproben. Wiesbaden (1994).

Jaspers, W.: Durchführung der Stichprobeninventur. In: DB (1995), S. 985–989.

Jaspers, W.: Stichprobeninventur in der Praxis. Planung, Durchführung, Dokumentation und Nachprüfung. Teil 1. In: StBp (1995), S. 176–180.

Jaspers, W.: Stichprobeninventur in der Praxis. Planung, Durchführung, Dokumentation und Nachprüfung. Teil 2. In: StBp (1995), S. 197–201.

Jaspers, W.: Zeitlich verlegte Stichtags- und permanente Stichprobeninventur. In: BB (1996), S. 45–50.

Jaspers, W.; Hübner, G. M.; Möller, J. R.: Praxisanwendung. Stichprobeninventur im Hochregallager. In: FB/IE (1996), S. 179–184.

Jaspers, W.; Runte, A.: Einsatz von arbeitserleichternden Aufnahmetechniken bei der Stichprobeninventur - Anwendungsvoraussetzungen und Besonderheiten dargestellt am Beispiel einer Stichprobeninventurdurchführung bei der Kiekert AG, Heiligenhaus. In: StBp (2000), S. 170–177.

Jaspers, W.: Bestandsdifferenzen bei artikel- und stellplatzbezogener Stichprobeninventur. In: DB (2000), S. 2545–2546.

Jaspers, W.: Inventurmanagement. Stichprobeninventur als Dienstleistung – ein effizientes Mittel zur nachhaltigen Kostensenkung. In: Schriftenreihe der Business and Information Technology School, Iserlohn (2004).

Jaspers, W.: Die Durchführung der Stichprobeninventur unter Berücksichtigung von Konsignationslägern. In: StBp (2003), S. 341–344.

Jaspers, W.: Stichprobeninventur - Anwendungsvoraussetzungen für die praktische Durchführung. In: DB (2004), S. 264–267.

Jaspers, W.: Stichprobeninventurprüfung. Anforderungen und Prüfungschemata. In: StBp (2005), S. 319–325.

Jaspers, W.; Meinor, R.: Kostensenkung durch Stichprobeninventur. Zeitliche Gestaltungen der Stichtagsinventur durch Kombination mit der Stichprobeninventur. In: WPg (2005), S. 1077–1082.

Jaspers, W.: Outsourcing von Inventurarbeiten. In: Wullenkord, A. (Hrsg.): Praxishandbuch Outsourcing. München (2005).

Jaspers, W.: Stichprobenverfahren – Kosteneinsparungen bei der Inventur (2010). Online im Internet: http://www.businesswissen.de/controlling- buchhaltung/stichprobenverfahren-kosteneinsparungen-bei-der-inventur/ [2.2.2010].

Jaspers, W.: Inventur von Vertriebseinrichtungen des Handels mit Hilfe von Stichprobenverfahren. In: WPg (13/2010), S. 692–698.

Bestandsmanagement

Artikelstrukturierung mit automatischer Zuordnung von Dispositionsparametern

Maik Muschack / Claudius Seja

Inhaltsverzeichnis

1 Einleitung

Bestandsmanagement als Instrument zur Steuerung und Planung von Materialbeständen gelangt in der heutigen Fertigungsindustrie immer weiter an Bedeutung. Die Wirtschaftlichkeit eines Unternehmens hängt zum Teil entscheidend an den Lagerbeständen und deren Umschlägen.

Bestände auf der einen Seite gewährleisten einen reibungslosen Produktionsablauf und eine prompte Lieferung an den Kunden, zudem können Störungen in den Prozessschnittstellen überbrückt werden. Auf der anderen Seite verursachen unnötige Lagerbestände Kosten, binden Kapazitäten, verdecken störanfällige Prozesse und mindern die Effizienz eines Unternehmens.[1] Zudem entstehen jährliche Lagerhaltungskosten von 10–15 % des durchschnittlichen Bestandwertes.

Eine Betrachtung oder Analyse sämtlicher Bereiche entlang der Wertschöpfungskette verstärkt eine mögliche Optimierung der Materialbestände. Sämtliche Bereiche liefern Informationen bzw. Kennzahlen zu Materialien, die in der Disposition hinsichtlich Materialsteuerung sowie -bevorratung verarbeitet werden.

Potentiale erkennen und nachhaltige Verbesserungsmaßnahmen definieren, dieser Herausforderung stellen sich Optimierungsprojekte.

2 WISKA Hoppmann & Mulsow GmbH

2.1 Unternehmensprofil

Die WISKA Hoppmann & Mulsow GmbH, im Folgenden WISKA genannt, wurde 1919 in Hamburg gegründet und ist noch heute ein unabhängiges Familienunternehmen. Mit 130 Mitarbeitern entwickelt und produziert WISKA an dem heutigen Firmensitz in Kaltenkirchen maritimes Licht und elektrotechnisches Installationsma-

---

[1] Prof. Dr. Klaus Posten – Bestandsoptimierung

terial für einen internationalen Kundenkreis. Zu den WISKA Produkten zählen maritime Strahler, Leuchten, Scheinwerfer, Installationsmaterial wie Abzweigdosen, Schalter, Steckdosen und Kabelverschraubungen sowie explosionsgeschützte Produkte. Die Produkte der Tochtergesellschaft WISKA CCTV rundet das Portfolio in Punkto Sicherheit ab. Die internationale Klientel wird von über 50 Fachvertretungen weltweit betreut.[2]

2.2 SAP ERP

SAP (System, Anwendungen, Produkte) bezeichnet neben dem Unternehmen als solches auch dessen Softwareprodukt. Mit dieser Software lassen sich sämtliche betriebswirtschaftliche Bereiche und Funktionen in einem Unternehmen abbilden.

Die Module, woraus sich das jeweilige System zusammensetzt, sind den unternehmerischen Hauptbereichen nachempfunden und können separat und gemeinsam verwendet werden. Grundsätzlich wird in die Module des Rechnungswesens, der Logistik und der Personalwirtschaft unterschieden. Die gesammelten und verwendeten Daten können jederzeit auch von anderen Modulen abgerufen und genutzt werden.[3]

Seit dem 01. September 2008 sind bei WISKA folgende Module im Einsatz:

- Materialwirtschaftsmodul (MM – Material Management)
- Produktionsplanungsmodul (PP – Production Planning)
- Lagerwirtschaftsmodul (WM – Warehouse Management)
- Vertriebsmodul (SD – Sales and Distribution)
- Finanzwesenmodul (FI – Financial Accounting)
- Controllingmodul (CO – Controlling)

Die SAP Implementierung sowie das anschließende Projekt zur Einführung eines Bestandsmanagements bei WISKA erfolgte mit dem Beratungspartner C:1 Industry Projects & Solutions GmbH mit Sitzen in Hamburg, Bielefeld, Ratingen und Bad Nauheim.

2.3 C:1 Industry Projects & Solutions GmbH

Die C:1 Industry bietet Business- und IT-Beratung, Implementierung sowie Projektmanagement im SAP Umfeld an.

---

2 www.wiska.de

3 http://help.sap.com/

Die Schwerpunkte liegen dabei im Bereich der Fertigungsindustrie, hier besonders im Maschinen- und Anlagenbau, in der Metallindustrie sowie im Bereich der Erzeugung und Verarbeitung. Seit 2007 ist die C:1 Industry auch Systemhaus der SAP für den Mittelstand.

Nähere Informationen bezüglich der Kernkompetenzen und des Leistungsangebotes der C:1 Industry sind unter www.c1-ips.de zu finden.

2.4 Ausgangssituation

Oftmals herrscht in Unternehmen die Situation vor, dass die Einflussgrößen auf die Bestände nicht ausreichend bekannt sind und nur wenig Transparenz auf die aktuelle Bestandssituation vorhanden ist.

2.4.1 Dispositionsparameter

Die Funktionalitäten und Möglichkeiten eines ERP - Systems werden nicht ausreichend genutzt, so dass Prozesse in der Disposition nicht optimal automatisiert sind. Die im Bereich der Materialbedarfsplanung verwendeten Parameter der Dispositions- und Losgrößenverfahren beschränken sich auf Standardwerte und -funktionalitäten. Alle Artikel werden mit der gleichen Logik disponiert ohne genügend auf artikelspezifische Eigenschaften einzugehen.

Die bisher verwendeten Sicherheiten sind nicht mit den Risiken der Beschaffung, der Fertigung und des Vertriebes abgestimmt

2.4.2 Strategische Disposition

Im Gegensatz zur operativen Disposition, welche weitestgehend für die operative Abwicklung des Tagesgeschäftes verantwortlich ist, hat die strategische Disposition die Aufgabe, eine optimale Parametrisierung der Disposition und der damit verbundenen Planungssysteme im laufenden Geschäft sicherzustellen. [4] Die Anpassung von Dispositionsparametern erfolgt von den Mitarbeitern der Planung manuell in unregelmäßigen Zyklen und dementsprechend zu spät, sodass nicht rechtzeitig auf veränderte Verbrauchs- und Bedarfsverhalten reagiert werden kann.

Zuständigkeiten der strategischen Disposition wie mittel- und langfristige Planungen, Analysen und Optimierungen der Planungsprozesse und Wertschöpfungskette

---

4 Gulássy, Hoppe, Isermann, Köhler, Disposition im SAP, 1.Auflage, Bonn 2008

sowie Festlegung von Dispositionsstrategien sind nicht hinreichend genug in die Unternehmensprozesse integriert.

Die Ausführungen nachfolgender Lösungsvorschläge beschreiben zum größten Teil Aufgaben der strategischen Disposition. Die Erläuterungen stellen nur einen Ausschnitt dieser dar, außerdem finden sich in den Abbildungen unternehmenseigene Parameter wieder.

3 Aufgabenstellung

3.1 Schwachstellen-/ Potentialanalyse

Beachten Sie die Wertschöpfungskette. Welche Einflüsse wirken auf den Materialbestand? Welche Potentiale ergeben sich für eine Bestandsoptimierung aus möglichen Schwachstellen?

3.2 Zieldefinition

Setzen Sie eine Höhe des Materialbestandes zu einem bestimmten Zeitpunkt als Zielkennzahl fest. Darüber hinaus sind allgemeine Ziele im Bereich der Materialbedarfsplanung/ Disposition zu definieren.

3.3 Artikelklassifizierung

3.3.1 ABC/XYZ Analyse

Klassifizieren Sie die Artikel des Unternehmens hinsichtlich des Verbrauchswertes sowie der Kontinuität im Verbrauchsverlauf. Wie hoch ist der prozentuale Anteil des Verbrauchswertes des Artikels? Schwankt das monatliche Verbrauchsverhalten des Artikels sehr stark oder unterliegt dieser einer gewissen Konstanz?

3.3.2 Unternehmensspezifische Merkmale

Gibt es neben Verbrauchsverhalten und –werten weitere unternehmensspezifische Merkmale, die Artikel weiter zu gruppieren? Bestehen Vereinbarungen mit Kunden einige Artikel vorzuhalten und in welcher Höhe? Sollen neue Artikel separat geplant werden? Ist die vom Kunden gewünschte Lieferzeit der Artikel bekannt?

3.3.3 Bevorratungsstrategien

Entwickeln Sie eine methodische Herangehensweise den zuvor klassifizierten Artikelgruppen, Strategien einer Bevorratung zuzuordnen. Sollen die Artikel immer im Lager verfügbar sein? Wie hoch ist ein eventueller Sicherheits- bzw. Meldebestand?

3.4 Entscheidungsbaum

3.4.1 Regeldefinition

Stellen Sie die unternehmensspezifischen Merkmale und die ABC/ XYZ Kennzeichnung in einem Entscheidungsbaum dar, welcher als Regelwerk für sämtliche Artikel Anwendung findet. Konnte jeder betrachtete Artikel eingruppiert werden? Ist jeder Artikel nur in einer Gruppe zu finden?

3.4.2 Zuordnung Dispositionsparameter

Welche Dispositions-, Losgrößen- und Prognoseverfahren gibt es? Soll eine Bestellpunktdisposition zur Ermittlung des Meldebestandes herangezogen werden? Weisen Sie den einzelnen Gruppen, anschließend auch Cluster genannt, des Entscheidungsbaumes Dispositionsparameter zu.

3.5 Bestandscontrolling

Implementieren Sie eine Bestandsüberwachung im Bereich der Disposition. Entwickeln Sie Charts zur zeitlichen Darstellung des Bestandsverlaufes.

4 Lösungsvorschläge

4.1 Bestandseinflüsse in der Supply Chain

Für die Höhe des Lagerbestandes sind in einem Unternehmen nicht einzelne Bereiche verantwortlich. Vielmehr liefern sämtliche prozessbeteiligte Bereiche Kennzahlen und Vorgaben, die den Bestand entscheidend beeinflussen können, zudem stehen sie in Wechselwirkungen zueinander.

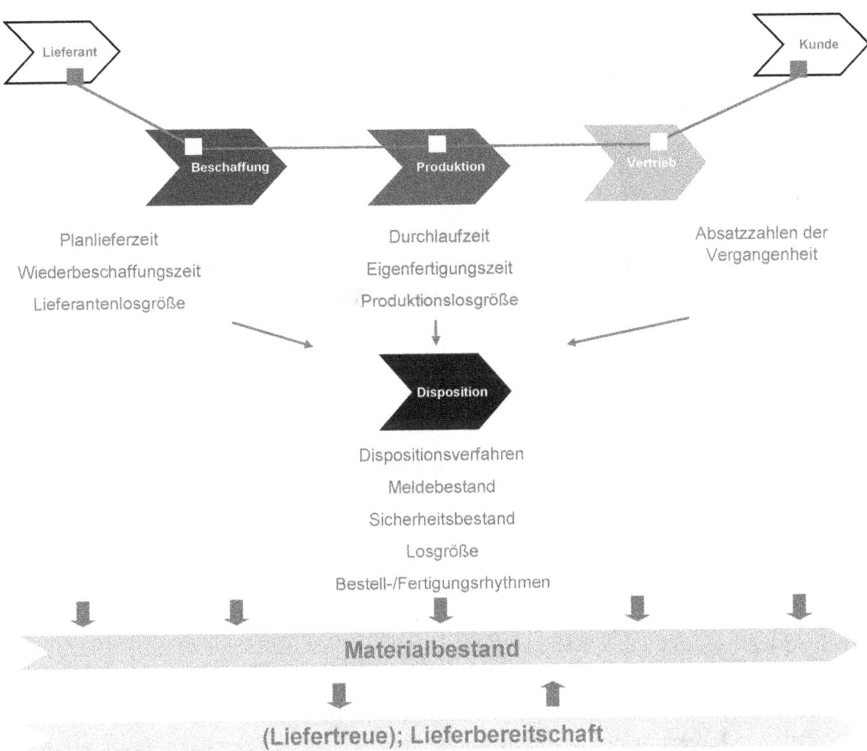

Abbildung 4.1: Bestandseinflüsse der einzelnen Unternehmensbereiche

Ausgehend von Lieferantebeziehungen, die Daten wie Beschaffungszeiten und Lieferantenlosgrößen liefern, über die Produktion mit Fertigungszeiten und Produktionslosgrößen bis hin zu den Kundenkontakten mit vergangenen bzw. künftigen Absatzzahlen, wirkt die komplette Wertschöpfungskette auf den Materialbestand und letztendlich in gewisser Weise auch auf die Lieferfähigkeit. Der Bezug zur Lieferfähigkeit des Unternehmens darf nicht unberücksichtigt bleiben, wird an dieser Stelle jedoch nicht intensiver betrachtet.

Die Daten laufen im Bereich der Disposition zusammen, die den Artikeln zur Beschaffung und Planung Parameter wie Dispositionsverfahren und Losgrößen zuweisen.

Entlang der gesamten Wertschöpfungskette verdeutlichen sich nicht ausreichend abgestimmte Prozesse aus denen Potentiale zur Optimierung des Materialbestandes hervorgehen. Solche Potentiale sind im Gesamtkomplex zu betrachten.

Auf lange Sicht genügt es nicht, nur die unternehmensinternen wertschöpfenden Prozesse und Bereiche in die Überlegungen einzubeziehen sondern auch die externen Prozesspartner wie Lieferanten und Kunden. So wird eine Betrachtungsweise über die eigenen Unternehmensgrenzen hinaus ermöglicht und weitere Optimierungspotentiale ausgeschöpft.

4.2 Zieldefinition

Ziele eines Bestandsmanagements sind zum einen eine quantifizierte Zielbestandshöhe, zum anderen optimierte, aufwandsreduzierende, möglichst automatisierte Prozesse in der Disposition.

Es eignen sich verschiedene Möglichkeiten zur Ermittlung der Zielbestandshöhe.

Lagerumschlag
Der Lagerumschlag gibt an, wie oft im Jahr der durchschnittliche Lagerbestand im Verhältnis zum Jahresumsatz umgesetzt wird.

$$\text{Lagerumschlag} = \frac{\text{Jahresumsatz}}{\text{Durchschnittlicher Lagerbestand}}$$

Abbildung 4.2: Lagerumschlag zu einem bestimmten Zeitpunkt

Vergleichswerte sind hierbei Unternehmen der gleichen Branche zu entnehmen. Aus dem mittleren Lagerumschlag der Branche und des Jahresumsatzes des Unternehmens ist dementsprechend ein Zielbestandswert ermittelbar.

Quantifizierter Potentialwert
Zur Definition einer Zielbestandshöhe erweist sich die Variante, die unter 4.1 erwähnten Potentiale zu quantifizieren und aufzusummieren, als effektiver und ist nebenbei exakter auf das Unternehmen ausgerichtet. So führen z. B. Verkürzungen

der Lieferzeiten von Lieferanten dazu, Melde- und Sicherheitsbestände zu verringern. Die Differenz der neu errechneten Meldebestände zu den ursprünglichen ergibt einen möglichen beispielhaften Potentialwert.

Bestandssimulation
Zieldefinitionen können auf der unter Kapitel 5.2 zu findenden Bestandssimulation basieren Voraussetzung dafür ist die im Anschluss folgende Artikelklassifizierung.

Dieses Ziel ist einem bestimmten Zeitpunkt zuzuordnen. Zwischenziele, beispielsweise monatliche Ziele, tragen zur kontinuierlichen Betrachtung des Gesamtzieles bei. Auf Grundlage der Ziel- und Zeitplanung resultiert die unter Kapitel 4.5 beschriebenen Bestandsüberwachung und Zielverfolgung.

4.3 Artikelklassifizierung

Als Basis von Dispositionsentscheidungen dient die Artikelklassifizierung, gleichartige Artikel in Artikelgruppen zusammenzufassen. Diese Cluster sind individuell steuerbar.

4.3.1 ABC/ XYZ Analyse

ABC Analyse
ABC Kennzeichen kommen in der Praxis in verschiedenen Abteilungen zum Einsatz. So lassen sich Kunden, Lieferanten und wie in diesem Fall Artikel nach bestimmten Kennzahlen klassifizieren.

Die Aufteilung der Artikel erfolgt in die Klassen A, B und C in Abhängigkeit der kumulierten Verbrauchswerte im Verhältnis zum Gesamtverbrauchswert. Die prozentualen Klassengrenzen sind im Unternehmen zu definieren, mögliche Klassengrenzen sind 80-15-5. Das Ergebnis bildet die sogenannte Lorenzkurve.

Der Abbildung ist zu entnehmen, dass 15 % der Artikel einen Anteil von etwa 70 % des Verbrauchswertes erzeugen. Diese Artikel sind somit am wichtigsten, sie besitzen das höchste Optimierungspotential. Der Großteil der Artikel macht nur einen geringen Anteil am Verbrauchswert aus.

XYZ Analyse
Die Kennzeichen XYZ klassifizieren die Artikel hinsichtlich der Kontinuität im Verbrauchsverhalten. Zur Ermittlung wird eine Schwankungskennzahl, der Variationskoeffizient herangezogen.

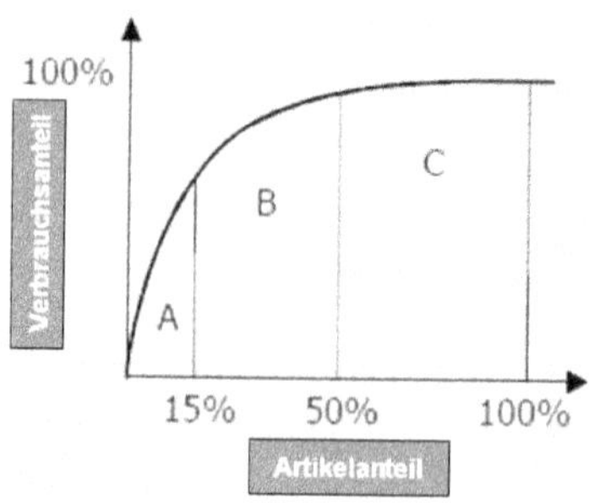

Abbildung 4.3: Lorenzkurve[5]

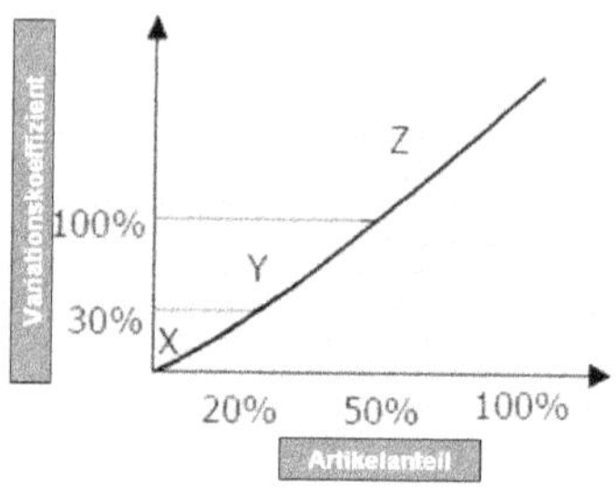

Abbildung 4.4: Artikel – Schwankungs – Analyse[6]

X-Artikel unterliegen nur geringen Schwankungen im Verbrauch, sind daher sehr gut zur Ermittlung zukünftiger Bedarfe nutzbar.

Y-Artikel weisen mittlere Verbrauchsschwankungen auf oder der Verbrauch verläuft trendmäßig.

Z-Artikel werden nur sehr sporadisch und dementsprechend sehr unregelmäßig verbraucht. Lassen sich so auch schwer prognostizieren. Zudem fallen Artikel mit Nullverbräuchen in diese Klasse.

Das Gesamtergebnis der beiden Analysen ist die ABC/ XYZ Matrix.

4.3.2 Bevorratungsstrategien

Für die aus der Matrix hervorgehenden Cluster/ Gruppen sind Bevorratungsstrategien und Dispositionsverfahren zu durchdenken, die strategische Ausrichtung festzulegen.

---

5 www.abc-analyse.info

6 Prof. Dr. Klaus Posten - Bestandsoptimierung

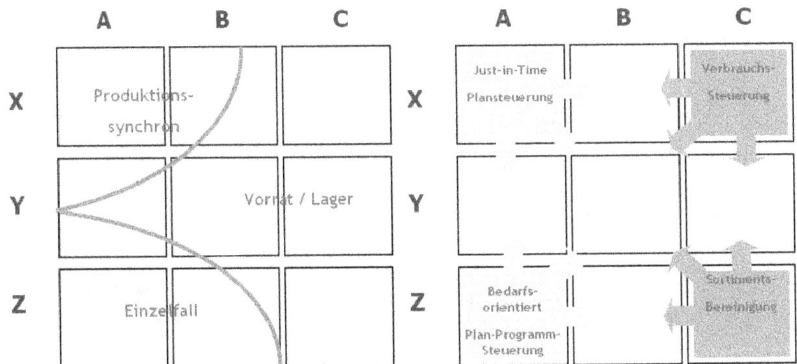

Abbildung 4.5: Zuordnung Bevorratungsstrategien und Dispositionsverfahren

Einige theoretische Ansätze sind im Folgenden gelistet (keine Gewähr auf Vollständigkeit):

- Artikel mit stark schwankenden Verbräuchen und einem hohen Wert sollten bevorzugt nur im Einzelfall beschafft werden.
- Artikel mit geringem Wert, C-Artikel, können bevorratet werden, da der Einfluss auf den Gesamtbestand sehr gering ist. Dementsprechend kommt eine Verbrauchsteuerung mit einem hohen Meldebestand in Betracht. Nicht berücksichtigt sind hier eventuelle Artikelvolumen.
- Artikel mit sehr konstantem Verbrauchsverhalten, X-Artikel, sind am ehesten für eine Verbrauchssteuerung geeignet, da der für den Meldebestand notwendige durchschnittliche Verbrauch am ehesten der Realität entspricht. Trotzdem ist für Artikel von höherem Wert eine Plansteuerung zu bevorzugen.
- Für Artikel mit einem hohen Wert jedoch sehr unregelmäßigen Verbrauchsmengen, AZ-Artikel, sollte eine Programmplanung angedacht sein. Bestenfalls liefern Kunden die Informationen welche Mengen zu welchen Zeitpunkten beschafft werden sollen.
- Für Artikel mit einem hohen Anteil an Nullverbräuchen und geringem Wert ist über Bestandsbereinigung nachzudenken. Im Lager erzeugen diese jährlich Kosten, beispielhaft durch Inventur und Umbuchungen.
- Je geringer der Wert eines Artikels, desto automatisierter kann dieser disponiert werden.

4.4 Entscheidungsbaum

4.4.1 Regeldefinition

Ein Muster, die zu den Artikeln klassifizierten ABC/ XYZ Kennzeichen und zusätzlichen unternehmensabhängigen Merkmale in einem gemeinsamen Regelwerk zusammenzufassen und darzustellen, bietet folgende Abbildung.

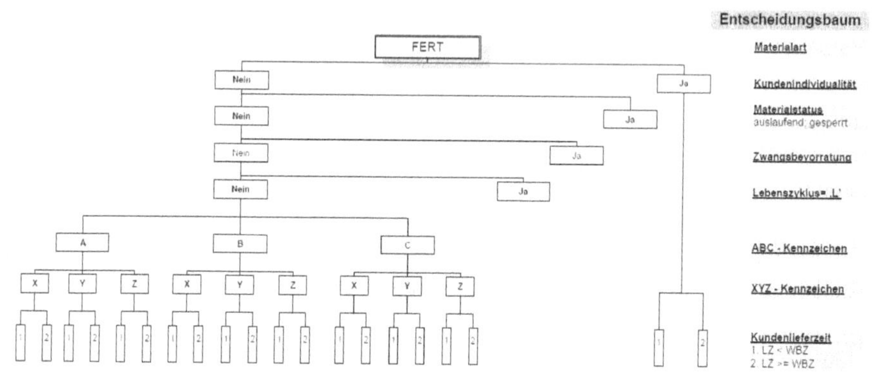

Abbildung 4.6: Muster Entscheidungsbaum der Materialart ‚Fertigerzeugnis'

Die weiteren Merkmale können wie bereits erwähnt von Unternehmen zu Unternehmen unterschiedlich sein bzw. verschiedenen Ausprägungen unterliegen. Letztendlich sollen über diesem Wege Artikel mit gesonderter Planung nicht über die ABC/ XYZ Klassifizierung gesteuert werden. Für den Großteil aller Artikel stellt jedoch die ABC/ XYZ Klassifizierung die zentrale Grundlage. Einige mögliche der unternehmensspezifischen Merkmale könnten sein:

Materialart

Materialarten unterteilen Artikel nach gewissen Grundeigenschaften. Die wichtigsten sind Rohstoffe, Halberzeugnissen und Fertigerzeugnisse. Diese Materialarten können den Einstieg des Entscheidungsbaumes bilden. So ist es ratsam, pro Materialart einen eigenen Baum zu erstellen.

Kundenindividualität

Bestehen mit einem oder mehreren Kunden artikelindividuelle Absprachen über Bevorratung, Mengen oder Lieferzeiten, können diese über eine Abfrage in einen eigenen Pfad gelenkt werden.

Gesperrte, auslaufende Artikel
Unabhängig der ABC/ XYZ Kennzeichen sollten gesperrte bzw. auslaufende Artikel mit eigenen Parametern versehen sein. In den meisten Fällen ist für diese keine Steuerung aufgrund vergangener Verbräuche sinnvoll.

Zwangsbevorratung
Präsentiert sich das Unternehmen auf einer Messe, stehen für einige Artikel Marketingaktionen bevor, so dass sichergestellt werden muss, dass diese sofort ab Lager lieferfähig sein müssen? Bei solchen oder ähnlichen Gründen unterliegen die beteiligten Artikel besonderer Steuerung.

Lebenszyklus
Neue Artikel können aufgrund interner Vertriebswünsche in großer Anzahl bevorratet werden oder aufgrund ungewissen Absatzes nur bei Bedarf beschafft werden.

Kundenlieferzeit
Eine wichtige Kenngröße spiegelt die vom Kunden erwartete Lieferzeit des Artikels bzw. die Lieferzeit, mit der das Unternehmen am Markt auftritt. Setzen Sie diese Zeit im Vergleich zur Beschaffungszeit, unabhängig davon ob es sich dabei um einen Artikel der Fremdbeschaffung oder der Eigenfertigung handelt. Erwarten die Kunden prinzipiell Lieferzeiten, die kleiner als die eigenen Beschaffungszeiten sind, ist eine Form der Bevorratung erstrebenswert.

Ausgehend von dem Vergleich der Kundenlieferzeit mit der Beschaffungszeit lassen sich eventuelle Veränderungen des Artikels verdeutlichen. Gelingt es dem Unternehmen die Beschaffungszeit der von Kunden erwarteten Lieferzeit anzupassen, wird der Artikel beim nächsten Durchlauf durch den Entscheidungsbaum einer anderen Gruppe zugeordnet.

Sämtliche Artikel im Unternehmen werden über den Entscheidungsbaumklar strukturiert und eingruppiert. Ein Artikel muss eindeutig auf der untersten Ebene definiert sein. Ist dies nicht möglich, überprüfen Sie die Merkmale.

4.4.2 Zuordnung Dispositionsparameter

Denen im Entscheidungsbaum entstandenen Gruppen/ Cluster von Merkmalen sind in dem nächsten Schritt Parameter der Disposition zuzuweisen. Dabei sollten Überlegungen der unter Kapitel 4.3.2 beschriebenen theoretischen Ansätzen zur Bevorratung und Dispositionsverfahren einfließen.

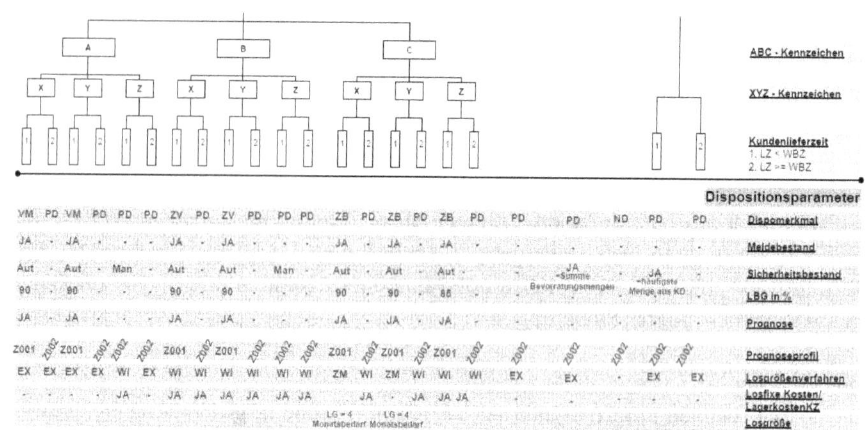

Abbildung 4.7: Pro Cluster definierte Dispositionsparameter

Die folgenden Dispositionsparameter bilden nur eine mögliche Auswahl ab:

Dispositionsverfahren und -merkmal

Mit der Wahl des Dispomerkmals wird der Gruppe bzw. den Artikeln das Dispositionsverfahren zugeordnet.

Unter den Dispositionsverfahren, die den prinzipiellen Ablauf der Planung für einen Artikel festlegen, unterscheidet man grob zwischen der plangesteuerten und der verbrauchsgesteuerten Disposition.

Die plangesteuerten Disposition erzeugt aufgrund eines konkreten oder zukünftigen Bedarfes z. B. eines Kundenauftrages einen Beschaffungsvorschlag, je nach Artikel einen Vorschlag für die Produktion oder für den Einkauf. Die Ermittlung der Beschaffungsmenge erfolgt unter Verrechnung der verfügbaren Menge im Lager und der Bedarfsmenge und unter Berücksichtigung von Losgrößenrestriktionen.

Die bekannteste Form der Verbrauchssteuerung ist das Bestellpunktverfahren. Der dabei zu definierende Meldebestand orientiert sich an vergangenen Verbräuchen. Sinkt der Lagerbestand unter diesen Meldebestand wird ein Beschaffungsvorschlag erzeugt.

Meldebestand

Wird ein Dispomerkmal mit dahinterstehender Verbrauchssteuerung gewählt, muss ein Meldebestand mitgegeben werden. Ein Meldebestand deckt den zu erwartenden Verbrauch innerhalb der Wiederbeschaffungszeit ab zuzüglich einer Sicherheit für Lieferengpässe, Schwankungen der Beschaffungszeiten und kurzfristig erhöhte Bedarfe.

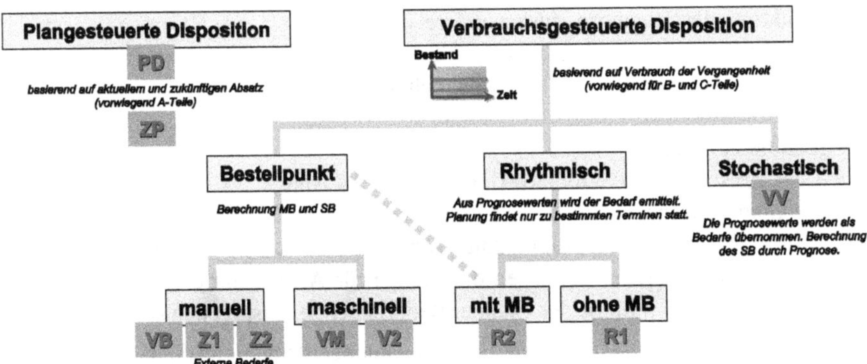

Abbildung 4.8: SAP Dispositionsverfahren mit entsprechenden Dispomerkmalen[7]

Im SAP kann der Meldebestand automatisch durch ein integriertes Prognoseprogramm errechnet werden.

Sicherheitsbestand

Im Gegensatz zum Meldebestand ist der Sicherheitsbestand eine Menge im Lager, um einen unerwartet erhöhten Bedarf befriedigen zu können. Auch dieser kann vom SAP automatisch festgelegt werden.

Lieferbereitschaftsgrad

Der Lieferbereitschaftsgrad als Ausdruck der Lieferfähigkeit gegenüber dem Kunden bezieht sich in der Disposition auf die Einstellung des Sicherheitsbestandes. Eine hundertprozentige Sicherheit kann eingestellt und berechnet werden, führt jedoch zu unverhältnismäßigen Kosten und stellt dementsprechend keine Optimierung dar.

Prognose

Die Prognose ist im SAP notwendig, um maschinelle Dispositionsverfahren bei denen SAP automatisch Meldebestände oder Sicherheitsbestände ermittelt, einzusetzen. Außerdem sind diese Prognosebedarfe für künftige Beschaffungsmengen und Losgrößenermittlung nutzbar. Auf Basis von Verbräuchen der Vergangenheit und unter Vorgabe eines Prognosemodells und eines bestimmten Betrachtungszeitraumes ist SAP in der Lage, zukünftige Bedarfe zu ermitteln.

Im SAP stehen verschiedenste mathematisch-statistische Modelle von Konstant-, Trend- und Saisonmodellen zur Auswahl.[8]

---

7 Eigene Darstellung in Anlehnung an http://help.sap.com/

Die Funktion der Prognose, insbesondere die Wahl des Prognosemodells ist mit größter Sorgfalt durchzuführen, da bei Verwendung eines nicht zum Artikel geeigneten Modells das gewünschte Ergebnis nicht erzielt wird.

Losgrößenverfahren

Auch der Einsatz der Losgrößenverfahren sollte in Abhängigkeit eines ABC/ XYZ Kennzeichens geschehen. Artikel mit geringem Wert können in hohen Mengen beschafft bzw. produziert werden, die Bedarfe der zukünftigen Perioden können zusammengefasst werden. Hingegen die Menge für Artikel mit einem hohem Wert bis zu einem gewissen Maße der exakten Bedarfsmenge entsprechen sollten.

Zur Berechnung von Bestell- und Fertigungsmengen unterteilt SAP in statische, periodische und optimierende Verfahren.

Statische Verfahren beziehen sich konstant auf einen Bedarf. Periodische Verfahren fassen die Bedarfe eines definierten Zeitabschnittes zu einer Losgröße zusammen.

Optimierende Losgrößenverfahren als komplexeste der Verfahren ermitteln die optimalen Beschaffungsmengen anhand der Lagerkosten durch eventuell zusammengefasste Bedarfe und der losgrößenfixe Kosten. Losfixe Kosten fallen einmalig beim Beschaffungsvorgang an, beinhalten neben Kosten für administrativen Aufwand auch Bestell- und Rüstkosten. Grundsätzlich zielen optimierende Verfahren auf eine Minimierung der Gesamtkosten.

Auf detaillierte mathematische und statistische Berechnungen von Melde- und Sicherheitsbeständen, Prognosebedarfen und Losgrößenmengen wird an dieser Stelle verzichtet.

Weitere SAP Funktionen wie Programmplanung, Absatzplanungen, Kapazitätsbetrachtungen, Bezugsquellenermittlung und Terminierungen können in sämtliche Überlegungen der Regeldefinition und Dispositionsparameterzuweisung einfließen. Über deren Nutzung wird im Einzelfall entschieden.

Eine automatisierte ABC/ XYZ Kennzeichnung der Artikel und deren Eingruppierung über den Entscheidungsbaum mit entsprechender Parameterzuweisung sollte periodisch, empfehlenswert jeden Monat, erfolgen, um artikelspezifische Veränderungen wie Verbrauchsverhalten rechtzeitig erkennen zu können. Diese Artikel „fallen" gegebenenfalls in ein anderes Cluster, welchem andere Dispositionsparameter zugeordnet sind.

Hinsichtlich der periodischen Kennzeichnung sowie der automatischen Zuweisung der Parameter kann das SAP entscheidend unterstützen.

---

8 Gulássy, Hoppe, Isermann, Köhler, Disposition im SAP, 1.Auflage, Bonn 2008

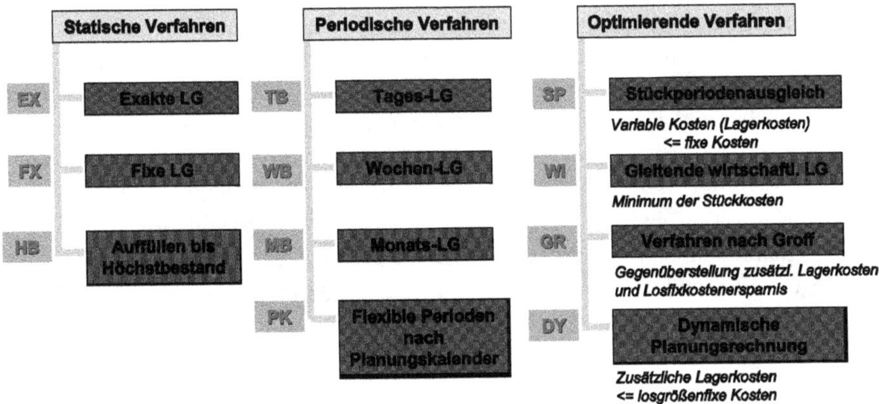

Abbildung 4.9: SAP Losgrößenverfahren mit Losgrößenkennzeichen[9]

4.5 Bestandscontrolling und Zielverfolgung

Ein Bestandscontrolling mittels Chart versetzt jemanden sofort in die Lage, eine Situation richtig einzuschätzen. Die Bestandsüberwachung direkt in der Disposition ist notwendig, da dort abteilungsübergreifende Informationen zusammenführen und Wechselwirkungen überblickt werden können.

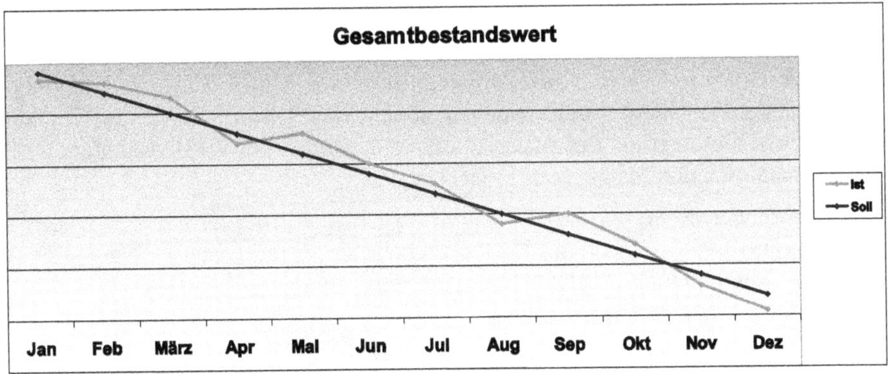

Abbildung 4.10: Bestandsverlauf Soll + Ist

9 Eigene Darstellung in Anlehnung an http://help.sap.com/

Zur nachhaltigen Optimierung der Materialbestände visualisieren Sie diese als Charts in einem Zeitverlaufdiagramm. Es ist von großer Bedeutung in periodischen Zyklen die Ist – Situation im Verhältnis der zu Beginn definierten Ziele zu setzen. Dies gilt neben der Kennzahl des Bestandes auch für sonstige Maßnahmen in den Unternehmensprozessen. Sollten Ziele nicht erreicht werden, sind die Ursachen dafür zu identifizieren und effektive Gegenmaßnahmen abzuleiten. Diese Vorgehensweise gewährleistet eine regelmäßige zielorientierte Bearbeitung.

Solche Charts können am Arbeitsplatz oder in der Besprechungsecke der Abteilung befestigt werden und zum nachhaltigen Optimierungsbewusstsein führen.

5 Zusammenfassung und Ausblick

5.1 Ergebnisse

Schlanke, standardisierte Prozesse der Disposition und der gesamten Wertschöpfungskette lassen einen effizienten Materialeinsatz zu. Innerhalb eines Jahres sank der Bestand bei WISKA um etwa 29 % bei gleichzeitig verbesserter Liefertreue zum Kunden. Langfristig von größerer Bedeutung sind ein erreichtes abteilungsübergreifendes Prozessdenken sowie Optimierungsbewusstsein, frühzeitiges Erkennen von Verbrauchsverhalten von Artikeln und eine deutliche Aufwandsreduzierung bei Parameteranpassungen.

Neben der hier erwähnten Artikelstrukturierung, der Entwicklung des Entscheidungsbaumes samt Zuweisung von vereinheitlichten Dispositionsparametern zur nachhaltigen Optimierung des Materialbestandes wurden bei WISKA weitere SAP Standardanalysen und Maßnahmen umgesetzt, u.a.:

- Reichweitenanalyse
- Ermittlung von Ladenhütern
- Bestandsbereinigung
- Definition von Informationswegen
- Erhöhung der Datenqualität
- Reduzierung von Lieferzeiten von Lieferanten
- Bestandsverlagerungen
- Periodische „Bestandsmeetings“

Auf diese wird im Rahmen dieser Ausführungen nicht weiter eingegangen.

5.2 Bestandssimulation

Aufgrund der Artikelklassifizierung mit dem ABC/ XYZ Kennzeichen lassen sich die Bestände unter Vorgabe von Bevorratungsstrategie, Losgrößenverfahren und Veränderung der Beschaffungszeiten simulieren. Die Auswirkungen von strategischen Entscheidungen auf den Lagerbestand, bei Artikeln oder Artikelgruppen diese Vorgaben zu ändern, können so vor Praxisanwendung transparent aufgezeigt werden.

Nach Einführung eines Bestandsmanagements in dem Unternehmen kann eine solche Bestandssimulation der einzelnen Cluster zur rechnerischen Bestimmung weiterer Optimierungspotentiale herangezogen werden.

Einige, in den Kapiteln 3, 4 und 5 beschriebenen Funktionalitäten können durch das SAP System und SAP Systemerweiterungen gewährleistet werden.

6 Literatur

Dickersbach, Keller, Weihruach, Produktionsplanung und -steuerung im SAP, 2. Auflage, Bonn 2008

Gulássy, Hoppe, Isermann, Köhler, Disposition im SAP, 1.Auflage, Bonn 2008

www.c1-ips.com

www.wiska.de

www. logistik-lexikon.de

http://help.sap.com/

Prof. Dr. Klaus Posten – Bestandsoptimierung

www.abc-analyse.info

Bilanzierung im Rahmen von Unternehmensübernahmen

Axel Wullenkord

Inhaltsverzeichnis

1 Einleitung

Im Rahmen von Wachstumsstrategien stellen Unternehmensübernahmen typische Maßnahmen dar. Unternehmensintern werden die damit verbundenen Aufgaben regelmäßig von den Strategieabteilungen koordiniert. Inhaltlich stehen dabei Themen wie Due Diligence, Unternehmensbewertung, Post Merger Integration etc. im Vordergrund.

Recht selten werden die damit verbundenen Aufgaben im Rechnungswesen und Controlling diskutiert. Die mit Unternehmensübernahmen verbundenen Zielsetzungen müssen hinsichtlich ihrer Auswirkungen auf das Zahlenwerk des Unternehmens dargestellt werden. Insbesondere geht es darum, die Auswirkungen der Unternehmensübernahme auf konsolidierte Bilanzen, Gewinn- und Verlustrechnungen sowie die wesentlichen Kennzahlen des Unternehmens aufzuzeigen.

2 High-Tech-International Trading AG

2.1 Ausgangssituation und Zielsetzung

Die *High-Tech-International-Trading AG*, im Folgenden „*HIT AG*" genannt, hat ihren Sitz in Bochum. Obwohl der Firmenname auf ein reines Handelsunternehmen schließen lässt, handelt es sich im Kern um ein innovatives Fertigungsunternehmen. Auf der Basis langjähriger Forschungs- und Entwicklungstätigkeiten hat das Unternehmen in den letzten Jahren zahlreiche Patente entwickelt und die darauf basierenden Produkte in zahlreichen Varianten konsequent zur Marktreife gebracht. Bei den Produkten handelt es sich um Komponenten, die eine effiziente Nutzung der Windenergie versprechen. Entsprechend werden die Wachstumsaussichten von Branchenexperten als sehr positiv erachtet.

Auf ihrem weiteren Expansionskurs plant die HIT AG nun für das Jahr 2011 eine erste größere Übernahme. Über einen sogenannten „Share-Deal" sollen 100 % der Anteile der *Melinda AG*, mit Sitz in München übernommen werden. Aufgrund der bisherigen Verhandlungen wird von einem Kaufpreis in Höhe von TEUR 60.000 ausgegangen. Sowohl aufgrund der Komplexität und Bedeutung dieser Übernahme, aber auch aufgrund der Tatsache, dass die Übernahme zu einem beträchtlichen Teil mit Fremdkapital finanziert werden soll, rechnet das Management der *HIT AG* zur Fundierung der Übernahmeentscheidung mögliche Auswirkungen auf die Vermögens-, Ertrags- und Finanzlage durch.

Die *HIT AG* gilt als „nicht-kapitalmarktorientiertes" Unternehmen und stellt ihren Konzernabschluss nach HGB auf.

2.2 Ausgangsdaten

Die folgende Tabelle zeigt zunächst die Bilanzen (Einzelabschlüsse) der *HIT AG* und der *Melinda AG* zum Zeitpunkt der geplanten Übernahme. Sämtliche Werte sind hier und im Folgenden in TEUR dargestellt.

Zeitpunkt der geplanten Übernahme	HIT AG	
	Aktiva	Passiva
Beteiligungen	60.000	
Maschinen	40.000	
Gezeichnetes Kapital		30.000
Rücklagen / Gewinn		20.000
Sonstige Passiva		50.000
Summe	100.000	100.000

Zeitpunkt der geplanten Übernahme	Melinda AG	
	Aktiva	Passiva
Beteiligungen		
Maschinen	60.000	
Gezeichnetes Kapital		20.000
Rücklagen / Gewinn		10.000
Sonstige Passiva		30.000
Summe	60.000	60.000

Tabelle 2.1: Bilanzen der HIT AG und der Melinda AG zum Zeitpunkt der geplanten Übernahme

Der Zeitwert der Maschinen der *Melinda AG* beträgt TEUR 80.000,– bei einer Restnutzungsdauer von 5 Jahren. Die Abschreibung erfolgt linear.

Die folgende Tabelle zeigt die Bilanzen (Einzelabschlüsse) der beiden Unternehmen zum Zeitpunkt des Konzernabschlussstichtags. Bei den Maschinen in der Bilanz der Melinda AG sind weitere stille Reserven in Höhe von TEUR 16.000,– identifiziert worden.

Zeitpunkt des ersten Konzernabschlusses	HIT AG	
	Aktiva	Passiva
Beteiligungen	60.000	
Maschinen	50.000	
Gezeichnetes Kapital		30.000
Rücklagen / Gewinn		25.000
Sonstige Passiva		55.000
Summe	110.000	110.000

Zeitpunkt des ersten Konzernabschlusses	Melinda AG	
	Aktiva	Passiva
Beteiligungen		
Maschinen	65.000	
Gezeichnetes Kapital		20.000
Rücklagen / Gewinn		15.000
Sonstige Passiva		30.000
Summe	65.000	65.000

Tabelle 2.2: Bilanzen der HIT AG und der Melinda AG zum Zeitpunkt des ersten gemeinsamen Konzernabschlusses

Hinsichtlich der möglichen (isolierten) Auswirkungen auf die Konzern-GuV geht die Planung davon aus, dass die *HIT AG* bestimmte Komponenten herstellt und diese insgesamt an die *Melinda AG* für TEUR 50.000,– verkauft. Bei der *HIT AG* fallen dabei Aufwendungen für Material in Höhe von TEUR 22.500,– sowie für Personal in Höhe von TEUR 17.500 an. Andere Kostenpositionen werden aufgrund der geringen Bedeutung nicht näher betrachtet.

Da aufgrund der Entwicklung erstens noch nicht exakt abgeschätzt werden kann, ob die Komponenten unverarbeitet oder erst nach einer Weiterverarbeitung weiterveräußert werden und zweitens, ob der Kapazitätsaufbau der Melinda AG so rechtzeitig erfolgt, dass ein vollständiger Abverkauf im Geschäftsjahr erfolgen kann, werden zwei Szenarien betrachtet:

Ein erstes Szenario geht entsprechend davon aus, dass die *Melinda AG* die Komponenten ohne Weiterverarbeitung für insgesamt TEUR 62.500,– (an nicht zum Konzern gehörende Kunden) weiterverkaufen kann. Ein zweites Szenario sieht dagegen vor, dass die *Melinda AG* die Komponenten zwar weiterverarbeitet, wofür insgesamt ein Personalaufwand in Höhe von TEUR 10.000,– anfällt, diese (weiterverarbeiteten) Produkte aber am Jahresabschlussstichtag jedoch noch vollumfänglich auf Lager hat.

3 Aufgabenstellungen

Zur Darstellung der skizzierten Auswirkungen ist zunächst die Erstkonsolidierung und anschließend die Folgekonsolidierung jeweils nach der Neubewertungsmethode vorzunehmen. In einem nächsten Schritt sind dann die Auswirkungen der zuvor geschilderten Szenarien auf die Konzern-GuV darzustellen.

4 Lösung

4.1 Kapitalkonsolidierung

4.1.1 Theoretische Grundlagen zur Kapitalkonsolidierung

Im Konzernabschluss ist die Vermögens-, Finanz- und Ertragslage der einbezogenen Unternehmen so darzustellen, dass diese Unternehmen in ihrer Gesamtheit, entsprechend der *Fiktion der rechtlichen Einheit* gem. § 297 Abs. 3 HGB, wie ein einziges Unternehmen dargestellt werden.

Grundsätzlich gelten gem. § 298 HGB für den Konzernabschluss auch die Vorschriften für den Einzelabschluss hinsichtlich Bilanzansatz, Bewertung und Gliederung. Der Konzernabschluss ist auf den Stichtag des Jahresabschlusses des Mutterunternehmens aufzustellen. Zusätzliche Vorschriften bezüglich des Inhaltes, der anzuwendenden Vorschriften und Erleichterungen sowie des Stichtages für die Aufstellung sind in den §§ 297 bis 299 HGB enthalten.

Der Abschluss eines Konzerns stellt keine bloße Addition der Abschlüsse der einbezogenen Konzernunternehmen dar, sondern eine Zusammenfassung unter Berücksichtigung der wirtschaftlichen Verflechtungen zwischen den rechtlich selbständigen Unternehmen. Aufgrund der Fiktion, der Konzern bilde nicht nur eine wirtschaftliche, sondern auch eine rechtliche Einheit, müssen zur korrekten Darstellung der Vermögens-, Finanz- und Ertragslage des Konzerns bestimmte Posten der Einzelabschlüsse (Bilanz und GuV) gegeneinander aufgerechnet werden. Diese Aufrechnung bezeichnet man als *Konsolidierung*.

Bei dieser Konsolidierung werden an den Werten der Einzelabschlüsse bzw. der HB II bestimmte Aufrechnungen vorgenommen, um einen der Einheitstheorie entsprechenden Konzernabschluss aufzustellen. Die erforderlichen Konsolidierungsbereiche und -maßnahmen lassen sich grob wie folgt systematisieren:

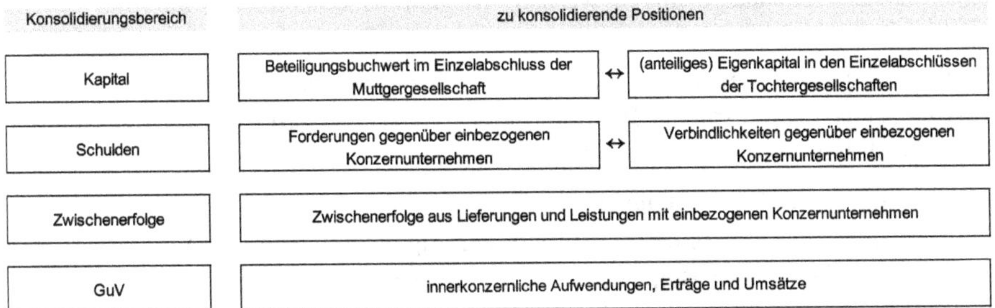

Konsolidierungsbereich
zu konsolidierende Positionen
Kapital
Beteiligungsbuchwert im Einzelabschluss der Muttergesellschaft
↔
(anteiliges) Eigenkapital in den Einzelabschlüssen der Tochtergesellschaften
Schulden
Forderungen gegenüber einbezogenen Konzernunternehmen
↔
Verbindlichkeiten gegenüber einbezogenen Konzernunternehmen
Zwischenerfolge
Zwischenerfolge aus Lieferungen und Leistungen mit einbezogenen Konzernunternehmen
GuV
innerkonzernliche Aufwendungen, Erträge und Umsätze

Abbildung 4.1: Konsolidierungsbereiche und -maßnahmen im Überblick

Die Kapitalverflechtung zwischen den einbezogenen Unternehmen, im Beispiel zwischen der *HIT AG* als Mutterunternehmen und der *Melinda AG* als Tochterunternehmen, führt bei einer bloßen Addition der Einzelbilanzen zu Doppelrechnungen. Zur Vermeidung derartiger Doppelrechnungen werden im Rahmen der Kapitalkonsolidierung nach § 301 HGB die Beteiligungsbuchwerte an den in den Konzernabschluss einzubeziehenden Tochterunternehmen (im Einzelabschluss des Mutterunternehmens) gegen das jeweilige Eigenkapital der Tochterunternehmen verrechnet. Die zulässige Methode bezeichnet man dabei als *Erwerbsmethode* bzw. Purchase-Methode bzw. angelsächsische Methode.

Für die Kapitalkonsolidierung ist das Verständnis des Zustandekommens von Konzernen aus bilanzieller Perspektive wichtig. Konzerne entstehen entweder durch Gründung von Tochterunternehmen, i.d.R. aber durch Übernahme von anderen Unternehmen. Derartige Übernahmen können als *Share-Deal* oder als *Asset Deal* ausgestaltet sein. Bei einem Asset-Deal werden sämtliche Vermögensgegenstände und Schulden einzeln erworben und entsprechend auch einzeln in die Bilanz (Einzelabschluss) des Erwerbers übernommen. Dagegen erfolgt bei einem Share-Deal, wie er im Beispielfall vorliegt, die Übernahme durch einen Kauf der Anteile. Der Kaufpreis wird in der Bilanz (Einzelabschluss) des Erwerbers als Finanzanlage, also als ein einziger Vermögensgegenstand ausgewiesen. Nur beim Share-Deal besteht demnach die Notwendigkeit einer Konsolidierung, da nur in diesem Falle eine wirtschaftliche Einheit zweier oder mehrerer rechtlich selbständiger Unternehmen vorliegt.

4.1.2 Durchführung der Kapitalkonsolidierung

Aufgrund der Übernahme von 100 % an der *Melinda AG* kann von einem beherrschenden Einfluss ausgegangen werden, weshalb eine Vollkonsolidierung vorzunehmen ist.

Vollkonsolidierung bedeutet, dass ein Tochterunternehmen mit allen Aktiva und Passiva seiner Handelsbilanz II in den Konzernabschluss eingeht. Im Rahmen der Vollkonsolidierung sind im Einzelnen die folgenden Schritte durchzuführen:

1. Ermittlung der Beteiligungsbuchwerte
2. Ermittlung des konsolidierungspflichtigen Eigenkapitals
3. Konsolidierung und Behandlung von Differenzen zwischen Beteiligungsbuchwert und konsolidierungspflichtigem Eigenkapital.

Die erstmalige Verrechnung der Beteiligungsbuchwerte mit dem anteiligen konsolidierungspflichtigen Eigenkapital hat zu dem Zeitpunkt der Konzernentstehung zu erfolgen, also zum Zeitpunkt des Anteilserwerbes (*Erstkonsolidierung*).

Schritt 1: Ermittlung der Beteiligungsbuchwerte in der (Einzel-) Bilanz der *HIT AG*

Gemäß § 301 HGB können die einzubeziehenden Anteile in folgenden Posten gemäß Gliederungsschema des § 266 Abs. 2 HGB enthalten sein:

- Anteile an verbundenen Unternehmen
- Beteiligungen
- Wertpapiere des Anlagevermögens
- Wertpapiere des Umlaufvermögens
- Sonstige Vermögensgegenstände

Im Beispiel ergibt sich aus dem Einzelabschluss der *HIT AG* ein Beteiligungsbuchwert in Höhe von TEUR 60.000. Dieser Beteiligungswert repräsentiert einen bestimmten Anteil am Eigenkapital des Tochterunternehmens. Es handelt sich um korrespondierende Größen, die entsprechend gegeneinander aufzurechnen sind.

Schritt 2: Ermittlung des konsolidierungspflichtigen Eigenkapitals in der (Einzel-) Bilanz der *Melinda AG*

Gegen den zuvor ermittelten Beteiligungsbuchwert in Höhe von TEUR 60.000,– ist das Eigenkaptal der *Melinda AG* aufzurechnen. Dieses setzt sich bei Kapitalgesellschaften gemäß dem Gliederungsschema des § 266 Abs. 3 aus folgenden Positionen zusammen:

- Gezeichnetes Kapital
- Kapitalrücklage

- Gewinnrücklage
- Gewinn- bzw. Verlustvortrag
- Jahresüberschuss bzw. Jahresfehlbetrag.

Der Neubewertungsmethode als nunmehr einziges zulässiges Verfahren der Erwerbsmethode liegt dabei die Vorstellung zu Grunde, dass das Mutterunternehmen nicht einfach die Anteile am Kapital, sondern alle Vermögensgegenstände und Schulden einzeln erwirbt (Erwerbsmethode). Entsprechend wird jeder Vermögens- und Schuldposten nicht zum Buchwert aus dem Einzelabschluss des Tochterunternehmens übernommen, sondern mit den *Konzernanschaffungskosten* bewertet.

Die Konzernanschaffungskosten entsprechen dabei dem jeweiligen Tageswert (fair value) zum Zeitpunkt der erstmaligen Konsolidierung. Da der Buchwert regelmäßig nicht mit dem Tageswert übereinstimmt, kommt es gegenüber dem Einzelabschluss (HB II) zu veränderten Wertansätzen, die in einer sogenannten Neubewertungsbilanz[1] im Sinne einer Bilanz zu Zeitwerten dargestellt werden. Erst in einem nächsten Schritt (hier: Schritt 3) erfolgt die Verrechnung mit dem Beteiligungsbuchwert gemäß Bilanz der *HIT AG*. Die Kapitalkonsolidierung erfolgt mithin auf der Basis eines gegenüber der HB II veränderten Eigenkapitals.

Ursächlich für die veränderten Wertansätze in der Neubewertungsbilanz sind i.d.R. stille Reserven, mitunter auch stille Lasten.[2] Die Neubewertung führt grundsätzlich zu einer Aufdeckung von stillen Reserven oder stillen Lasten, oder anders ausgedrückt: Die veränderten Wertansätze in der Umwertungsbilanz sind die Folge aufgedeckter stiller Reserven oder stiller Lasten, die dadurch aufgedeckt werden, dass die Vermögens- und Schuldposten nicht zum Buchwert, sondern zum Zeitwert bzw. Tageswert (Konzernanschaffungskosten) übernommen werden.

Im Rahmen der Ausgangsdaten wurde darauf hingewiesen, dass der Zeitwert der Maschinen in der Einzelbilanz der *Melinda AG* zum Zeitpunkt der geplanten Übernahme TEUR 80.000 beträgt, also um TEUR 20.000 höher ist, als der ausgewiesene Buchwert. Entsprechend müssen bei der Erstkonsolidierung stille Reserven in Höhe von TEUR 20.000 (Differenz zwischen Zeit- und Buchwert) bei den Maschinen der *Melinda AG* berücksichtigt werden. In Höhe der stillen Reserven entsteht eine Neubewertungsdifferenz, die auf der Passivseite der *Melinda AG* ausgewiesen wird. Gleichzeitig erhöht sich das (aufzurechnende) Eigenkapital durch diese Neubewertung auf TEUR 50.000.

---

1 Mitunter werden auch die Begriffe „Umwertungsbilanz“ bzw. „HB III“ verwendet.

2 Zur korrekten Ermittlung der stillen Reserven müssen auch latente Steuern berücksichtigt werden, worauf hier aus Gründen der Komplexitätsreduktion verzichtet wird.

	Melinda AG			
	Ursprungsbilanz		Neubewertungsbilanz	
	Aktiva	Passiva	Aktiva	Passiva
Beteiligungen				
Maschinen	60.000		80.000	
Gezeichnetes Kapital		20.000		20.000
Rücklagen / Gewinn		10.000		10.000
Neubewertungsdifferenz				20.000
Sonstige Passiva		30.000		30.000
Summe	60.000	60.000	80.000	80.000

Tabelle 4.1: Neubewertungsbilanz der Melinda AG (Erstkonsolidierung)

Am ersten gemeinsamen Abschlussstichtag sind wiederum die Buchwerte neu zu bewerten. Im Beispiel wurden annahmegemäß bei den Maschinen der *Melinda AG* weitere stille Reserven in Höhe von TEUR 16.000 identifiziert. Entsprechend beträgt die Neubewertungsdifferenz auf der Passivseite ebenfalls TEUR 16.000, so dass das aufzurechnende Eigenkapital der *Melinda AG* durch diese Neubewertung nunmehr TEUR 51.000 beträgt.

	Melinda AG			
	Ursprungsbilanz		Neubewertungsbilanz	
	Aktiva	Passiva	Aktiva	Passiva
Beteiligungen				
Maschinen	65.000		81.000	
Gezeichnetes Kapital		20.000		20.000
Rücklagen / Gewinn		15.000		15.000
Neubewertungsdifferenz				16.000
Sonstige Passiva		30.000		30.000
Summe	65.000	65.000	81.000	81.000

Tabelle 4.2: Neubewertungsbilanz der Melinda AG (Folgekonsolidierung)

Schritt 3: Konsolidierung und Behandlung von Differenzen zwischen Beteiligungsbuchwert und konsolidierungspflichtigem Eigenkapital

Bei der Aufrechnung des Beteiligungsbuchwertes mit dem (anteiligen) Eigenkapital nach Neubewertung ergeben sich regelmäßig Unterschiedsbeträge. Ein aktiver Unterschiedsbetrag aus der Verrechnung ist (auf der Aktivseite) als Geschäfts- oder Firmenwert bzw. „Goodwill“ anzusehen und entsprechend zu behandeln. Ein auf der Passivseite entstehender Unterschiedsbetrag ist ggf. als „Unterschiedsbetrag aus der Kapitalkonsolidierung“ bzw. „Badwill“ nach dem Eigenkapital auszuweisen.

Die Erstkonsolidierung des Beispiels lässt sich wie folgt darstellen:

Erstkonsolidierung	HIT AG Ursprungsbilanz		Melinda AG Neubewertungsbilanz		Kapitalkonsolidierung Aufrechnung		Konzernbilanz	
	Aktiva	Passiva	Aktiva	Passiva	Soll	Haben	Aktiva	Passiva
Beteiligungen	60.000					60.000		
Maschinen	40.000		80.000				120.000	
Gezeichnetes Kapital		30.000		20.000	20.000			30.000
Rücklagen / Gewinn		20.000		10.000	10.000			20.000
Neubewertungsdifferenz				20.000	20.000			
Goodwill					10.000		10.000	
Sonstige Passiva		50.000		30.000				80.000
Summe	100.000	100.000	80.000	80.000	60.000	60.000	130.000	130.000

Tabelle 4.3: Kapitalkonsolidierung (Erstkonsolidierung)

Bei der Folgekonsolidierung sind die bei der Erstkonsolidierung entstandenen Unterschiedsbeträge fortzuschreiben. Das heißt, die aus der Erstkonsolidierung resultierenden Wertansätze in der Bilanz des Tochterunternehmens sind aus der Sicht des Konzerns die Anschaffungskosten für die jeweiligen Bilanzposten und beinhalten demnach die im Konzernabschluss in der Folgezeit fortzuführenden Wertansätze. Die aufzurechnenden Beträge sind die gleichen wie bei der Erstkonsolidierung, weil die Konzernanschaffungskosten nur einmal, und zwar bei der Anschaffung des entsprechenden Postens, entstehen und sich in der Folge nicht mehr ändern. Da die Konzernbilanz jedoch jedes Jahr wieder aus der Summe der Einzelbilanzen erstellt wird und daher eine Aufrechnung des Beteiligungsbuchwertes mit dem anteiligen Eigenkapital erfolgt, muss diese immer gegen das Kapital erfolgen, das in der Bilanz des Tochterunternehmens zum Zeitpunkt der Erstkonsolidierung vorhanden war. Der erste Schritt der Folgekonsolidierung ist somit prinzipiell identisch mit der Vorgehensweise bei der Erstkonsolidierung.

Die bei der Erstkonsolidierung fortzuschreibenden Unterschiedsbeträge sind im Beispiel einerseits die aufgedeckten stillen Reserven bei den Aktiva aus der Neubewertung sowie andererseits der Geschäfts- bzw. Firmenwert. Die aufgelösten stillen Reserven teilen dabei das Schicksal derjenigen Posten, bei denen sie aufgelöst wurden. Die bei der Erstkonsolidierung aufgedeckten stillen Reserven in Höhe von TEUR 20.000,– betreffen Maschinen mit einer Restnutzungsdauer von 5 Jahren. Im Konzernabschluss sind bei linearer Abschreibung zusätzlich zur Abschreibung im Einzelabschluss der *Melinda AG* TEUR 4.000,– abzuschreiben. Die neu bewerteten stillen Reserven in Höhe von TEUR 16.000,– betreffen demnach die Restnutzungsdauer einer Maschine von 4 Jahren, sodass die stillen Reserven aus der Neubewertung des Vorjahres in Höhe von EUR 20.000,– eine Neubewertungsdifferenz von nur noch EUR 16.000,– ausmachen. Diese Wertminderung ist bei der Folgekonsolidierung ergebniswirksam zu verrechnen. Der in der ergebniswirksamen Folgekonsolidierung ausgewiesene Betrag in Höhe von TEUR 4.000,– entspricht damit den

Abschreibungen auf die Maschine mit einer verbleibenden Restnutzungsdauer von 4 Jahren. In gleicher Weise wird der Geschäfts-/Firmenwert über 4 Jahre abgeschrieben und entsprechend ergebniswirksam in Höhe von EUR 2.500,– verrechnet. Entsprechend zeigt die Kapitalkonsolidierung und die Konzernbilanz folgendes Bild:

	HIT AG		Melinda AG		Kapitalkonsolidierung		Kapitalkonsolidierung		Konzernbilanz	
	Ursprungsbilanz		Neubewertungsbilanz		Aufrechnung		Buchungen (erfolgsw.)			
Folgekonsolidierung	Aktiva	Passiva	Aktiva	Passiva	Soll	Haben	Aktiva	Passiva	Aktiva	Passiva
Beteiligungen	60.000					60.000				
Maschinen	50.000		81.000						131.000	
Gezeichnetes Kapital		30.000		20.000	20.000					30.000
Rücklagen / Gewinn		25.000		15.000	10.000		6.500			23.500
Neubewertungsdifferenz				16.000	20.000			4.000		
Goodwill					10.000			2.500	7.500	
Sonstige Passiva		55.000		30.000						85.000
Summe	110.000	110.000	81.000	81.000	60.000	60.000	6.500	6.500	138.500	138.500

Tabelle 4.4: Kapitalkonsolidierung (Folgekonsolidierung)

4.2 Aufwands- und Ertragskonsolidierung

4.2.1 Theoretische Grundlagen zur Aufwands- und Ertragskonsolidierung

Das Konzernunternehmen Lieferungen und Leistungen untereinander austauschen, ist die Regel. Entsprechend weisen die Einzel-Gewinn-und Verlustrechnungen der beteiligten Unternehmen auch Erträge und Aufwendungen aus diesen konzerninternen Geschäften aus. Unter dem Gesichtspunkt der wirtschaftlichen Einheit dürfen diese Beträge in der konsolidierten Gewinn- und Verlustrechnung nicht enthalten sein und müssen daher eliminiert werden. Die Eliminierung kann dabei durch Aufrechnung korrespondierender Aufwendungen und Erträge und/oder Umgliederung in andere GuV-Positionen geschehen.

Nur zur Verdeutlichung sei darauf hingewiesen, dass sich dieses nur auf die in den Konzernabschluss einbezogenen Konzernunternehmen bezieht. Die Konzern-GuV kann also durchaus Erträge und Aufwendungen aus konzerninternen Geschäften mit nicht konsolidierten Konzernunternehmen enthalten.

Vom Grundsatz her ist zu unterscheiden zwischen der

1. Konsolidierung der Innenumsatzerlöse der
2. Konsolidierung anderer Erträge und der
3. Konsolidierung innerkonzernlicher Ergebnisübernahmen.

Die Konzern-GuV ist nach dem Schema des § 275 Abs. 2 bzw. Abs. 3 wahlweise nach dem Gesamtkosten - oder dem Umsatzkostenverfahren aufzustellen. Da prinzipiell nach beiden Verfahren erstellte Einzel-Gewinn- und Verlustrechnungen in eine Konzern-GuV einfließen, müssten diese vor ihrer Zusammenführung eine Vereinheitlichung im Sinne einer HB II erfahren. Da dieses jedoch sehr aufwendig ist, sollten die Einzel-Gewinn- und Verlustrechnungen konzernweit nach einem einheitlichen Verfahren erstellt werden, wobei eine originäre Ausrichtung an den wichtigsten und meisten Konzernunternehmen erfolgen sollte.

Sofern Erträge und Aufwendungen aus konzerninternen Geschäften für die Vermittlung eines den tatsächlichen Verhältnisses entsprechendes Bild der Vermögens-, Finanz- und Ertragslage von untergeordneter Bedeutung sind, kann gemäß § 305 Abs. 2 HGB auf eine Eliminierung verzichtet werden.

Erlöse aus Lieferungen und Leistungen zwischen verbundenen Unternehmen sind in Abhängigkeit des zugrundeliegenden Geschäftes entweder mit den auf Sie entfallenden Aufwendungen zu verrechnen oder als Erhöhung der Bestände an fertigen oder unfertigen Erzeugnissen oder als andere aktivierte Eigenleistung auszuweisen. Entsprechend kommen aus der Perspektive der rechtlichen Einheit dabei die folgenden Fälle in Betracht:

- Verrechnung von Innenumsatzerlösen mit den Aufwendungen
- Verrechnung von Innenumsatzerlösen mit Bestandsveränderungen
- Umgliederung in Bestandsveränderungen
- Umgliederung in aktivierte Eigenleistungen.

Konkret richtet sich die Behandlung der Innenumsatzerlöse danach, ob die Erzeugnisse innerhalb des Konzerns (Konzernerzeugnis) hergestellt wurden oder nicht (Fremderzeugnis), und ob die Lieferung zur Weiterveräußerung bestimmt ist (Lieferung in das Umlaufvermögen) oder nicht (Lieferung in das Anlagevermögen).

4.2.2 Durchführung der Aufwands- und Ertragskonsolidierung

Wie eingangs dargestellt, werden für die Darstellung der Auswirkungen auf die Konzern-GuV zwei Szenarien betrachtet:

1. Szenario:	Die *Melinda AG* verkauft die Komponenten bis zum Abschlussstichtag ohne Weiterverarbeitung vollständig (an Konzernfremde)

Ebenso wie in einem Einzelunternehmen sind eigene Erzeugnisse, die auf Lager genommen werden (um anschließend verkauft zu werden), in einer GuV nach dem Gesamtkostenverfahren in Höhe der Herstellungskosten als Bestandserhöhung auszuweisen. Analog zur Behandlung im Einzelabschluss darf dabei ein Erfolg nicht ausgewiesen werden.

Entsprechend müssen in der Summen-GuV die Innenumsatzerlöse aus dem Verkauf von Konzernerzeugnissen in das Umlaufvermögen eines anderen Konzernunternehmens mit dem Materialeinsatz aus dem Verkauf dieser Erzeugnisse an Konzernfremde saldiert werden. Dabei können Differenzen auftreten, die entweder als Bestandserhöhung oder als Bestandsminderung zu interpretieren sind. Sind die Innenumsatzerlöse dabei höher als der Materialeinsatz, so liegt eine Bestandserhöhung an diesen Erzeugnissen vor. Im umgekehrten Falle, wenn also die Innenumsatzerlöse geringer sind als der Materialeinsatz liegt dagegen eine Bestandsminderung vor. Die Bestandsveränderungen sind in der Konzern-GuV auf diese Posten umzugliedern.

Im vorliegenden Falle ist eine Konsolidierung von Zwischenerfolgen nicht erforderlich, da eine Erfolgsrealisierung durch die Annahme eines Verkaufs an Konzernfremde am Bilanzstichtag realisiert ist.

	GuV HIT		GuV Melinda		Konsolidierung		Konzern-GuV	
	Soll	Haben	Soll	Haben	Soll	Haben	Soll	Haben
Umsatzerlöse		50.000		62.500	50.000			62.500
Materialaufwand	22.500		50.000			50.000	22.500	
Personalaufwand	17.500						17.500	
Jahresüberschuss	10.000		12.500				22.500	
Summe	50.000	50.000	62.500	62.500	50.000	50.000	62.500	62.500

Tabelle 4.5: Konsolidierung von Innenumsatzerlösen (Szenario 1)

2. Szenario: Die *Melinda AG* verarbeitet die Komponenten weiter, hat sie am Abschlussstichtag jedoch noch vollständig auf Lager

In diesem Falle werden Bestandserhöhungen aus der Einzel-GuV, die durch weiterberarbeitete, bezogener Konzernerzeugnisse entstehen zu Lasten des Jahresüberschusses um Zwischengewinne gekürzt bzw. um Zwischenverluste erhöht.

	GuV HIT		GuV Melinda		Konsolidierung		Konzern-GuV	
	Soll	Haben	Soll	Haben	Soll	Haben	Soll	Haben
Umsatzerlöse		50.000			50.000			
Materialaufwand	22.500		50.000			50.000	22.500	
Personalaufwand	17.500		10.000				27.500	
Bestandserhöhung				60.000	10.000			50.000
Jahresüberschuss	10.000					10.000		
Summe	50.000	50.000	60.000	60.000	60.000	60.000	50.000	50.000

Tabelle 4.6: Konsolidierung von Innenumsatzerlösen (Szenario 2)

5 Zusammenfassung

Die Fallstudie verdeutlicht zweierlei. Auf der einen Seite sollte aufgezeigt werden, dass die Erarbeitung und Umsetzung von Wachstumsstrategien, die nicht selten durch Übernahmen geeigneter Unternehmen erfolgen, nicht allein Angelegenheit der Strategieabteilungen ist. Die damit verbundenen Auswirkungen auf das Zahlenwerk so entstehender oder sich verändernder Konzernstrukturen bedürfen einer zusätzlichen Einbeziehung des Rechnungswesens. Dabei ist es von hoher Bedeutung, dass das Rechnungswesen nicht erst dann in das Projekt eingebunden wird, wenn die Übernahme juristisch bereits vollzogen ist. Da eine Konsolidierung erhebliche Auswirkungen auf wesentliche Kennzahlen haben kann, erscheint eine Einbeziehung des Rechnungswesens bereits in der Planungsphase als unumgänglich. Auf der anderen Seite sollte verdeutlicht werden, dass die Rechnungslegung in einem Konzern hinsichtlich ihrer Komplexität mitunter deutlich über die Grundlagen der Rechnungslegung hinausgeht. Große Unternehmen können hierbei regelmäßig auf ein breites Erfahrungsspektrum und auf entsprechende interne (und externe) Ressourcen zurückgreifen. Unternehmensübernahmen sind aber zunehmend auch im Mittelstand zu beobachten. Da man hier in der Regel weniger Routine in der Abwicklung hat und meistens nicht auf einen Pool entsprechender Mitarbeiter zurückgreifen kann, müssen sich gerade mittelständische Unternehmen verstärkt um den Aufbau entsprechender Kompetenzen in diesem Bereich bemühen.

6 Literatur

Coenenberg, A.G.; Haller, A.; Schultze, W.: Jahresabschluss und Jahresabschlussanalyse, 21. Auflage, Stuttgart 2009.

Ditges, J.; Arendt, U.: Bilanzen, 13. Auflage, Herne 2010.

Küting, K.; Weber, C.-P.: Der Konzernabschluss. Praxis der Konzernrechnungslegung nach HGB und IFRS, 12. Auflage, Stuttgart 2010.

Küting, K.; Weber, C.-P. (2009): Die Bilanzanalyse, 9. Auflage, Stuttgart 2009.

Küting, K.; Pfitzer, N.; Weber, C.P. (2008): Das neue deutsche Bilanzrecht, Stuttgart 2008.

Meyer, C. (2010): Bilanzierung nach Handels- und Steuerrecht, 21. Auflage, Herne 2010.

Messung von Aktienkursrisiken mit dem Value-at-Risk

Stefan Stein / Daniel Kaltofen

Inhaltsverzeichnis

1 Risikomanagement in betriebswirtschaftlicher Perspektive

„Die beispiellose Finanzkrise stellte 2008 auch die Deutsche Bank vor ungeahnte Schwierigkeiten. [...] Unser Geschäftsmodell hat sich zwar als vergleichsweise robust erwiesen. Wir konnten jedoch nicht verhindern, dass unsere Aktionäre, Kunden, Mitarbeiter und das gesellschaftliche Umfeld durch die extremen Marktverwerfungen zum Teil erhebliche Einbußen und Belastungen hinnehmen mussten. [...] Als eine vorrangige Aufgabe zugunsten ihrer Eigentümer sieht es die Deutsche Bank an, im Einklang mit dem Markt der sehr negativen Kursentwicklung ihrer Aktie entgegenzuwirken. Wir identifizieren die im eigenen Haus liegenden Ursachen für Verluste und leiten Gegenmaßnahmen ein. Ziele sind vor allem eine starke Kapitalausstattung sowie die Sicherstellung künftiger Ertragsquellen. Außerdem gilt es, das Risikomanagement weiter zu verfeinern, um Gefährdungspotenziale in unserem Geschäft noch früher zu erkennen." (Deutsche Bank AG, Geschäftsbericht 2008, S. 17)

Die Steigerung des Aktionärsvermögens ist die am häufigsten kommunizierte Zielstellung des Managements gerade börsennotierter Unternehmen. Branchenunabhängig sind wertorientierte Größen fester Bestandteil des Controllings, vom Shareholder-Value des Gesamtunternehmens bis hin zum Value-at-Risk einer bestimmten risikobehafteten Position. Indes hat dies in der Vergangenheit nicht automatisch zu wertsteigernden Aktivitäten im täglichen Handeln des Managements geführt. Trotz vorhandener Messsysteme ist längst nicht überall eine wertorientierte Unternehmensführung etabliert. Wie das vorangestellte Zitat aus dem 2008er Geschäftsbericht der Deutschen Bank deutlich macht, gefährden zudem schlagend werdende Risiken (auch als Folge eines nicht-wertorientierten Handelns) den vom Management aufgestellten Shareholder-Value-Plan (*„sehr negative Kursentwicklung der Aktie"*).

Zwischen dem Shareholder-Value und den zu seiner Erreichung eingegangenen Risiken bestehen Wechselwirkungen, die sich gegenseitig verstärken: So sind grundsätzlich bestimmte, von den Aktionären (und anderen Kapitalgebern) geforderte Renditen vom Unternehmen nur bei Eingehen eines bestimmten Risikos zu erzielen. Schlagend werdende Risiken wiederum beeinflussen sowohl den Cashflow des Unternehmens als auch seine Kapitalkosten durch die als Kompensation verlangte Risikoprämie und damit den Diskontierungszins einer Wertrechnung.[1]

In dieser Sichtweise fällt dem Risikomanagement die Aufgabe zu, den Shareholder-Value-Plan vor Beeinträchtigungen zu schützen („*Gefährdungspotenziale in unserem Geschäft noch früher erkennen*").

Während das Wertmanagement prüft, ob eine geplante Risikonahme überhaupt lohnt („*Sicherstellung künftiger Ertragsquellen*"), muss das Risikomanagement klären, ob das Unternehmen sich ein bestimmtes Risiko überhaupt leisten kann. Hierbei muss das Management die gesamte Risikoposition des Unternehmens im Auge behalten („*Ursachen für Verluste identifizieren*", „*starke Kapitalausstattung*"). Das nach Diversifikation, Übertragung, Versicherung etc. von Verlustgefahren gemessene Risikopotenzial muss durch entsprechende Risikoträger abgedeckt sein. Als solche Verlustausgleichsreserven kommen der Bestand an offen gezeigtem, bilanziellem und an darüber hinaus vorhandenem Eigenkapital sowie die laufenden Aufstockungen des Eigenkapitals durch Gewinnthesaurierung in Betracht.

Zielkonflikte zwischen beiden Bereichen sind zu lösen, z. B. im Hinblick auf die Ressource Eigenkapital, die die Unternehmensleitung aus Gründen der Risikoabdeckung unter Umständen höher dimensionieren würde als vor dem Hintergrund einer mindestens geforderten Eigenkapitalrendite.

Abbildung 1.1 zeigt ein Kreislaufmodell, das die zentralen Bausteine eines adäquaten Risikomanagementprozesses enthält („ABC des Risikomanagements").[2] Aus-

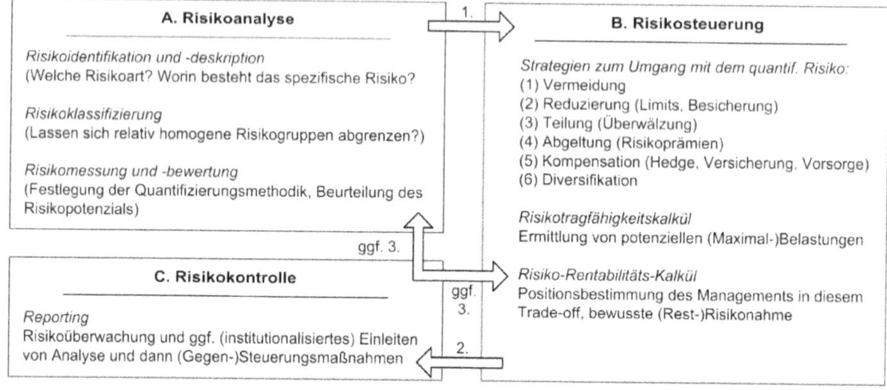

Abbildung 1.1: ABC des Risikomanagements

1 Vgl. ausführlich Paul/Horsch/Stein (2005).

2 In Anlehnung an Süchting/Paul (1998), S. 481.

gangspunkt sind die aus dem gewählten Geschäftsmodell heraus resultierenden spezifischen Risiken. Diese bedürfen zunächst einer tiefgreifenden Analyse. Erst dann kann die Risikosteuerung und anschließende Kontrolle im Rahmen von Soll/Ist-Abgleichen erfolgen.

Im Folgenden vertiefen wir den Aspekt der Risikoanalyse und gehen vor allem auf die Messung und Bewertung unterschiedlicher Risiken einschließlich ihrer möglichen Verbundwirkungen ein.

2 Value-at-Risk als Maß für das Risiko

In der eingangs eingenommenen wertorientierten Sichtweise bezieht sich das Risiko in erster Linie auf die Zahlungsströme sowie die resultierenden (Bar-)Werte eines Untersuchungsobjekts, sei es nun z. B. ein einzelnes Wertpapier, ein Wertpapierportfolio oder ein Unternehmen als Ganzes.[3] In Theorie und Praxis hat sich dazu der von J.P. Morgan entwickelte Value-at-Risk (VaR) als das zentrale Messkonzept zur Quantifizierung von Risiken etabliert. Unterschiedliche Risikokategorien wie z. B. Marktpreis-, Geschäfts-, Liquiditäts- oder Ausfallrisiken sollen auf Basis einer unterstellten Verlustverteilung mit ein und derselben Messvorschrift erfasst und unter Berücksichtigung von Risikoverbundeffekten zum Risikopotenzial des Gesamtunternehmens aggregiert werden. Mit dem gemessenen Gesamtrisiko wird gleichzeitig die Mindesthöhe des zur Verlustdeckung vorzuhaltenden Risikokapitals bestimmt (Risikotragfähigkeitskalkül).

Der VaR ist definiert als die in Geldeinheiten geschätzte negative Wertänderung einer riskanten Vermögensposition oder eines Portfolios, die mit einer festgelegten Vertrauenswahrscheinlichkeit innerhalb einer festgelegten Haltedauer nicht überschritten wird.[4] Er zählt zu den Downside-Risikomaßen, d.h. betrachtet wird ausschließlich die Verlustseite einer Verteilung. Abbildung 2.1 veranschaulicht die Idee des VaR-Konzeptes grafisch.

Dort sind den Gewinnen und Verlusten eines Aktienportfolios Eintrittswahrscheinlichkeiten auf Basis der Häufigkeit ihres Auftretens in der Vergangenheit zugeordnet worden (siehe „1." in Abbildung 2.1), hier dargestellt in Form einer Wahrschein-

---

3 Vgl. Jorion (2007) und Dörschell/Franken/Schulte (2009), S. 13.

4 Vgl. Uhlir/Aussenegg (1996), S. 832.

lichkeitsdichtefunktion (2.). Kleinere Wertänderungen sind erfahrungsgemäß wesentlich wahrscheinlicher als hohe, aber deutlich seltenere Verluste. Auf Basis dieser Dichtefunktion ist es im nächsten Schritt möglich, auf künftige Verluste mit verschiedenen Vertrauenswahrscheinlichkeiten ($1-\alpha$, mit $1 \geq \alpha \geq 0$) zu schließen (Repräsentationsschluss, 3.). Der VaR auf dem ($1-\alpha$)-Niveau korrespondiert aus mathematischer Sicht mit dem α-Quantil der oben beschriebenen Dichtefunktion (4.). Besteht etwa Interesse am VaR mit einer Vertrauenswahrscheinlichkeit von $1-\alpha$ $1-\alpha$ = 99 %, so würde man an der Stelle des 1 %-Quantils ablesen, unter welcher Verlustschwelle 99 % und über welcher 1 % aller Fälle wahrscheinlich liegen. Diese wahrscheinliche maximale negative Marktpreisänderung wird auf den aktuellen Marktpreis des Vermögenswertes („heute") angewandt und die Vermögensposition neu bewertet („morgen"). Die Differenz von aktuellem Marktwert und prognostiziertem wahrscheinlichen Worst Case ist der für den Vorhersagezeitraum erwartete Maximalverlust (=VaR).

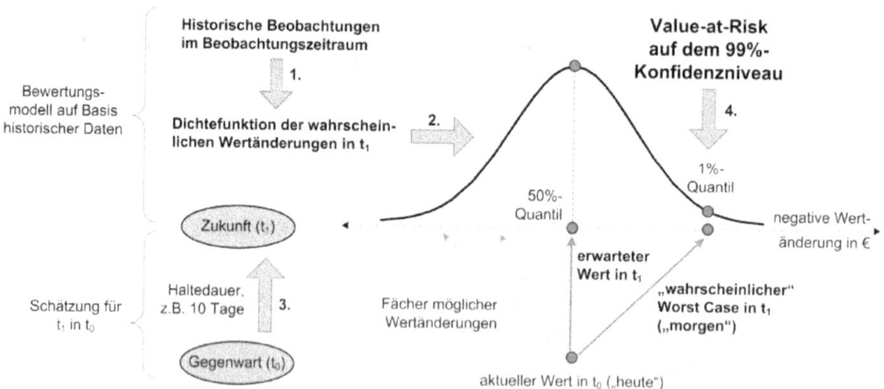

Abbildung 2.1: Idee des Value-at-Risk-Ansatzes

Wichtig zu sehen ist, dass der VaR nicht *der* Maximalverlust im Worst Case ist, sondern der höchste erwartbare Verlust auf dem gewählten Konfidenzniveau. Im Beispiel der Abbildung 2.1 mit einer Vertrauenswahrscheinlichkeit von 99 % werden Teile der möglichen Verluste – hier „nur" 1 % aller Fälle – aus der Betrachtung ausgeblendet. Dabei handelt es sich allerdings um jene Extremszenarien, die zwar mit einer sehr geringen Wahrscheinlichkeit belegt sind, die dafür aber eben mit extrem hohen Verlusten einhergehen.

Viele Unternehmen fühlen sich überfordert, für die in solchen Extremszenarien auftretenden Verluste Vorsorge treffen zu können. Die Wahl der Vertrauenswahrscheinlichkeit ist daher Spiegelbild des „Risikoappetits" des Managements: Je vorsichtiger die Unternehmensleitung, desto höher das Konfidenzniveau, desto höher dann jedoch auch der VaR, weil immer mehr mögliche Zustände möglicher Wertänderungen erfasst werden. *Der VaR macht insofern aber keine Angabe über den tatsächlichen Maximalverlust und ist überhaupt nur vor dem Hintergrund des jeweiligen Konfidenzniveaus interpretierbar.*

Schon hier wird deutlich: Es gibt nicht *das* dem Betrage nach „richtig" gemessene Risiko. Gemessene Risikobeträge variieren je nach VaR-Verfahren, getroffenen Entscheidungen für die Auswahl der Input-Daten sowie der Parametrisierung der Rechenmodelle. In jedem Falle werden benötigt:

- eine Verlustverteilung für den (die) untersuchten Risikofaktor(en) sowie
- funktionale Aussagen (a) über die Verknüpfung der Risikofaktoren untereinander mit Blick auf die Wertänderung einer einzelnen Vermögensposition bzw. (b) hinsichtlich der Wertänderung eines ganzen Portfolios (inklusive z. B. der Analyse von Einzel-/Marginalbeiträgen zur Veränderung der Gesamtrisikoposition).

3 Fallstudie zur Messung von Aktienkursrisiken

Während der Finanzmarktkrise war es aufgrund der Turbulenzen an den Kapitalmärkten um die Risikotragfähigkeit vieler Unternehmen – darunter vor allem Banken – schlecht bestellt. Zu diesem Schluss ist auch Dr. Argan, seines Zeichens Vorstandsvorsitzender der Hypo Chonder Privatbank AG gekommen. Sein Wunsch ist es, in naher Zukunft sämtliche Aktienkursrisiken seines Hauses endlich einmal adäquat bewertet zu wissen. Das von ihm zusammengestellte Portfolio steht ganz im Zeichen der Medizin. Neben 40.000 Aktien der Fresenius Medical Care AG (FMC), enthält es 30.000 Aktien der Bayer AG, 25.000 Aktien der Sanofi-Aventis S.E. (Sanofi) sowie 20.000 Aktien der Carl Zeiss Meditec AG (CZM).

Auf der Suche nach einer passenden Risikomessmethode stößt Argan zufällig auf einen Report seines wichtigsten Wettbewerbers. Er liest dort:

- Wir berechnen den Value-at-Risk mit dem *Konfidenzniveau* von 99 % und einer *Haltedauer* von *einem Tag*. Das bedeutet, wir gehen von einer Wahrscheinlichkeit von 1 zu 100 aus, dass ein Mark-to-Market-Verlust aus unseren Handelspositionen mindestens so hoch sein wird wie der berichtete Value-at-Risk-Wert. Für die aufsichtsrechtlichen Meldezwecke beträgt die Haltedauer *zehn Tage.*

- Wir verwenden *historische Marktdaten*, um den Value-at-Risk zu bestimmen. Als Basis dient eine *historische Beobachtung über 261 gleich gewichtete Handelstage.* Bei der Berechnung wird ein Monte-Carlo-Simulations*verfahren* angewandt, wobei wir davon ausgehen, dass Änderungen in den *Risikofaktoren* einer bestimmten *Verteilung* folgen, zum Beispiel der Normalverteilung oder logarithmischen Normalverteilung. Zur Berechnung des aggregierten Value-at-Risk benutzen wir über denselben 261-Tages-Zeitraum beobachtete *Korrelationen* zwischen den Risikofaktoren.
- „*Diversifikationseffekt*" bezeichnet den Effekt, dass an einem beliebigen Tag der *aggregierte Value-at-Risk* niedriger ausfällt als die Summe der Value-at-Risk-Werte für die einzelnen [Handelsbereiche]. Würde man zur Berechnung des aggregierten Value-at-Risk einfach die Value-at-Risk-Werte der einzelnen Risikoklassen addieren, so müsste davon ausgegangen werden, dass die Verluste in allen Risikokategorien gleichzeitig auftreten.[5]

Argan plant, beim nächsten Vorstandsmeeting von diesem Konzept zu berichten und bereits konkrete Ergebnisse zu liefern. Vor allem die im Report kursiv hervorgehobenen Stichworte interessieren ihn. Deswegen beauftragt er Angélique, die Leiterin des Risiko-Controllings seines Hauses, den VaR für die von der Hypo Chonder Bank gehaltenen Aktien zu berechnen.

Aufgabe 1

Berechnen Sie für Angélique den VaR für den Bestand an FMC-Aktien per heutigem Datum (t_0). Können Sie Dr. Argan garantieren, dass Verluste größer als der errechnete VaR-Wert nunmehr verlässlich ausgeschlossen sind? Ein Blick in das Handelssystem der Bank zeigt für t_0 sowie für die vorausgegangenen 10 Handelstage folgende Schlusskurse:

Aufgabe 2

Welchen VaR errechnet Angélique für das gesamte Aktienportfolio? Warum ist das Portfolio-Risiko kleiner als die Summe der gemessenen Einzelrisiken der verschiedenen Aktien?

Aufgabe 3

Wie verändert sich der VaR, wenn man statt auf eine Haltedauer von einem Handelstag auf eine zehn Mal so lange Haltedauer abstellt?

---

5 Deutsche Bank AG (2010), S. 81 und 84 (eigene Hervorhebungen).

Handelstag t	Schlusskurse X_t			
	FMC	Bayer	Sanofi	CZM
−10	36,81 €	51,04 €	54,41 €	11,99 €
−9	36,55 €	50,81 €	53,74 €	11,83 €
−8	36,10 €	49,28 €	52,92 €	11,90 €
−7	36,64 €	49,48 €	53,79 €	11,84 €
−6	36,69 €	49,61 €	53,30 €	12,26 €
−5	37,13 €	50,00 €	53,87 €	12,63 €
−4	36,99 €	49,20 €	54,30 €	13,07 €
−3	36,23 €	48,35 €	53,66 €	12,65 €
−2	36,12 €	46,82 €	51,75 €	12,43 €
−1	36,38 €	47,56 €	52,92 €	12,27 €
0	36,29 €	47,84 €	52,35 €	12,22 €

Tabelle 3.1: Schlusskurse X_t von t_{-10} bis t_0

Aufgabe 4

Wie könnte ein Stressszenario wie die Kursstürze an den Kapitalmärkten während der Finanzmarktkrise 2008/09 in den Portfolio-VaR eingerechnet werden? Welche Handlungsempfehlungen wird Angélique ihrem Chef unterbreiten?

Aufgabe 5

Angélique macht ihren Chef auf die Möglichkeit aufmerksam, den VaR um ein „noch besseres" Risikomaß zu ergänzen. Helfen Sie ihr bei der Berechnung des sog. Expected Shortfall für das Gesamtportfolio der Hypo Chonder Bank. Interpretieren Sie das Ergebnis.

4 Lösungskonzepte: Stellschrauben der Value-at-Risk-Berechnung

Eingangs jeder VaR-Berechnung ist es erforderlich, die preisbestimmenden *Risikokategorien* der betrachteten Risikoposition (hier: Aktien) zu identifizieren. Diese sind z. B. für ausländische Aktien Währungs- und Kursrisiken, für Devisenoptionen Zinsänderungs-, Währungs-, Volatilitäts- und Zeitwertrisiken. Zu beachten ist, dass nicht die unmittelbaren Beobachtungen (z. B. Aktien- oder Devisenkurse) der Risikoposition, sondern die sich aus der Entwicklung dieser Größen ergebenden Veränderungsraten (Renditen) als *Risikofaktor* Verwendung finden sollten. Für den Risikofaktor ist eine Verlust- bzw. Gewinn- und *Verlustverteilung* zu bestimmen, aus der dann der VaR (und auch der in Aufgabe 5 angesprochene Expected Shortfall) abgeleitet werden können.

Hierfür hat der Anwender die Wahl zwischen verschiedenen Ermittlungsverfahren und weiteren Stellschrauben, die einerseits verfahrensabhängig (z. B. Anzahl von Simulationsläufen bei der Monte-Carlo-Simulation), andererseits verfahrensunabhängig sind (z. B. Bestimmung des Konfidenzniveaus). Abbildung 2.1 gibt hierzu einen Überblick des Möglichkeitsbereichs. Dabei ist zu beachten, dass jede Änderung einer der Stellschrauben eine (mehr oder weniger) große Änderung des errechneten VaR hervorruft. *Noch einmal: Es gibt nicht das dem Betrage nach „richtig" gemessene Risiko.*

Hinsichtlich möglicher *Ermittlungsverfahren* für die Gewinn- und Verlustverteilungsfunktion eines Risikofaktors (hier: Aktienkursrenditen) werden analytische Ansätze von Simulationen unterschieden.[6] Grundlage analytischer Modelle sind theoretische Verteilungsannahmen des Risikofaktors wie etwa die Normalverteilung im Varianz-Kovarianz-Modell[7]. Historische Daten werden dazu verwendet, die Parameter der analytischen Verteilung (im Falle z. B. der Normalverteilung also μ und σ) zu schätzen. Im Gegensatz dazu ergibt sich bei Simulationsmodellen die Verteilung des Risikofaktors direkt aus historischen Realisierungen (Historische Simulation) oder es können wie bei der ebenfalls als Industriestandard geltenden Monte-Carlo-Simulation Verteilungen beliebiger Art vorgegeben werden, für die dann sehr viele Ausprägungen per Zufallsgenerator erzeugt werden.

Die *Aussagefähigkeit* analytischer VaR-Modelle steht und fällt mit der Güte der Verteilungsannahmen für den Risikofaktor. Insbesondere dort, wo in der Praxis aus Gründen der Einfachheit die Normalverteilungsannahme getroffen wird, die Risikofaktoren aber tatsächlich nicht normalverteilt sind, kann eine solche Vorgehensweise zu gefährlichen Fehlprognosen für das Risiko führen. Die Historische Simulation ersetzt dagegen eine Theoriefundierung durch reine Vergangenheitsorientierung. Einerseits werden zwar historische Extremszenarien und bei Portfoliobetrachtungen

6 Für eine ausführliche Betrachtung etablierter VaR-Konzepte vgl. Horsch/Schulte (2010), S. 16ff.

7 Das Varianz-Kovarianz-Modell (in der Literatur auch als „analytisches Grundmodell" bezeichnet) existiert in zwei Varianten: dem Delta-Normal-Ansatz, der verwendet wird, wenn die Beziehung zwischen Risikofaktor und der Risikoposition linear ist (wie z. B. bei Aktien), und dem Delta-Gamma-Ansatz, der bei nicht-linearen Finanzinstrumenten (wie z. B. Optionen) bevorzugt wird. Vgl. ausführlich Hager (2004), S. 103–119.

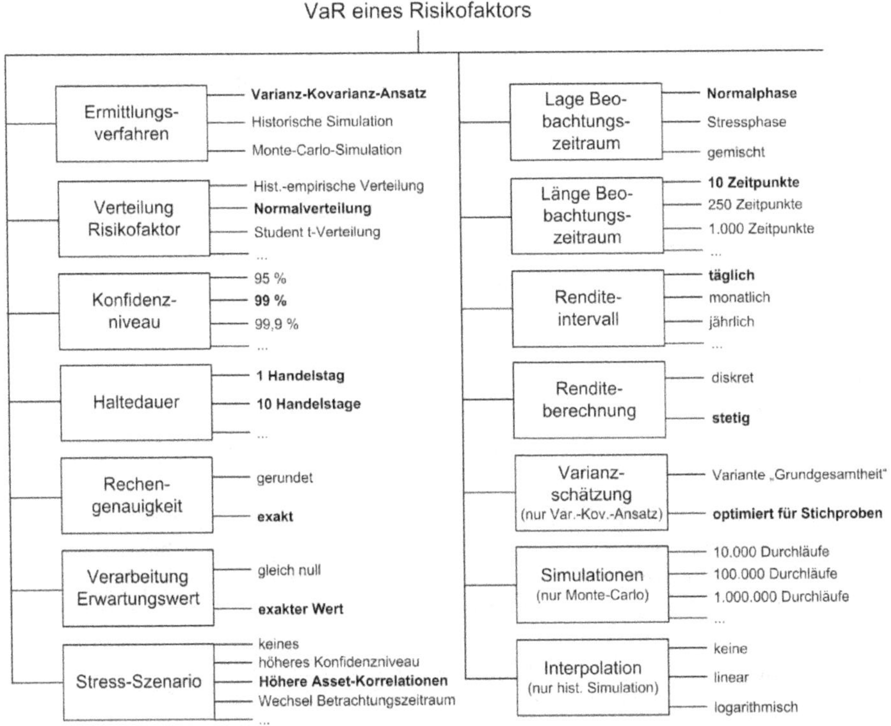

Abbildung 4.1: Zentrale Stellschrauben bei der Berechnung des VaR

Risikoverbundeffekte quasi automatisch integriert. Andererseits kann die Methode ausschließlich die rückblickend festgestellte Entwicklung der Risikofaktoren berücksichtigen. Der größte Vorteil der Monte-Carlo-Simulation ist die Flexibilität der Methode. Sie eignet sich in Situationen, in denen komplexe Risikostrukturen auf Portfolioebene zusammengefasst werden sollen. Der Anwender ist bei der Wahl der Verteilung einzelner Risikofaktoren frei und gewinnt durch die selbst modellierte Verknüpfung einzelner Renditeverteilungen eine zuvor in ihrer mathematischen Form unbekannte Gesamtverteilung. Indes sind die Annahmen des Zufallsexperiments nicht weniger problematisch nachzuweisen als die der Historie. Vor allem bringt die Methode einen hohen Kommunikationsaufwand wegen des Black-Box-Charakters der zufallsgenerierten Szenarien mit sich.

Die von den Ermittlungsverfahren ausgewertete Periode historischer (Kurs-)Daten wird als *Beobachtungszeitraum* bezeichnet. Kürzere Zeitfenster weisen einen stärkeren Zeitbezug zu den aktuellen Marktentwicklungen auf, implizieren jedoch gleichzeitig ein höheres Risiko von Fehleinschätzungen durch die geringere Datenbasis. Längere Beobachtungszeiträume (z. B. > 200 Messpunkte, Handelstage) sind aus diesem Grund kürzeren gegenüber zu bevorzugen. Ferner hebt die *zeitliche Lage* des Beobachtungszeitraums in einer Phase volatiler Ausprägungen des Risikofaktors wie z. B. zuletzt im Verlauf der globalen Finanzmarktkrise den VaR mitunter erheblich an. Der Anwender muss darüber hinaus unter Berücksichtigung des Sachproblems sowie der Datenverfügbarkeit über die Länge der *Messintervalle* (z. B. täglich, monatlich, jährlich) entscheiden.

Synonym für Risikohorizont bezeichnet die *Haltedauer* jene Zeitspanne, für die der VaR Prognosekraft besitzt. Prinzipiell ist die Haltedauer mit dem Messintervall während des Beobachtungszeitraums identisch. Spezielle Ansätze ermöglichen die Skalierung des VaR einer kürzeren Haltedauer auf längere Zeiträume und umgekehrt. Seitens der Bankaufsichtsbehörden wird für Marktpreisrisiken beispielsweise eine Haltedauer von zehn Handelstagen verlangt, d.h. zwischen Bewertungstag und Ende der Haltedauer liegt ein Zeitraum von zehn Tagen.

Das vom Anwender zu spezifizierende *Konfidenzniveau* $1-\alpha$ des VaR bestimmt das Grenzquantil der geschätzten Ausprägungen des Risikofaktors. Die darüber am Verteilungsrand hinausgehenden $(\alpha \cdot 100)\,\%$ der Realisierungen mit den höchsten Verlusten bleiben unberücksichtigt. Wie bereits erwähnt, ist die Wahl des Konfidenzniveaus Spiegelbild des Risikoappetits des Managements. Höhere Konfidenzniveaus implizieren höhere Risikobeträge und damit auch eine höhere Dotierung an Risikodeckungsmasse und vice versa.

Konzeptionell bedarf der VaR eigentlich nicht der Berücksichtigung zusätzlicher *Stresselemente*. Grundsätzlich kann ein Stressszenario über die Anhebung des Konfidenzniveaus berücksichtigt werden. Die Finanzmarktkrise hat dennoch gezeigt, dass der VaR die realisierten Verluste unterschätzen kann, wenn die zur Zukunftsprognose herangezogenen historischen Daten einer normalen Marktphase entstammen.[8] Außerdem können die risikomindernden Verbundeffekte im Portfoliozusammenhang geringer ausfallen, weil in Krisenphasen die Renditen der verschiedenen Vermögensgegenstände stärker gleichgerichtet verlaufen. Insofern kommen sowohl eine Verschiebung des Beobachtungszeitraums in eine historische Stressphase als auch die Erhöhung der Assetkorrelationen als weitere Stresselemente infrage. Beides erhöht den VaR und trägt zu einer vorsichtig-konservativen Risikorechnung bei.

---

8 Vgl. z. B. die Darstellung im Risikobericht der Deutschen Bank (Deutsche Bank AG (2009), S. 98).

In Theorie und Praxis der VaR-Berechnung ist oftmals aus Gründen der Einfachheit die *Vernachlässigung des Erwartungswertes* der Verteilung eines Risikofaktors anzutreffen. Die Auswirkungen dieses Vorgehens können jedoch gravierend sein.[9]

In geringerem Maße beeinflussen den VaR die verwendete *Rechengenauigkeit*, die Entscheidung zwischen diskreter und stetiger *Renditeberechnung* sowie *weitere modellabhängige Parameter* wie zum Beispiel die Anzahl von Simulationsläufen, die Varianzschätzung etc.

Die Lösung der Fallstudie führen wir im folgenden Kapitel 5 anhand der in Abbildung 4.1 herausgehobenen Ausprägungen der vorgestellten Stellgrößen durch. Die Unterkapitel 5.1 bis 5.5 korrespondieren mit den Aufgaben 1 bis 5 der Fallstudie.

5 Lösung der Fallstudie

5.1 VaR-Berechnung für ein einzelnes Wertpapier

Zur Berechnung des VaR der FMC-Aktie mithilfe des Varianz-Kovarianz-Modells (Delta-Normal-Ansatz) orientieren wir uns an folgendem vierstufigen Raster:

1. Schritt: Definition des Risikofaktors
Als deutsche Aktiengesellschaft besteht für die Hypo Chonder Bank kein Wechselkursrisiko beim Investment in die genannten Aktien. Als einzig relevante Risikokategorie verbleibt das Aktienkursrisiko. Ausgehend vom aktuellen (in Euro gemessenen) Kurs $X_{FMC,0}$ besteht ein linearer Zusammenhang zum Kurs am nächsten Handelstag über $X_{FMC,1} = X_{FMC,0} \cdot (1 + r_{FMC,1})$. Wir verwenden daher die stetigen Tagesrenditen $r_{FMC,t}$ der Tagesschlusskurse der FMC-Aktie im Beobachtungszeitraum von $t = -10$ bis $t = 0$ als Ausprägungen des Risikofaktors:

$$r_{FMC,t} = \ln\left(\frac{X_{FMC,t}}{X_{FMC,t-1}}\right)$$

Für $t = -7$ erhalten wir beispielsweise:

$$\mu_{FMC,-7} = ln\left(\frac{36{,}64\ €}{36{,}10\ €}\right) = 1{,}48\%.^{10}$$

9 Vgl. hierzu Dowd (2005), 27–31.

10 Die Lösung der Fallstudie zeigt alle Ergebnisse auf zwei Dezimalstellen gerundet an, ist jedoch mit den exakten Werten berechnet worden.

Aus den elf in Tabelle 3.1 gegebenen Schlusskursen ($X_{FMC,t}$) resultieren so insgesamt zehn stetige Tagesrenditen für die FMC-Aktie:

Handelstag t	Renditen r_t			
	FMC	Bayer	Sanofi	CZM
−9	−0,71 %	−0,45 %	−1,24 %	−1,34 %
−8	−1,24 %	−3,06 %	−1,54 %	0,59 %
−7	1,48 %	0,41 %	1,63 %	−0,51 %
−6	0,14 %	0,26 %	−0,92 %	3,49 %
−5	1,19 %	0,78 %	1,06 %	2,97 %
−4	−0,38 %	−1,61 %	0,80 %	3,42 %
−3	−2,08 %	−1,74 %	−1,19 %	−3,27 %
−2	−0,30 %	−3,22 %	−3,62 %	−1,75 %
−1	0,72 %	1,57 %	2,24 %	−1,30 %
0	−0,25 %	0,59 %	−1,08 %	−0,41 %

Tabelle 5.1: Stetige Tagesrenditen r_t von t_{-9} bis t_0

2. Schritt: Berechnung der Parameter μ und σ

Die möglichen Ausprägungen des Risikofaktors sind im Varianz-Kovarianz-Modell annahmegemäß normalverteilt mit den Parametern μ (Erwartungswert) und σ (Standardabweichung), die es nun zu schätzen gilt. Dazu interpretieren wir die historisch beobachteten Renditen $r_{FMC,t}$ als im Zeitablauf stabile Zufallsziehungen der gesuchten N(μ; σ)-Verteilung für die unterstellte Haltedauer von einem Handelstag.

Zu den charakteristischen Eigenschaften der Normalverteilung zählt, dass die zufälligen Wertänderungen mit hoher Wahrscheinlichkeit um den Erwartungswert liegen, mit nur geringer Wahrscheinlichkeit weit vom Erwartungswert entfernt. Positive und negative Wertänderungen verteilen sich symmetrisch um den Erwartungswert. Unter diesen Voraussetzungen können um den Erwartungswert symmetrische Intervalle in Abhängigkeit von der Standardabweichung $[\mu - z_\alpha \cdot \sigma; \mu + z_\alpha \cdot \sigma]$ definiert werden, denen für jede beliebige Normalverteilung gleiche Wahrscheinlichkeiten dafür zugeordnet werden können, dass Ausprägungen der Zufallsvariablen des Risikofaktors inner- bzw. außerhalb des Intervalls liegen. Stets liegen z. B. 90 % aller Fälle im Intervall von je z = 1,65 Standardabweichungen um den Erwartungswert (siehe Abbildung 4). Mit einer Wahrscheinlichkeit von 5 % wird die untere Intervallgrenze unterschritten. Das Konfidenzniveau beträgt in diesem Fall 95 %. So viele Fälle liegen genau auf oder „rechts" von der unteren Intervallgrenze.

Als Eckwerte werden in der Praxis entweder ganzzahlige Vielfache von σ (z. B. das 2- oder 3-fache) oder „glatte" Konfidenzniveaus (z. B. 95 oder 99 %) herangezogen, so dass Aussagen wie „Unter Ansatz einer Wahrscheinlichkeit von x % wird der Verlust der betrachteten Risikoposition nicht höher ausfallen als y €".

Als Schätzer für den *Erwartungswert* μ fungiert das arithmetische Mittel der zuvor ermittelten T = 10 Tagesrenditen $r_{FMC,t}$ (siehe Tabelle 5.1):

$$\mu_{FMC} = \frac{1}{T} \sum_{t=-9}^{0} r_{FMC,t}, \text{ hier: } \mu_{FMC} = -0{,}14\ \%$$ [11]

Wird die *Standardabweichung* σ wie hier aus einer empirischen Stichprobe geschätzt, stellt die „Stichproben"-Standardabweichung, in welcher der Faktor $\frac{1}{T-1}$ anstelle $\frac{1}{T}$ verarbeitet ist, einen geeigneteren Ansatz dar:[12]

$$\sigma_{FMC} = \sqrt{\frac{1}{T-1} \sum_{t=-9}^{0} \left(r_{FMC,t} - \mu_{FMC}\right)^2}, \text{ hier: } \sigma_{FMC} = 1{,}09\ \%.$$

Die geschätzte Renditeverteilung lautet also N(−0,14 %; 1,09 %).

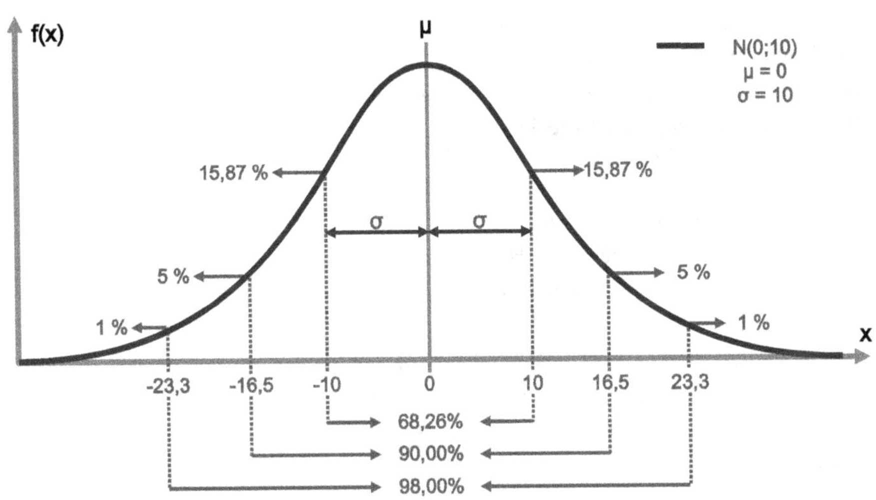

Abbildung 5.1: Eigenschaften der N(0;10)-Verteilung

---

11 In Microsoft Excel kann das arithmetische Mittel über den Befehl *MITTELWERT(<Renditen>)* berechnet werden, wobei *<Renditen>* für den Zellbezug auf die Werte von r_t (hier: Spalte „FMC" in Tabelle 5.1) steht.

12 Der Befehl für die Stichproben-Standardabweichung in Excel 2010 lautet *STABW.S(<Renditen>)*, während *STABW.N(<Renditen>)* die für Grundgesamtheiten geeignetere Variante darstellt. Bis einschließlich zur Version Excel 2007 lauten die entsprechenden Funktionen *STABW* (statt *STABW.S*) und *STABWN* (statt *STABW.N*).

3. Schritt: Prognose der kritischen Preisänderung

Sodann erfolgt auf dem 99 %-Konfidenzniveau die Prognose der für den nächsten Handelstag erwarteten maximalen Kursveränderung der FMC-Aktie. Die gesuchte kritische Preisänderung ist das α-Quantil (hier: 1 %-Quantil) der Normalverteilung N(−0,14 %; 1,09 %). Das ist aber nichts anderes als die unter Schritt zwei angesprochene untere Intervallgrenze. Während μ und σ schon aus Schritt zwei bekannt sind, bestimmt sich der Wert für z_α in Abhängigkeit des gewählten Konfidenzniveaus. Für ein gegebenes Konfidenzniveau 1−α kann z_α als α-Quantil der Standardnormalverteilung in entsprechenden Wertetabellen nachgeschlagen werden. Für das hier relevante 1 %-Quantil der Standardnormalverteilung beträgt $z_{1\%}$ gerundet –2,33.[13]

Die erwartete maximale Preisänderung für die FMC-Aktie lautet dann:

$$x_{1\%} = z_{1\%} \cdot \sigma_{FMC} + \mu_{FMC}$$

$$x_{1\%} = -2{,}33 \cdot 1{,}09\% + (-0{,}14\%)$$

$$x_{1\%} = -2{,}67\%$$

D.h. mit einer Wahrscheinlichkeit von 1−α = 99 % fällt die FMC-Aktie am nächsten Handelstag um nicht mehr als 2,67 %.

Sollte sich anders als hier kein Kursrückgang, sondern eine Kursveränderung größer null Prozent ergeben, so ist die kritische Preisänderung definitionsgemäß null. Es gilt also formal $min(z_{1\%} \cdot \sigma_{FMC} + \mu_{FMC};\ 0)$.

4. Schritt: Berechnung des VaR

Auf Basis dieses für den nächsten Handelstag erwarteten maximalen Kursrückgangs kann nun die Position an FMC-Aktien neu bewertet werden. Der für den Vorhersagezeitraum erwartete Maximalverlust ergibt sich aus der Verknüpfung

- des aktuellen Preises einer FMC-Aktie $X_{FMC,0}$ in t_0 (hier: 36,29 €/Aktie),
- der gehaltenen Menge an FMC-Aktien a_{FMC} (hier: 40.000 Stück) sowie
- der kritischen Preisänderung $x_{1\%}$ (hier: –2,67 %)

wie folgt:

$$VaR_{FMC} = -X_{FMC,0} \cdot a_{FMC} \cdot x_{1\%}$$

$$VaR_{FMC} = -36{,}29\ €/Aktie \cdot 40.000\ Aktien \cdot (-2{,}67\%)$$

$$VaR_{FMC} = 38.713\ €$$

13 Die Excel 2010-Funktion *NORM.S.INV(<α>)* generiert exakte z-Werte, wobei <α> hier 0,01 beträgt und $z_{1\%}$ mit −2,326347874… ausgegeben wird. Das Äquivalent in früheren Excel-Versionen stellt die Funktion *NORMINV(<α>;0;1)* dar.

Mit einer Wahrscheinlichkeit von 99 % erwarten wir also, dass die 40.000 FMC-Aktien am nächsten Handelstag nicht mehr als 38.713 € an Wert verlieren. Dennoch verbleibt ein Restrisiko von 1 %, dass Verluste oberhalb des VaR eintreten können. Im allerschlimmsten Fall könnten die Aktien völlig wertlos werden, der Kurs auf 0 € fallen. Ein solcher maximal möglicher, jedoch sehr unwahrscheinlicher Tagesverlust beträgt hier 36,29 €/Aktie · 40.000 Aktien = 1.451.600 €.

5.2 VaR-Berechnung für ein Wertpapierportfolio

Setzt sich wie bei der Hypo Chonder Bank das Portfolio aus mehreren Positionen zusammen, muss für die Abschätzung des Gesamtrisikopotenzials der Portfolio-VaR berechnet werden. Dafür wird die *gemeinsame Verteilung der Renditen der Einzelanlagen benötigt*. Sind wie hier die Renditen der einzelnen Wertpapiere annahmegemäß normalverteilt, ist auch die Rendite des gemeinsamen Portfolios (P) normalverteilt mit den Parametern μ und σ. Diese beiden Parameter der gemeinsamen Renditeverteilung $N(\mu_P; \sigma_P)$ müssen zunächst bestimmt werden. Danach entspricht die weitere Berechnung den Schritten 3 und 4 in Kapitel 5.1.

1. Schritt: Berechnung des Erwartungswertes für die Portfolio-Rendite μ_P
Die erwartete Portfolio-Rendite μ_P entspricht dem *gewichteten arithmetischen Mittel der erwarteten Renditen der (hier: n = 4) Einzelanlagen*. Die Gewichtung erfolgt über ihren Anteil w_i am Gesamtkurswert V_0 des Portfolios am Bewertungstag t_0:

$$\mu_P = \sum_{i=1}^{n} w_i \cdot \mu_i \quad \text{mit } w_i = \frac{X_{i,0} \cdot a_i}{V_0}$$

$$\text{und } V_0 = \sum_{i=1}^{n} X_{i,0} \cdot a_i$$

Aktie i	Marktpreis $X_{0,i}$	Menge a_i	Kurswert $X_{i,0} \cdot a_i$	Gewicht w_i	μ_i	σ_i	$VaR_{i,99\,\%}$
FMC	36,29 €	40.000	1.451.600 €	32,69 %	−0,14 %	1,09 %	38.713 €
Bayer	47,84 €	30.000	1.435.200 €	32,32 %	−0,65 %	1,67 %	64.926 €
Sanofi	52,35 €	25.000	1.308.750 €	29,48 %	−0,39 %	1,78 %	59.119 €
CZM	12,22 €	20.000	244.400 €	5,50 %	0,19 %	2,37 %	12.984 €
Portfolio-Kurswert V_0:			*4.439.950 €*	*Summe Einzel-VaR-Werte:*			*175.742 €*

Tabelle 5.2: Gewichte, Erwartungswerte, Standardabweichungen und Einzel-VaR-Werte

Die Anteile w_i der vier Aktienpositionen der Hypo Chonder Bank am gehaltenen Gesamtvolumen in Höhe von V_0 = 4.439.950 € können Tabelle 5.2 entnommen werden. Tabelle 5.2 enthält ebenfalls die Erwartungswerte der Renditen der Einzelanlagen. Während μ_{FMC} bereits aus Kapitel 5.1 bekannt ist, berechnen sich die drei weiteren Werte analog zur Vorgehensweise dort.

Der Erwartungswert μ_P des gemeinsamen Portfolios der vier Einzeltitel lautet:

$$\mu_P = w_{FMC} \cdot \mu_{FMC} + w_{Bay} \cdot \mu_{Bay} + w_{San} \cdot \mu_{San} + w_{CZM} \cdot \mu_{CZM}$$

$$\mu_P = -0{,}36\ \%.$$

2. Schritt: Berechnung des Portfolio-Risikos σ_P

Im Gegensatz zum Erwartungswert der Portfolio-Rendite lässt sich das Portfolio-Risiko σ_P nicht durch eine einfache Summenformel erfassen. Würde lediglich das gewichete arithmetische Mittel der Einzel-Standardabweichungen gebildet, blieben *Diversifikationseffekte* außer Acht. Sie treten ein, wenn Vermögensgegenstände in einem Portfolio zusammengefasst werden, deren Renditen sich nicht vollständig gleich entwickeln. Für das Portfolio der Hypo Chonder Bank sind in der oben eingeführten Tabelle 5.1 solche risikomindernden Wirkungen sehr gut erkennbar. So werden z. B. Verluste am Tag t=−4 bei der FMC- (−0,38 %) und der Bayer-Aktie (−1,61 %) durch Gewinne bei den beiden anderen Titeln (+0,80 bzw. +3,42 %) kompensiert.

Das Ausmaß der Gegen- bzw. Gleichläufigkeit der Entwicklung der Renditen zweier Vermögensgegenstände A und B wird über den Korrelationskoeffizienten $\rho_{A,B}$ erfasst, der stets Werte zwischen −1 und +1 annimmt.

Unter Beachtung der Anteile w_i mit denen die verschiedenen Einzelanlagen im Portfolio vertreten sind, lässt sich das Portfolio-Risiko σ_P im 2-Wertpapier-Fall so schreiben:

$$\sigma_P = \sqrt{w_A^2 \cdot \sigma_A^2 + w_B^2 \cdot \sigma_B^2 + 2 \cdot w_A \cdot w_B \cdot \sigma_A \cdot \sigma_B \cdot \rho_{A,B}}$$

Diese Formel ist dem Portfolio-Selection-Modell von Markowitz entlehnt und vermittelt folgende Einsichten:[14]

- Ist $\rho_{A,B}$ = +1, verlaufen die Renditen von A und B vollständig gleichgerichtet, und das Portfolio-Risiko entspricht der Summe der gewichteten Einzel-Standardabweichungen.

---

[14] Vgl. Süchting (1995), S. 365 und Schmidt/Terberger (1999), S. 312–324.

- Ist $-1 < \rho_{A,B} < +1$, vermindert sich also der Gleichlauf der Renditen, sinkt das Portfolio-Risiko unter diese Summe.
- Ist $\rho_{A,B} = -1$, sind die Renditen von A und B vollständig gegenläufig. Dann lässt sich auch bei unterschiedlichen Einzel-Risiken durch geschickte Gewichtung der Anteile der Wertpapiere im Portfolio dessen Risiko auf null reduzieren.

Mit zunehmender Anzahl der in das Portfolio eingehenden Einzelanlagen erhöht sich der Einfluss der Korrelationen auf das Risiko, wie aus der Darstellung in der übersichtlicheren Matrizenschreibweise für den 4-Wertpapier-Fall der Hypo Chonder Bank ersichtlich wird:[15]

$$\sigma_P = \sqrt{(w_A \cdot \sigma_A \quad w_B \cdot \sigma_B \quad w_C \cdot \sigma_C \quad w_D \cdot \sigma_D) \cdot \begin{pmatrix} 1 & \rho_{B,A} & \rho_{C,A} & \rho_{D,A} \\ \rho_{A,B} & 1 & \rho_{C,B} & \rho_{D,B} \\ \rho_{A,C} & \rho_{B,C} & 1 & \rho_{D,C} \\ \rho_{A,D} & \rho_{B,D} & \rho_{C,D} & 1 \end{pmatrix} \cdot \begin{pmatrix} w_A \cdot \sigma_A \\ w_B \cdot \sigma_B \\ w_C \cdot \sigma_C \\ w_D \cdot \sigma_D \end{pmatrix}}$$

mit A: Fresenius Medical Care AG (FMC), B: Bayer AG,
C: Sanofi-Aventis S.E. (Sanofi) und D: Carl Zeiss Meditec AG (CZM).

Für die Berechnung des Portfolio-Risikos σ_P der Hypo Chonder Bank müssen demnach noch „beschafft“ werden:

- die Standardabweichungen der Renditen für die Einzelpositionen Bayer, Sanofi und CZM (FMC liegt aus Kapitel 5.1 bereits vor) sowie
- die paarweisen Korrelationskoeffizienten der Tagesrenditen aller vier Aktienwerte.

Die Standardabweichungen der Renditen der weiteren Titel im Portfolio werden analog zur Vorgehensweise bei der FMC-Aktie berechnet. Die sich ergebenden Werte sind in Tabelle 5.2 hinterlegt.

Die paarweisen Korrelationen können – hier am Beispiel der Renditen von FMC und CZM – wie folgt berechnet werden:[16]

$$\rho_{FMC,CZM} = \frac{cov(r_{FCM}, r_{CZM})}{\sigma_{FMC} \cdot \sigma_{CZM}} = \frac{1}{T-1} \frac{\sum_{t=-9}^{0} \left(r_{FMC,t} - \mu_{FMC}\right) \cdot \left(r_{CZM} - \mu_{CZM}\right)}{\sigma_{FMC} \cdot \sigma_{CZM}}$$

---

15 Sind *<Gew-Std>* die Zellbezüge des Zeilenvektors der gewichteten Einzel-Standardabweichungen und *<KorrMat>* die der Korrelationsmatrix aus Tabelle 5.3, lautet eine einfache Excel-Anweisung für σ_P: *WURZEL{MMULT(<Gew-Std>;MMULT(<KorrMat>;MTRANS(<Gew-Std>)))}*. Zu beachten ist, dass zum Abschluss der Eingabe gleichzeitig Shift, Strg und Enter gedrückt werden muss.

16 Eine komfortable Umsetzung der Stichproben-Variante (auch hier: Division durch T−1 statt T) ist ab Excel 2010 möglich. Zur Berechnung der Kovarianz $cov(r_{FCM}, r_{CZM})$ im Zähler kann *KOVARIANZ.S(<Renditen1>; <Renditen2>)* verwendet werden, wobei *<Renditen1>* und *<Renditen2>* im Beispiel für die jeweils zehn Renditen von FMC und CZM stehen.

Die Koeffizienten zu allen möglichen paarweisen Kombinationen sind in Tabelle 5.3 zusammengefasst. Demnach ist der Renditegleichlauf erkennbar am stärksten zwischen Bayer und Sanofi, am niedrigsten zwischen Bayer und CZM ausgeprägt.

	FMC	*Bayer*	*Sanofi*	*CZM*
FMC	1	0,6723	0,6303	0,3875
Bayer	0,6723	1	0,7256	0,1863
Sanofi	0,6303	0,7256	1	0,2946
CZM	0,3875	0,1863	0,2946	1

Tabelle 5.3: Korrelationen für die Assets der Fallstudie

Jetzt sind alle Daten zu Berechnung des Portfolio-Risikos σ_P verfügbar:

$$\sigma_P = \sqrt{\begin{aligned}&(32{,}69\,\%\cdot 1{,}09\,\% \quad 32{,}32\,\%\cdot 1{,}67\,\% \quad 29{,}48\,\%\cdot 1{,}78\,\% \quad 5{,}50\,\%\cdot 2{,}37\,\%)\\ &\cdot \begin{pmatrix} 1 & 0{,}6723 & 0{,}6303 & 0{,}3875 \\ 0{,}6723 & 1 & 0{,}7256 & 0{,}1863 \\ 0{,}6303 & 0{,}7256 & 1 & 0{,}2946 \\ 0{,}3875 & 0{,}1863 & 0{,}2946 & 1 \end{pmatrix} \cdot \begin{pmatrix} 32{,}69\%\cdot 1{,}09\% \\ 32{,}32\%\cdot 1{,}67\% \\ 29{,}48\%\cdot 1{,}78\% \\ 5{,}50\%\cdot 2{,}37\% \end{pmatrix}\end{aligned}}$$

$$\sigma_P = 1{,}31\,\%$$

Die gemeinsame Verteilung der Renditen der Einzelanlagen folgt somit der Normalverteilung mit den Eigenschaften N(−0,36; 1,31 %).

3. Schritt: Prognose der kritischen Preisänderung

Zur Berechnung des Portfolio-VaR kann jetzt wie in Kapitel 5.1 die erwartete kritische Kursänderung des gesamten Hypo-Chonder-Portfolios bestimmt werden. Gesucht ist das 1-%-Quantil der Normalverteilung N(−0,36; 1,31 %):

$$x_{1\%} = z_{1\%} \cdot \sigma_P + \mu_P$$

$$x_{1\%} = -2{,}33 \cdot 1{,}31\% + (-0{,}36\,\%)$$

$$x_{1\%} = -3{,}40\%$$

D.h. mit einer Wahrscheinlichkeit von 99 % beträgt die Kursveränderung des Gesamtportfolios nicht mehr als −3,40 %.

4. Schritt: Berechnung des Portfolio-VaR

Für das in t_0 mit V_0 = 4.439.950 € bewertete Aktienportfolio beträgt der Portfolio-VaR für den nächsten Handelstag auf dem 99 %-Konfidenzniveau dann:

$$VaR_P = -V_0 \cdot x_{1\%}$$

$$VaR_P = -4.439.950\,€ \cdot (-3{,}40\,\%)$$
$$VaR_P = 150.986\,€$$

D.h. mit 99-prozentiger Wahrscheinlichkeit fällt der Wert des Portfolios von aktuell 4.439.950 € am nächsten Handelstag um nicht mehr als 150.986 €. Hätten wir zunächst wie in Kapitel 5.1 alle Einzel-VaR berechnet und diese einfach zu einem Portfolio-VaR addiert (siehe Tabelle 5.2), wäre das Ergebnis ein VaR in Höhe von 175.742 €. Dieser Wert entspräche dem Portfolio-VaR, wenn die Tagesrenditen aller Wertpapiere vollständig positiv korreliert wären (alle Korrelationen $\rho = +1$), also keine risikokompensatorischen Effekte aufträten. Davon ist angesichts der empirisch gemessenen Korrelationen (siehe noch einmal Tabelle 5.3) indes nicht auszugehen. Der Diversifikationseffekt beträgt (175.742 – 150.986) € = 24.756 € bzw. 14,1 % bezogen auf die Summe der Einzel-VaR.

5.3 VaR-Umrechnung für verschieden lange Risikohorizonte

Aufgrund der Normalverteilungsannahme für die Portfolio-Rendite kann ein für einen bestimmten Risikohorizont bereits vorliegender VaR auch für einen längeren oder kürzeren Zeitraum berechnet werden. Dabei sei R das Vielfache des bisher verwendeten Risikohorizonts von 1 Handelstag:

$$VaR_{P,R} = -V_0 \cdot \left(z_{1\%} \cdot \sqrt{R} \cdot \sigma_P + R \cdot \mu_P\right)$$

Bei einer Verzehnfachung des Risikohorizontes auf R = 10 Handelstage steigt der ermittelte Portfolio-VaR hier um das 3,88-fache:

$$VaR_{P,R} = -4.439.950\,€ \cdot \left(-2{,}33 \cdot \sqrt{10} \cdot 1{,}31\,\% + 10 \cdot (-0{,}36\,\%)\right)$$
$$VaR_{P,R} = 586.485\,€$$

Für R > 1 muss der VaR höher ausfallen, weil sich Verluste über mehrere Handelstage hinweg kumulieren können. Dabei trägt der unterproportionale Anstieg des Portfolio-Risikos mit dem Faktor $\sqrt{R}$ der Tatsache Rechnung, dass nicht an jedem Handelstag mit einem Verlust in Höhe des „wahrscheinlichen Wort Case“ zu rechnen ist. Gleichzeitig ist der tägliche Erwartungswert der Rendite für jeden Handelstag zu berücksichtigen, weshalb μ_P in der Formel mit dem Faktor R multipliziert und zum mit $\sqrt{R}$ skalierten Portfolio-Risiko addiert wird.[17]

---

[17] Vgl. Kremer (2006), S. 315–318. Dort wird auch auf die umgekehrte Skalierung längerer auf kürzere Risikohorizonte eingegangen.

5.4 VaR-Berechnung für ein Stressszenario

Befürchtet man, dass der VaR im Stressfall, etwa einem Kurssturz an den Kapitalmärkten, zu gering dimensioniert ist, können zusätzliche Stresselemente einbezogen werden (siehe oben). Schockartige, marktweite Kurseinbrüche haben in der Vergangenheit wiederholt zu einer Erhöhung der Renditekorrelationen aufgrund der gemeinsamen Abwärtsbewegung geführt. Daher verfolgen wir diesen Ansatz. Weil uns hier keine historischen Korrelationen im Stressfall vorliegen, behelfen wir uns mit einer pauschalen Erhöhung der gemessenen Korrelationen um 30 Basispunkte, maximal jedoch auf $\rho_{Stress} = +1$:

$$\rho_{A,B;\,Stress} = min\,(\rho_{A,B} + 0{,}3;\ 1)$$

	FMC	*Bayer*	*Sanofi*	*CZM*
FMC	1	0,9723	0,9303	0,6875
Bayer	0,9723	1	1	0,4863
Sanofi	0,9303	1	1	0,5946
CZM	0,6875	0,4863	0,5946	1

Tabelle 5.4: Gestresste Korrelationen für die Assets der Fallstudie

Mit der neuen Korrelationsmatrix kann entlang der Vorgehensweise in Kapitel 5.2 der Stress-Portfolio-VaR ermittelt werden. Dieser steigt gegenüber dem „Normal-Szenario" von 150.986 auf 169.177 € an. Im Rahmen des Risikotragfähigkeitskalküls ist hier zu fragen, ob sich die Hypo Chonder Bank unter derartigen Bedingungen das eingegangene Risiko noch leisten kann oder bei Schlagendwerden der Risiken in ihrer Existenz gefährdet wäre. Diese Frage muss das Management beantworten. Kommt es zu der Einschätzung, dass die Risikotragfähigkeit nicht gegeben ist, bieten sich als Risikosteuerungsmaßnahmen z. B. eine Desinvestition von Teilen des Aktienportfolios, der Zukauf von Positionen mit risikosenkenden Korrelationen, Absicherungsgeschäfte oder die Erhöhung der Risikodeckungsmasse (Zuführung von frischem Eigenkapital) an. Zwar könnte das Bankmanagement bei nicht gegebener Risikotragfähigkeit geneigt sein, diese durch ein „Drehen" an den Stellschrauben des Risikomessmodells (z. B. Akzeptanz eines niedrigeren Konfidenzniveaus im Stressfall, geringere Erhöhung der Stresskorrelationen) wieder herzustellen. Allerdings liefe man bei Realisierung des Stressfalles Gefahr, diesen nicht zu überleben.

5.5 Expected Shortfall als alternatives Risikomaß

Zwar ist der *VaR* ein in der Praxis etabliertes Risikomaß. *Kritiker* des Verfahrens bemängeln indes zum einen, dass der VaR wie oben ausgeführt *keine Aussagen über* die *Verlusthöhe in* einem *Extremfall* macht. Zum anderen erfülle der VaR nicht alle „wünschenswerten“ Anforderungen, die an ein Risikomaß zu stellen sind. Diesbezüglich kann gezeigt werden, dass der VaR in bestimmten Konstellationen nicht subadditiv[18] ist, d.h. *Diversifikationseffekte* bei zusammengefassten Positionen werden *unter bestimmten Bedingungen nicht erkannt.*[19] In diesem Fall kann es bei einem Vergleich alternativer Portfolios anhand des VaR zu falschen Risikoeinschätzungen bzw. zu irreführenden Präferenzen bei der Portfoliozusammenstellung kommen. Deutlich herausgearbeitet werden muss, dass im Gegensatz zum ersten Vorwurf hier bemängelt wird, dass das Risiko zu hoch geschätzt wird.

Vor diesem Hintergrund findet zunehmend der Expected Shortfall (ES, auch: Conditional VaR), als alternatives Risikomaß Beachtung. *Der ES ist der Erwartungswert jener Verluste, die den VaR übersteigen.* Im Gegensatz zum VaR ist der ES ein subadditives Risikomaß, stellt also die theoretisch stimmigere Variante in Bezug auf die Messung von Diversifikationseffekten dar. Allerdings misst der ES höhere Risikobeträge als der VaR (es werden ja die Verluste betrachtet, die den VaR übersteigen!) und fordert damit im Risikotragfähigkeitskalkül eine höhere Unterlegung mit teurem Eigenkapital als Risikodeckungsmasse an.[20]

Bei Fortführung der Normalverteilungsannahme in Bezug auf die Tagesrenditen berechnet sich der ES für ein Portfolio als:[21]

---

18 Artzner et al. (1999) haben Gütekriterien, welche überhaupt von einem Risikomaß zu fordern sind, in fünf Axiomen formuliert. Wir folgen hier der gut verständlichen Darstellung von Weiß (2008):

1. Relevanz: Das Risikomaß sollte jedes Verlustrisiko erkennen können, indem es den Risiken positive Maßzahlen zuordnet.
2. Monotonie: Das Risikomaß muss in der Lage sein, eine mindestens ordinale Rangfolge zwischen Risiken abzubilden, und dem größeren von zwei Risiken die größere Maßzahl zuordnen.
3. Subadditivität: Die Risikomaßzahl einer zusammengefassten (möglicherweise diversifizierten) Position, ist stets kleiner oder gleich der Summe der einzelnen Risikomaße.
4. Positive Homogenität: Wird in eine riskante Vermögensposition ein Vielfaches eines bestimmten Geldbetrages investiert, muss das Risikomaß einen entsprechenden proportionalen Anstieg des Risikos der Gesamtposition anzeigen.
5. Translationsinvarianz: Wird in eine risikobehaftete Position ein bestimmter sicherer Betrag investiert, soll die Risikomaßzahl die Neutralisierung des Risikos um genau diesen Betrag anzeigen.

Erfüllt ein Risikomaß die genannten Axiome, wird es als kohärentes Risikomaß bezeichnet.

19 Vgl. Kremer (2006), S. 333–336, Frey/McNeil (2002), S. 1321f. und Scherpereel (2006), S. 52f.

20 Vgl. Acerbi/Tasche (2002), S. 1491f. und Weiß (2008), S. 272.

21 Vgl. Dowd (2005), S. 154.

$$ES_P = -V_0 \cdot \left(-\frac{\varphi(z_{1-\alpha})}{\alpha} \cdot \sigma_P + \mu_P\right),$$

wobei φ die Dichtefunktion der N(0;1)-Verteilung bezeichnet.

Für 1−α = 99 % lautet $-\frac{\varphi(z_{1-\alpha})}{\alpha}$ immer –2,67.[22] Der ES_P für das Hypo Chonder Portfolio berechnet sich dann auf Basis der nicht gestressten Korrelationskoeffizienten aus Tabelle 5.3 als:

$$ES_P = -4.439.950\,€ \cdot (-2{,}67 \cdot 1{,}31\,\% + (-0{,}36\,\%))$$

$$ES_P = 170.657\,€$$

Auf dem 99 %-Konfidenzniveau liegt der Portfolio-ES mit 170.657 um 19.671 € höher als der zuvor für das „Normal-Szenario" berechnete Portfolio-VaR.

Abschließend sei angemerkt, dass in unserem Fall normalverteilter Renditen deren Abhängigkeiten im Portfoliozusammenhang vollständig über Korrelationskoeffizienten beschrieben werden. In diesem Fall ist auch für den VaR Subadditivität gegeben.[23] Ob also der ES in diesem Punkt eine konzeptionelle Verbesserung darstellt, hängt von den konkreten Eigenschaften der Verteilungen der relevanten Risikofaktoren ab.

6 Zusammenfassung

Mit dem VaR-Konzept haben Unternehmen ein effizientes Instrument zur Risikobewertung zur Hand, das längst zum Industriestandard geworden ist. Dies gilt im Übrigen nicht nur für Finanzinstitute wie in dieser Fallstudie, sondern branchenunabhängig. Man denke etwa an ein Unternehmen des verarbeitenden Gewerbes, das z. B. im Materialeinkauf oder Lagerhaltung einem Rohstoffpreisrisiko unterliegt. Wie die Fallstudie zeigt, liegt es im subjektiven Ermessen jedes einzelnen Anwenders, mit welcher Verfahrensvariante der VaR letztendlich gemessen wird und wie dabei die Parametrisierung im Einzelnen erfolgt. Jede Variation bei den Stellschrauben führt zu unterschiedlichen Messbeträgen für das Risiko. Den „richtig" gemessenen Risikobetrag gibt es nicht.

---

22 $\frac{\varphi(z_{1-\alpha})}{\alpha}$ berechnet sich in Excel 2010 als *NORM.S.VERT((NORM.S.INV(<1−α>));FALSCH)/<α>*.

23 Vgl. Scherpereel (2006), S. 54.

In jedem Fall macht der VaR keine Angabe über den möglichen Maximalverlust. Extremwerte fließen folglich auf diesem Weg auch nicht in die Risikokapitalbemessung im Rahmen des Risikotragfähigkeitskalküls ein. Dies begründet in der Risikoanalyse die Notwendigkeit, Maximalbelastungsfälle einzubeziehen. Das VaR-Konzept selbst bietet hierzu unterschiedliche Stellhebel für die Modellierung von Stressszenarien, kann aber auch durch alternative Risikomaße wie den vorgestellten Expected Shortfall sinnvoll ergänzt werden.

Die Anwendung des VaR-Konzeptes auf möglichst alle wesentlichen Risikoarten eines Unternehmens ist eine der zentralen Herausforderungen des Verfahrens. Anders als im hier vorgestellten Marktpreisrisikobereich erschwert eine geringe und lückenhafte Datenverfügbarkeit (z. B. bei operationellen Risiken), die Definition des relevanten Risikofaktors (z. B. bei Liquiditätsrisiken) oder die sachgerechte Modellierung nicht symmetrischer Verteilungen (z. B. bei Kreditrisiken) eine einfache Übertragbarkeit der hier vorgestellten Vorgehensweise auf andere Risikoarten.

Im Zuge einer Risikomessung und -steuerung auf Gesamtunternehmensebene wäre es schließlich wünschenswert, diese Teil-VaR zu einem Gesamtunternehmens-VaR zusammenzuführen. Zwar existiert dafür mit Copula-Funktionen bereits ein geeignetes Verfahren, das auch die Aggregation von Verlustverteilungen unterschiedlichen Typs erlaubt. Allerdings erschweren eine hohe formal-mathematische Komplexität sowie hohe Anforderungen an die IT bisher einen flächendeckenden Einsatz in der Praxis.[24]

7 Literatur

Acerbi, Carlo/Tasche, Dirk (2002): On the coherence of expected shortfall, in: Journal of Banking and Finance, Vol. 26, S. 1487–1503.

Artzner, Philippe/Delbaen, Freddy/Eber, Jean-Marc/Heath, David (1999): Coherent Measures of Risk, in: Mathematical Finance, Vol. 9 (1999), S. 203–228.

Dörschell, Andreas/Franken, Lars/Schulte, Jörn (2009): Der Kapitalisierungszinssatz in der Unternehmensbewertung, Düsseldorf.

Dowd, Kevin (2005): Measuring Market Risk, 2. Aufl., Chichester West Sussex.

24 Vgl. Jorion (2007), S. 521–523.

Deutsche Bank AG (2009): Geschäftsbericht 2008, http://geschaeftsbericht.deutsche-bank.de/2008.

Deutsche Bank AG (2010): Risikobericht 2009, http://geschaeftsbericht.deutsche-bank.de/2009/gb/risikobericht.html.

Frey, Rüdiger/McNeil, Alexander J. (2002): VaR and expected shortfall in portfolios of dependent credit risks: Conceptual and practical insights, in: Journal of Banking and Finance, Vol. 26, S. 1317–1334.

Hager, Peter (2004): Corporate Risk Management, Frankfurt/M.

Horsch, Andreas/Schulte, Michael (2010): Wertorientierte Banksteuerung II: Risikomanagement, 4. Aufl., Frankfurt/M.

Jorion, Philippe (2007): Value at Risk, 3. Aufl., New York.

Kremer, Jürgen (2006): Einführung in die Diskrete Finanzmathematik, Heidelberg.

Paul, Stephan/ Horsch, Andreas/ Stein, Stefan (2005): Wertorientierte Banksteuerung I: Renditemanagement, Frankfurt/M.

Scherpereel, Peter (2006): Risikokapitalallokation in dezentral organisierten Unternehmen, Wiesbaden.

Schmidt, Reinhard H./Terberger, Eva (1999): Grundzüge der Investitions- und Finanzierungstheorie, 4. Aufl., Wiesbaden.

Süchting, Joachim (1995): Finanzmanagement, 6. Aufl., Wiesbaden.

Süchting, Joachim/Paul, Stephan (1998): Bankmanagement, 4. Aufl., Stuttgart.

Uhlir, Helmut/Aussenegg, Wolfgang (1996): Value-at-Risk (VaR): Einführung und Methodenüberblick, in: Österreichisches Bank-Archiv, 44. Jg., S. 831–836.

Weiß, Gregor (2008): Kohärente Risikomaße, in: WiSt, Heft 5, S. 270–272.

passion for electronics b,a,g,

Prozessfähigkeitsuntersuchung

Ein Beispiel aus der Qualitätssicherung in einer Elektronikfertigung

Peter Frielinghausen

Inhaltsverzeichnis

1 Einleitung

Das Fallbeispiel „Prozessfähigkeitsuntersuchung“ beleuchtet am Beispiel des Beleuchtungselektronikherstellers „BAG electronics“ einen kleinen Ausschnitt aus einem für den Unternehmenserfolg grundlegenden Bereich, der Sicherung der Produktqualität. Qualitätsmanagement ist ein weit gefasster Begriff, der in alle Bereiche und Abläufe des Unternehmens hineingreift. Das vorliegende Fallbeispiel konzentriert sich auf einen engen, aber für Industrieunternehmen wichtigen Teilaspekt, der Qualitätskontrolle in der Fertigung

Dabei wird davon ausgegangen, dass alle eventuellen Probleme in der Entwicklungsphase des Produkts ausgeräumt sind, das heißt, es liegt kein Konstruktionsfehler vor: Wenn ein Teil korrekt nach Spezifizierung gefertigt wurde, dann funktioniert es auch einwandfrei. Es interessieren uns hier also nur Fehler, die im Fertigungsprozess selbst auftreten.

Keine zwei gefertigten Teile sind je in jedem Aspekt identisch. Jede Fertigung muss mit Schwankungen und kleinen Unterschieden zwischen den gefertigten Teilen leben. Sie dürfen nur nicht „zu groß“ sein. In diesem Fallbeispiel sollen Sie Kennzahlen errechnen, mit denen Sie beurteilen können, wie groß „zu groß“ ist.

Mit Hilfe graphischer Darstellungen und der Kennzahlen sollen Sie sich auch ein Bild von dem betrachteten Prozess und seinen Eigenschaften machen. Ziel ist immer, den Anteil der gefertigten aber nicht verwendbaren Teile so gering wie möglich zu halten, idealerweise sogar auf Null zu reduzieren.

Dieses Ziel, nur absolut fehlerfreie Produkte auf den Markt zu bringen, markiert den Ursprung des in den 1980er Jahren von der Firma Motorola entwickelten „Six Sigma“ Konzepts.[1] „Six Sigma“ bezieht sich dabei auf den Bereich von sechs Standardabweichungen um den Mittelwert einer normalverteilten Zufallsvariablen, in dem 99,73 % aller Realisierungen dieser Zufallsvariablen liegen. Bei einem Fertigungsprozess, bei dem die exakten Eigenschaften eines jeden gefertigten Teils ebenfalls einem Zufallsprozess unterliegen, müssen bei diesem Ansatz der gesamte Schwankungsbereich von sechs Standardabweichungen vollständig zwischen den in der Konstruktion festgelegten oder vom Kunden verlangten Toleranzgrenzen liegen,

---

1 Gamweger et al. (2009), S. 5

so dass maximal 0,27 % der gefertigten Stücke die Toleranzgrenzen nicht einhalten und daher nicht als fehlerfrei gelten können. Das ist zwar noch keine vollständige Fehlerfreiheit, doch es ist ein großer Schritt hin zu diesem Ziel. Dass es genau sechs Standardabweichungen sein sollen, ist natürlich reine Willkür, hat sich aber als Standard durchgesetzt. Außerdem ist es im Englischen eine hübsche Alliteration.

Eine hohe Ausschussquote zu produzieren und gleich an den Kunden mitzuliefern, spart zwar Aufwand in der Fertigung, zieht aber große Kosten nach sich, vom höheren Materialaufwand bis hin zum erst vergrätzten und dann verlorenen Kunden. Die Folgekosten sind also hoch. Die Fertigung innerhalb extrem enger Toleranzgrenzen freut den Kunden und pflegt den guten Ruf im Markt, ist aber schwer umzusetzen, und somit auch teuer. Irgendwo zwischen diesen Extremen liegt das wirtschaftliche Optimum. Dies zu erreichen ist ebenfalls der Sinn guter Prozesskontrolle.

2 BAG electronics

Die „BAG electronics“ ist ein reales Unternehmen (www.bagelectronics.com). Sie entwickelt und produziert hochwertige Elektronik für den Betrieb unterschiedlicher Leuchtmittel. Zu ihren Hauptprodukten gehören elektronische Vorschaltgeräte und Zündgeräte.

Elektronische Vorschaltgeräte (EVGs) finden sich heute in unterschiedlichster Qualität in den meisten Leuchten für Leuchtstofflampen. Bei den bekannten Energiesparlampen, die an Stelle von Glühlampen in eine Fassung eingeschraubt werden, sind sie in den Sockel integriert, ansonsten liegen sie im Inneren des Leuchtenkörpers. Die Vorschaltgeräte werden auf ihrer Eingangsseite an das Stromnetz angeschlossen, auf der Ausgangsseite werden sie mit den Lampen verbunden. Sie müssen dann dafür sorgen, dass für Zündung und Betrieb die elektrischen Größen wie Spannung, Strom und Frequenz optimal gesteuert werden.

Das Innere elektronischer Vorschaltgeräte besteht im Wesentlichen aus einer mit vielen unterschiedlichen elektronischen Komponenten bestückten Platine. Bei der Fertigung gibt es ein weites Feld möglicher Fehlerquellen zu beachten. So könnten eine oder mehrere verarbeitete Komponenten selbst bereits schadhaft sein oder außerhalb der benötigten Toleranzgrenzen liegen. Es wäre auch denkbar, dass bei der Bestückung der Platine eine Lötverbindung nicht sauber ist, und entweder keine Verbindung herstellt oder eine Verbindung zu einer anderen Komponente oder Leiterbahn entsteht. Dazu kommt die unvermeidliche zufällige Schwankung, die mit jedem Produktionsprozess einhergeht.

Um die Funktionsfähigkeit der fertigen EVGs zu gewährleisten, werden diese einem Test unterzogen, bei dem eine ganze Reihe unterschiedlicher elektrischer Parameter gemessen wird. Die „BAG electronics“ ist ein führendes Unternehmen in seiner Branche und bekannt für höchste Qualität. Aus diesem Grunde werden bei der BAG nicht nur Stichproben aus der Fertigung entnommen und auf Funktionsfähigkeit geprüft, sondern jedes einzelne gefertigte Stück. Sollte ein fertiges EVG nicht funktionieren, Daten außerhalb der festgelegten Toleranzgrenzen liefern, oder sonst irgendeinen Fehler aufweisen, wird nicht nur das Einzelstück aussortiert, sondern sofort das gesamte Los (etwa 50 Geräte) zu dem das fehlerhafte Stück gehörte, noch einmal gesondert geprüft. Besteht ein zweites Gerät die erneute Prüfung nicht, wird das ganze Los aussortiert. Diese Prozedur gilt für alle geprüften Merkmale. Es reicht, dass nur ein Merkmal außerhalb der Toleranzgrenzen liegt, um das ganze Los von Geräten auszusortieren und die Fehlerursache zu ergründen.

Dies garantiert, dass nur einwandfreie Geräte den Kunden erreichen, doch entsprechend wichtig ist es, die Fertigung gut unter Kontrolle zu haben, damit nach Möglichkeit keine fehlerhaften Teile aus der Produktion kommen, denn jedes fehlerhafte Teil zieht Aufwand und Kosten nach sich.

Eine funktionierende Prozesskontrolle und Prozessfähigkeitsuntersuchungen sind unverzichtbare Bestandteile dieser Anstrengung.

3 Aufgabenstellungen

In einer Testserie wurde eine Charge von 2874 EVGs gefertigt. Jedes einzelne dieser Geräte wurde danach durchgemessen und die Messdaten festgehalten. In diesem Beispiel werden die Ergebnisse für eines der gemessenen Merkmale, die Hauptspannung (main voltage), betrachtet.

3.1 Prozessanalyse

Betrachten Sie die graphische Darstellung der Messdaten für die Hauptspannung und die Zusammenfassung der Daten im Histogramm und analysieren Sie den Prozess.

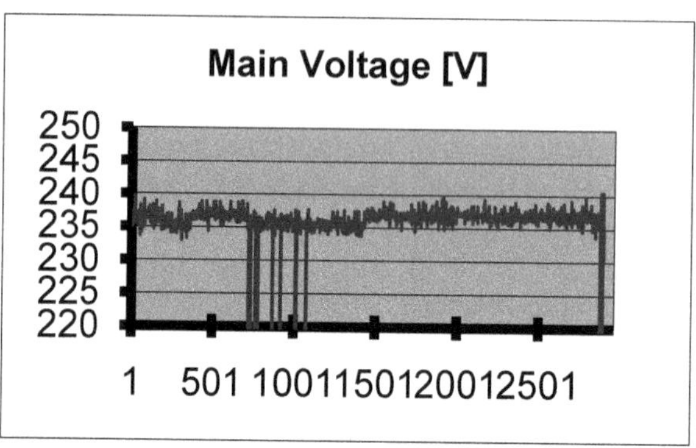

Abbildung 3.1: Messwerte der Hauptspannungen an den gefertigten Geräten (in Volt)

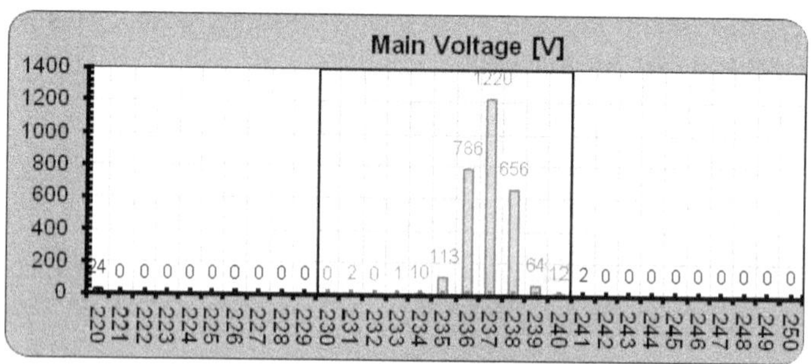

Abbildung 3.2: Verteilung der gemessenen Hauptspannungen und Toleranzgrenzen (grün)

3.2 Fähigkeitskennzahlen

Ein Prozess ist **maschinenfähig,** wenn die nur von der Maschine verursachten Schwankungen der Messwerte im Vergleich zu festgelegten Toleranzgrenzen klein sind. Ein Prozess ist **fähig**, wenn dies für alle Schwankungen, egal wodurch sie verursacht werden, gilt. Die **Fähigkeitskennzahlen** geben diese Verhältnisse zwischen Schwankungsbreite und Toleranzgrenzen wieder.

Berechnen und interpretieren Sie mit Hilfe der aus den Messwerten errechneten Lage- und Streuungsparameter, sowie den gegebenen Toleranzgrenzen in der Tabelle 3.1 die Maschinenfähigkeitskennzahlen C_m, C_{mk}, und die Prozessfähigkeitskennzahlen C_p und C_{pk} und interpretieren Sie diese im Hinblick auf den vorliegenden Prozess.

	Alle Prüfstücke	Nur Prüfstücke 2001-2500
Mittelwert	235,0429775	236,8976332
Standardabweichung	18,13948038	0,477132512
Obere Toleranzgrenze	240	240
Untere Toleranzgrenze	230	230

Tabelle 3.1: Lage- und Streuungsparameter und Toleranzgrenzen der Hauptspannung. Alle Angaben in Volt.

4 Lösungen

4.1 Prozessanalyse

Wie nicht anders zu erwarten war, zeigen die gemessenen Spannungen Schwankungen auf. Dabei ist ganz entscheidend, ob es sich um **systematische** oder **zufällige Schwankungen** handelt.

Zufällige Schwankungen sind dabei mit einer konstanten Standardabweichung um einen unveränderten Mittelwert verteilt. Diese zufälligen Schwankungen sind überdies häufig mit einer Normalverteilung sehr gut beschrieben. Solche Schwankungen weiter zu reduzieren, das heißt die Standardabweichung der entsprechenden Verteilung zu verkleinern ist in der Praxis oftmals schwierig und nur mit großem Aufwand zu erreichen, und manchmal ganz unmöglich. Ein solcher Prozess, dessen Schwankungen nur dem reinen Zufall unterliegen, wird als **beherrscht** oder **stabil** bezeichnet. Man sagt auch, ein solcher Prozess sei **unter statistischer Kontrolle**.

Bei **systematischen Schwankungen** liegt ein Grund vor, und den gilt es zu bestimmen. Solche Ursachenforschung führt oft auf den Grund eines Problems, das dann behoben werden kann. Solche Prozesse sind **nicht beherrscht,** sondern **außer Kontrolle.**

So könnte zum Beispiel die gleiche Maschine zu manchen Zeiten von einem erfahrenen und sehr gewissenhaften Arbeiter bedient werden und zu anderen Zeiten von einem Neuling oder desinteressierten. Dann würde man einen abschnittsweise konstanten Mittelwert erwarten, der aber von Zeit zu Zeit einen Sprung erkennen läßt, nämlich immer dann, wenn der Bediener wechselt. Abhilfe bringt hier eine bessere Schulung des Neulings oder ein Personalwechsel.

Unterschiedliche Lieferanten oder Qualitätsunterschiede bei Komponenten könnten die Ursache für sprunghaft steigende Ausfallzahlen sein. Über längere Zeiträume könnte die Alterung der Maschine zu einer kontinuierlichen Veränderung des Mittelwerts führen, oder die Abnutzung eines Werkzeugs läßt zwar den Mittelwert konstant bleiben, die Schwankung um diesen Wert wird jedoch immer größer. Auch äußere Umstände können eine Rolle spielen. In nicht klimatisierten Werkshallen können Temperatur und Feuchtigkeit einen systematischen Einfluss auf die Produktion ausüben. Eine Datenreihe liefert keine fertige Diagnose, doch hilft sie, die richtigen Fragen zu stellen, und liefert manchmal sogar Hinweise bei der Ursachenforschung.

Bei den im Beispiel gemessenen Spannungen zeigt schon die statistisch zwar unsaubere, doch sehr nützliche optische Inspektion der Daten sofort einige Auffälligkeiten. Bis zum 340sten Gerät gibt es keinen festen Mittelwert, um den die Schwankungen stattfinden. Der Wert folgt vielmehr einem Trend nach unten. Zwischen dem 340sten und dem 700sten Gerät sieht der Prozess dann beherrscht aus.

Ab dem 700sten Gerät läuft etwas falsch. Nicht nur ist der Mittelwert bis zum 1420sten Gerät plötzlich niedriger, in der ersten Hälfte dieses Zeitraumes sind einige Totalausfälle zu beobachten. Hier könnte man zum Beispiel an eine schlechte Komponentenlieferung denken.

Nach dem 1420sten Gerät sieht der Prozess wieder beherrscht aus, und auch der Mittelwert ist wieder auf das Niveau zurückgekehrt, das vor den Totalausfällen zu beobachten war. Doch auch in diesem Bereich gibt es kleine Veränderungen. So ist etwa zwischen dem 1700sten und dem 1950sten Gerät die Schwankungsbreite höher als zwischen dem 1950sten und dem 2150sten. Ob dieser Unterschied allerdings statistisch signifikant ist, müsste eine genauere Untersuchung zeigen.

Die starke Anomalie am rechten Ende des Graphen trat nach der Testserie auf und gehört nicht mehr zum Prozess.

4.2 Fähigkeitskennzahlen

Die Maschine, an der Stücke gefertigt werden, ist Teil eines Prozesses. Weitere Teile sind die Bedienmannschaft, die Rohteile und Komponenten, die bearbeitet werden und äußere Umstände.

Bei der Überprüfung der **Maschinenfähigkeit** dreht es sich nur um die Schwankungen bei Merkmalen gefertigter Teile, die nur auf die Maschine zurückzuführen sind. Die Überprüfung der **Prozessfähigkeit** berücksichtigt alle Schwankungsursachen, die Maschine eingeschlossen, aber auch das Bedienpersonal, Material und andere Faktoren.

Um die Maschinenfähigkeit zu überprüfen, müssen die anderen Faktoren also konstant gehalten werden. Alle gefertigten Stücke, die zur Berechnung der Maschinenfähigkeit herangezogen werden, müssen also zeitnah zueinander hergestellt sein, etwa während der gleichen Schicht und mit Material aus der gleichen Lieferung. Die Überprüfung der Maschinenfähigkeit betrifft also einen **kurzen Zeitraum**.

Bei der Überprüfung der Prozessfähigkeit müssen alle Schwankungsursachen berücksichtigt werden, und entsprechend findet sie über einen längeren Zeitraum statt, so dass alle Veränderungen im regelmäßigen Produktionsprozess auch die Zeit hatten, sich zu manifestieren.

4.2.1 Berechnung der Maschinenfähigkeitskennzahlen

Die **Maschinenfähigkeitskennzahl C_m** drückt aus, wie sich die von der Maschine verursachte Schwankungsbreite zur Größe des Toleranzbereichs verhält. Der Toleranzbereich ist dabei durch technische Notwendigkeit bzw. Kundenwunsch vorgegeben, die Schwankungsbreite wird aus den Messdaten errechnet.

Getreu dem „Six Sigma“ Konzept benutzt man als Maß der Schwankungsbreite das Sechsfache der Standardabweichung der gemessenen Daten. Dann gilt:

$$C_m = \frac{OTG - UTG}{6 \cdot s}$$

wobei OTG und UTG die obere bzw. untere Toleranzgrenze bezeichnen und s für die Standardabweichung der Stichprobe steht:

$$s = \sqrt{\frac{1}{n-1} \sum_{i=1}^{n} (x_i - \bar{x})^2}$$

Dabei ist in üblicher Schreibweise n die Anzahl der Messwerte in der Stichprobe, die x_i sind die einzelnen Messdaten und $\bar{x}$ ist der Mittelwert der Stichprobe.

Es bietet sich in diesem Beispiel an, die Formel auf die Geräte 2001 bis 2500 anzuwenden, da der Graph der Messergebnisse zeigt, dass der Prozess in diesem Bereich stabil läuft. Die Produktion dieser 500 Geräte dauert bei der betrachteten Testserie bei etwa einem halben Tag, so dass davon ausgegangen werden kann, dass sich während dieses Zeitraumes die Produktionsbedingungen nicht verändern.

Es ergibt sich (gerundet) für diesen Fall:

$$C_m = \frac{240 - 230}{6 \cdot 0{,}4771} = 3{,}49$$

Der Toleranzbereich ist also fast dreieinhalb Mal so weit wie die Schwankungsbreite der durch die Maschine verursachten, zufälligen Schwankungen, gemessen als das Sechsfache der Standardabweichung der Stichprobe.

Der Prozess schwankt also in der Stichprobe wesentlich weniger, als die Toleranzgrenzen auseinander liegen. Das allein sagt nichts darüber aus, ob das eigentliche Ziel erreicht ist, nämlich alle oder fast alle produzierten Stücke mit ihren Merkmalen zwischen den Toleranzgrenzen liegen. Es könnte ja auch sein, dass die Messwerte zwar kaum schwanken, aber alle deutlich über der oberen Toleranzgrenze liegen. Ein hoher C_m Wert allein sagt also noch nichts über die **Maschinenfähigkeit** des Prozesses aus. Es ist auch entscheidend, wo der Mittelwert der gemessenen Daten liegt.

Dazu berechnet man den C_{mk} Wert. Der Index k steht für katayori, die japanische Bezeichnung für einen systematischen Fehler.[2] Der C_{mk} Wert drückt aus, wie weit der Mittelwert der Messdaten im Vergleich zur Schwankungsbreite von der näheren Toleranzgrenze entfernt ist. Wenn der Mittelwert zwischen den Toleranzgrenzen liegt, ist der C_{mk} Wert positiv, sonst negativ. Da hier nur die Schwankung nach einer Seite relevant ist, nämlich in Richtung des näheren Toleranzgrenze, nimmt man zur Messung der Schwankungsbreite hier nur die dreifache Standardabweichung. Also gilt:

$$C_{mk} = MIN\left(\frac{OTG - \bar{x}}{3 \cdot s}; \frac{\bar{x} - UTG}{3 \cdot s}\right)$$

Für den Beispielfall gilt (gerundet)

$$C_{mk} = MIN\left(\frac{240 - 236{,}897}{3 \cdot 0{,}4771}; \frac{236{,}897 - 230}{3 \cdot 0{,}4771}\right) = 2{,}167$$

2 Gamweger et al. (2009), S. 489

Der Mittelwert der 500 Messdaten liegt also erstens innerhalb der Toleranzgrenzen und zweitens über sechs Standardabweichungen von der näheren Toleranzgrenze (der oberen) entfernt.

Es gibt keine feste Regel dafür, wie groß der C_m Wert oder der C_{mk} Wert sein sollte, doch ist es gängige Praxis, allgemein Werte von mindestens 1,67 zu fordern.[3] Nur wenn der Mittelwert genau zwischen die Toleranzgrenzen fällt, sind beide Werte genau gleich. Ansonsten ist der C_{mk} Wert immer kleiner. Seine Abweichung vom C_m Wert ist ein Maß dafür, wie gut der Prozess zentriert ist.

Im vorliegenden Beispielfall sind beide Werte deutlich größer als zwei. Das bedeutet, dass die vorliegende Produktion bezüglich des Merkmals Hauptspannung **maschinenfähig** ist. Es wäre allerdings zu überlegen, ob er nicht besser zentriert werden könnte, da beide Werte doch erheblich voneinander abweichen.

4.2.2 Berechnung der Prozessfähigkeitskennzahlen

Die Prüfung der Maschinenfähigkeit geschah mit den Daten aus 10 Losen zu je 50 Stück, also insgesamt 500 produzierten Stück. Die Abbildung 3.1 zeigt, dass diese Stücke aus einer sehr „ruhigen" Phase des Produktionsprozesses stammen, bei dem alle Messwerte eng beisammen und innerhalb des Toleranzbereichs liegen. Es ging ja gerade darum, alle Schwankungen, die nicht auf die Maschine zurückzuführen waren, auszuschließen. Dies reicht natürlich nicht, um den Produktionsprozess als Ganzes zu bewerten. Wie die Abbildungen zeigen, liegen zwar die allermeisten Messwerte im Toleranzbereich, aber eben nicht alle. Das Histogramm (Abbildung 3.2) verzerrt auch noch die Wirklichkeit, da die 24 Messdaten, die den Balken bei 220V ausmachen, in Wirklichkeit Totalausfälle waren, mit Messwerten nahe Null. Dies erhöht natürlich noch die Schwankungsbreite des Gesamtprozesses. Die Schwankungsbreite des Gesamtprozesses wird auch dadurch erhöht, dass es zwischen Phasen mit geringer Schwankung Sprünge im Mittelwert gibt, um den die Werte schwanken. Für die Bewertung des Prozesses müssen daher Messungen aus allen Prozessphasen benutzt werden, so dass der Prozess repräsentativ abgebildet wird.

In der Praxis macht man dies oft mit Hilfe von Stichproben, die zu unterschiedlichen Zeiten während des gesamten Prozessverlaufs genommen werden. In diesem Fall ist man nicht auf Stichproben angewiesen, da alle Messdaten von jedem gefertigten Stück vorliegen. Auch in der Serienfertigung geht die BAG so vor. Dies ist möglich, weil das EVG unter dem Test nicht leidet. Es gibt aber auch Prüfungen, die zerstörerisch sind. Es wird zum Beispiel getestet, wie hoch die Netzspannung werden kann,

---

3 ebd., S. 493

bevor das EVG ausfällt. Dabei geht es kaputt. Prozessfähigkeit im Bezug auf solche Merkmale kann natürlich nur mit Hilfe von Stichproben geschehen.

Die Berechnung der **Prozessfähigkeitskennzahlen C_p und C_{pk}** ist völlig analog zur Berechnung der Maschinenfähigkeitskennzahlen; ebenso ihre Interpretation. Der einzige Unterschied ist der, dass für die Prozessfähigkeit alle Daten zur Berechnung von Mittelwert und Standardabweichung genommen werden.

Mit den Werten aus Tabelle 3.1 ergibt sich (gerundet):

$$C_m = \frac{240 - 230}{6 \cdot 18{,}1395} = 0{,}0092$$

und

$$C_{mk} = MIN\left(\frac{240 - 235{,}043}{3 \cdot 18{,}1395}; \frac{235{,}043 - 230}{3 \cdot 18{,}1395}\right) = 0{,}0091$$

Für die Prozessfähigkeitskennzahlen wird in der Praxis meistens ein Wert von mindestens 1,33 gefordert[4], firmenintern oft von mindestens 2,0. Es ist offensichtlich, dass diese Fertigung bezüglich des Merkmals Hauptspannung **nicht prozessfähig** ist. Das liegt im Wesentlichen an der Zahl der Totalausfälle, denn diese Ausreißer erhöhen die Standardabweichung enorm. Wenn man die Totalausfälle einfach einmal unberücksichtigt lässt, dann sinkt die Standardabweichung auf 0,86 und die Kennzahlen erhöhen sich auf $C_p = 1{,}94$ und $C_{pk} = 1{,}38$. Es ist also die Ausfallrate, die zum Verlust der Prozessfähigkeit führt. Es wäre also zunächst einmal geboten, die Ursachen der Ausfälle zu erforschen.

4.2.3 Prozesstypen und statistische Anmerkungen

Die Deutsche Industrienorm DIN 55319 unterscheidet vier Hauptprozesstypen mit jeweils mehreren Untertypen.[5] Die Haupttypen werden mit den Großbuchstaben A bis D bezeichnet. Typ A ist der Idealfall. Mittelwert und Standardabweichung des Prozesses sind konstant. Der Prozess ist beherrscht. Wenn die Schwankungen darüber hinaus noch normalverteilt sind, dann gelten Idealbedingungen und Aussagen können auf Grund von Stichproben mit großer Präzision getroffen werden. Beim Typus B ist der Mittelwert zwar konstant, doch die Standardabweichung variiert mit der Zeit, beim Typus C ist es umgekehrt. Beide Typen können prozessfähig sein, auch wenn sie nicht vollständig unter Kontrolle sind, doch ist Vorsicht geboten.[6] Es

---

4 Gamweger et al. (2009), S. 491

5 für eine Übersicht siehe Gamweger et al. (2009), S. 463

6 siehe DGQ (1990), S. 47f.

sollte versucht werden Typ B in Typ A zu überführen. Typ C kommt in der Praxis häufig vor und kennt mehrere Unterarten. Zum Beispiel könnte der Mittelwert unterschiedliche Werte annehmen, je nachdem von welchem Lieferanten das Rohmaterial kommt. Ein solcher Prozess kann auch langfristig fähig und völlig unproblematisch sein. Liegt aber ein Trend vor, dann ist absehbar, dass früher oder später eine Toleranzgrenze überschritten wird. Typ D sollte höchstens im Versuchsstadium vorkommen, aber nie in der Serienfertigung.

Welcher Typ bzw. Untertyp vorliegt ist dann von größter Wichtigkeit, wenn die Prozesskontrolle mit Hilfe gelegentlicher Stichproben durchgeführt wird, denn die Zuverlässigkeit der Rückschlüsse von den Stichproben auf den Gesamtprozess hängt von der Konstanz der Stichprobenstandardabweichungen und der Art der Verteilung ab. Hier gibt es viele statistische Fußangeln zu beachten. Für Details sei auf die Literatur verwiesen.

Im betrachteten Beispiel war in dieser Hinsicht nichts zu beachten, da keine Stichproben genommen wurden, sondern die Messdaten aller produzierten Stücke vorlagen.

Erwähnt werden muss an dieser Stelle noch, dass man bei nicht beherrschten Prozessen nicht von Prozessfähigkeit spricht, sondern von Prozessleistung.[7] Die entsprechenden Kennzahlen heißen Prozessleistungsindices und werden mit P_p und P_{pk} bezeichnet. Die grundlegende Berechnungs- und Interpretationslogik bleibt aber gleich. Der hier betrachtete Prozess war wegen der Ausfälle in seiner Gesamtheit nicht beherrscht. Die in 4.2.2 berechneten Kennzahlen geben also streng genommen die Prozessleistung an, und hätten mit P_p und P_{pk} bezeichnet werden müssen.

4.3 Berechnungssoftware

In der Praxis werden Untersuchungen wie die obige mit Hilfe von spezieller Software durchgeführt, z. B. dem Statistikprogramm Minitab®. (www.minitab.com) Unten sehen Sie die Darstellung der Ergebnisse einer Prozessfähigkeitsuntersuchung für eine andere EVG Charge und ein anderes Merkmal, den Vorheizstrom (preheat current).

Dargestellt sehen Sie das Histogramm der Daten sowie die Toleranzgrenzen. Über das Histogramm sind zwei Normalverteilungen mit gleichem Mittelwert doch unterschiedlichen Standardabweichungen gelegt, einmal nur aus Stichproben berechnet (within) und einmal unter Berücksichtigung aller Daten (overall).

[7] Gamweger et al. (2009), S. 489 und 501

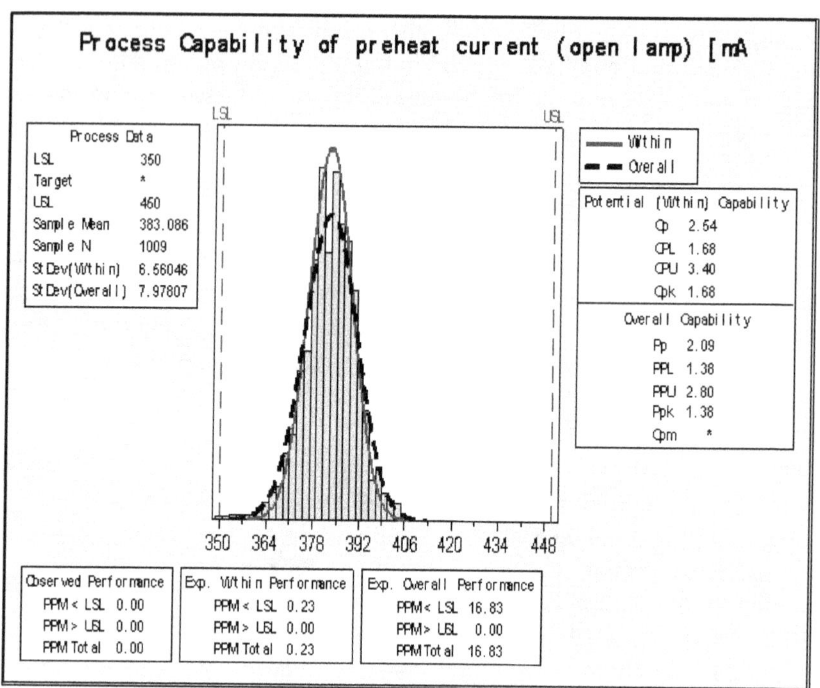

Abbildung 4.1: Darstellung der Prozessfähigkeitsuntersuchungsergebnisse in Minitab®

Sie sollten nun in der Lage sein, aus den Prozessdaten im Kasten links die Kennzahlen C_p , C_{pk} , P_p und P_{pk} in den beiden Kästen rechts zu berechnen.

5 Literatur

Amsden, Butler und Amsden: SPC Simplfied – Practical Steps to Quality. White Plains, NY (1989)

Beauregard, Mikulak und Olson: A Practical Guide to Statistical Quality Improvement. New York (1992)

DGQ Deutsche Gesellschaft für Qualität (Hrsg.): SPC 1 – Statistische Prozesslenkung. Frankfurt a.M. (1990)

DGQ Deutsche Gesellschaft für Qualität (Hrsg.): SPC 2 – Qualitätsregelkartentechnik. Frankfurt a.M. (1992)

Gamweger, Jöbstl, Strohrmann und Suchowerskyj: Design for Six Sigma – Kundenorientierte Produkte und Prozesse fehlerfrei entwickeln. München (2009)

Schira, J.: Statistische Methoden der VWL und BWL – Theorie und Praxis. München (2003)

http://www.bagelectronics.com/ [17.2.2011]

http://www.minitab.com/de-DE/default.aspx [17.2.2011]

Marketing für Mega Events

Uwe Eisermann / Jörg Kickenweitz / Elisabeth Kickenweitz

Inhaltsverzeichnis

1 Einleitung

In der vorliegenden Fallstudie werden Elemente eines Marketingplans für einen Mega Event behandelt. Der Mega Event ist ein Sportevent eines internationalen Sportverbandes und wird zur Bewahrung des Datenschutzes im Weiteren als „Rennen“ bezeichnet. Die Rennen bestehen aus drei Disziplinen (main events) und werden von einem umfassenden Rahmenprogramm (side events) begleitet. Sie werden immer an einem bestimmten Ort in Westösterreich und i. d. R. im Januar ausgetragen. Zentrale Stakeholder der Rennen sind Zuschauer, Medienvertreter und Mitarbeiter des Organisationskomitees.[1] Die Planung und Umsetzung der Rennen wäre ohne diese Stakeholder nicht möglich.

Die Entwicklung eines Marketingplans wurde vom Ausrichter der Rennen angeregt. Er verfügt gegenwärtig nicht über einen Marketingplan und verspricht sich davon ein Instrument mit Informations- und Koordinationsfunktion in Bezug auf marktspezifische Aktivitäten auf strategischer, taktischer und operativer Ebene.[2] Dass der Ausrichter bislang nicht über einen Marketingplan verfügt, ist i. e. S. nicht problematisch, da die angestrebten Leistungs- und Finanzziele weitgehend erreicht werden: die Rennen sind ein etabliertes und akzeptiertes Element innerhalb der Eventserie des internationalen Sportverbandes, erfreuen sich, wie u. a. die von Jahr zu Jahr gleich bleibenden Zuschauerzahlen belegen, großer Beliebtheit und erweisen sich als profitabel. Die Entwicklung und Einführung eines Marketingplans ist allerdings mit Blick auf die o. g. Informations- und Koordinationsfunktion und den Aufbau einer spezifischen Kompetenz für den Markt und die angebotene(n) Leistung(en) sowie unter Berücksichtigung der Marketingsituation durchaus sinnvoll.

Die vorliegende Fallstudie besteht aus fünf Teilen. Im ersten Teil (Kapitel 2) werden der Markt und die Leistung – die Rennen – behandelt. Dabei werden schwerpunktmäßig die Konsumenten und insbesondere die Zuschauer betrachtet. Im zweiten Teil (Kapitel 3) wird die Marketingsituation beschrieben. Der dritte Teil (Kapitel 4) beinhaltet den Marketingmix, der vierte Teil (Kapitel 5) Aufgabenstellungen, die die

---

1 In der vorliegenden Ausarbeitung wird aus Gründen der Lesbarkeit ausschließlich die männliche Form berücksichtigt. Die Angabe der männlichen Form betrifft aber stets auch die weibliche Form.

2 In Anl. an Becker (2001), S. 5; Bruhn (2004), S. 37ff.

Bearbeitung des Falles und die Ableitung von Empfehlungen für den Ausrichter der Rennen vereinfachen sollen. Der fünfte Teil (Kapitel 6) bietet Lösungsvorschläge.

2 Markt und Leistung

2.1 Markt – Analyse der Konsumenten

Die Konsumenten bestehen aus den Zuschauern der Rennen und den Medienvertretern, die über die Rennen berichten. Die Analyse der Zuschauer erfolgt gemäß den Vorgaben des Ausrichters anhand der Kriterien Alter, Ausbildung, Beruf, Einkommen, Nationalität, Anzahl der Begleiter und Ausgabe-/Konsumverhalten. Eine Auswahl dieser Kriterien kann in die Segmentierung des Marktes und die Formulierung von Marketingzielen eingehen. Die Analyse der Medienvertreter erfolgt anhand der Kriterien Arbeitsbedingungen, Rahmenbedingungen und Ausgabe-/ Konsumverhalten.

Die Analysen wurden von den Verfassern der Fallstudie im Auftrag des Ausrichters in den Jahren 2006, 2007 und 2008 im Rahmen von interdisziplinären Forschungsprojekten geplant und durchgeführt. Die Zuschauer wurden in allen drei Jahren analysiert, die Medienvertreter im Jahr 2007. In den folgenden Ausführungen werden in Bezug auf die Zuschauer lediglich die Ergebnisse aus den Jahren 2006 und 2008 aufgeführt, da die Rennen 2006, 2007 und 2008 begrenzt vergleichbar sind – 2007 wurden nur zwei Disziplinen ausgetragen. In Bezug auf die Medienvertreter können die Ergebnisse aus dem Jahr 2007 verwendet werden, da Medienvertreter auch dann anreisen und berichten, wenn nur zwei Disziplinen ausgetragen werden.

2.1.1 Zuschauer

Alter

Der jüngste Zuschauer im Jahr ist 10 (10)[3], der älteste Zuschauer 83 (85) Jahre alt. Das arithmetische Mittel beträgt 31,5 (33,1) Jahre, der Median 28 (28) Jahre. Die folgende Abbildung bietet einen Überblick über die Altersgruppen (n = Anzahl der gültigen Antworten).

---

3 In Klammern: Ergebnisse 2008.

Ausbildung

Die Analyse der Ausbildung betrifft die abgeschlossene oder – für in der Ausbildung befindliche Personen – die angestrebte Ausbildung. Die Analyse ergibt, dass 26,7 % der Zuschauer über einen unteren schulischen, 24,4 % über einen mittleren schulischen Abschluss und 26,3 % über einen höheren schulischen Abschluss verfügen.

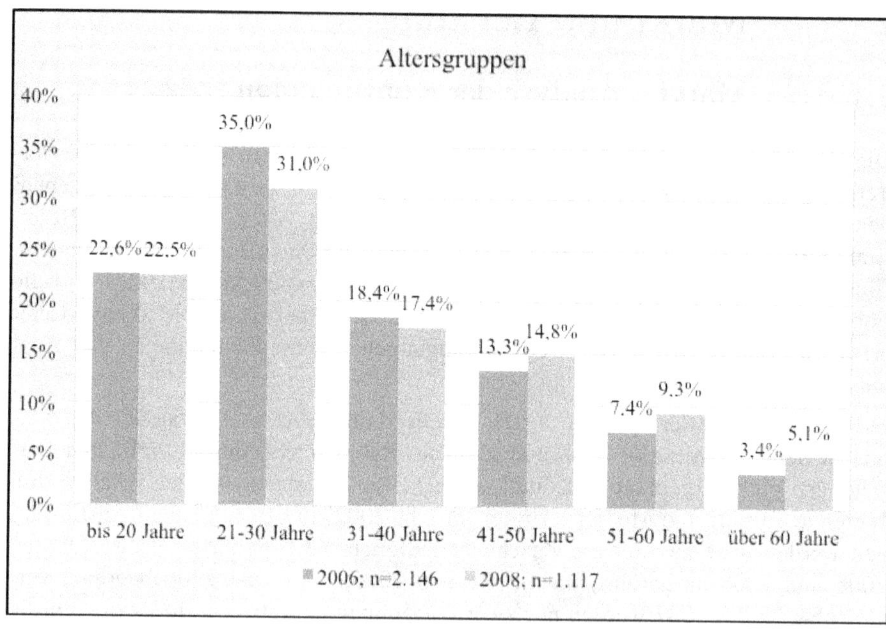

Abbildung 2.1: Altersgruppen 2006 und 2008

16,5 % der Zuschauer verfügen über einen hochschulischen Abschluss (FH, Uni) und 3,7 % über sonstige Abschlüsse (z. B. Berufsakademie). 1,5 % der Zuschauer haben keinen Abschluss.

Beruf

Die Analyse des Berufs betrifft die aktuelle berufliche Tätigkeit (selbstständige und nicht-selbstständige unternehmerische Tätigkeit). Die Frage nach dem Beruf ist eine Alternativfrage mit 15 Antwortoptionen, die in der Auswertung wie folgt gebündelt werden: Angestellter – Arbeiter, Facharbeiter – Beamter – Selbstständiger – Schüler/Student/Auszubildender – andere Berufe. Die folgende Abbildung bietet einen Überblick über die aktuellen beruflichen Tätigkeiten der Zuschauer.

Einkommen

Die Analyse des Einkommens betrifft das Haushaltsnettoeinkommen der Zuschauer. Die Frage nach dem Einkommen ist eine Alternativfrage mit neun Antwortkategorien, die identische Breiten (500 Euro) aufweisen. Die Antwortkategorien wurden in der Auswertung wie folgt gebündelt: bis 1.000 Euro, 1.001–2.000 Euro, 2.001–3.000 Euro, 3.001–4.000 Euro, 4.001–5.000 Euro, über 5.000 Euro.

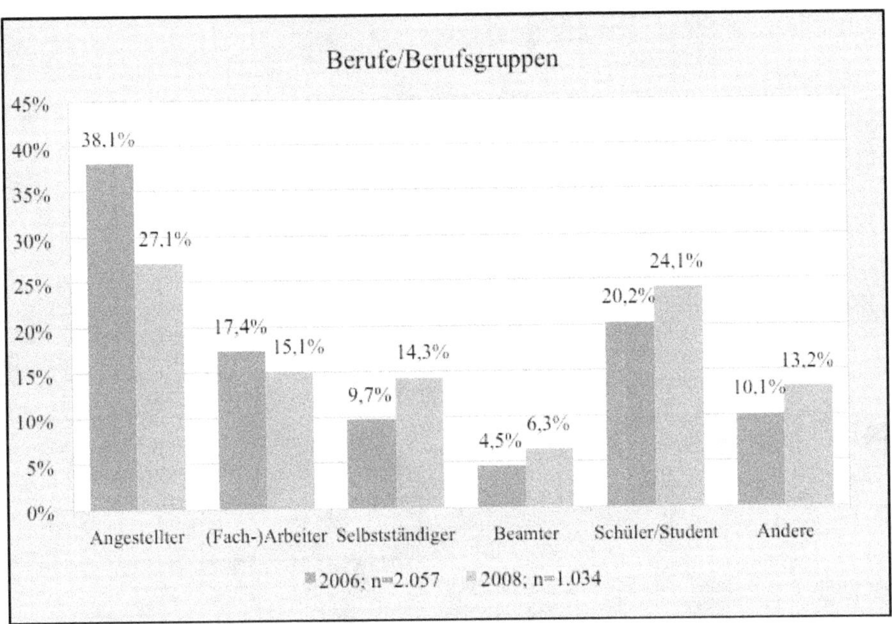

Abbildung 2.2: Berufe/Berufsgruppen 2006 und 2008

Die am häufigsten angegebene Kategorie ist die Kategorie 1.001–2.000 Euro. So haben 39,3 % (35,1 %) der Zuschauer ein Haushaltsnettoeinkommen zwischen 1.001 und 2.000 Euro. Die Kategorie, die am zweithäufigsten angegeben wird, ist die Kategorie bis 1.000 Euro. 24,5 % (29,5 %) der Zuschauer haben ein Einkommen bis 1.000 Euro. Die Kategorie über 5.000 Euro wird dagegen von 7,9 % (9,4 %) der Zuschauer genannt.

Diese Ergebnisse gehen nicht mit dem Ziel des Ausrichters, des Veranstalters und der Verwaltung des Veranstaltungsortes einher, möglichst zahlungskräftige Zuschauer zu gewinnen. Diese Zuschauer können prinzipiell intensiver konsumieren als weniger zahlungskräftige Zuschauer und würden die ökonomischen Effekte der Rennen erheblich intensivieren.

Die folgende Abbildung bietet einen Überblick über das Haushaltsnettoeinkommen der Zuschauer (Einkommensgruppen).

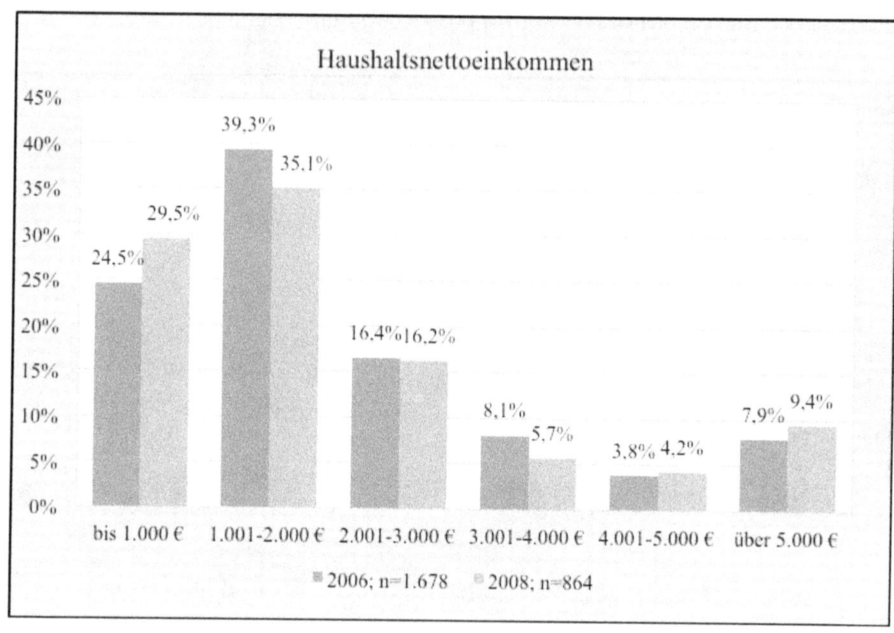

Abbildung 2.3: Haushaltsnettoeinkommen 2006 und 2008

Nationalität

Die Analyse der Nationalität beruht auf einer Alternativfrage mit drei Antwortoptionen (Österreicher, Deutscher, andere Nationalitäten). Die Antworten wurden in der Auswertung wie folgt gebündelt: Österreich – Deutschland – Schweiz – Italien – andere Nationen. 69,8 % (65,3 %) der Zuschauer sind Österreicher, 17,8 % (19,6 %) Deutsche, 5,1 % (4,4 %) Schweizer und 2,8 % (2,8 %) Italiener. 4,5 % (7,9 %) haben eine andere Nationalität.

Diese Ergebnisse gehen ebenfalls nicht mit dem Ziel des Ausrichters, des Veranstalters und der Verwaltung des Veranstaltungsortes einher, vor allem Zuschauer aus dem Ausland zu gewinnen. Es ist davon auszugehen, dass Zuschauer aus dem Ausland i. d. R. höhere Ausgaben verzeichnen (z. B. für Übernachtung, Versorgung) als Zuschauer aus Österreich.

Anzahl der Begleiter

Die Analyse der Anzahl der Begleiter beruht auf einer offenen Frage. 5,4 % (7,7 %) der Zuschauer haben keinen Begleiter, d. h. besuchen die Rennen allein. 21,3 % (21,2 %) der Zuschauer haben einen Begleiter, 31 % (30,9 %) haben zwei bis vier und 23 % (16,7 %) fünf bis zehn Begleiter. Der verbleibende Teil der Zuschauer – 19,3 % (23,5 %) – hat mehr als zehn Begleiter. Die folgende Abbildung bietet einen Überblick über die Anzahl der Begleiter.

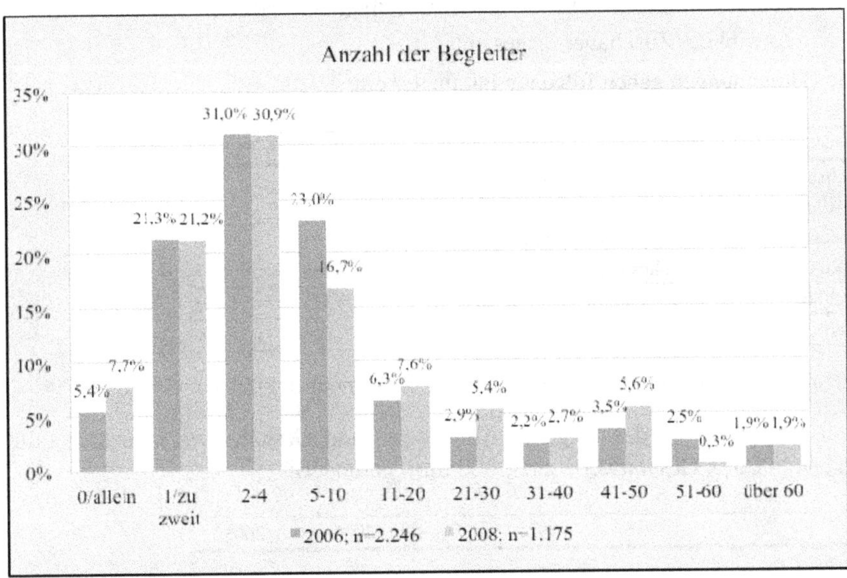

Abbildung 2.4: Anzahl der Begleiter 2006 und 2008

Ausgabe-/Konsumverhalten – allgemein

In der Analyse der Ausgaben werden Mittelwerte (Ausgaben pro Zuschauer; arithmetisches Mittel, Median) und Gesamtwerte für drei Zuschauergruppen berechnet: alle Zuschauer, Zuschauer mit Erstwohnsitz im Bezirk, in dem der Mega Event geplant und durchgeführt wird, Zuschauer mit Erstwohnsitz außerhalb des Bezirks. Die dritte Zuschauergruppe ist für den primären ökonomischen Effekt bedeutsam, da bei diesem Effekt für einen definierten Bereich (z. B. Bezirk) nur die von außen zugeführten Mittel (Nutzen) berücksichtigt werden. Die Gesamtwerte werden wie folgt berechnet:[4]

4 In Anl. an Schwark (2005), S. 25.

$$GW = MW \cdot \frac{a}{v} \cdot N$$

mit

GW Gesamtwert

MW Mittelwert der Ausgaben

a Absoluter Anteil der Zuschauer mit Angaben (zu Ausgaben)

v Anzahl der gültigen/verwertbaren Fragebögen insgesamt

N Anzahl der Zuschauer insgesamt

In die Berechnungen gehen folgende Parameter ein:

Parameter	2006	2008
Zuschauer/ Anteil der Zuschauer mit Angaben (a)		
Alle Zuschauer	1.975	952
Zuschauer mit Erstwohnsitz im Bezirk	195	97
Zuschauer mit Erstwohnsitz außerhalb des Bezirks	1.485	798
Anzahl der gültigen/verwertbaren Fragebögen (v)	2.325	1.194
Anzahl der Zuschauer insgesamt (N)	75.500	75.000

Abbildung 2.5: Parameter für die Berechnung der ökonomischen Effekte

Davon ausgehend wurden folgende Mittelwerte und Gesamtwerte berechnet (alle Angaben in Euro, Gesamtwerte auf 1.000 Euro gerundet):

	2006	2008
Mediane		
Alle Zuschauer	100,00	100,00
Zuschauer mit Erstwohnsitz im Bezirk	50,00	70,00
Zuschauer mit Erstwohnsitz außerhalb des Bezirks	100,00	110,00
Arithmetische Mittel		
Alle Zuschauer	279,84	274,15
Zuschauer mit Erstwohnsitz im Bezirk	131,15	99,68
Zuschauer mit Erstwohnsitz außerhalb des Bezirks	284,17	298,07
Gesamtwerte		
Alle Zuschauer	17.947.000	16.394.000
Zuschauer mit Erstwohnsitz im Bezirk	831.000	607.346
Zuschauer mit Erstwohnsitz außerhalb des Bezirks	13.703.000	14.941.000

Abbildung 2.6: Ausgaben allgemein – Mittel- und Gesamtwerte

Der durch die Zuschauer (mit Erstwohnsitz außerhalb des Bezirks) ausgelöste ökonomische Effekt beträgt 13.703.000 (2006) respektive 14.941.000 (2008) Euro. Dieser Unterschied ist vor allem mit den höheren Ausgaben 2008 zu erklären – es ist ein Preiseffekt. Die Mittelwertunterschiede (arithmetische Mittel) sind allerdings nicht signifikant.

Ausgabe-/Konsumverhalten – speziell

In der Analyse der Ausgaben für spezielle Positionen (Eintritt/ Tickets, Verpflegung, Unterhaltung, etc.) werden arithmetische Mittel und Gesamtwerte berechnet. Die Mittelwerte sind gewichtete Mittelwerte und wurden für die Zuschauergruppe

„Alle Zuschauer“ berechnet. Die Gewichtung bedeutet, dass lediglich die Zuschauer berücksichtigt wurden, die Ausgaben verzeichnen. Durch die Verwendung von gewichteten Mittelwerten werden potenzielle Verzerrungen, die sich beispielsweise daraus ergeben, dass eine Mehrzahl der Personen Ausgaben für sich selbst tätigt und eine Minderzahl der Personen Ausgaben für andere tätigt, vermieden. Die Mittelwerte werden damit vergleichbar. Die Gesamtwerte ergeben sich aus der Multiplikation der gewichteten Mittelwerte mit der Anzahl der Zuschauer.

Es wurden folgende Mittelwerte (MW) und Gesamtwerte (GW) berechnet (alle Angaben in Euro, Gesamtwerte auf 1.000 Euro gerundet):

	2006		2008	
Position	MW	GW	MW	GW
Eintritt/Tickets	17,39	1.313.000	13,75	1.032.000
Verpflegung im Stadion	15,69	1.184.000	14,13	1.060.000
Verpflegung in der Stadt	19,99	1.509.000	8,81	661.000
Einkäufe in der Stadt	17,15	1.295.000	17,20	1.290.000
Unterhaltung/Party	48,66	3.674.000	33,92	2.544.000
Fanartikel Skiclub	3,53	266.000	5,09	382.000
Liftkarten	5,47	413.000	5,17	387.000
Parkplatz	0,35	26.000	2,22	166.000
Sonstiges	10,65	804.000	9,18	688.000
Summe		10.484.000		8.210.000

Abbildung 2.7: Ausgaben speziell – Mittel- und Gesamtwerte

Der Vergleich der Mittelwerte ergibt auffällige Verringerungen bei den Ausgaben für den Eintritt/Tickets, Verpflegung in der Stadt und Unterhaltung/Party. Um ein abschließendes Bild von den einzelnen Ausgaben zu erhalten, müssen über die aufgeführten Positionen hinaus die Ausgaben für die *Übernachtung* berücksichtigt werden. In diese Berechnung gehen folgende Parameter ein:

Parameter	2006	2008
Zuschauer/Anteil der Zuschauer mit Angaben	582	365
Durchschnittliche Anzahl der Übernachtungen	4,01	4,1
Anzahl der gültigen/verwertbaren Fragebögen	2.325	1.194
Anzahl der Zuschauer insgesamt	75.500	75.000

Abbildung 2.8: Parameter für die Berechnung der Effekte durch Übernachtungen

Davon ausgehend wurden folgende Mittelwerte und Gesamtwerte berechnet (alle Angaben in Euro, Gesamtwerte auf 1.000 Euro gerundet):

	2006	2008
Arithmetische Mittel	48,03	64,18
Gesamtwerte	3.640.000	6.033.000

Abbildung 2.9: Ausgaben speziell – Übernachtung

Der Vergleich der Gesamtwerte für die allgemeinen und die speziellen Ausgaben ergibt folgendes Bild (alle Angaben in Euro und auf 1.000 Euro gerundet):

	2006	2008
Gesamtwerte – Ausgaben allgemein (Zuschauer mit Erstwohnsitz außerhalb des Bezirks)	17.947.000	16.394.000
Gesamtwerte – Ausgaben speziell (einschließlich Übernachtungen)	14.124.000	14.243.000
Differenz	3.823.000	2.151.000

Abbildung 2.10: Ausgaben allgemein und speziell – Gesamtwerte

Die Unterschiede in den Gesamtwerten könnten darauf beruhen, dass die Befragten bei den allgemeinen Ausgaben eher gerundete und damit ungenaue Beträge (z. B. 100/200/300/400/500 Euro) und bei den speziellen Ausgaben eher genaue Beträge angeben. Die Unterschiede könnten ferner darauf beruhen, dass bei den einzelnen Positionen nicht alle Positionen verzeichnet sind, die Kosten/Ausgaben verursachen (z. B. Fahrtkosten).

2.1.2 Medienvertreter

Zentrale Zielgröße in der Analyse der Medienvertreter ist die Zufriedenheit mit den Arbeits- und Rahmenbedingungen, periphere Zielgröße das Ausgabe-/ Konsumverhalten. Die Zielgröße Zufriedenheit mit den Arbeits- und Rahmenbedingungen betrifft u. a. die Qualität der zu Verfügung gestellten Pressetexte und des Fotomaterials, die Anzahl der Pressetexte und Pressefotos, die verfügbaren Fotoplätze, die Anzahl der Pressekonferenzen, die Ausstattung des Arbeitsplatzes, die Unterstützung durch das Organisationskomitee und das allgemeine Arbeitsumfeld. Die Zielgröße Ausgabe-/Konsumverhalten bezieht sich auf die Ausgaben für Verpflegung, Unterhaltung/Party, Einkäufe, Transporte (z. B. Taxi), Souvenirs/Geschenke, den Parkplatz und Übernachtungen.

Zielobjekte sind alle für die Rennen akkreditierten Medienvertreter, die vor den Rennen (etwa vier bis fünf Tage) und während der Rennen (drei Tage) von den Rennen berichten. Sie bilden eine aus 596 Personen bestehende Gruppe. Da diese Gruppe aufgrund der unterschiedlichen Aufgaben und Standorte nicht überschaubar und nicht erreichbar ist, wurde beschlossen, die Medienvertreter, die sich im Pressezentrum aufhalten (85 Personen), in die Analyse einzubeziehen.

Arbeitsbedingungen

Die Medienvertreter beurteilen die Arbeitsbedingungen überwiegend positiv. Besonders positiv werden die Arbeitsbedingungen Ausstattung des Arbeitsplatzes, Arbeitsumfeld, Angebot an allgemeinen Informationen sowie Qualität und Anzahl der Pressetexte bewertet. Weniger positiv werden die Arbeitsbedingungen Qualität und Anzahl der Pressefotos, Fotoplätze in der Medienzone (einschließlich Zutrittsregelung) und gastronomisches Angebot im Pressezentrum bewertet.

Rahmenbedingungen

Die Medienvertreter bewerten die Rahmenbedingungen Ablauf der Rennen und Stimmung im Stadion positiv und sehr positiv und die Bedingungen Parkmöglichkeiten und gastronomisches Angebot weniger positiv.

Ausgabe-/Konsumverhalten

Die Ausgaben der Medienvertreter erstrecken sich von 35 bis 1.500 Euro (pro Person) – ohne Übernachtung. Der Mittelwert (arithmetisches Mittel) beträgt 367,84 Euro, der Modus 200 Euro (n = 49). In der Berechnung des Gesamtwertes wurden Angaben von 49 Personen, die Anzahl der verwertbaren Datensätze (63) und die Anzahl der Medienvertreter insgesamt (596) berücksichtigt. Danach ergibt sich ein Gesamtwert von 150.514 Euro. Die größten einzelnen Ausgabepositionen sind ungeachtet der Ausgabeposition Sonstiges Verpflegung mit durchschnittlich 174,9 Euro und Unterhaltung/Party mit 115,2 Euro. Die durchschnittliche Anzahl der Übernachtungen beträgt 4,54 Tage, die durchschnittlichen Ausgaben pro Übernachtung und Person 100 Euro (arithmetisches Mittel). Daraus ergibt sich ein Gesamtwert für die Übernachtungen von 210.454 Euro. Der durch die Medienvertreter ausgelöste ökonomische Effekt beträgt folglich 360.968 Euro.

2.2 Markt – Analyse der Konkurrenten

Die Konkurrenz kann in enge, weite(re) und weiteste Konkurrenz eingeteilt werden. Die enge Konkurrenz besteht aus Anbietern mit gleichen Angeboten zur gleichen Zeit am gleichen Ort (im gleichen Marktsegment). Die Rennen haben keine enge Konkurrenz, da weder im Veranstaltungsort noch im Bezirk im Winter kein vergleichbarer Sportevent durchgeführt wird. Der einzige Sportevent, der in diesem Zeitraum durchgeführt wird ist, ist ein Poloturnier. Dieser Event ist nicht als enge Konkurrenz zu betrachten, da er mit Polospielern und -interessenten ein anderes Marktsegment/andere Konsumenten anspricht. Die weite(re) Konkurrenz besteht aus Anbietern mit ähnlichen Angeboten, bei denen kritisch zu beurteilen ist, ob sie überhaupt konkurrieren, d. h. ob sie als „Substitute" für das eigene Produkt zu betrachten sind.[5] Die Rennen haben keine weite(re) Konkurrenz, da im angegebenen Zeitraum am angegebenen Ort kein Event durchgeführt wird, der hinsichtlich Art, Dauer, Häufigkeit und Größe mit den Rennen vergleichbar ist. Die weiteste Konkurrenz besteht weniger aus Anbietern und Angeboten, sondern vielmehr aus Entwicklungen, beispielsweise Trends. Dass es in den nächsten Jahren Entwicklungen gibt, die sich als Konkurrenz für die seit Jahrzehnten ausgetragenen Rennen erweisen, ist unwahrscheinlich. Es könnten lediglich Entwicklungen (Bewegungen) sein, die die (scheinbare) ökologische Unverträglichkeit der Rennen betonen.

2.3 Leistung – die Rennen

Die Rennen sind ein Mega Event, wobei der Begriff Mega Event in der Literatur nicht eindeutig bestimmt ist. Einen Ansatz bietet Ritchie, der die Begriffe Hallmark Event, Mega Event und Special Event als Synonyme betrachtet und beschreibt als „a major one-time or recurring event of limited duration, developed primarily to enhance the awareness, appeal and profitability of a tourism destination in the short and/or long term. Such events rely for their success on uniqueness, status, or timely significance to create interest and attract attention."[6] Der Ansatz von Ritchie wurde von zahlreichen anderen Autoren aufgegriffen, beispielsweise von Murphy und Carmichael sowie Steiner und Thöni.[7]

Hall betont in seinem Ansatz ebenfalls die Einzigartigkeit von Events, schließt in seiner Definition im Gegensatz zu Ritchie aber nicht nur die wiederkehrende,

---

5 Vgl. Freyer (2003), S. 194.

6 Ritchie (1984), S. 2.

7 Vgl. Murphy/Carmichael (1991), S. 32; Steiner/Thöni (1996), S. 1ff.

sondern auch die regelmäßige Durchführung einer Veranstaltung und die Bedeutung einer Veranstaltung für die lokale Bevölkerung ein: „Hallmark events, otherwise referred to as mega or special events are major fairs, festivals, expositions, and cultural and sporting events which are held on either a regular or a one-off basis. … Hallmark events are also extremely significant not just for their immediate tourism component but because they may leave behind legacies which will impact on the host community far more widely than the immediate period in which the event actually took place.“[8] Aus dieser Beschreibung ist abzuleiten, dass Hall die Begriffe Hallmark Event, Mega Event und Special Event ebenfalls als Synonyme betrachtet.

Getz betrachtet die Begriffe Hallmark Event, Mega Event und Special Event nicht als Synonyme. Er beschreibt Hallmark Events als Großveranstaltungen, die stark mit ihrem Veranstaltungsort in Verbindung gebracht werden und umgekehrt. Zwischen der Veranstaltung und dem Veranstaltungsort besteht eine Tradition, die über Jahre hinweg aufgebaut wird. Getz verwendet den Begriff Hallmark Event in Bezug auf einen Ort, der durch die Veranstaltung bekannt wurde und der dadurch einen Vorteil gegenüber anderen Orten besitzt.[9] Der Begriff Mega Event lässt auf eine andere Größenordnung schließen. Der Mega Event wird mit hohen Auswirkungen auf die Tourismusindustrie und die regionale Wirtschaft in Verbindung gebracht und als universelle Großveranstaltung mit internationalem Charakter gesehen. Zur Abgrenzung von Mega Events werden häufig Besucherzahlen und Budgets angegeben, beispielsweise von Travis und Croizé.[10] Allgemein anerkannte Schwellenwerte gibt es jedoch nicht. Der Begriff Special Event lässt auf die Einzigartigkeit bzw. Einmaligkeit einer Veranstaltung schließen. Special Events sind außergewöhnlich und sollen durch ihre Einmaligkeit große Besucherströme anziehen. Ein Beispiel für einen Special Event sind die Olympischen Spiele.[11]

In der vorliegenden Fallstudie werden die Begriffe Hallmark Event, Mega Event und Special Event und die Begriffe Mega Event und Großveranstaltung synonym verwendet. Arbeitsdefinition ist die Begriffsbestimmung von Hall.

Im Jahr 1989 wurden während einer Versammlung der National Task Force on Tourism Data (Kanada) sieben Charakteristika zur Definition von Mega Events/ Großveranstaltungen entwickelt:[12]

---

8 Hall (1992), S. 1.

9 Vgl. Getz (1991), S. 51.

10 Vgl. Travies/Croizé (1987), S. 61.

11 Vgl. Getz (1991), S. 44.

12 Vgl. Getz (1991), S. 45ff.

- eine Großveranstaltung ist der Öffentlichkeit zugänglich
- sie wird zu einem bestimmten Thema abgehalten
- sie findet einmal im Jahr oder seltener statt
- sie hat einen im Voraus festgesetzten Eröffnungs- und Schlusstag
- sie hat keine dauerhafte Struktur
- das Programm kann aus mehreren separaten Aktivitäten bestehen
- alle Aktivitäten finden im gleichen Ortsgebiet oder in der gleichen Region statt

Die Prüfung dieser Charakteristika für die o. g. Rennen ergibt folgendes Bild: Die Rennen sind der Öffentlichkeit prinzipiell zugänglich. Das Thema der Rennen ist Sport auf höchstem Niveau, Subthemen sind Ablenkung, Abwechslung und Unterhaltung – ebenfalls auf höchstem Niveau. Die Rennen finden einmal im Jahr statt, Eröffnungstag und Schlusstag sind festgelegt. Das Programm besteht aus mehreren Aktivitäten, wobei sich alle Aktivitäten auf einen Ort beschränken. Die Rennen können gemäß dieser Charakteristika als Mega Event bezeichnet werden.

Müller und Stettler bevorzugen eine alternative Prüfung und bieten folgendes Schema zur Einordnung/Klassifikation von Mega Events:[13]

Indikatoren zur Abgrenzung	Grenzwerte
Anzahl aktive Sportler	≥ 10.000
Anzahl Betreuer/Helfer/Funktionäre	≥ 1.000
Anzahl Zuschauer	≥ 20.000
Veranstaltungsbudget	≥ 1 Mio. CHF
Mediale Attraktivität und Verbreitung	Direktübertragung, Teilaufzeichnung

Abbildung 2.11: Indikatoren und Grenzwerte zur Einordnung/Abgrenzung von Mega Events

Damit eine Veranstaltung als Großveranstaltung eingestuft werden kann, muss mindestens ein Grenzwert erreicht werden. Werden die Rennen anhand dieser Indikatoren und Grenzwerte betrachtet, so ergibt sich eine eindeutige Einordnung als Mega Event, da drei Grenzwerte, die Anzahl der Zuschauer, das Veranstaltungsbudget und die mediale Attraktivität, erreicht werden (s. Abbildung 2.12).

Um die Einordnung der Rennen als Mega Event zu prüfen, wurden die Zuschauer in der o. g. Analyse gebeten, die Bedeutung der Rennen zu beurteilen. Dabei wurden im Jahr 2006 folgende Items abgefragt (Auswahl):

- „die Rennen bringen Glanz in die Region“
- „die Rennen machen den Ort und die Region interessant“
- „die Rennen haben den Ort in der Welt bekannt gemacht“

---

13 Verändert nach Müller/Stettler (1999), S. 10.

- „die Rennen bestätigen Österreichs führende Rolle in der Sportart"
- „Österreich benötigt sportliche Topereignisse wie die Rennen"

Indikatoren zur Abgrenzung	Werte
Anzahl aktive Sportler	138
Anzahl Betreuer/Helfer/Funktionäre	722
Anzahl Zuschauer	75.500
Veranstaltungsbudget	4,5 Mio. Euro
Mediale Attraktivität und Verbreitung	Direktübertragung und Teilaufzeichnung durch diverse AV-Medien und Neue Medien, Berichterstattung in Printmedien

Abbildung 2.12: Indikatoren und Werte der Rennen (2006)

Dass die Rennen Glanz in die Region bringen und den Ort und die Region interessant machen, bestätigen 88,5 % bzw. 90 % der Zuschauer. 93,8 % der Zuschauer bekräftigen, dass die Rennen den Ort in der Welt bekannt gemacht haben. Der Aussage, dass die Rennen Österreichs führende Rolle in der Sportart bestätigen, stimmen 89,9 % der Zuschauer zu. 91,0 % der Zuschauer stimmen zu, dass Österreich Topereignisse wie die Rennen benötigt.

Die zu vermarktende Leistung, die Rennen, lässt sich abschließend wie folgt beschreiben:

- Mega Event, Hallmark Event
- Hochwertige main events und side events
- großes Veranstaltungsbudget
- großes Zuschauerinteresse
- großes Medieninteresse
- positive Beurteilung durch die Zuschauer/Konsumenten

3 Marketingsituation

3.1 Ausgangslage

Mega Events und vor allem Sport-Mega Events haben in den vergangenen Jahren weltweit zunehmende wirtschaftliche und gesellschaftliche Bedeutung erfahren. Die aktuelle Situation ist bestimmt durch hohe Ansprüche der Besucher an den Erlebniswert der Events und den Einsatz der Athleten, hohe öffentliche und private Förderungen, erhebliche planerische und organisatorische Leistungen und einen Wettbewerb der Veranstaltungsorte untereinander.[14] Für einen Veranstaltungsort hat sich ein Event von internationalem Interesse vom Erlebnis zum Standortfaktor entwickelt, der den Ort durch Investitionen sowie touristische, mediale und wirtschaftliche Effekte positiv beeinflusst.[15] Hohe Investitionen und organisatorische Leistungen werden dabei oft erst durch das Zusammenspiel von Sport, Wirtschaft, Politik und Medien ermöglicht. Das Zusammenspiel dieser Kräfte beruht vor allem auf den von Mega Events in verschiedenen wirtschaftlichen und gesellschaftlichen Bereichen erwarteten Effekten.[16] Diese lassen sich grundsätzlich in ökonomische, ökologische und soziale Effekte einteilen.[17] Die ökonomischen Effekte betreffen den Veranstalter, die öffentliche Verwaltung des Veranstaltungsortes, die Zuschauer/ Besucher der Veranstaltung, die Bevölkerung des Veranstaltungsortes, die Hotellerie, Gastronomie und den Handel sowie die sonstigen Unternehmen des Veranstaltungsortes. Die ökologischen Effekte betreffen allein die Bevölkerung des Veranstaltungsorts, die sozialen Wirkungen die Zuschauer der Veranstaltung und wiederum die Bevölkerung des Veranstaltungsortes.[18] Die Effekte werden in den verschiedenen Zeitphasen (Planung, Vorbereitung, Umsetzung, Nachbereitung) und zu den verschiedenen Zeitpunkten der Veranstaltung für verschiedene Personen (Zuschauer, Bürger, Politiker, etc.), Institutionen (Organisationskomitee, Partner, etc.) und Haushalte (Ort, Region, Staat) bedeutsam.[19] Die ökonomischen, ökologischen und sozialen Effekte sind auch deshalb zu beachten, da für einen Mega Event Ressourcen frei- und eingesetzt werden, die anderweitig nicht mehr eingesetzt werden können.[20]

3.2 Externe Einflussfaktoren – Chancen und Risiken

Externe Einflussfaktoren können im Fall der Rennen politisch-rechtliche, wirtschaftliche/finanzielle, klimatologische, ökologische und soziologische Einflussfaktoren sein. So ist denkbar, dass die Rennen von den politischen Gremien auf Bezirks- oder Landesebene nicht mehr genehmigt werden und folglich nicht mehr durchgeführt werden dürfen. Dies ist denkbar, aber derart unwahrscheinlich, dass dieser Gedanke

14 Vgl. Gans/Horn/Zemann (2003), S. 19.
15 Vgl. Büch/Maennig/Schulke (2002), S. 5.
16 Vgl. Gans/Horn/Zemann (2003), S. 19.
17 Vgl. Gans/Horn/Zemann (2003), S. 21.
18 Vgl. Gans/Horn/Zemann (2003), S. 21.
19 Vgl. Thöni (1999), S. 345.
20 Vgl. Gans/Horn/Zemann (2003), S. 20.

nicht als Gefahr bzw. Risiko bewertet werden kann. Ferner ist denkbar, dass die Rennen nicht mehr von Partnern aus der Wirtschaft, i. d. R. Sponsoren, und Medien gefördert werden. Dieser Gedanke kann ebenfalls nicht als Gefahr bzw. Risiko bewertet werden, da langfristige vertragliche Vereinbarungen mit den Partnern bestehen. Er ist eher als Chance zu beurteilen – wie die vergangenen Jahre gezeigt haben, ist es sehr einfach, neue Partner, i. d. R. Co-Sponsoren, Supplier, etc., zu gewinnen. Die Rennen sind aufgrund ihres immensen Werbewertes und anderer Werte, beispielsweise des sportlichen Wertes, sehr attraktiv für Partner aller Art. Die klimatologischen oder meteorologischen Einflussfaktoren stellen dagegen ein Risiko dar. Bei einem ungünstigen Mikroklima, beispielsweise bei hohen Temperaturen, Regen und Wind, können die Rennen nicht durchgeführt werden. Rennen können auch bei starkem Schneefall oder bei der Kombination von starkem Schneefall und Wind mit Sturmstärke nicht durchgeführt werden. Diese Situationen sind in den vergangenen Jahren kaum aufgetreten, müssen aber als Risiko aufgefasst werden. Die ökologischen Einflussfaktoren stellen ebenfalls ein Risiko dar. Sie beziehen sich auf den Landschaftsverbrauch und die Beeinträchtigung des Landschaftsbildes, die Luft- und Gewässerbelastung, die Lärmbelästigung und den Abfall. Der Landschaftsverbrauch und die Beeinträchtigung des Landschaftsbildes spielen wahrscheinlich keine Rolle, da weder die für die Rennen benötigten noch die begleitenden Areale ausgebaut werden. Die Luft- und Gewässerbelastung, insbesondere die Luftbelastung, spielen eine Rolle, da den Ergebnissen der o. g. Analyse zufolge ein großer Teil der Zuschauer mit dem PKW (36,1 %) oder in einem organisierten Bus (15 %) zu den Rennen anreist.[21] Sollten hier strengere Gesetze erlassen werden, ist der Einsatz der bestehenden Verkehrsmittel (Shuttle) auszubauen und der Einsatz neuer Verkehrsmittel (z. B. E-Bus, Hybrid-Bus) anzuregen. Die Lärmbelästigung spielt keine Rolle, da die main events tagsüber und die side events (z. B. Konzerte) abends ausgetragen werden. Sowohl main events als auch side events sind vor 22:00 Uhr abgeschlossen. Die Belastung durch Abfall spielt ebenfalls keine Rolle, da der Veranstaltungsort über ein funktionierendes Abfall-/Mülltrennungssystem verfügt. Hinsichtlich der ökologischen Einflussfaktoren sind folglich Gesetze oder Gesetzesänderungen zu beachten, die sich auf die Luftbelastung beziehen. Die soziologischen Einflussfaktoren stellen eine Chance dar. Sie betreffen den in der Gesellschaft zu beobachtenden Trend zum Event und die Erlebnisorientierung.[22]

---

21 Ergebnisse 2006.

22 Vgl. Opaschowski (1998), S. 19; Opaschowski (2000), S. 26; Schulze (2000), S. 13ff., S. 55.; Kemper (2001).

Chancen im Überblick

- Interesse von potenziellen Partnern an Kooperationen
- Interesse der Zielgruppe(n), Trend zum Event
- Erlebnisorientierung

Risiken im Überblick

- klimatologische/meteorologische Aspekte/Einflüsse
- strengere Gesetze zu ökologischen Aspekten, insbesondere zur Luftbelastung

3.3 Interne Einflussfaktoren – Stärken und Schwächen

Interne Einflussfaktoren können im Fall der Rennen personelle, wirtschaftliche/finanzielle, organisatorische und imagespezifische Einflussfaktoren sein. Die personellen Einflussfaktoren sind als Stärke zu bewerten, da die hauptamtlichen Mitarbeiter des Ausrichters über angemessene Qualifikationen und ausreichende Expertise in der Planung, Vorbereitung, Umsetzung und Nachbereitung der Rennen verfügen. Die ehrenamtlichen, fast ausschließlich in der Rennwoche eingesetzten Mitarbeiter verfügen ebenfalls über angemessene Qualifikationen. Weitere Stärken sind in der Koordination der ehrenamtlichen Mitarbeiter und in der Kontinuität zu sehen: Ein hoher Anteil der freiwilligen Mitarbeiter (etwa 80 %) ist Jahr für Jahr bei den Rennen im Einsatz. Dass die freiwilligen Mitarbeiter mit ihrem Einsatz überwiegend zufrieden sind, wird in einer im Jahr 2006 durchgeführten Analyse bestätigt. Zentrales Ziel dieser Analyse war die Ermittlung der Erfahrungen (Items oder Faktoren) und Arbeitsbedingungen (Items oder Faktoren), die Zufriedenheit/Unzufriedenheit der Mitarbeiter erklären. Der Ausrichter kann mit dem Ergebnis dieser Analyse gezielt auf ausgewählte Erfahrungs- und Arbeitsaspekte einwirken, um die Zufriedenheit des Personals/der Mitarbeiter zu verbessern und die Prozesse der Personalbeschaffung, des Personaleinsatzes und der Personalbetreuung zu vereinfachen. Zentrale Zielgröße ist die Zufriedenheit der Mitarbeiter. Zufriedenheit bezeichnet die Anerkennung/Annahme zumutbarer (Arbeits-)Bedingungen unter Berücksichtigung individueller Zufriedenheit.[23] Sie beinhaltet positive Gefühle und Einstellungen eines Mitarbeiters gegenüber seiner Arbeit.[24] Zielobjekte sind die so genannten engen Mitarbeiter der Rennen. Sie bilden eine aus 450 Personen bestehende Gruppe. In die Analyse wurden ebenfalls alle Personen einbezogen. Die Untersuchung des

---

[23] Vgl. Ulich (2005), S. 138.

[24] Vgl. Weinert (2004), S. 245.

Zusammenhangs zwischen den Erfahrungen und der Zufriedenheit der Mitarbeiter ergibt, dass die Erfahrungsfaktoren Einbindung und Kontakt, Tradition und Spaß die Zufriedenheit positiv beeinflussen dürften: je höher/ausgeprägter diese Faktoren sind, desto größer ist die Zufriedenheit. Die Untersuchung des Zusammenhangs zwischen den Arbeitsbedingungen und der Zufriedenheit der Mitarbeiter ergibt, dass die Arbeitsfaktoren Unterstützung und Beziehung zu Vorgesetzten und Mitarbeitern die Zufriedenheit positiv beeinflussen dürften: je höher/ausgeprägter diese Faktoren sind, desto größer ist die Zufriedenheit. Grundsätzlich ist zu sagen, dass die Mitarbeiter die Arbeitsbedingungen sehr positiv beurteilen, vor allem das Verhältnis zu den Vorgesetzten, das Verhältnis zu anderen Mitarbeitern, die Stimmung im Mitarbeiterteam und die Aufgabenzuteilung.

Die wirtschaftliche/finanzielle Situation ist eine Stärke. Die Rennen sind profitabel, der Grad der Selbstfinanzierung beträgt 100 %. Um die wirtschaftliche Situation beurteilen zu können, befasst sich ein Mitarbeiter des Ausrichters ausschließlich mit dem internen und dem externen Rechnungswesen. Die organisatorische Situation ist gleichermaßen Stärke und Schwäche. Während die Zuschauer die Ablauforganisation sehr positiv beurteilen, bewerten die Mitarbeiter die Ablauforganisation weniger positiv. Sie beziehen sich dabei aber weniger auf die Umsetzung der Veranstaltung, sondern vielmehr auf die Planung und Vorbereitung. Sie sehen in diesen Phasen der Eventorganisation Potenziale zur Optimierung der Prozesse. Die Aufbauorganisation wird dagegen von beiden Gruppen, Zuschauern und Mitarbeitern, positiv beurteilt. Das Image der Rennen ist eine große Stärke – mit einer Ausnahme: die Familienfreundlichkeit. Dass die Rennen familienfreundlich sind, bestätigen „nur“ 61,1 % (72,6 %) der Zuschauer. Dieses Ergebnis geht nicht mit den Beurteilungen anderer Image-Items und nicht mit dem Anspruch des Ausrichters einher, eine familienfreundliche Veranstaltung, ein Erlebnis für die Familie, zu bieten. Darüber hinaus ist eine weitere Beurteilung bzw. Einschätzung zu beachten, die Beurteilung des Showbusiness. Dabei geben 42,0 % (62,3 %) der Zuschauer an, dass das Showbusiness den sportlichen Wert der Rennen verringert. Das Showbusiness ist allerdings ein integraler Bestandteil der Rennen und dürfte eine enorme Anziehungskraft besitzen, wenngleich der Ausrichter immer wieder den sportlichen Aspekt der Rennen betont.

Stärken im Überblick

- Qualifikation der Mitarbeiter
- Wirtschaftliche/finanzielle Situation des Ausrichters
- Ablauforganisation (Umsetzungsphase) und Aufbauorganisation
- Image

Schwächen im Überblick

- Ablauforganisation/Prozesse (Planungs- und Vorbereitungsphase)
- Image: Familien(un)freundlichkeit, Showbusiness

4 Marketingmix

Aus den Analysen lassen sich ausgewählte produkt- und kommunikationspolitische Aktivitäten ableiten. Im Produktmix werden die Kernleistungen bewahrt und die Zusatzleistungen vergrößert und/oder verbessert. Die Produktpalette und die Produktqualität werden ebenfalls vergrößert/verbessert. Im Bereich der Zusatzleistungen ist auf Wahrnehmungsebene beabsichtigt, die An- und Abreise zu den Rennen durch Erhöhung der Shuttle-Frequenz und Ausweitung des Shuttle-Radius zu vereinfachen und die Betreuung der Fan-Clubs und der Familien durch Einrichtung eines Fan und Family Guide zu verbessern. Im Bereich der Zusatzleistungen ist auf Vorstellungsebene beabsichtigt, den Erlebniswert durch Erweiterung der Show Acts zu erhöhen (Stichwort Emotion) und den Kontakt zu Fan Clubs zu erweitern (Interaktion). Im Kommunikationsmix werden verstärkt Online- und Social Media Marketing- sowie Merchandising-Instrumente eingesetzt, ohne die Werbung in Print- und AV-Medien und die Öffentlichkeitsarbeit zu vernachlässigen.

5 Aufgabenstellungen

5.1 Marketinganalytische Ebene – Analysen

In der Analyse des Marktes (Kapitel 2) wurden die Konsumenten, d. h. die Zuschauer und Medienvertreter, mittels einer deskriptiven Untersuchung (mit analytischen Elementen) und die Konkurrenten mittels einer Einteilung in enge, weite(re) und weiteste Konkurrenz betrachtet. In der Analyse der Marketingsituation (Kapitel 3) wurden die Chancen und Risiken sowie die Stärken und Schwächen bestimmt.

Warum werden derartige Analysen durchgeführt? Führen Sie ergänzend eine Wettbewerbs-/Branchenanalyse und eine SWOT-Analyse durch. Welche weiteren Analysen sind Ihnen bekannt?

5.2 Marketingkonzeptionelle Ebene – Segmente, Ziele und Strategien

Im bestehenden Marketingplan werden Marktsegmente, Marketingziele und Marketingstrategien nicht behandelt. Beschreiben Sie potenzielle Marktsegmente, Marketingziele und Marketingstrategien. Berücksichtigen Sie in der Marktsegmentierung die unterschiedlichen Segmentierungsarten (z. B. soziodemographische, psychographische Segmentierung). Beachten Sie in der Bestimmung der Marketingziele die Anforderungen an Zielformulierungen.

5.3 Marketinginstrumentelle Ebene – Marketingmix

Im Marketingmix werden ausgewählte produkt- und kommunikationspolitische Aktivitäten angesprochen. Welche weiteren Bereiche sollten in den Mix aufgenommen werden und warum? Erweitern Sie die produkt- und kommunikationspolitischen Aktivitäten und ergänzen Sie den Marketingmix um preispolitische (und ggf. weitere) Empfehlungen.

5.4 Komplementäre Elemente

Der aktuelle Marketingplan beinhaltet marketinganalytische und -instrumentelle Elemente. Erweitern Sie den Plan um Aspekte der Budgetierung, Implementierung und Kontrolle. Befassen Sie sich darüber hinaus mit den Stakeholdern, die angesprochen wurden, d. h. mit den Medienvertretern und den Mitarbeitern, und entwickeln Sie Empfehlungen für den Umgang mit diesen Stakeholdern.

6 Lösungsvorschläge

6.1 Marketinganalytische Ebene – Analysen

Markt – Analyse der Konkurrenten: Wettbewerbsanalyse/Branchenanalyse

Bedrohung durch neue Konkurrenten/Gefahr des Markteintritts

Die Bedrohung durch neue Konkurrenten kann für die Rennen als sehr gering beurteilt werden. Diese Einschätzung ist damit zu begründen, dass die Eventserie kein offener, sondern ein „geschlossener" Markt ist, der von einer Aufsichtsbehörde, dem internationalen Sportverband, gesteuert wird. Der internationale Sportverband genehmigt neue Events – oder nicht. Er genehmigt neue Events aber nur bei einer angemessenen Konkurrenzsituation. Die Einschätzung ist darüber hinaus damit zu begründen, dass die Rennen starke Markteintrittsbarrieren aufgebaut haben. Sie sind eine Marke, verfügen über qualifiziertes Personal und moderne Technologien sowie politische und gegebenenfalls juristische Unterstützung.

Bedrohung durch Ersatzprodukte und -dienste (Substitute)

Die Bedrohung durch Ersatzprodukte kann für die Rennen ebenfalls als sehr gering beurteilt werden, da ein derartiger Event nicht – jedenfalls nicht kurz- oder mittelfristig – ersetzt werden kann.

Verhandlungsmacht der Abnehmer

Die Verhandlungsmacht der Abnehmer ist für die Rennen als gering zu bezeichnen. Die Abnehmer, d. h. die Zuschauer, können kaum versuchen, die Preise zu verringern. Abgesehen davon, dass sie es kaum versuchen können, stellt sich die Frage, ob sie es versuchen würden. An dieser Stelle ist auf die Analyse zu verweisen. So wurden die Zuschauer gebeten, u. a. die Rahmenbedingungen der Rennen (z. B. Kartenvorverkauf, Verkehrsanbindung, Parkmöglichkeiten, eigene Sicherheit, Ablauf/Organisation) zu bewerten. Die Analyse ergibt, dass die Rahmenbedingungen von den Zuschauern fast ausnahmslos positiv beurteilt werden. Besonders positiv werden beispielsweise der Ablauf der Rennen, die Stimmung im Stadion und die Wartezeiten (Kasse, Eingang) bewertet. Die Zuschauer wurden ferner gefragt, ob sie die Rennen im nächsten Jahr wieder besuchen werden. Diese Frage bejahen 86,0 % (82,1 %) der Zuschauer, sodass davon auszugehen ist, dass die Zuschauer keinerlei Verhandlungen i. w. S. anstreben. Dass die Zuschauer versuchen, in einzelnen Bereichen (z. B. in der Versorgung/Verpflegung) eine bessere Qualität zu verlangen, ist nicht auszuschließen. Sie können bessere Qualität allerdings nicht direkt verlangen, sondern nur auf die vorhandene Qualität – auf vorhandene Leistungen – verzichten.

Verhandlungsmacht der Lieferanten

Die Verhandlungsmacht ist für die Lieferanten ebenfalls als gering zu bezeichnen. Der Ausrichter verfügt über die wichtigsten Produkte (z. B. für die Sicherheit) und kann bei anderen Produkten auf langfristige vertragliche Vereinbarungen mit Lieferanten vertrauen.

Rivalität unter den bestehenden Konkurrenten

Die Konkurrenten der Rennen/des Ausrichters sind die Ausrichter der anderen Events der Eventserie, die allerdings nicht als enge Konkurrenz zu betrachten sind. Eine Rivalität wird bestehen, da jeder Ausrichter bestrebt ist, möglichst viele Zuschauer zu einem Besuch seines Events zu bewegen, dürfte aber nicht bedrohlich sein, da die Rennen außerordentlich beliebt sind und sehr positiv beurteilt werden. Weiterhin ist zu beachten, dass der Sportverband steuernd eingreifen wird, sobald sich erhebliche Rivalitäten einstellen.

Marketingsituation – Ableitung von Strategieoptionen: SWOT-Analyse

Die SWOT-Analyse beinhaltet eine integrierte Betrachtung der externen und internen Einflussfaktoren zur Ableitung von Strategieoptionen. Die folgende Abbildung stellt die SWOT-Matrix für die Rennen dar.

externe Faktoren / interne Faktoren	**Opportunities/Chancen** Interesse potenzieller Partner Interesse der Zuschauer/Trend Erlebnisorientierung	**Threats/Gefahren, Risiken** klimatologische Aspekte juristische Aspekte/neue Gesetze
Strengths/Stärken Qualifikation der Mitarbeiter Wirtschaftliche Situation Organisation Image	**SO-Strategien** • Mittel-/Langfristige Sicherung der wirtschaftlichen Situation durch Gewinnung neuer Partner • Veränderung des Zuschauerprofils (anhand der Kriterien Alter, Einkommen, Nationalität, ggf. Geschlecht)	**ST-Strategien** • Entwicklung eines Krisenplans für die Verschiebung der Veranstaltung (z. B. in die Folgewoche) • Steigerung der Flexibilität der Mitarbeiter und Partner für den Fall von Verschiebungen
Weaknesses/Schwächen Ablauforganisation/Prozesse Image: Familienfreundlichkeit	**WO-Strategien** • Entwicklung von Angeboten zur Steigerung der Familienfreundlichkeit (Produkt-/ Leistungspolitik) • Trennung von Sport und Show in der Berichterstattung (Kommunikationspolitik) • Schulung der Mitarbeiter (Ablauforganisation/ Prozesse – Personalentwicklung)	**WT-Strategien** • Entwicklung eines Verkehrs- und Logistikplans • Bestätigung der ökologischen Unbedenklichkeit der Rennen

Abbildung 6.1: SWOT-Matrix

6.2 Marketingkonzeptionelle Ebene – Segmente, Ziele und Strategien

Marktsegmente

Zielgruppe Zuschauer – soziodemographische Marktsegmentierung

Die zentralen Marktsegmente sind 31- bis 40-jährige und 41- bis 50-jährige Personen aus Österreich, Deutschland, der Schweiz und Italien mit einem Haushaltsnettoeinkommen von über 2.000 Euro. Bei dieser Segmentierung wurden die Kriterien Alter, Einkommen und Nationalität berücksichtigt. In ein erweitertes Segment könnte das Kriterium Geschlecht eingehen, da die o. g. Analyse ergeben hat, dass Männer erheblich höhere Ausgaben bei den Rennen verzeichnen als Frauen. Der Unterschied in den Ausgaben zwischen Männern und Frauen ist in den Jahren 2006 und 2008 höchst signifikant. Die erweiterten Marktsegmente sind folglich die 31- bis 40-jährigen und 41- bis 50-jährigen männlichen Personen aus Österreich, Deutschland, der Schweiz und Italien mit einem Haushaltsnettoeinkommen von über 2.000 Euro.

Zielgruppe Zuschauer – psychographische Marktsegmentierung

Das zentrale Marktsegment aus Sicht der Freizeitwissenschaft sind die so genannten Erlebniskonsumenten. Die Erlebniskonsumenten sind vor allem bei prestige- oder erlebnisträchtigen Sportarten und bei Sportevents vertreten, die sportliche Höchstleistungen bieten. Das zentrale Marktsegment aus Sicht der Tourismuswissenschaft sind die Sport-Zuschauer als Reisende/Touristen und die Sportler (Aktive) als Reisende/Touristen.[25] Sport-Zuschauer sind passiv am Sport beteiligt, auch wenn sie als Sporttouristen durchaus Reiseaktivitäten entfalten müssen. Als Eventtouristen wollen sie die Sportereignisse live und zusammen mit anderen erleben (Fan-Tourismus). Die psychographische Marktsegmentierung ergibt folglich zwei Marktsegmente, erlebnisorientierte Sport-Zuschauer und wintersportfokussierte Sportler.

Zielgruppe Zuschauer – verhaltensorientierte Marktsegmentierung

Das zentrale Marktsegment sind Personen, die bevorzugt in kleineren und größeren Gruppen auftreten, weil sie die Gemeinschaft schätzen. Die Personen, die in größeren Gruppen auftreten, beispielsweise die Fan-Clubs, sind nach Angaben des Ausrichters noch nicht im gewünschten Ausmaß vertreten.

Zielgruppe Partner

Die Zielgruppe der Partner besteht vor allem aus Partnern aus der Wirtschaft und Medienpartnern. Zentrale Partner aus der Wirtschaft sind Partner aus den Bran-

---

25 s. Freyer (2001), S. 59ff. und Freyer (2002), S. 18ff. zur Segmentierung der Sporttouristen.

chen Auto & Mobiles, Elektronik & Multimedia/Telekommunikation und Lebensmittel. Es erscheint sinnvoll, Partner mit einer hohen Affinität zum Sport als Sponsoren zu gewinnen, beispielsweise Unternehmen aus den Branchen Freizeit & Sport und/oder Mode & Accessoires. Diese Unternehmen stellen folglich Marktsegmente dar. Zentraler Medienpartner ist der ORF, weitere Partnerschaften mit österreichischen Medienanstalten sind aufgrund der vertraglich vereinbarten Exklusivität ausgeschlossen.

Zielgruppe Gegner/Öffentlichkeit

Die Zielgruppe Gegner/Öffentlichkeit ist kein Marktsegment i. e. S. Die Ansprache dieser Zielgruppe erfolgt in der Absicht, ökologische Unbedenklichkeit und soziale Verträglichkeit der Rennen zu vermitteln.

Marketingziele

Für die definierten Marktsegmente werden folgende ökonomische und nicht-ökonomische Ziele formuliert:

Marktsegmente: 31- bis 40-jährige und 41- bis 50-jährige männliche Personen aus Österreich, Deutschland, der Schweiz und Italien mit einem Haushaltsnettoeinkommen von über 2.000 Euro

- Steigerung des Anteils der 31- bis 40-jährigen männlichen Personen aus Österreich, Deutschland, der Schweiz und Italien mit einem Haushaltsnettoeinkommen von über 2.000 Euro um mindestens 5 % (von 68,6 % im Jahr 2008 auf mindestens 73,6 %) bei den Rennen des Folgejahres.
- Steigerung des Anteils der 41- bis 50-jährigen männlichen Personen aus Österreich, aus Deutschland, der Schweiz und Italien mit einem Haushaltsnettoeinkommen von über 2.000 Euro um mindestens 5 % (von 64,6 % im Jahr 2008 auf mindestens 69,6 %) bei den Rennen des Folgejahres.

Marktsegment: Zuschauer – Erlebniskonsumenten/Sport-Zuschauer

- Steigerung des Anteils der Personen, die Skirennen als „Unterhaltung“ bezeichnen, um mindestens 5 % (von 81,8 % auf mindestens 86,8 %) bei den Rennen des Folgejahres.

Marktsegment: Zuschauer – Gruppen/Anzahl der Begleiter

- Steigerung des Anteils der Personen, die mit mehr als zehn Begleitern auftreten, um mindestens 3 % (von 23,5 % auf mindestens 28,5 %) bei den Rennen des Folgejahres (Steigerung des Anteils der Gruppen von elf und mehr Personen).

Marktsegment: alle Zuschauer

- Steigerung des Anteils der Personen, die die Rennen als familienfreundlich bezeichnen, um mindestens 10 % (von 72,6 % auf mindestens 82,6 %) bei den Rennen des Folgejahres.

Marktsegment: Partner

- Gewinnung eines neuen Partners (Sponsors) aus der Branche Freizeit & Sport oder Mode & Accessoires (fünfjährige Partnerschaft).
- Gewinnung eines neuen ausländischen Medienpartners.

Marksegment: Gegner/Öffentlichkeit

- Vermittlung von ökologischer Unbedenklichkeit und sozialer Verträglichkeit der Rennen in der Öffentlichkeit – Erreichung einer Akzeptanz von mindestens 90 %.

Marketingstrategien

Der Strategiemix besteht aus Entwicklungs-, Konkurrenz-, Kunden- und Positionierungsstrategien (Basisstrategien):

<table>
<tr><th>Strategiemodul</th><th colspan="12">Strategieoptionen</th></tr>
<tr><td>1. Entwicklungs-strategien</td><td colspan="12"></td></tr>
<tr><td>Entwicklungs-richtung</td><td colspan="4">Wachsen</td><td colspan="4">Stabilisieren</td><td colspan="4">Schrumpfen</td></tr>
<tr><td>Marktfelder</td><td colspan="3">Markt-durchdringung</td><td colspan="3">Marktentwicklung</td><td colspan="3">Produktentwick-lung</td><td colspan="3">Diversifikation</td></tr>
<tr><td>Marktareal</td><td colspan="3">lokal</td><td colspan="3">regional</td><td colspan="3">national</td><td colspan="3">international</td></tr>
<tr><td>2. Konkurrenz-strategien</td><td colspan="12"></td></tr>
<tr><td>Strategiestil</td><td colspan="6">Konfliktär/Kontra/Wettbewerb</td><td colspan="6">Kooperativ/Me-too</td></tr>
<tr><td>Wettbewerbs-verhalten</td><td colspan="3">Qualitäts-führerschaft</td><td colspan="3">Aggressive Preis-führerschaft</td><td colspan="3">Niedrigpreis-strategie</td><td colspan="3">Nischenstrategie</td></tr>
<tr><td>3. Kunden-strategien</td><td colspan="6">Massenmarktstrategie
undifferenziert – differenziert</td><td colspan="6">Segmentierungsstrategie
eine Zielgruppe – mehrere Zielgruppen</td></tr>
<tr><td>4. Positionierungs-strategien</td><td colspan="6">Markenstrategie</td><td colspan="6">No-Name-Markenstrategie</td></tr>
</table>

Abbildung 6.2: Strategiemix

6.3 Marketinginstrumentelle Ebene – Marketingmix

Auf marketinginstrumenteller Ebene sollten produkt-, preis- und kommunikationspolitische Empfehlungen berücksichtigt werden:

Produktmix	
Gestaltungsbereiche und Richtungen	Kernleistungen: bewahren Zusatzleistungen: vergrößern/verbessern Produktpalette: vergrößern/verbessern Produktqualität: vergrößern/verbessern
Zusatzleistungen – Wahrnehmungsebene	Transport: Verbesserung/Vereinfachung der An- und Abreise durch Erhöhung der Shuttle-Frequenz und Ausweitung des Shuttle-Radius Betreuung: Verbesserung der Betreuung der Fan-Clubs und der Familien durch Einrichtung eines Fan und Family Guide
Zusatzleistungen – Vorstellungsebene	Aktion: Aufforderung der Touristen/Zuschauer zur aktiven (Mit-) Gestaltung der Events, insbesondere der Side Events, durch Rookie Races, Après Ski, etc. Emotion: Verbesserung des Erlebniswertes durch Erweiterung der Show Acts Interaktion: Aufrechterhaltung/Verbesserung des Kontakts zu Fan-Clubs, Entwicklung und Förderung des Family Gedankens
Produktpalette – Produktinnovationen – Side Events	Exklusive Side Events: Steigerung des Anteils der 31- bis 50-jährigen männlichen Personen mit einem Haushaltsnettoeinkommen von über 2.000 Euro Show Acts, Big Air Contests: Steigerung des Anteils der Personen, die Skirennen als Unterhaltung/Party bezeichnen Kid's Club, Kid's Race, Kid's Party: Steigerung des Anteils der Personen, die die Rennen als familienfreundlich bezeichnen
Preismix	
Preisbestimmung	Marktorientierte Preisbestimmung
Preispolitik und -strategie	Preisdifferenzierung: Personelle Preisdifferenzierung
Konditionenpolitik	Rabatte und Prämien: Rabatte für Gruppen ab 25, Prämien für Werbung von neuen Gruppen
Kommunikationsmix	
Above-the line	Werbung Printmedien: Manager Magazin, FIT FOR FUN Werbung AV-Medien: DSF, Eurosport, ProSieben Öffentlichkeitsarbeit: Presseinformationen (Spiegel, FAZ, …), Pressekonferenzen und -gespräche, Image-Video
Below-the-line	Online Marketing: Internet, Newsletter, Forum Merchandising/Consumer Promotion

6.4 Komplementäre Elemente

Budgetierung

Zur Ermittlung des Marketingbudgets können zahlreiche Methoden eingesetzt werden, beispielsweise die ausgabenorientierte Methode oder die wettbewerbsorientierte Methode. Zur Ermittlung des Marketingbudgets für die Rennen ist es sinnvoll, die Ziel- und Aufgaben-Methode zu verwenden, da eine sachlogische Beziehung zwischen den Zielen und dem Budget besteht. Der Planungsvorgang ist durchschaubar, Planungsfehler können schnell erkannt und beseitigt werden.

Implementierung

In der Implementierung müssen die (Marketing-) Organisation, die Ressourcenallokation und die Zielgruppenkoordination berücksichtigt werden:

Organisation	Objektorientierte Form: ausschließliche Ausrichtung auf die Rennen
Ressourcenallokation	Zeitallokation: Festlegung von Zeiten für Marketingaktivitäten Personalallokation: Schaffung einer halben Stelle – Marketing-Assistenz; Bildung eines Marketingzirkel oder einer AG Marketing Finanzallokation: Kombination aus Eigen- und Fremdfinanzierung (Sponsoring, Merchandising)
Zielgruppen-koordination	Koordination in der Abfolge Zuschauer, Partner (Sponsoren, Medienvertreter), VIPs/Politiker, Mitarbeiter

Abbildung 6.3: Implementierungsentscheidungen

Kontrolle

Um zu ermitteln, inwieweit die Ziele erreicht wurden, sollten in den Folgejahren weitere Analysen geplant und durchgeführt werden. Der Analyseplan könnte wie folgt gestaltet sein (siehe Abbildung 6.4).

Empfehlungen – Medienvertreter

Aus den Ergebnissen der Analyse lassen sich folgende Empfehlungen für den Ausrichter ableiten. Der Ausrichter sollte…

- die Ausstattung des Arbeitsplatzes, das Arbeitsumfeld, das Angebot an allgemeinen Informationen sowie die Qualität und Anzahl der Pressetexte bewahren,
- die Qualität und Anzahl der Pressefotos, die Fotoplätze in der Medienzone verbessern,
- das gastronomische Angebot im Pressezentrum erweitern (Änderung der Speisekarte, Einführung eines Tagesgerichts, Einführung vegetarischer Gerichte),

Planung	
Ziele	Prüfung und ggf. Überarbeitung der Methodik zur Bewertung von regelmäßig (jährlich) stattfindenden Mega Events Anwendung der Methodik zur Ermittlung und Bewertung ausgewählter ökonomischer und sozialer Effekte der Rennen 20xx Ableitung von Handlungs-/Gestaltungsempfehlungen für den Ausrichter und Veranstalter
Zielgrößen	Ökonomische Aspekte: Ausgabe-/Konsumverhalten Soziale/Sozio-emotionale Aspekte: Zufriedenheit mit Arbeitsbedingungen, Rahmenbedingungen, Erfahrungsmöglichkeiten
Zielobjekte	Zuschauer, Medienvertreter, Mitarbeiter
Untersuchungsansatz	Kombinierter deskriptiv-induktiver Ansatz
Untersuchungsdesign	Quantitative Untersuchung mit qualitativen Elementen Querschnittsuntersuchung
Durchführung	
Datenerhebung	Auswahl des Datenerhebungsverfahrens Erstellung des Datenerhebungsverfahrens
Datenaufbereitung	Editierung der Fragebögen Codierung der Fragebögen Dateneingabe (PC) Fehlerkontrolle
Datenauswertung	Uni-, bi- und multivariate Analysen, Tests

Abbildung 6.4: Analyseplan

- das gastronomische Angebot auf dem Veranstaltungsgelände verbessern,
- die Parkmöglichkeiten vereinfachen und erweitern,
- das Akkreditierungsverfahren für die Medienvertreter dahingehend verändern, dass ausschließlich Medienvertreter i. e. S. eine Akkreditierung erhalten.

Empfehlungen – Mitarbeiter

Aus den Ergebnissen der Analyse lassen sich folgende Empfehlungen für den Ausrichter ableiten. Der Ausrichter sollte…

- Mitarbeitern, die sich zum größten Teil als (unbezahlte) Volunteers zur Verfügung stellen, „Spaß" bieten. „Spaß" kann entwickelt werden in Besprechungen mit informellem Ausklang, durch gleichermaßen anspruchsvolle und abwechslungsreiche Aufgaben, etc.;
- Mitarbeitern unabhängig von der Anzahl der Arbeitseinsätze Kontakte zu anderen Mitarbeitern ermöglichen. Kontakte zu anderen Mitarbeitern sind eine sehr wichtige Erfahrung. Kontakte können (vermeintlich) ungeplant oder geplant und/ oder durch Bildung von Teams, die sich mit außerordentlichen Aktivitäten, beispielsweise Abendaktivitäten, befassen, ermöglicht werden;

- Mitarbeitern erklären, inwieweit sie die Erfahrungen beruflich einsetzen können. Die Erklärung der Perspektiven, der Möglichkeiten und Grenzen ist Ausdruck der Aufklärung der Mitarbeiter, die möglicherweise Leistungen und insbesondere Transferleistungen erwarten, die nicht erfüllt werden können;
- Mitarbeiter in den Event einbinden und ihnen die Möglichkeit eröffnen, erneut als Mitarbeiter eingesetzt werden zu können;
- Mitarbeiter unabhängig von der Anzahl der Arbeitseinsätze unterstützen und die Beziehung(en) zu Vorgesetzten und Mitarbeitern fördern.

7 Literatur

Becker, J. (2001): Marketing-Konzeption: Grundlagen des zielstrategischen und operativen Marketing-Managements, 7. Aufl., München 2001.

Bruhn, M. (2004): Marketing. Grundlagen für Studium und Praxis, 7. Aufl., Wiesbaden 2004.

Büch, M.-P./Maennig, W./Schulke, H.-J. (2002): Sportgroßveranstaltungen – vom Erlebnis zum Standortfaktor, in: Regional- und sportökonomische Aspekte von Sportgroßveranstaltungen, hrsg. v. M.-P. Büch, W. Maennig, H.-J. Schulke, Köln 2002, S. 5–8.

Freyer, W. (2001): Sport und Tourismus: Megamärkte in der wissenschaftlichen Diskussion, in: Sport-Tourismus als Wirtschaftsfaktor: Produkte – Branchen – Vernetzung, hrsg. v. G. Trosien, Butzbach-Griedel 2002, S. 32–65.

Freyer, W. (2002): Sport-Tourismus – Einige Anmerkungen aus Sicht der Wissenschaft(en), in: Tourismus und Sport, hrsg. von A. Dreyer, Wiesbaden 2002, S. 1–26.

Freyer, W. (2003): Sport-Marketing: Handbuch für marktorientiertes Management im Sport, Dresden 2003.

Gans, P./Horn, M./Zemann, Ch. (2003): Sportgroßveranstaltungen – ökonomische, ökologische und soziale Wirkungen. Ein Bewertungsverfahren zur Entscheidungsvorbereitung und Erfolgskontrolle, Schorndorf 2003.

Getz, D. (1991): Festivals, special events, and tourism, New York 1991.

Hall, C. M. (1992): Hallmark tourist events: impacts, management and planning, London 1992.

Kemper, P. (2001): Der Trend zum Event, Frankfurt a. M. 2001.

Müller, H./Stettler, J. (1999): Ökonomische Bedeutung sportlicher Grossveranstaltungen. Forschungsinstitut für Freizeit und Tourismus (FIF) Universität Bern, Bern 1999.

Murphy, P. E./Carmichael, B. A. (1991): Assessing The Tourism Benefits Of An Open Access Sports Tournament: The 1989 B.C. Winter Games, in: Journal of Travel Research, (29) 1991 H. 3, S. 32–36.

Opaschowski, H. W. (1998): Vom Versorgungs- zum Erlebniskonsum. Die Folgen des Wertewandels, in: Eventmarketing. Grundlagen und Erfolgsbeispiele, hrsg. v. O. Nickel, München 1998, S. 25–38.

Opaschowski, H. W. (2000): Kathedralen des 21. Jahrhunderts – Erlebniswelten im Zeitalter der Eventkultur, Hamburg 2000.

Ritchie, J. R. B. (1984): Assessing the Impact of Hallmark Events: Conceptual and Research Issues, in: Journal of Travel Research (23) 1984 H. 1, S. 2–11.

Schulze, G. (2000): Die Erlebnisgesellschaft. Kultursoziologie der Gegenwart, Frankfurt/M./ New York 2000.

Schwark, J. (2005): Sportveranstaltungen und Tourismus. Studien zum Champions League Final 2004 und KarstadtRuhrMarathon 2004, in: Sporttourismus und Großveranstaltungen – Praxisbeispiele, hrsg. von J. Schwark, Münster 2005, S. 9–32.

Steiner, M./Thöni, E. (1996): Sport Mega-Events As An Instrument For Regional Development. Diskussionsbeiträge aus dem Institut für Finanzwissenschaften der Leopold-Franzens Universität Innsbruck, Innsbruck 1996.

Thöni, E. (1999): Zur Evaluierung der sozio-ökonomischen Effekte von Sportgroßereignissen, in: Professionalisierung im Sportmanagement, hrsg. v. H. D. Horch, J. Heydel, A. Sierau, Aachen 1999, S. 343–354.

Travis, A. S./Croizé, J.-C. (1987): The Role and Impact of Mega-Events and Attractions on Tourism Development in Europe: A Micro Perspective, in: The Role and Impact of Mega-Events and Attractions in Regional and National Tourism Development, Berichte vom 37. Kongress der AIEST in Calgary, St. Gallen, E-Druck, 1987, S. 59–78.

Ulich, E. (2005): Arbeitspsychologie, 6. Aufl., Stuttgart 2005.

Weinert, A. B. (2004): Organisations- und Personalpsychologie, 5. Aufl., Weinheim u. Basel 2004.

8 Anhang

Die Fallstudie ermöglicht keine „Entweder-oder-Lösung", alle Lösungsvorschläge sind richtig. Es erscheint aber sinnvoll, die Lösungen/ Ansätze zu gewichten.

Die marketingkonzeptionellen und marketinginstrumentellen Elemente sind die wichtigsten Inhalte – der aktuelle Marketingplan sollte unbedingt um diese Inhalte erweitert werden. Die marketinganalytischen Elemente sind die zweitwichtigsten Inhalte, insbesondere die SWOT-Analyse. Der Marketingplan sollte eine derartige strategische Analyse beinhalten.

Die komplementären Elemente Budgetierung, Implementierung und Kontrolle sind ebenfalls wichtige Elemente und müssen im Marketingplan berücksichtigt werden. Sie können in der Lösung dieser Fallstudie aber nicht ausführlich behandelt werden, da zentrale Informationen (z. B. über Ressourcen) nicht bekannt sind.

Das Stakeholder Management ist ebenfalls wichtig – es sollten Empfehlungen für den Umgang mit den Medienvertretern und ehrenamtlichen Mitarbeitern entwickelt werden. Es ist aber davon auszugehen, dass der Umgang mit diesen Gruppen unproblematisch bleibt, auch wenn die Empfehlungen nicht oder nur ansatzweise umgesetzt werden: Medienvertreter müssen von dem beschriebenen Mega Event berichten, Mitarbeiter wollen sich beteiligen. Bei Mega Events bewerben sich i. d. R. erheblich mehr Mitarbeiter als benötigt werden.

8.1 Marketinganalytische Ebene – Analysen

Auf marketinganalytischer Ebene sollten folgende Elemente ergänzend behandelt werden:

- Kapitel 2, Markt und Leistung, Markt – Analyse der Konkurrenten: Betrachtung der Konkurrenz mittels Wettbewerbsanalyse/Branchenanalyse (Porter)
- Kapitel 3, Marketingsituation: integrierte/integrierende Betrachtung der externen und internen Einflussfaktoren zur Ableitung von Strategieoptionen: SWOT-Analyse

Markt – Analyse der Konkurrenten: Wettbewerbsanalyse/Branchenanalyse
Bedrohung durch neue Konkurrenten/Gefahr des Markteintritts. Die Bedrohung durch neue Konkurrenten kann für die Rennen als sehr gering beurteilt werden. Diese Einschätzung ist damit zu begründen, dass die Eventserie kein offener, sondern ein „geschlossener" Markt ist, der von einer Aufsichtsbehörde, dem internatio-

nalen Sportverband, gesteuert wird. Der internationale Sportverband genehmigt neue Events – oder nicht. Er genehmigt neue Events aber nur bei einer angemessenen Konkurrenzsituation. Die Einschätzung ist darüber hinaus damit zu begründen, dass die Rennen starke Markteintrittsbarrieren aufgebaut haben. Sie sind eine Marke, verfügen über qualifiziertes Personal und moderne Technologien sowie politische und gegebenenfalls juristische Unterstützung.

Bedrohung durch Ersatzprodukte und -dienste (Substitute). Die Bedrohung durch Ersatzprodukte kann für die Rennen ebenfalls als sehr gering beurteilt werden, da ein derartiger Event nicht – jedenfalls nicht kurz- oder mittelfristig – ersetzt werden kann.

Verhandlungsmacht der Abnehmer. Die Verhandlungsmacht der Abnehmer ist für die Rennen als gering zu bezeichnen. Die Abnehmer, d. h. die Zuschauer, können kaum versuchen, die Preise zu verringern. Abgesehen davon, dass sie es kaum versuchen können, stellt sich die Frage, ob sie es versuchen würden. An dieser Stelle ist auf die Analyse zu verweisen. So wurden die Zuschauer gebeten, u. a. die Rahmenbedingungen der Rennen (z. B. Kartenvorverkauf, Verkehrsanbindung, Parkmöglichkeiten, eigene Sicherheit, Ablauf/Organisation) zu bewerten. Die Analyse ergibt, dass die Rahmenbedingungen von den Zuschauern fast ausnahmslos positiv beurteilt werden. Besonders positiv werden beispielsweise der Ablauf der Rennen, die Stimmung im Stadion und die Wartezeiten (Kasse, Eingang) bewertet. Die Zuschauer wurden ferner gefragt, ob sie die Rennen im nächsten Jahr wieder besuchen werden. Diese Frage bejahen 86,0 % (82,1 %) der Zuschauer, sodass davon auszugehen ist, dass die Zuschauer keinerlei Verhandlungen i. w. S. anstreben. Dass die Zuschauer versuchen, in einzelnen Bereichen (z. B. in der Versorgung/Verpflegung) eine bessere Qualität zu verlangen, ist nicht auszuschließen. Sie können bessere Qualität allerdings nicht direkt verlangen, sondern nur auf die vorhandene Qualität – auf vorhandene Leistungen – verzichten.

Verhandlungsmacht der Lieferanten. Die Verhandlungsmacht ist für die Lieferanten ebenfalls als gering zu bezeichnen. Der Ausrichter verfügt über die wichtigsten Produkte (z. B. für die Sicherheit) und kann bei anderen Produkten auf langfristige vertragliche Vereinbarungen mit Lieferanten vertrauen.

Rivalität unter den bestehenden Konkurrenten. Die Konkurrenten der Rennen/des Ausrichters sind die Ausrichter der anderen Events der Eventserie, die allerdings nicht als enge Konkurrenz zu betrachten sind. Eine Rivalität wird bestehen, da jeder Ausrichter bestrebt ist, möglichst viele Zuschauer zu einem Besuch seines Events zu bewegen, dürfte aber nicht bedrohlich sein, da die Rennen außerordentlich beliebt sind und sehr positiv beurteilt werden. Weiterhin ist zu beachten, dass der Sportverband steuernd eingreifen wird, sobald sich erhebliche Rivalitäten einstellen.

Marketingsituation – Ableitung von Strategieoptionen: SWOT-Analyse
Die SWOT-Analyse beinhaltet eine integrierte Betrachtung der externen und internen Einflussfaktoren zur Ableitung von Strategieoptionen. Die folgende Abbildung stellt die SWOT-Matrix für die Rennen dar.

externe Faktoren / interne Faktoren	**Opportunities/Chancen** Interesse potenzieller Partner Interesse der Zuschauer/Trend Erlebnisorientierung	**Threats/Gefahren, Risiken** klimatologische Aspekte juristische Aspekte/neue Gesetze
Strengths/Stärken Qualifikation der Mitarbeiter Wirtschaftliche Situation Organisation Image	**SO-Strategien** • Mittel-/Langfristige Sicherung der wirtschaftlichen Situation durch Gewinnung neuer Partner • Veränderung des Zuschauerprofils (anhand der Kriterien Alter, Einkommen, Nationalität, ggf. Geschlecht)	**ST-Strategien** • Entwicklung eines Krisenplans für die Verschiebung der Veranstaltung (z. B. in die Folgewoche) • Steigerung der Flexibilität der Mitarbeiter und Partner für den Fall von Verschiebungen
Weaknesses/Schwächen Ablauforganisation/Prozesse Image: Familienfreundlichkeit	**WO-Strategien** • Entwicklung von Angeboten zur Steigerung der Familienfreundlichkeit (Produkt-/ Leistungspolitik) • Trennung von Sport und Show in der Berichterstattung (Kommunikationspolitik) • Schulung der Mitarbeiter (Ablauforganisation/ Prozesse – Personalentwicklung)	**WT-Strategien** • Entwicklung eines Verkehrs- und Logistikplans • Bestätigung der ökologischen Unbedenklichkeit der Rennen

Abbildung 8.1: SWOT-Matrix

Eine Marketingproblemstellung besteht darin, dass das optimale Zuschauerprofil noch nicht vorhanden ist. Der Ausrichter begrüßt die große Zuschauerzahl, bevorzugt aber Zuschauer im Alter zwischen 21 und 30 und vor allem zwischen 31 und 40 und 41 und 50 Jahren (2008: 31,0 %, 17,4 % und 14,8 %). Nach Angaben des Ausrichters sind von diesen Gruppen und insbesondere von der Gruppe der 31- bis 40-jährigen und der Gruppe der 41- bis 50-jährigen wenige oder keine Ausschreitungen zu erwarten. Ferner ist zu erwarten, dass diese Gruppen über ein höheres Haushaltsnettoeinkommen verfügen als die Gruppe der unter 20-jährigen. Der Ausrichter beabsichtigt darüber hinaus, verstärkt Personen mit einem Haushaltsnettoeinkommen von über 2.000 Euro anzusprechen. Von diesen Personen ist zu erwarten, dass sie mehr Geld ausgeben als Personen mit einem Einkommen unter 2000 Euro, wenngleich die Analyse ergeben hat, dass ein schwacher Zusammenhang zwischen dem Einkommen und den Ausgaben bei den Rennen besteht. Der

Ausrichter beabsichtigt überdies, verstärkt Personen aus Deutschland, aus der Schweiz und aus Italien anzusprechen. Von diesen Personen sind ebenfalls höhere Ausgaben (aus der Sicht des Ausrichters, des Veranstalters und der Verwaltung Einnahmen) zu erwarten.

Eine weitere Problemstellung besteht darin, dass nur 61,1 % (72,6 %) der Zuschauer die Rennen als familienfreundlich bezeichnen, obwohl diese nach Angaben des Ausrichters familienfreundlich(er) sein sollten. Der Ausrichter sollte neue Angebote zur Steigerung der Familienfreundlichkeit entwickeln (Produkt-/Leistungspolitik) und angemessen ankündigen (Kommunikationspolitik).

Eine weitere Problemstellung besteht darin, dass die Rennen von einigen Umweltschutz-Gruppen und von Gruppen aus der Gesellschaft als ökologisch bedenklich betrachtet werden. Hier wäre vom Ausrichter wissenschaftlich begründete Aufklärungsarbeit im Sinne des Public Marketing zu betreiben.

8.2 Marketingkonzeptionelle Ebene – Segmente, Ziele und Strategien

Auf marketingkonzeptioneller Ebene sollten folgende Elemente beschrieben werden:

- Marktsegmente
- Marketingziele
- Marketingstrategien

Marktsegmente
Zielgruppe Zuschauer – soziodemographische Marktsegmentierung. Die zentralen Marktsegmente sind 31- bis 40-jährige und 41- bis 50-jährige Personen aus Österreich, Deutschland, der Schweiz und Italien mit einem Haushaltsnettoeinkommen von über 2.000 Euro. Bei dieser Segmentierung wurden die Kriterien Alter, Einkommen und Nationalität berücksichtigt. In ein erweitertes Segment könnte das Kriterium Geschlecht eingehen, da die o. g. Analyse ergeben hat, dass Männer erheblich höhere Ausgaben bei den Rennen verzeichnen als Frauen. Der Unterschied in den Ausgaben zwischen Männern und Frauen ist in den Jahren 2006 und 2008 höchst signifikant. Die erweiterten Marktsegmente sind folglich die 31- bis 40-jährigen und 41- bis 50-jährigen männlichen Personen aus Österreich, Deutschland, der Schweiz und Italien mit einem Haushaltsnettoeinkommen von über 2.000 Euro.

Zielgruppe Zuschauer – psychographische Marktsegmentierung. Das zentrale Marktsegment aus Sicht der Freizeitwissenschaft sind die so genannten Erlebniskonsumenten. Die Erlebniskonsumenten sind vor allem bei prestige- oder erlebnisträchtigen Sportarten und bei Sportevents vertreten, die sportliche Höchstleistungen bieten. Das zentrale Marktsegment aus Sicht der Tourismuswissenschaft sind die Sport-Zuschauer als Reisende/Touristen und die Sportler (Aktive) als Reisende/Touristen.[26] Sport-Zuschauer sind passiv am Sport beteiligt, auch wenn sie als Sporttouristen durchaus Reiseaktivitäten entfalten müssen. Als Eventtouristen wollen sie die Sportereignisse live und zusammen mit anderen erleben (Fan-Tourismus). Dass die Sportler, insbesondere die Wintersportler, als Marktsegment betrachtet werden können, beruht auf einem Ergebnis der o. g. Analyse. Dieses besagt, dass 92,7 % der Zuschauer selbst Wintersport betreiben (2006). Die psychographische Marktsegmentierung ergibt folglich zwei Marktsegmente, erlebnisorientierte Sport-Zuschauer und wintersportfokussierte Sportler. Beide Segmente sind mit unterschiedlichen Marketing-, insbesondere Kommunikationsinstrumenten zu erreichen, wobei nach Angaben des Ausrichters zunächst die erlebnisorientierten Sport-Zuschauer erreicht werden sollen.

Zielgruppe Zuschauer – verhaltensorientierte Marktsegmentierung. Das zentrale Marktsegment sind Personen, die bevorzugt in kleineren und größeren Gruppen auftreten, weil sie die Gemeinschaft schätzen. Die Personen, die in größeren Gruppen auftreten, beispielsweise die Fan-Clubs, sind nach Angaben des Ausrichters noch nicht im gewünschten Ausmaß vertreten. Wie in der Analyse der Konsumenten angegeben, haben nur 19,3 % (23,5 %) der Zuschauer mehr als zehn Begleiter (und nur 10,1 % (10,5 %) mehr als 30 Begleiter). Dieses Marktsegment ist vor allem mit preis- und kommunikationspolitischen Instrumenten zu erreichen.

Zielgruppe Partner. Die Zielgruppe der Partner besteht vor allem aus Partnern aus der Wirtschaft und Medienpartnern. Zentrale Partner aus der Wirtschaft sind Partner aus den Branchen Auto & Mobiles, Elektronik & Multimedia/Telekommunikation und Lebensmittel. Es erscheint sinnvoll, Partner mit einer hohen Affinität zum Sport als Sponsoren zu gewinnen, beispielsweise Unternehmen aus den Branchen Freizeit & Sport und/oder Mode & Accessoires. Diese Unternehmen stellen folglich Marktsegmente dar. Zentraler Medienpartner ist der ORF, weitere Partnerschaften mit österreichischen Medienanstalten sind aufgrund der vertraglich vereinbarten Exklusivität ausgeschlossen.

Zielgruppe Gegner/Öffentlichkeit. Die Zielgruppe Gegner/Öffentlichkeit ist kein Marktsegment i. e. S. Die Ansprache dieser Zielgruppe erfolgt in der Absicht, ökologische Unbedenklichkeit und soziale Verträglichkeit der Rennen zu vermitteln. Um diese Vermittlung zu vereinfachen, sollten wissenschaftlich begründete Ergebnisse, die Unbedenklichkeit und Verträglichkeit bestätigen, vorliegen.

---

[26] s. Freyer (2001), S. 59ff. und Freyer (2002), S. 18ff. zur Segmentierung der Sporttouristen.

Marketingziele

Für die definierten Marktsegmente werden folgende ökonomische und nicht-ökonomische Ziele formuliert:

Marktsegmente: 31- bis 40-jährige und 41- bis 50-jährige männliche Personen aus Österreich, Deutschland, der Schweiz und Italien mit einem Haushaltsnettoeinkommen von über 2.000 Euro

- Steigerung des Anteils der 31- bis 40-jährigen männlichen Personen aus Österreich, Deutschland, der Schweiz und Italien mit einem Haushaltsnettoeinkommen von über 2.000 Euro um mindestens 5 % (von 68,6 % im Jahr 2008 auf mindestens 73,6 %) bei den Rennen des Folgejahres.
- Steigerung des Anteils der 41- bis 50-jährigen männlichen Personen aus Österreich, aus Deutschland, der Schweiz und Italien mit einem Haushaltsnettoeinkommen von über 2.000 Euro um mindestens 5 % (von 64,6 % im Jahr 2008 auf mindestens 69,6 %) bei den Rennen des Folgejahres.

Marktsegment: Zuschauer – Erlebniskonsumenten/Sport-Zuschauer

- Steigerung des Anteils der Personen, die Skirennen als „Unterhaltung“ bezeichnen, um mindestens 5 % (von 81,8 % auf mindestens 86,8 %) bei den Rennen des Folgejahres.

Marktsegment: Zuschauer – Gruppen/Anzahl der Begleiter

- Steigerung des Anteils der Personen, die mit mehr als zehn Begleitern auftreten, um mindestens 3 % (von 23,5 % auf mindestens 28,5 %) bei den Rennen des Folgejahres (Steigerung des Anteils der Gruppen von elf und mehr Personen).

Marktsegment: alle Zuschauer

- Steigerung des Anteils der Personen, die die Rennen als familienfreundlich bezeichnen, um mindestens 10 % (von 72,6 % auf mindestens 82,6 %) bei den Rennen des Folgejahres.

Marktsegment: Partner

- Gewinnung eines neuen Partners (Sponsors) aus der Branche Freizeit & Sport oder Mode & Accessoires (fünfjährige Partnerschaft).
- Gewinnung eines neuen ausländischen Medienpartners.

Marksegment: Gegner/Öffentlichkeit

- Vermittlung von ökologischer Unbedenklichkeit und sozialer Verträglichkeit der Rennen in der Öffentlichkeit – Erreichung einer Akzeptanz von mindestens 90 %.

Marketingstrategien

Der Strategiemix besteht aus Entwicklungs-, Konkurrenz-, Kunden- und Positionierungsstrategien (Basisstrategien):

Strategiemodul	Strategieoptionen			
1. Entwicklungs-strategien				
Entwicklungs-richtung	*Wachsen*	Stabilisieren	Schrumpfen	
Marktfelder	Markt-durchdringung	*Marktentwicklung*	*Produktentwick-lung*	Diversifikation
Marktareal	lokal	regional	*national*	*international*
2. Konkurrenz-strategien				
Strategiestil	*Konfliktär/Kontra/Wettbewerb*		Kooperativ/Me-too	
Wettbewerbs-verhalten	*Qualitäts-führerschaft*	Aggressive Preis-führerschaft	Niedrigpreis-strategie	Nischenstrategie
3. Kunden-strategien	Massenmarktstrategie undifferenziert – differenziert		*Segmentierungsstrategie* eine Zielgruppe – *mehrere Zielgruppen*	
4. Positionierungs-strategien	*Markenstrategie*		No-Name-Markenstrategie	

Abbildung 8.2: Strategiemix

Die Entwicklungsrichtung für die Rennen ist vorgegeben: wachsen. Das Wachstum soll vorrangig durch die Marktentwicklung (national und vor allem international) und nachrangig durch die (aufwändigere) Produktentwicklung erreicht werden. In Bezug auf die Konkurrenten wird eine konfliktäre Konkurrenzstrategie, in Bezug auf die Konsumenten eine Segmentierungsstrategie eingesetzt. Darüber hinaus wird eine Markenstrategie (Premium-Marke) verfolgt.

8.3 Marketinginstrumentelle Ebene – Marketingmix

Auf marketinginstrumenteller Ebene sollten produkt-, preis- und kommunikationspolitische Empfehlungen berücksichtigt werden:

Produktmix	
Gestaltungsbereiche und Richtungen	Kernleistungen: bewahren Zusatzleistungen: vergrößern/verbessern Produktpalette: vergrößern/verbessern Produktqualität: vergrößern/verbessern

Produktmix	
Zusatzleistungen – Wahrnehmungsebene	Transport: Verbesserung/Vereinfachung der An- und Abreise durch Erhöhung der Shuttle-Frequenz und Ausweitung des Shuttle-Radius Betreuung: Verbesserung der Betreuung der Fan-Clubs und der Familien durch Einrichtung eines Fan und Family Guide Stadion: Verbesserung der Sicherheit durch zusätzliche Security und der Zugänglichkeit durch neue Ein- und Ausgänge sowie Lenkung des Zuschauerstroms
Zusatzleistungen – Vorstellungsebene	Aktion: Aufforderung der Touristen/Zuschauer zur aktiven (Mit-) Gestaltung der Events, insbesondere der Side Events, durch Rookie Races, Après Ski, etc. Emotion: Verbesserung des Erlebniswertes durch Erweiterung der Show Acts Interaktion: Aufrechterhaltung/Verbesserung des Kontakts zu Fan-Clubs, Entwicklung und Förderung des Family Gedankens
Produktpalette – Produktinnovationen – Side Events	Exklusive Side Events: Steigerung des Anteils der 31- bis 50-jährigen männlichen Personen mit einem Haushaltsnettoeinkommen von über 2.000 Euro Show Acts, Big Air Contests: Steigerung des Anteils der Personen, die Skirennen als Unterhaltung/Party bezeichnen Kid's Club, Kid's Race, Kid's Party: Steigerung des Anteils der Personen, die die Rennen als familienfreundlich bezeichnen
Preismix	
Preisbestimmung	Marktorientierte Preisbestimmung
Preispolitik und -strategie	Preisdifferenzierung: Personelle Preisdifferenzierung – Studenten-, Azubi-, Familienpreise
Konditionenpolitik	Rabatte und Prämien: Rabatte für Gruppen ab 25, Prämien für Werbung von neuen Gruppen
Kommunikationsmix	
Above-the line	Werbung Printmedien: Manager Magazin, FIT FOR FUN Werbung AV-Medien: DSF, Eurosport, ProSieben Öffentlichkeitsarbeit: Presseinformationen (Spiegel, FAZ, ...), Pressekonferenzen und -gespräche, Image-Video
Below-the-line	Online Marketing: Internet, Newsletter, Forum (Fan Clubs) Merchandising/Consumer Promotion: Produkte des Organisationskomitees (Sportbekleidung)

8.4 Komplementäre Elemente

Im Marketingplan sollten folgende komplementäre Elemente ansatzweise behandelt werden:

- Budgetierung
- Implementierung

- Kontrolle

Ferner sollten Empfehlungen für den Umgang mit Medienvertretern und Mitarbeitern gegeben werden.

Budgetierung

Zur Ermittlung des Marketingbudgets können zahlreiche Methoden eingesetzt werden, beispielsweise die ausgabenorientierte Methode oder die wettbewerbsorientierte Methode. Zur Ermittlung des Marketingbudgets für die Rennen ist es sinnvoll, die Ziel- und Aufgaben-Methode zu verwenden, da eine sachlogische Beziehung zwischen den Zielen und dem Budget besteht. Der Planungsvorgang ist durchschaubar, Planungsfehler können schnell erkannt und beseitigt werden.

Implementierung

In der Implementierung müssen die (Marketing-)Organisation, die Ressourcenallokation und die Zielgruppenkoordination berücksichtigt werden:

Organisation	Objektorientierte Form: ausschließliche Ausrichtung auf die Rennen
Ressourcenallokation	Zeitallokation: Festlegung von Zeiten für Marketingaktivitäten Personalallokation: Schaffung einer halben Stelle – Marketing-Assistenz; Bildung eines Marketingzirkel oder einer AG Marketing Finanzallokation: Kombination aus Eigen- und Fremdfinanzierung (Sponsoring, Merchandising)
Zielgruppen-koordination	Koordination in der Abfolge Zuschauer, Partner (Sponsoren, Medienvertreter), VIPs/Politiker, Mitarbeiter

Abbildung 8.3: Implementierungsentscheidungen

Kontrolle

Um zu ermitteln, inwieweit die Ziele erreicht wurden, sollten in den Folgejahren weitere Analysen geplant und durchgeführt werden. Der Analyseplan könnte wie folgt gestaltet sein:

Planung	
Ziele	Prüfung und ggf. Überarbeitung der Methodik zur Bewertung von regelmäßig (jährlich) stattfindenden Mega Events Anwendung der Methodik zur Ermittlung und Bewertung ausgewählter ökonomischer und sozialer Effekte der Rennen 20xx Ableitung von Handlungs-/Gestaltungsempfehlungen für den Ausrichter und Veranstalter

Planung	
Zielgrößen	Ökonomische Aspekte: Ausgabe-/Konsumverhalten Soziale/Sozio-emotionale Aspekte: Zufriedenheit mit Arbeitsbedingungen, Rahmenbedingungen, Erfahrungsmöglichkeiten
Zielobjekte	Zuschauer, Medienvertreter, Mitarbeiter
Untersuchungsansatz	Kombinierter deskriptiv-induktiver Ansatz
Untersuchungsdesign	Quantitative Untersuchung mit qualitativen Elementen Querschnittsuntersuchung
Durchführung	
Datenerhebung	Auswahl des Datenerhebungsverfahrens: • Befragungsstrategie: standardisierte Befragung (mit teil-stand. Elementen) • Befragungstaktik: direkte Befragung • Befragungsumfang: Ein-Themen-Befragung • Befragungshäufigkeit: Einmalbefragung • Kommunikationsform: Persönliche Befragung Erstellung des Datenerhebungsverfahrens: • Sichtung des Informationsmaterials (Quellen) • Entwicklung des Fragebogens/der Fragen • Erprobung des Fragebogens/Pretest • Ggf. Änderung des Fragebogens
Datenaufbereitung	Editierung der Fragebögen Codierung der Fragebögen Dateneingabe (PC) Fehlerkontrolle
Datenauswertung	Univariate Analysen: Häufigkeiten, Lagemaße, Streuungsmaße Bivariate Analysen: Pearson- und Spearman-Koeffizienten, Regression Multivariate Analyse: Faktorenanalyse Tests: Mann-Whitney-U-Test

Abbildung 8.4: Analyseplan

Empfehlungen – Medienvertreter

Aus den Ergebnissen der Analyse lassen sich folgende Empfehlungen für den Ausrichter ableiten. Der Ausrichter sollte…

- die Ausstattung des Arbeitsplatzes, das Arbeitsumfeld, das Angebot an allgemeinen Informationen sowie die Qualität und Anzahl der Pressetexte bewahren,
- die Qualität und Anzahl der Pressefotos, die Fotoplätze in der Medienzone verbessern,

- das gastronomische Angebot im Pressezentrum erweitern (Änderung der Speisekarte, Einführung eines Tagesgerichts, Einführung vegetarischer Gerichte – diese Verbesserung bedeutet gleichzeitig eine Reduktion der größten Ausgabeposition „Verpflegung"),
- das gastronomische Angebot auf dem Veranstaltungsgelände verbessern,
- die Parkmöglichkeiten vereinfachen und erweitern,
- das Akkreditierungsverfahren für die Medienvertreter dahingehend verändern, dass ausschließlich Medienvertreter i. e. S. eine Akkreditierung erhalten.

Empfehlungen – Mitarbeiter

Aus den Ergebnissen der Analyse lassen sich folgende Empfehlungen für den Ausrichter ableiten. Der Ausrichter sollte…

- Mitarbeitern, die sich zum größten Teil als (unbezahlte) Volunteers zur Verfügung stellen, „Spaß" bieten. „Spaß" wird als sehr wichtig und mit Abstand als wichtigste Erfahrung bezeichnet. „Spaß" kann entwickelt werden in Besprechungen mit informellem Ausklang, durch gleichermaßen anspruchsvolle und abwechslungsreiche Aufgaben, etc.;
- Mitarbeitern unabhängig von der Anzahl der Arbeitseinsätze Kontakte zu anderen Mitarbeitern ermöglichen. Kontakte zu anderen Mitarbeitern sind eine sehr wichtige Erfahrung. Kontakte können (vermeintlich) ungeplant oder geplant und/oder durch Bildung von Teams, die sich mit außerordentlichen Aktivitäten, beispielsweise Abendaktivitäten, befassen, ermöglicht werden;
- Mitarbeitern erklären, inwieweit sie die Erfahrungen beruflich einsetzen können. Mitarbeiter bezeichnen diese Perspektive als mittelmäßig wichtig bis wichtig. Die Erklärung der Perspektiven, der Möglichkeiten und Grenzen ist Ausdruck der Aufklärung der Mitarbeiter, die möglicherweise Leistungen und insbesondere Transferleistungen erwarten, die nicht erfüllt werden können;
- Mitarbeiter in den Event einbinden und ihnen die Möglichkeit eröffnen, erneut als Mitarbeiter eingesetzt werden zu können. Diese Faktoren sollten die Zufriedenheit der Mitarbeiter positiv beeinflussen;
- Mitarbeiter unabhängig von der Anzahl der Arbeitseinsätze unterstützen und die Beziehung(en) zu Vorgesetzten und Mitarbeitern fördern. Diese Faktoren sollten die Zufriedenheit der Mitarbeiter ebenfalls positiv beeinflussen.

CSR-Management: Strategie, Reporting und überzeugende Kommunikation

Am Beispiel Melior + Automotive

Jens Müller / Alexandra Vesper

Inhaltsverzeichnis

1 Einleitung

Der Fall „CSR-Management: Strategie, Reporting und überzeugende Kommunikation“ basiert auf den Gegebenheiten des fiktiven Unternehmens „Melior Automotive GmbH“. Wie ein Unternehmen sein facettenreiches Engagement auch außerhalb des eigentlichen Kerngeschäftes systematisieren und steuern kann, wird in Theorie und Praxis häufig unter dem Begriff „Corporate Social Responsibility“ subsumiert. Die Melior Automotive GmbH steht vor einigen typischen Fragestellungen: Wie sieht ein international einheitliches Verständnis von CSR aus, wie kann man hier als Unternehmen nachhaltige Wettbewerbsvorteile erzielen und wie kann strategisch überzeugend analysiert, geplant und kommuniziert werden? Gerade mit Blick auf ein professionelles CSR-Reporting sowie eine stimmige, originelle und erfolgreiche CSR-Kommunikation vermitteln die Aufgaben der Fallstudie und die entsprechenden Lösungsoptionen zahlreiche Anhaltspunkte für einen gelungenen Theorie-Praxis-Transfer.

2 Die Melior Automotive GmbH

2.1 Das Unternehmen

Die Melior Automotive GmbH ist ein familiengeführtes, international agierendes Unternehmen mit Firmensitz in Deutschland. Das Unternehmen erwirtschaftet ca. 300 Millionen Euro Umsatz jährlich und beschäftigt über 4.000 Mitarbeiter weltweit. Zu den Standorten zählt neben den europäischen Ländern Polen, Portugal, Spanien, Ungarn, Frankreich und Irland auch China. Hauptgeschäftszweig des Unternehmens ist der Bereich Automobil- und Zulieferindustrie. Hier ist das Unternehmen international etabliert und beliefert renommierte Automobilhersteller.

„Die Pkw-Produktion in Deutschland wird in diesem Jahr mit über 5 Millionen und weltweit mit über 60 Millionen Fahrzeugen weiterhin auf hohem Niveau verbleiben. Und auch bei der Lkw-Produktion ist ein Zuwachs im zweistelligen Prozentbereich zu erwarten“, analysierte Gesellschafter Michael Melior die Marktentwicklung des zukünftigen Jahres auf der letzten Pressekonferenz. Sorge bereitet dem geschäftsführenden Gesellschafter allerdings die Preisentwicklung für Rohstoffe, die wegen der Globalisierung zunehmend nach oben weist. Zudem gerät das Thema „Automobil“ vor dem Hintergrund des sich anbahnenden Klimawandels zunehmend in den Fokus der gesellschaftlichen Diskussion. Dieses gilt zumindest mit Blick auf die Problematik fossiler Brennstoffe (begrenzte Ressourcen, Schadstoffemissionen etc.). Dazu scheint sich ein Diskurs über den Wandel von Image und das Prestige von Autos anzubahnen. Grundsätzlich ist aber insbesondere vor dem Hintergrund der weltweiten Nachfrage nach Automobilen (Schwellenländer etc.) aus derzeitiger Sicht die Entwicklung von Melior Automotive GmbH als weiterhin positiv zu beschreiben.

2.2 Die aktuelle Situation

Die Melior Automotive GmbH wurde vor etwa 100 Jahren von Hans-Georg Melior gegründet und ist seitdem in Familienbesitz geblieben. Michael Melior führt das Familienunternehmen bereits in der dritten Generation. Seit Anfang dieses Jahres bekommt Michael Melior Unterstützung von seiner Tochter Lisa Melior. Ausgesprochen motiviert und akademisch mit Bachelor-Abschluss und Master-Titel veredelt möchte diese nun nach ihrem Studium der Betriebswirtschaftslehre mit dem Schwerpunkt Marketing die Unternehmenskommunikation von Melior Automotive GmbH modernisieren.

Wichtig findet sie vor allen Dingen, die unterschiedlichen Facetten des gesellschaftlichen Engagements des Unternehmens zu systematisieren. Denn ihrer Meinung nach wird dieser Bereich an Bedeutung gewinnen, da etwa Investoren und Banken in Zukunft Unternehmen sehr viel stärker nach deren Energieverbrauchs- und Klimastrategien oder nach der ökologischen Verträglichkeit von Produkten beurteilen werden als heute. Dazu kommen auch zunehmende Anforderungen in den Bereichen Arbeitspraktiken, menschenwürdige Beschäftigung und soziales Engagement. Sie schlägt daher ihrem Vater vor, die einzelnen Aktivitäten und Maßnahmen des Unternehmens unter dem Stichwort Corporate Social Responsibility (CSR) zu analysieren, auf den Prüfstand zu stellen und zu priorisieren, sie aber vor allem auch strukturiert zu managen und zu kommunizieren.

Zwar ist sich Michael Melior der zunehmenden Anforderungen mit Blick auf das Thema Nachhaltigkeit innerhalb der Gesellschaft und insbesondere der Automobilbranche bewusst. Er ist sich aber nicht sicher, ob eine Implementierung von CSR auch ökonomisch sinnvoll für sein Unternehmen ist oder infolgedessen unnötige Ressourcen (Zeit, Kreativität, Kosten) verschwendet werden würden. Er fragt sich, ob der letztes Jahr erstmals veröffentlichte Umweltbericht, in welchem auf 44 Seiten detailliert über Rohstoffverbrauch und CO_2-Emissionen Rechenschaft abgelegt wurde, nicht doch ausreichend ist.

Darüber hinaus arbeitet das Unternehmen seit sechs Jahren mit einem integrierten Managementsystem für Qualität, Umwelt und Arbeitsschutz. Die Überprüfungen nach internationalen branchentypischen Normen, wie denen der ISO oder EMAS für Qualitäts- bzw. Umweltmanagement hat Melior Automotive GmbH einschließlich der jährlich wiederkehrenden Audits bisher immer erfolgreich abgelegt.

Außerdem ist das Unternehmen kürzlich dem UN Global Compact beigetreten. So verpflichtet man sich, die dort beschriebenen Grundsätze einzuhalten und deren Anerkennung weltweit zu fördern. Entsprechende Verhaltensrichtlinien und Grundsätze finden sich in den Compliance Regeln des Unternehmens. Diese eigens entwickelten Richtlinien sollen Ausdruck der weltweiten Einhaltung dieser Standards sein und zeigen, dass das Bild des „ehrbaren Kaufmanns" gelebt wird. Weiter heißt es in einer Pressemitteilung des Unternehmens: „Die Unternehmerfamilie Melior steht persönlich für die Umsetzung der Global Compact Grundsätze und fordert diese von allen Mitarbeitern der Melior-Gruppe ein."

2.3 Das Produktportfolio

Als Produzent für Abgassysteme innerhalb verschiedener Kraftfahrzeugsparten, wie etwa Pkw oder Lkw, liegen die Kernkompetenzen von Melior Automotive GmbH auf der Katalysatorentechnik und der Modulfertigung von kompletten Abgassystemen. Weiterhin gehören auch Diesel- und Rußpartikelfilter zum angebotenen Produktportfolio. Außerdem werden zusätzlich zur reinen Großserienproduktion Kleinserien mit Spezialeigenschaften aufgelegt. Neben der Produktion unterhält Melior Automotive GmbH auch eine betriebseigene Forschungs- und Entwicklungsabteilung für den Bereich Abgasreinigung. Die Themen Hybrid, Elektromobilität oder weitere alternative Antriebssysteme (Wasserstoff) werden zwar als relevant erachtet, stehen aber derzeit nicht auf der Agenda der F&E-Unit.

2.4 Die Lieferkette

Die Lieferkette vom Rohstoffproduzenten über den Zulieferer bis zum Kunden, unterscheidet sich bei Melior Automotive GmbH länderspezifisch. Die Lieferkette innerhalb Deutschlands ist dabei als durchaus typisch anzusehen: Das Unternehmen

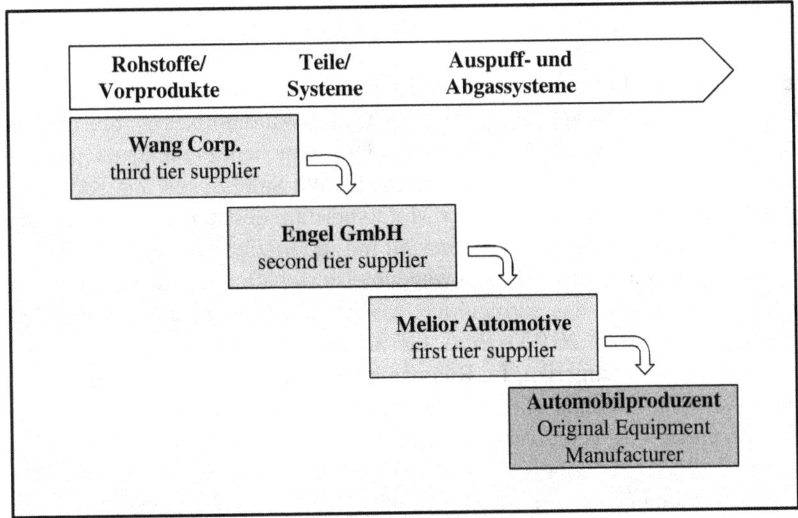

Abbildung 2.1: Die Zuliefererkette von Melior Automotive

bezieht als direkter Zulieferer für die Automobilhersteller einen Großteil seiner Fertigungsteile von der ebenfalls ortsansässigen Engel GmbH. Die Engel GmbH kauft für die Produktion der maßangefertigten Stahlrohre Rohstahl von dem chinesischen Rohstoffproduzenten Wang Corporations ein.

Geschäftsführer Hans Engel und Michael Melior pflegen einen freundschaftlichen Kontakt, da sie bereits über viele Jahre Geschäftspartner sind und aus demselben Ort stammen. Es ist Tradition, dass sich die beiden Unternehmer einmal im Monat „auf ein Bier" zusammensetzen. Dort besprechen sie neben privaten auch geschäftliche Dinge. Öfter kamen sie in letzter Zeit auch auf die erhöhten Nachhaltigkeitsanforderungen eines wichtigen Kunden der Melior Automotive GmbH zu sprechen.

Hans Engel bezieht den Rohstahl für seine Produktion aus der chinesischen Region um Tianjin, welche für ihren hohen Anteil an Kinderarbeit innerhalb der Branche bekannt ist. Michael Melior ist sich aber sicher, dass sein bedeutendster Kunde seine Nachhaltigkeitsrichtlinien noch weiter verschärfen wird und sieht so die wichtige Kundenbeziehung in Gefahr. Er hat bereits einmal versucht Herrn Engel vorsichtig darauf hinzuweisen seinen Rohstofflieferanten zu wechseln, doch der reagierte abwehrend. Dieses sei zu teuer und nur besonders niedrige Ressourcenkosten würden sich langfristig im Wettbewerb durchsetzen. Außerdem sei Wang Corporations immer ein sehr zuverlässiger Geschäftspartner gewesen. Der Geschäftsführer von Melior Automotive GmbH ist unsicher, ob er mit diesen Argumenten auch seinen Kunden zufriedenstellen können wird.

2.5 Das gesellschaftliche Engagement

Da sich die Familie Melior der Region, in der sich Firmensitz und auch Wohnsitz befinden, eng verbunden fühlt, engagiert sich Melior Automotive GmbH hier an vielen Stellen. So spendet das Unternehmen dem örtlichen Frauenhaus jährlich 4.000 Euro sowie bei den Mitarbeitern gesammelte, alte Spielsachen und Kleidung. Außerdem ist Michael Melior begeisterter Motorsportfan, deswegen unterstützt das Unternehmen den regional ansässigen Rennstall mit modifizierten Abgasanlagen für deren Fahrzeuge bei den privaten Tourenwagenmeisterschaften. Dafür wird auf den teilnehmenden Fahrzeugen das Firmenlogo geführt. Darüber hinaus spendet das Unternehmen jährlich rund 20.000 Euro für unterschiedliche Entwicklungshilfe-Projekte in Afrika und Südamerika. Im Rahmen diverser Hochschulkontakte werden Praktika und Abschlussarbeiten aktiv gefördert. Einmal im Jahr arbeiten alle Führungskräfte für einen Tag gemeinsam an einem sozialen Projekt mit. Hier wurde etwa schon in freiwilliger Initiative ein örtlicher Kindergarten renoviert. Die Mitarbeiter kommen in den Genuss einer „Bio-Kantine" und gesundheitliche Prävention wird durch die Kooperation mit einem örtlichen Fitness-Studio gefördert (50 % der Gebühr wird von Melior übernommen).

2.6 Der Branchenhintergrund

Die Wettbewerbsbedingungen haben sich sowohl für Automobilhersteller als auch für deren Zulieferer in den vergangenen Jahren deutlich verschärft und auch in naher Zukunft ist nicht mit einer Entspannung der Lage zu rechnen. Zu beobachten ist ein Konsolidierungsprozess auf allen Ebenen der Automobilindustrie, der die Anzahl der unabhängigen Unternehmen bereits wesentlich reduziert hat. Vor allem für kleinere Unternehmen mit geringer Innovationskraft wird das Überleben deutlich schwieriger werden.

Zulieferer werden nur teilweise von dem verstärkten Outsourcing der Hersteller profitieren können. Einerseits bestehen für Zulieferunternehmen Chancen hinsichtlich einer Umsatzsteigerung oder der Etablierung einer Marke durch Ingredient Branding. Andererseits geraten die Margen der Zulieferer durch steigende Rohstoffpreise, geforderte Preisnachlässe und andere Faktoren weiter unter Druck. Diese beispielhaften Chancen und Risiken lassen erkennen, dass sich die Konsolidierung unter den Automobilzulieferern weiter fortsetzen wird und in diesem Zuge durch Fusionen und Akquisitionen vermehrt große Zulieferkonzerne entstehen werden, die innovative kleine Unternehmen koordinieren und deren Erzeugnisse in Module und Systeme integrieren.

Zusätzlich wächst vor dem Hintergrund der heute stark globalisierten, vernetzten und verzahnten Wertschöpfung parallel die wahrgenommene Bedeutung der ökologischen Auswirkungen industrieller Produktion. Automobilproduzenten und deren Zulieferer sind beispielsweise aufgefordert, sich messbare Reduktionsziele für ihre CO_2-Emissionen zu setzen um den Gefahren des globalen Klimawandel Sorge zu tragen.

3 Aufgabenstellung

3.1 Wie könnte Lisa Melior ihrem Vater erklären, was unter dem Begriff CSR zu verstehen ist?

Wie sind die Kosten für eine unternehmerische Investition in CSR sinnvoll zu rechtfertigen? Stellen Sie dieses betriebswirtschaftlich nachvollziehbar und auch mit Bezug auf das Konzept der Triple-Bottom-Line schlüssig dar.

3.2 Wie kann Lisa Melior ihrem Vater die methodische Vorgehensweise bei der Implementierung eines CSR-Leitbildes im Unternehmen bis hin zum CSR-Reporting anschaulich verdeutlichen?

Lassen sich die Prinzipien der strategischen Unternehmensplanung auf den Bereich CSR übertragen? Wählen Sie ein zweckmäßiges, systematisches und strukturiertes Vorgehen.

3.3 Erläutern Sie, wie Lisa Melior im Fall der Melior Automotive GmbH den Stakeholderdialog verbessern könnte.

Führen Sie hier eine Stakeholderpriorisierung und Materialitätsanalyse durch und entwickeln Sie Ideen für konkrete Maßnahmen insbesondere hinsichtlich der wichtigsten Anspruchsgruppen.

3.4 Skizzieren Sie unter Berücksichtigung der Prinzipien des UN Global Compacts (Anhang 1) und des Berichtsrahmens der Global Reporting Initiative (Anhang 2) eine mögliche CSR-Kommunikation für die Melior Automotive GmbH.

Wie sieht ein professionelles aber auch der Größe des Unternehmens angemessenes Reporting aus? Was wäre hier zu berücksichtigen? Kann CSR-Kommunikation auch im Rahmen eines Filmes erfolgreich betrieben werden? Beachten Sie, dass dieses insbesondere hinsichtlich der Erzeugung einer größtmöglichen Aufmerksamkeit und Emotionalisierung der Zielgruppe interessant sein kann. Was müssten folglich Bestandteile eines guten CSR-Films sein?

4 Lösungsvorschläge

4.1 Erfolgsrelevante Dimensionen von CSR

Heute müssen Unternehmen verantwortlich handeln, um am Markt vor den immer sensibleren Stakeholdern bestehen zu können. Da die gesetzlichen Vorgaben hier nur als Mindeststandards zu verstehen sind, gehen die eigentlichen Erwartungen an das Unternehmen weit darüber hinaus. So ist Corporate Social Responsibility (CSR) vor allem durch einen Dialog mit den Stakeholdern gekennzeichnet. Dialog schafft Vertrauen. Durch die Entwicklung von Vertrauen der Anspruchsgruppen in das Unternehmen wird auch das Image des Unternehmens positiv verstärkt. Dieses ist erstrebenswert, da die Attraktivität und damit auch messbare ökonomische Zielgrößen (Gewinn, EBIT, ROI etc.) eines Unternehmens mit der Stärke des Images zusammenhängen.

Carroll betrachtet CSR als ein Konstrukt bestehend aus vier verschiedenen Formen von Unternehmens-Gesellschafts-Beziehungen, die hierarchisch aufeinander aufbauen. Die Übernahme ökonomischer Verantwortung und die Erfüllung entsprechender Stakeholderinteressen werden von allen Unternehmen verlangt. Die Hauptverantwortung von Unternehmen gegenüber ihren Stakeholdern besteht im Funktionieren als ökonomische Einheit (Economic Resposibility) und im Erzielen von Gewinnen. Folglich ist ökonomisch verantwortungsvolles Handeln Voraussetzung für ein erfolgreiches CSR-Engagement. Die zweite Ebene, Legal Responsibility, beschreibt die Verantwortlichkeit von Unternehmen in Hinblick auf rechtliche oder gesetzliche Vorschriften. Die Einhaltung gesetzlicher Vorgaben (Compliance) ist ebenfalls Voraussetzung für alle Unternehmen die danach streben, gesellschaftlich verantwortlich zu handeln. Mit Ethical Responsibility umschreibt Carroll unternehmerische Verantwortung gegenüber der Gesellschaft, die über ökonomische und rechtliche Forderungen hinaus geht. So wird von Seiten der Gesellschaft gefordert, dass Unternehmen rechtschaffen, unparteiisch und fair handeln sollen. Die vierte Ebene betrachtet diejenige Verantwortung von Unternehmen, die auch als Menschenfreundlichkeit bezeichnet werden kann und über die der ethischen Verantwortung hinaus geht. Der Aspekt der Philanthropic Responsibility betrifft Themen, deren Beachtung von Unternehmen lediglich gewünscht.

Besonders vor dem Hintergrund der Globalisierung und dem damit verbundenen Rückgang des gesellschaftlichen Einflusses von Nationalstaaten hat sowohl der gesellschafts- als auch der unternehmenspolitische Diskurs um die gesellschaftliche Verantwortung von Unternehmen stark an Relevanz gewonnen.[1] In einer Definition des World Business Council for Sustainable Development wird CSR beschrieben als *„commitment of business to contribute to sustainable economic development working with employees, their families, the local community and society at large to improve the quality of life, in ways that are both good for business and good for development."*[2]

Hieraus ergeben sich drei Dimensionen, in denen ein Unternehmen agieren sollte: Soziales, Ökologie und Ökonomie. Das Integrationsmodell der Nachhaltigkeit verdeutlicht die Zusammenhänge zwischen dem Prinzip der Nachhaltigkeit und den drei Sektoren in einer Gesellschaft: Staat, Zivilgesellschaft und Wirtschaft.

In diesem Modell wird die Rolle der Wirtschaftsakteure in der Gesellschaft betont. So sind sie gleichermaßen wie die zivilgesellschaftlichen und staatlichen Akteure dazu aufgerufen, eine Balance zwischen langfristigen ökologischen, ökonomischenund sozialen Interessen zu finden. Nicht nur NGOs oder GOs, auch Konsumentensagen aus, dass sich Unternehmen für gesellschaftliche Problemlösungen einsetzen sollten, für die ehemals nur der Staat zuständig war.

Die Dimensionen Ökonomie, Ökologie und Soziales weisen eine gleichwertige Bedeutung auf. Dieses Prinzip wird als das Konzept der Triple-Bottom-Line (TBL) bezeichnet. Das Triple-Bottom-Line-Konzept kann man schlagwortartig mit den Stichworten „people" (human capital), „planet" (natural capital) und „profit" (economic value) umschreiben.

---

1 Vgl. Austmann (2009), S. 7.

2 World Business Council for Sustainable Development zitiert nach Holme/Watts (2000), S. 10.

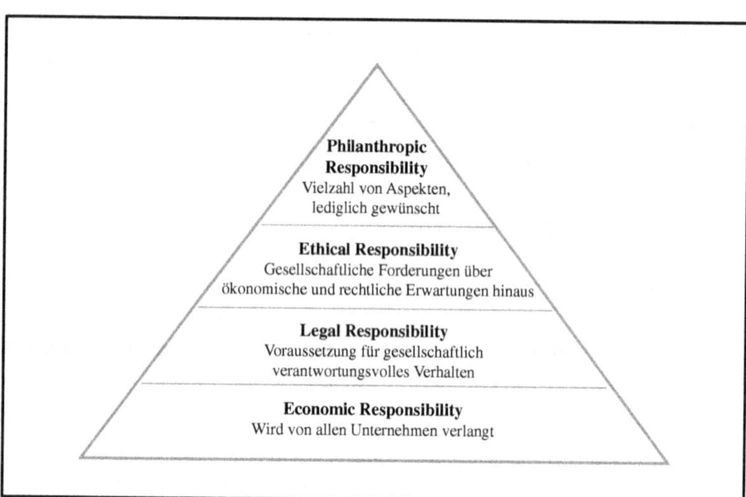

Abbildung 4.1: Die CSR-Pyramide nach Carroll[3]

CSR umfasst die freiwilligen Beiträge von Unternehmen zu ökologischer, gesellschaftlicher und ökonomischer Nachhaltigkeit. Aber umfangreiche Aktivitäten sind nur möglich, wenn dem damit verbundenen Aufwand ein entsprechender betriebswirtschaftlicher Nutzen gegenübersteht. Die hier erzielten Wettbewerbsvorteile können sowohl direkt messbarer (Erlöse, Kosten) als auch ökonomisch-indirekter Natur (Motivation, Image) sein.

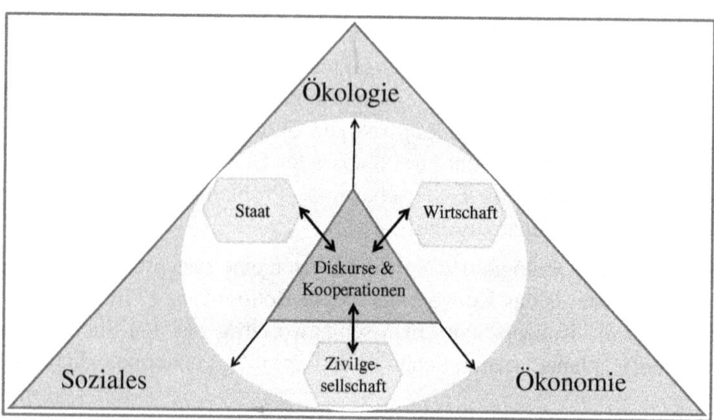

Abbildung 4.2: Das Integrationsmodell der Nachhaltigkeit[4]

3 Vgl. dazu Carroll (2001), S. 39–48.

Darüber hinaus muss an dieser Stelle die ökonomische Nachhaltigkeit betont werden. CSR ist nicht ein Konzept, welches dem Unternehmen nur Imagevorteile bringt. CSR soll durch Kosteneffizienz und einem verbesserten Risikomanagement für das Unternehmen vor allen Dingen nachhaltige Wirtschaftlichkeit garantieren.

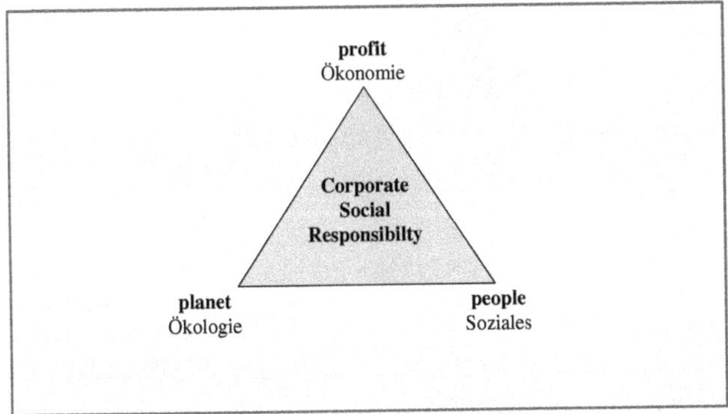

Abbildung 4.3: Das Triple-Bottom-Line-Konzept

In empirischen Studien werden folgende Wettbewerbsvorteile von CSR benannt:

- Kosteneffizienz (Energieeffizienz, Materialeffizienz),
- Risikoreduzierung, Verbesserung Risikomanagement,
- Aufbau und Schutz der Reputation und der Marken,
- Motivation der Mitarbeiter,
- Anziehung und Halten von Talenten,
- Förderung von Innovationen,
- Festigung der Kundenbeziehungen,
- Entwicklung von neuen Geschäften durch neue Produkte oder Märkte,
- Verbesserung der Investor Relations.

Das Prinzip der Freiwilligkeit ist ein wesentlicher Aspekt des CSR-Konzeptes. Die gesellschaftliche Verantwortung im Sinne von CSR geht damit über die Erfüllung gesetzlicher Vorgaben hinaus. Sie verlangt von Unternehmen selbstständig zwischen Umwelt- und Sozialbelangen sowie betriebswirtschaftlichen Erfordernissen abzuwägen und dabei das Gemeinwohl im Blick zu behalten. Es geht also darum ein Wechselspiel zwischen CSR-Maßnahmen und Unternehmenstätigkeit zu schaffen. Die folgende Abbildung fasst die vier wichtigsten Merkmale von CSR zusammen.

---

4 Schoeneborn (2009), S. 48.

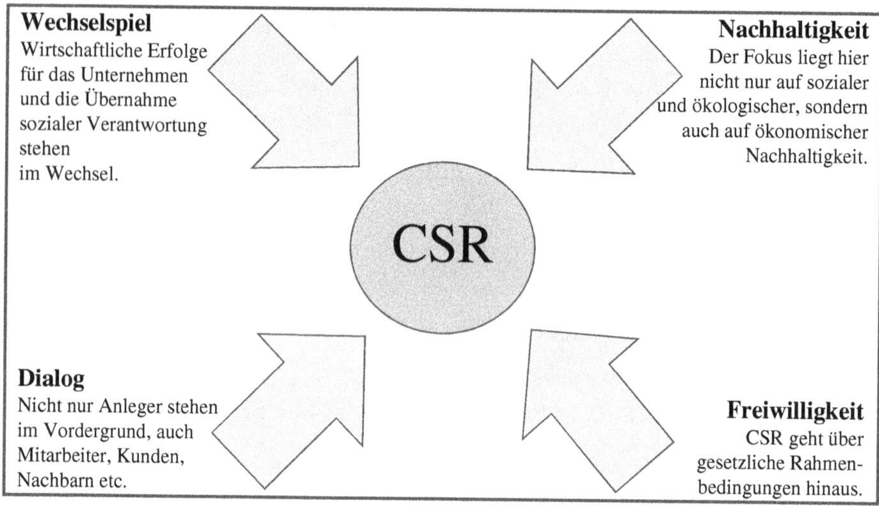

Wechselspiel
Wirtschaftliche Erfolge für das Unternehmen und die Übernahme sozialer Verantwortung stehen im Wechsel.
Nachhaltigkeit
Der Fokus liegt hier nicht nur auf sozialer und ökologischer, sondern auch auf ökonomischer Nachhaltigkeit.
CSR
Dialog
Nicht nur Anleger stehen im Vordergrund, auch Mitarbeiter, Kunden, Nachbarn etc.
Freiwilligkeit
CSR geht über gesetzliche Rahmenbedingungen hinaus.

Abbildung 4.4: Merkmale von CSR

4.2 Strategische CSR-Planung: integrativ, systematisch, erfolgsorientiert

Das CSR-Engagement ist in den meisten Unternehmen nicht in die Gesamtstrategie eingebunden. So bleibt vielen der Wertschöpfungsfaktor CSR verschlossen. Das Übernehmen und Anwenden von CSR schließt den Bezug der einzelnen Maßnahmen zum Kerngeschäft des Unternehmens sowie die Einbindung in die Unternehmensstrategie mit ein. Nur wenn CSR Teil der Unternehmenskultur wird, kann von ganzheitlicher, integrierter CSR gesprochen werden.[5]

Grundlage einer erfolgreichen Implementierung von CSR ist die Identitätsfindung und das Wertemanagement im Unternehmen. Dieses setzt voraus, dass CSR verstanden und daraufhin verankert wird. Schließlich muss durch eine Situationsanalyse ein eigenes Verständnis, also ein Leitbild gefunden werden, welches sich an den spezifischen Kernkompetenzen ausrichtet. Erst dann können das eigentliche CSR-Engagement und dessen Ziele sinnvoll entwickelt und im Unternehmen integriert und strategisch umgesetzt werden.

[5] Vgl. Habisch/Kirchhoff/Vaseghi (2006), S. 23f..

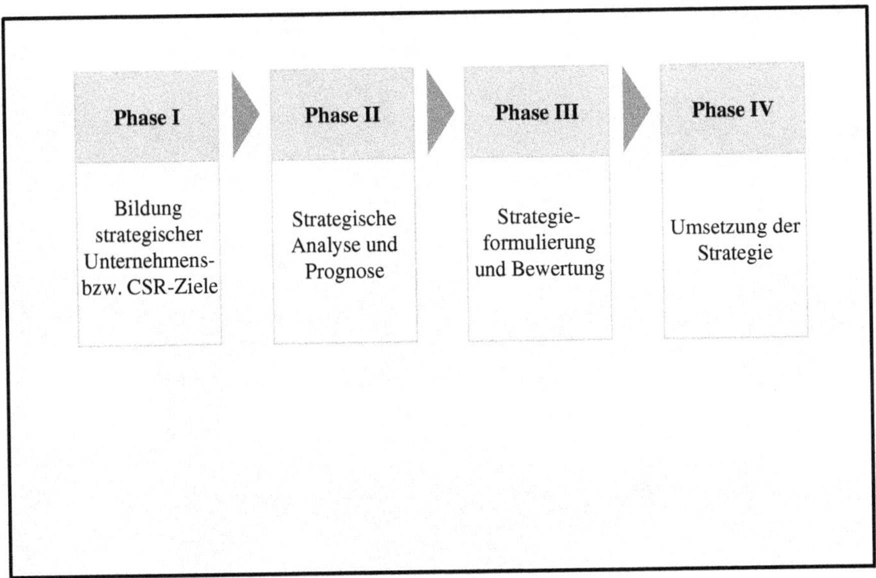

Abbildung 4.5: Das Phasenmodell der strategischen CSR-Planung

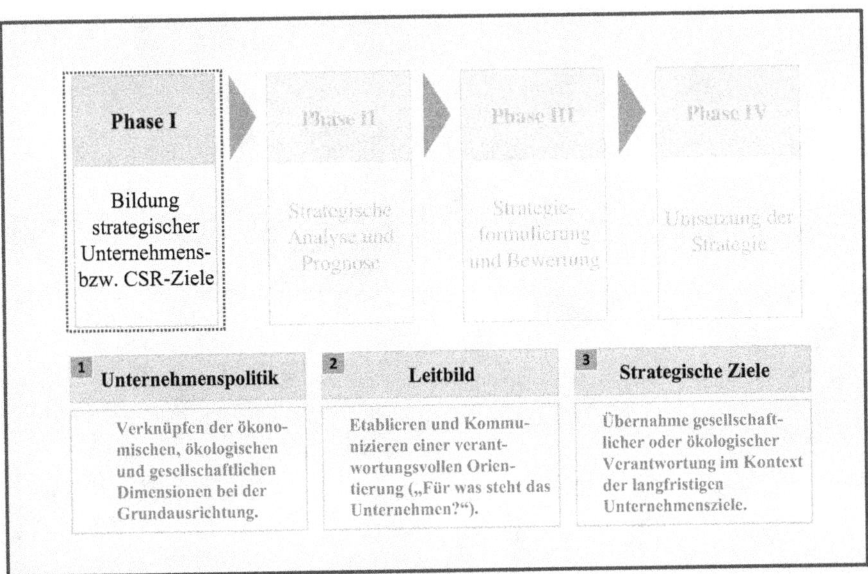

Abbildung 4.6: CSR-Zielplanung

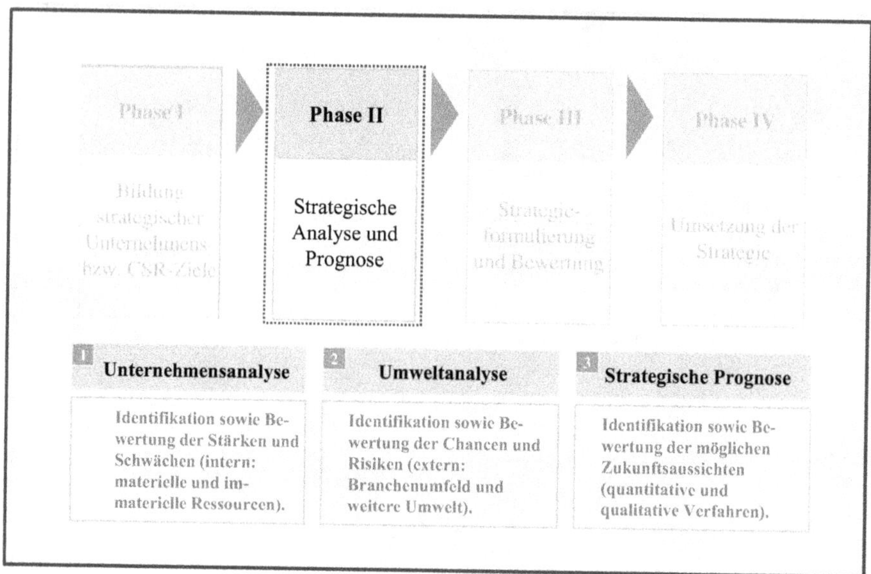

Abbildung 4.7: CSR-Situationsanalyse

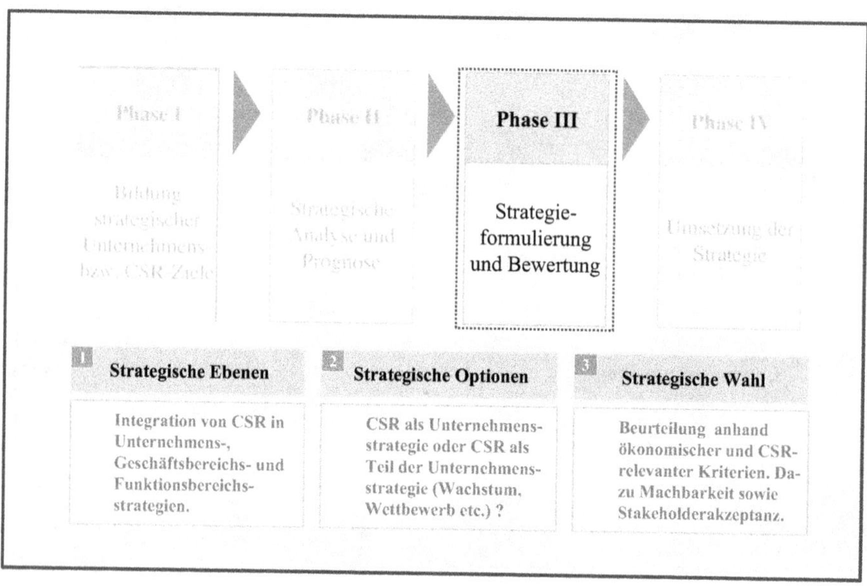

Abbildung 4.8: CSR-Strategien

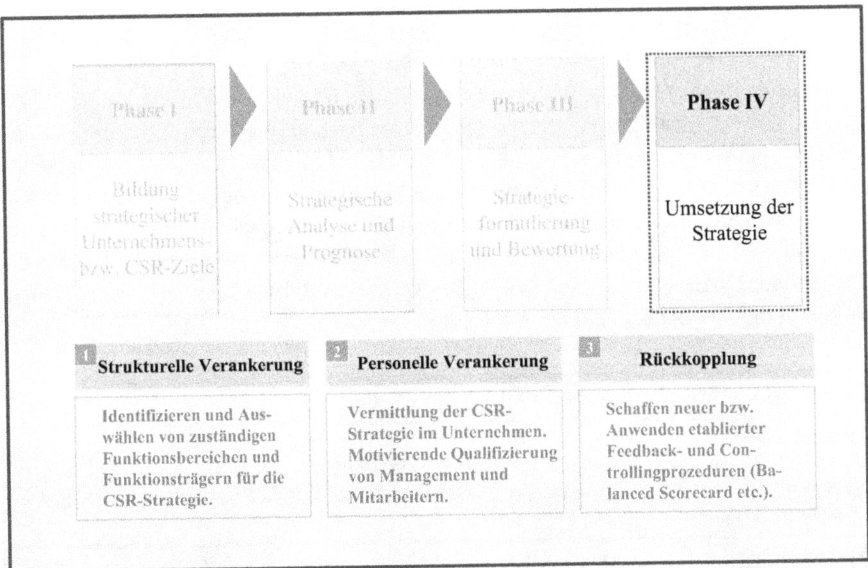
Phase I
Bildung strategischer Unternehmens- bzw. CSR-Ziele
Phase II
Strategische Analyse und Prognose
Phase III
Strategie-formulierung und Bewertung
Phase IV
Umsetzung der Strategie
1 Strukturelle Verankerung
Identifizieren und Auswählen von zuständigen Funktionsbereichen und Funktionsträgern für die CSR-Strategie.
2 Personelle Verankerung
Vermittlung der CSR-Strategie im Unternehmen. Motivierende Qualifizierung von Management und Mitarbeitern.
3 Rückkopplung
Schaffen neuer bzw. Anwenden etablierter Feedback- und Controllingprozeduren (Balanced Scorecard etc.).

Abbildung 4.9: CSR-Verankerung

Damit eine eventuelle Nachjustierung von Maßnahmen geleistet werden kann, ist eine stetige Evaluation von CSR-Umsetzung zu etablieren. Wenn diese Schritte durchlaufen sind, muss anschließend die CSR-Kommunikation gestaltet werden. Diese ist das Werkzeug um die gesäte Ernte einzufahren. In letzter Konsequenz gehört zu einer erfolgreichen Umsetzung auch das Controlling, sodass dynamisch strategische Ziele beschlossen werden können oder notfalls operativ in das Unternehmensgeschehen eingegriffen werden kann. Denn nur wenn CSR glaubhaft, nachhaltig, konsequent und integrativ umgesetzt wird, kann es zum Erfolg eines Unternehmens beitragen.

So mag es auf der Hand liegen, dass Herr Melior sich von der Geschäftspartnerschaft mit seinem Zulieferer, der Engel GmbH, trennen sollte. Denn ein ganzheitlich nachhaltiges Unternehmen muss auch eine Lieferkette aufweisen, welche nicht den Prinzipien der Nachhaltigkeit widerspricht. In diesem Fall erscheint das chinesische Unternehmen Wang Corp. untragbar als Rohstofflieferant, da Kinderarbeit gegen ethische Prinzipien und damit auch gegen die Anforderungen der Automobilhersteller spricht.

4.3 Stakholdermanagement und Wettbewerbsvorteile

In Zeiten der verstärkten Wettbewerbsintensität auf globalen Märkten sind Unternehmen mehr denn je auf der Suche nach strategischen, nicht imitierbaren Erfolgsfaktoren im Wettbewerb. Besonders steigende Medienkosten, sich verkürzende Produktlebenszyklen sowie die zunehmende Homogenisierung von Produkten katalysieren den internationalen Wettbewerb und die Suche nach Alleinstellungsmerkmalen. Gleichzeitig steigen deutlich die Erwartungen der verschiedenen Anspruchsgruppen an Unternehmen, wie auch die Trends und Entwicklungen der Konsumenten in der folgenden Tabelle aufzeigen.

Trends und Entwicklungen bei Konsumenten:
Informationsüberlastung Immer mehr Informationen in unterschiedlichen Medien (Film, Funk, Fernsehen, Printmedien, Internet) konkurrieren um Aufmerksamkeit. Der zunehmende ‚Information Overload' erschwert das Identifizieren von relevanten Informationen.
Variantenreichtum Der Verbraucher strebt nicht mehr nach einfacher Bedürfnisbefriedigung, sondern erwartet ‚individuelle Vielfalt'. Statt Standardprodukten also verschiedene Varianten und Nuancen von Produkten.
Multioptionalität und Sprunghaftigkeit Verbraucher lassen sich nicht mehr auf bestimmte Leistungsklassen festlegen, es werden ebenso selbstverständlich Premiumprodukte, wie Billigprodukte konsumiert. Diese Sprunghaftigkeit bezieht sich nicht mehr nur auf unterschiedliche Produktkategorien, sondern auch bei Produkten einer Produktkategorie. Beispiel: Heute Aldi, morgen Delikatessengeschäft.
Streben nach optimaler Nutzenerfüllung ohne Tiefgang Der Konsument möchte alles auf einmal haben, sich aber nicht lange mit Detailfragen aufhalten. Besonders hier stellt sich für Anbieter das Problem, Produkte zu differenzieren, wenn Konsumenten kaum bereit sind, sich mit Details auseinander zu setzen.
Vom Massenmarkt zum Mikromarkt Rückläufige Geburten, mehr Nichtfamilienhaushalte, Überalterung und ein steigendes Bildungsniveau führen zu einer zunehmenden Zersplitterung der Märkte. Die unterschiedlichen Marktsegmente können nur noch mit nach Zielgruppen differenziertem Marketing erreicht werden.

Tabelle 4.1: Trends und Entwicklungen bei Konsumenten[6]

Der Trend geht hin zur Individualisierung, weg vom Massenmarkt. Für die Unternehmenskommunikation lässt sich schlussfolgern, dass nicht nur Konsumenten, sondern alle Akteure im Markt über eine stärker differenzierte, dynamische Ansprache erreich-

6 Eigene Darstellung in Anlehnung an Düssel (2006), S. 77f.

bar werden und nicht mehr über eine formalisierte Massenanrede. Doch trotz des Wunsches nach individueller Ansprache, haben Menschen kaum Zeit und Interesse an Detailwissen über Produkte oder Unternehmen, was auf Faktoren wie den allgegenwärtigen Informationsüberfluss und die Schnelllebigkeit der Industrienationen zurückzuführen ist. Aufmerksamkeit ist folglich ein knappes Gut. In Anbetracht dessen lässt sich annehmen, dass alle Akteure (Endkonsumenten, Lieferanten, Anbieter etc.) heute von Unternehmen abgeholt und emotional involviert werden müssen.

Gesellschaftliche Relevanz erhält CSR in der Unternehmenskommunikation einerseits aufgrund der Globalisierung und einer zunehmenden Überforderung des Sozialstaates. Andererseits signalisieren insbesondere aktuelle Ereignisse wie Massenentlassungen, Umweltskandale sowie erneute Diskussionen bezüglich überhöhter Managementgehälter, eine zunehmende Sensibilität der Gesellschaft hinsichtlich der Verantwortung von Unternehmen.[7]

Auch Verbraucherorganisationen heben immer wieder hervor, dass es gerade für Kaufentscheidungen wichtig sei, vertrauenswürdige und vollständige Informationen zu erhalten über die ethischen, sozialen und ökologischen Bedingungen, unter denen Waren und Dienstleistungen produziert und vermarktet werden. Denn nicht nur Konsumenten, sondern auch andere Anspruchsgruppen, wie beispielsweise Lieferanten und Gesellschaft neigen heute dazu durch ihr Verhalten sozial und ökologisch verantwortlich handelnde Unternehmen zu belohnen. Folglich spielen ein nachhaltiges Image und Reputation eines Unternehmens eine zunehmend bedeutsame Rolle im Wettbewerb, begründet durch dessen neue Stellung als verantwortungsbewusstes Mitglied der Gesellschaft.

Die Melior Automotive GmbH zeigt erste Grundzüge eines gesellschaftlich verantwortungsvollen Unternehmens, indem sie bereits über ein Umweltmanagement verfügt, einen Umweltbericht anfertigte und eine Compliance entwarf. Darüber hinaus impliziert die Forschungs- und Entwicklungsarbeit für umweltfreundlichere Abgassysteme CSR, da hier negative externe Effekte zu Lasten der Umwelt verringert werden. Allerdings wird dieses kommunikativ nicht genutzt, nach dem Motto „Wir tun Gutes, aber reden nicht darüber.“

Doch die Marktstellung und Marktgeltung von Unternehmen werden nicht mehr allein von Produkten und Dienstleistungen geprägt, sondern entscheidend von vorökonomischen Werten wie einem guten Ruf, gesellschaftlichem Ansehen, Tradition und Glaubwürdigkeit abhängen. Um sich auf dem Markt abzugrenzen, konzentrieren sich folglich immer mehr Unternehmen auf immaterielle Werte, da diese im Gegensatz zu den spezifischen Leistungsmerkmalen, den sogenannten „Hard-Facts“, nur

7 Vgl. Kirstein (2009), S. 4.

schwer von der Konkurrenz übernommen werden können und so Einzigartigkeit generieren. Damit die wichtig gewordenen immateriellen Werte in den Köpfen der Stakeholder positioniert werden können, müssen diese gezielt angesprochen werden.[8] Hier kommt die Unternehmenskommunikation ins Spiel, diese „*umfass*[t] *die planmäßige Gestaltung der Beziehungen zwischen dem Unternehmen und verschiedenen Teilöffentlichkeiten mit dem Ziel, bei diesen Gruppen Vertrauen und Verständnis zu gewinnen und auszubauen.*“[9]

Kommunikationsfähigkeit bedeutet immer Beziehungsfähigkeit. Als entscheidendes Ziel der Unternehmenskommunikation ist also die Dialogorientierung zu identifizieren. Dialog schafft Vertrauen. Durch das Schaffen von Vertrauen der Anspruchsgruppen in das Unternehmen werden auch das Image und die Reputation des Unternehmens zum Positiven verstärkt. Dieses ist erstrebenswert, da nicht nur die Attraktivität, sondern unmittelbar auch ökonomische Zielgrößen eines Unternehmens mit der Stärke der immateriellen Werte zusammenhängen.

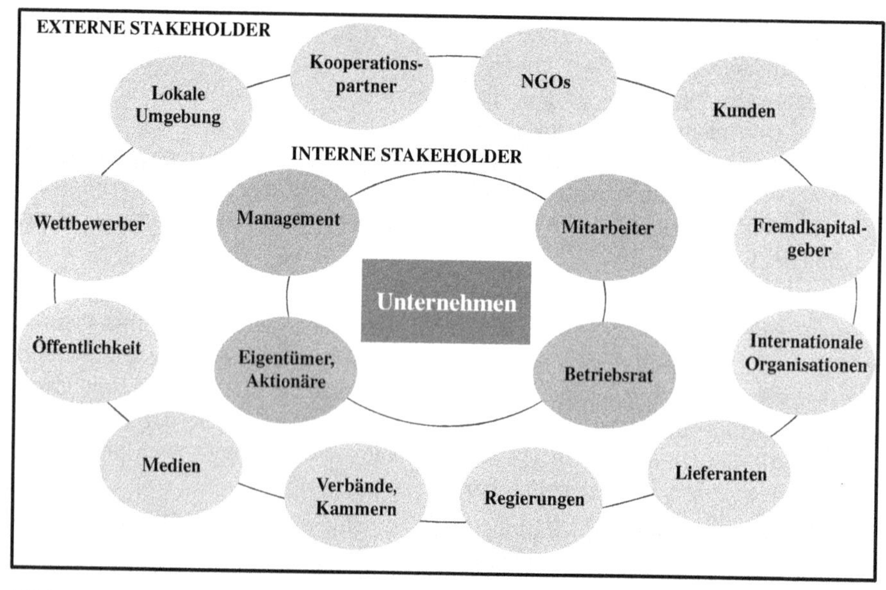

Abbildung 4.10: Interne und externe Stakeholder von Unternehmen[10]

8 Vgl. Kirstein (2009), S. 3.
9 Meffert (2000), S. 274.
10 Eigene Darstellung in Anlehnung an Moser (2009), S. 22.

Dieser Anspruch an CSR begründet die Stakeholder-Orientierung des Konzepts. Das Unternehmen sollte fortwährend mit seinen internen sowie externen Anspruchsgruppen interagieren, um deren Vertrauen gewinnen und halten zu können. Gesellschaftlich verantwortungsbewusstes Handeln soll in die Unternehmenstätigkeit integriert und kommuniziert werden.

Vertrauen wird so zum Sozialkapital. Es ist Ergebnis und zugleich Voraussetzung der Herausbildung eines positiven Unternehmensimages sowie einer positiven Reputation. Vertrauen, Reputation und Image bedingen und unterstützen sich gegenseitig. *„Images und Reputationsvorstellungen erfüllen für Individuen eine Orientierungsfunktion und beeinflussen das Verhalten und Handeln des Menschen. Bei der Fülle der Entscheidungen und Wahlhandlungen, die täglich getroffen werden müssen, ist es völlig unmöglich, allen Dingen auf den Grund zu gehen. Der Mensch lässt sich dann in seinen Vorstellungsbildern, die für ihn eine Art ‚Kompass' darstellen, in ganz bestimmte Richtungen führen.“*[11]

Sowohl Image als auch Reputation werden durch das Handeln und das Kommunizieren eines Unternehmens geprägt. Indem dieses Bild übernommen wird, handeln und entscheiden die Bezugsgruppen in der Folge weitestgehend konform zu diesem Bild. Abweichungen werden selten toleriert. Erwartungen und Ansprüche orientieren sich daran. Das Kauf- und Entscheidungsverhalten richtet sich danach. So schafft Vertrauensbildung über Reputation Berechenbarkeit nach allen Seiten. Behördliche Bewilligungen werden schneller erteilt, fehlerhaftes Verhalten wird zumeist als einmaliger Ausrutscher entschuldigt und politische Prozesse verlaufen mit größerer Vorhersehbarkeit. Sie schafft Akzeptanz bei der Preispolitik, erleichtert die Kapitalbeschaffung, ermöglicht bessere Konditionen und hilft dank treuen Shareholdern, die Volatilität der Aktienkurse zu vermindern.

Auf den Punkt gebracht werden strategisch implementierter und kommunizierter CSR folgende positive Wirkungsweisen zugeschrieben:

- **Kulturwirkung**: Unternehmensintern verspricht der Einsatz eines CSR-Konzepts und dessen Kommunikation eine entscheidende Wirkung auf die Unternehmenskultur, eine gesteigerte Mitarbeiterbindung und eine daraus resultierende mögliche Leistungssteigerung.
- **Finanzwirkung**: Die positive Außendarstellung durch CSR zielt auf eine Steigerung des Unternehmenswerts und mögliche Umsatzsteigerungen.

---

11 Mast (2008), S. 63f..

- **Strategiewirkung**: Das CSR-Engagement und die CSR-Kommunikation schaffen Vertrauen seitens der Öffentlichkeit, verstärken die Kundenbindung und können dem Unternehmen als Alleinstellungsmerkmal dienen.

Unternehmen haben unterschiedliche Stakeholder, diese stehen in einer direkten oder indirekten Beziehung zum Unternehmen. Sie haben ein unmittelbares Interesse an seinem Verhalten, erheben konkrete Ansprüche gegenüber dem Unternehmen und können im Falle der Nichterfüllung ihrer Ansprüche wesentlichen Einfluss auf das Unternehmensgeschehen ausüben. Der Einfluss der unterschiedlichen Stakeholdergruppen variiert dabei, daher macht es Sinn auch im Fall der Melior Automotive GmbH eine Stakeholderpriorisierung vorzunehmen.

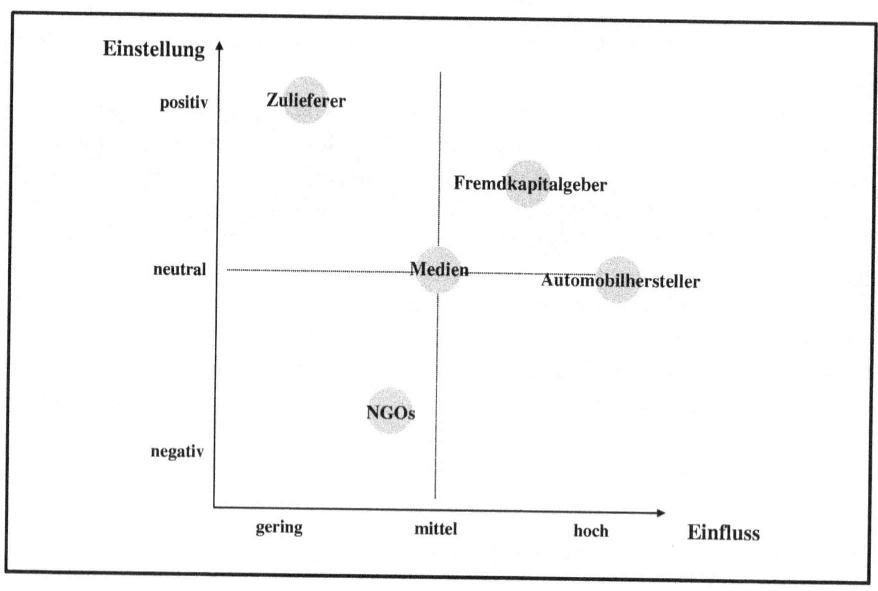

Abbildung 4.11: Priorisierung der Stakeholder der Melior Automotive GmbH

Wenn man annimmt, dass für die Melior Automotive GmbH besonders die Automobilhersteller wichtig sind bzw. deren Anspruchserfüllung. Ist festzustellen, dass diese dem Unternehmen allerdings beinahe neutral gegenüber stehen, da das Angebot an Zulieferern groß ist und Melior sich bisher nicht im Bereich CSR positionieren konnte. Hingegen sind die Zulieferer, wie die Engel GmbH sehr positiv gegenüber dem Unternehmen eingestellt, da deren geschäftlicher Erfolg von der Abnahme durch die Melior Automotive GmbH abhängig ist.

Durch das Freiwilligkeitsprinzip von CSR sind auch deren Ausgestaltungsformen äußerst vielfältig. So setzen Unternehmen unterschiedliche Schwerpunkte in ihrer gesellschaftlichen Verantwortung. Zwar müssen Unternehmen selbst entscheiden können, wie sie ihre Aktivitäten optimal nach den Bedürfnissen ihrer Stakeholder ausrichten, allerdings sollten hier keine eigenständigen unternehmensfremden CSR-Werte und -Strategien erfunden werden. Es geht vielmehr darum, CSR in die bestehenden Unternehmenswerte, Strategien und das Management zu integrieren. Eine konsequente Umsetzung erfordert also die Implementierung von entsprechenden Zielsetzungen in die Unternehmensstrategie und deren Teilstrategien.[12] Die nachfolgende Tabelle zeigt unterschiedliche Kernthemen und ihre untergeordneten Handlungsfelder auf:

Kernthemen	**Handlungsfelder**
Verantwortungsbewusste Unternehmensführung	Gesetzestreue, Transparenz, Umgang mit Interessensgruppen, integritätsförderliche Unternehmensstrukturen, …
Menschenrechte	Physische und psychische Unversehrtheit, Vorgehen gegen Kinder- und Zwangsarbeit, Schutz vor Diskriminierung, Recht auf freie Meinungsäußerung und Vereinigungsfreiheit, …
Arbeitsbedingungen	Gesundheit und Sicherheit am Arbeitsplatz, Arbeitszeiten, Entlohnung, Gleichbehandlung, …
Umwelt	Nachhaltiger Konsum, nachhaltige Produktion und Produkte, Ressourcenverbrauch, Umwelt- und Klimaschutz, …
Integere Geschäftspraktiken	Antikorruption und –bestechung, politisches Engagement, fairer Wettbewerb, Respektieren von Eigentumsrechten, …
Verbraucherschutz	Marketing und Informationsbereitstellung, Sicherheit und Gesundheitsschutz des Verbrauchers, Produktrückrufe, Zugang zu Gütern der Grundversorgung, Aufklärung und Bewusstseinsbildung, …
Gesellschaftliches und kommunales Engagement	Beitrag zur sozialen Entwicklung des Standorts und zum demografischen Wandel, Arbeitsplatzsicherung, Beitrag zur wirtschaftlichen Entwicklung des regionalen Umfelds, …

Tabelle 4.2: Kernthemen und Handlungsfelder von CSR[13]

Dabei ist es für Unternehmen hilfreich zunächst relevante gesellschaftliche Kernthemen zu identifizieren und den zukünftigen Verantwortungsbereich passend zu

12 Vgl. Loew/Braun (2009), S. 6.

13 Vgl. Kleinfeld/Schnurr (2010), S. 292.

eigenen Kernkompetenzen und Ansprüchen der Stakeholdergruppen auszuwählen. Besonders am Anfang des Aufbaus eines positiven Stakeholderdialogs ist eine Analyse der Stakeholderansprüche an die Melior Automotive GmbH notwendig um wichtige Problemstellungen zu identifizieren und Maßnahmen danach auszurichten. Beispielhaft wurde hier eine Materialitätsanalyse für das Unternehmen erstellt.

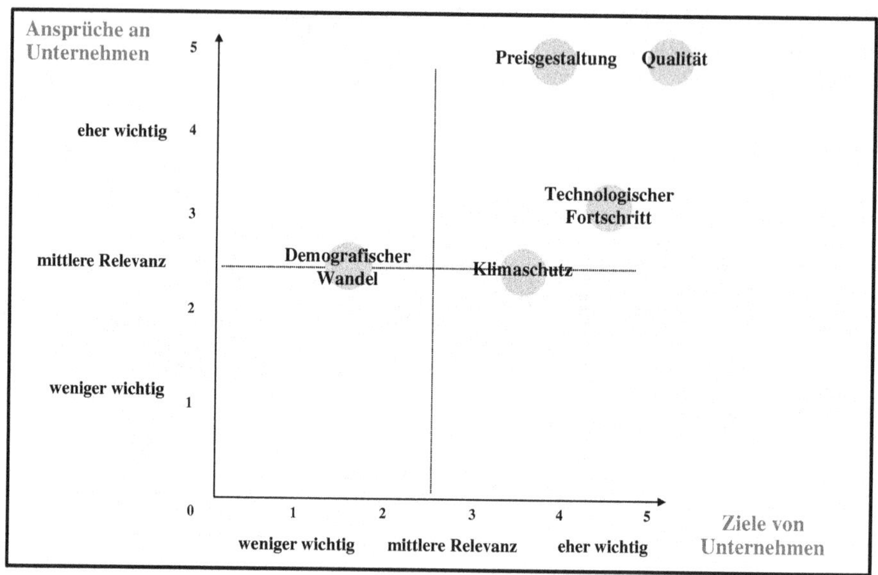

Abbildung 4.12: Materialitätsanalyse für die Melior Automotive GmbH

4.4 CSR-Reporting: Prinzipien, Standards, überzeugende Kommunikation

Das primäre Ziel von CSR-Reporting ist der Aufbau von Vertrauenskapital bei den Anspruchsgruppen. Dieses setzt glaubwürdiges, durchdachtes und transparentes Vorgehen voraus, das den wichtigen Brennpunkten ethischen Handelns nicht ausweicht, sondern verantwortliche Handlungsmöglichkeiten aufzuzeigen versucht.

Um diese Ziel zu erreichen, ist es daher erforderlich CSR als Treiber der Reputation im Unternehmen zu konzeptualisieren. Denn nur durch eine erfolgreiche Implementierung des CSR-Engagements in die Unternehmenskommunikation kann CSR auch tatsächlich ein Wertschöpfungsfaktor sein. Hierbei kann das CSR-Management des Unternehmens gezielt genutzt werden, beispielsweise um Risikofaktoren in der

Wertschöpfungskette zu erkennen. CSR-Reporting entfaltet seine vollständige Wirkung aber erst in der langfristigen Anwendung um Wettbewerbsvorteile zu sichern oder sogar neue Geschäftsfelder zu erschließen. Demnach trägt die Berichterstattung über unternehmerisch verantwortliches Handeln also auch entscheidend zur Gestaltung des CSR-Engagements bei. Sie muss sich hierbei an den Qualitätskriterien gesellschaftlicher Verantwortungsübernahme des Unternehmens und an den fundamentalen CSR-Prinzipien orientieren. Grundsätzlich ist es also ratsam eine organisatorische Einheit, CSR- oder Nachhaltigkeits-Team im Unternehmen anzusiedeln um CSR-Strategie, -Planung, -Reporting und -Kommunikation zu steuern.

„Gutes tun und darüber reden", das vielzitierte Motto in der CSR-Kommunikation impliziert, dass Unternehmen ihr Engagement via Unternehmenskommunikation dazu nutzen können und sollen, ihre Reputation zu stärken. Die nachfolgende Darstellung soll deutlich machen, was ein gelungenes CSR-Reporting leisten kann.

Ein gelungenes CSR-Reporting kann:
• die proaktive Wahrnehmung unternehmerischer Verantwortung und Rechenschaftspflicht unterstreichen und transparent machen
• veranschaulichen, wie Unternehmen ihr CSR-Commitment einhalten
• zur Bewusstseinsbildung des Unternehmens beitragen
• Informationen zu den Auswirkungen der unternehmerischen Transaktion, Produkte, Leistungen und Aktivitäten bereitstellen
• Mitarbeiter motivieren, die CSR-Aktivitäten und –Maßnahmen zu unterstützen
• das Benchmarking unter gleichrangigen Unternehmen erleichtern und zur Verbesserung der CSR-Performance beitragen
• dabei helfen, einen vernünftigen Dialog mit den eigenen Stakeholdern zu etablieren, und sie zu Partnern bei der Umsetzung gesellschaftlicher Verantwortung zu machen
• die eigene Integrität und Verantwortungsfähigkeit fördern, eine entsprechende Reputation aufbauen helfen
• das Vertrauen aller Stakeholder und das Vertrauen in die eigene Organisation stärken

Tabelle 4.3: Rolle und Zweck von CSR-Reporting[14]

Die Definition dessen, was CSR auszeichnet und in welchem Rahmen sie sich bewegen muss, kann über die Interessensgruppen eines Unternehmens, über gesellschaftliche Normen und Selbstzuschreibung des Unternehmens gebildet werden. Die

[14] Vgl. Kleinfeld/Schnurr (2010), S. 342.

Definitionen darüber, welche und wie viel Verantwortung einem Unternehmen zuzuschreiben ist, bleiben oft strittig.[15]

Um einen Konsens über die Rahmenbedingungen von CSR zu finden, wurden bereits mehrere gesellschaftliche Richtlinien und Standards zum verantwortlichen Handeln von Organisationen und insbesondere Unternehmen erarbeitet. Diese wurden teilweise von staatlichen und privaten Akteuren innerhalb eines Netzwerkes entwickelt. Im Allgemeinen geben Richtlinien Grundsätze vor nach denen sich Organisationen idealerweise verhalten sollten. Unternehmen unterstellen sich diesen freiwillig. Standards gehen einen Schritt weiter, indem sie die Grundsätze konkretisieren. Dabei werden die Grundsätze in überprüfbare Bewertungskriterien detailliert aufgeschlüsselt, sodass eine interne Bewertung oder externe Zertifizierung ermöglicht wird.

Richtlinien	• ILO – Prinzipien für multinationale Unternehmen und Sozialpolitik • UN Global Compact • OECD-Guidelines – for multinational enterprises • ISO 26000 – Guidance document on Social Responsibility • …
Standards	• Social Accountability 8000 (SA 8000) • Global Reporting Initiative (GRI) • AccountAbility (AA1000) • WerteManagementSystem^{ZfW} (WMS^{ZfW}) • …

Tabelle 4.4: Beispiele für CSR-Richtlinien und -Standards[16]

Unter deutschen Unternehmen ist die Orientierung an dem UN Global Compact und an der Global Reporting Initiative am weitesten verbreitet.

Der **UN Global Compact** ist eine internationale Initiative, die es sich zur Aufgabe gemacht hat, die Integration universeller Sozial- und Umweltprinzipien in die Unternehmenspolitik und –praxis zu fördern. Dabei versteht sich der Global Compact als strategische Austauschplattform, für gesellschaftliches Engagement von Unternehmen, das auf gemeinsamen Werten basiert. Der Aufbau von Märkten, der Kampf gegen Korruption, der Umweltschutz und der Einbezug von sozialem Engagement sind gemeinsame Ziele. Jedes Unternehmen, unabhängig von seiner Größe, kann den Vertrag unterschreiben und sich den zehn Prinzipien verpflichten.

---

15 Vgl. Schranz (2007), S. 22f..

16 Wieland/Schmiedeknecht (2010), S. 82.

Die **Global Reporting Initiative (GRI)** ist eine Standardisierung, der sich die deutschen DAX-Unternehmen am häufigsten verpflichten. Die Initiative wurde gegründet, um einen international anwendbaren Standard für die CSR-Berichterstattung von Unternehmen zu schaffen. Ziel ist es, die standardisierte Darstellung der ökologischen, sozialen und ökonomischen Performance von Unternehmen genauso vergleichbar zu machen wie Geschäftsberichte. Bekannt unter dem Namen G3 Guidelines veröffentlichte die GRI Standards für Berichtselemente und Leistungsindikatoren, die von Unternehmen hinsichtlich ihrer Nachhaltigkeit zu überprüfen sind. Auch hier kann sich jedes Unternehmen, unabhängig von seiner Größe oder Branche den Richtlinien der GRI verpflichten.

Aber gerade im Mittelstand fehlt es in der unternehmerischen Praxis an der Bereitwilligkeit sich diesen allgemeingültigen Kriterien und Bewertungsmaßstäben für CSR unterzuordnen, was auch die Bemessung der ROI erschwert. Doch die Vorteile einer Vereinheitlichung durch UN Global Compact und GRI liegen darin, dass Verantwortungsübernahme von Unternehmen messbar wird und dass Unternehmen auch konkret darauf hingewiesen werden, Selbstverständlichkeiten zu überprüfen. Im Fall der Melior Automotive GmbH bedeutet dieses, die komplette Supply Chain bis hin zur Rohstoffgewinnung auf Nachhaltigkeit und die Einhaltung der zehn Prinzipien des UN Global Compacts zu evaluieren.

Problematisch ist außerdem der inflationäre Gebrauch des Begriffs für jegliche unternehmerische Aktivität, die als Zeichen einer Übernahme gesellschaftlicher Verantwortung gewertet werden kann. So wird CSR vielfach als Mäzenatentum missverstanden und so werden viele Projekte und Initiativen schon seit Jahrzehnten unter Berücksichtigung der persönlichen Interessen und Vorlieben von Vorständen unterstützt. Die Vergabe der Mittel erfolgt so ohne einen direkten kommunikativen oder wirtschaftlichen Bezug zum Unternehmen.

Dieses geschieht auch derzeit bei der Melior Automotive GmbH. Das gesellschaftliche Engagement in Form von Spenden an ein örtliches Frauenhaus, die Entwicklungshilfe in Afrika oder Südamerika und auch die Unterstützung des Motorsportvereins sind zusammenhangslos. Durch die fehlende Verknüpfung und Stringenz kann auch beim Kunden nicht der Eindruck einer CSR-Identity entstehen.

Die Eigenschaften Nachvollziehbarkeit, Glaubwürdigkeit, Transparenz und Vertrauen bilden die Bedingung für einen positiven Stakeholderdialog durch CSR-Reporting:

Nachvollziehbarkeit

Die CSR-Berichterstattung sollte einer nachvollziehbaren Strategie folgen, die auf die übergeordneten Zielen des Unternehmens abgestimmt ist. Aufgesetzte Programme, die nicht zu dem Unternehmen passen, werden dagegen schnell als

‚Greenwashing' kritisiert und wecken Zweifel an der Vertrauenswürdigkeit der Berichterstattung insgesamt. So gründete die etablierte Umwelt-NGO Greenpeace z. B. eine Initiative, um auf Unternehmen, die sich des Greenwashings schuldig oder verdächtig machen, hinzuweisen.

Glaubwürdigkeit

Glaubwürdigkeit entsteht, wenn Motive und Ziele des CSR-Handelns im Reporting nachvollziehbar dargelegt werden und dabei dauerhaft und kontinuierlich sind. Schnell wechselnde Programme, widersprüchliche strategische Entscheidungen und Beliebigkeit der Aktivitäten signalisieren wenig Ernsthaftigkeit in der Auseinandersetzung mit der eigenen Verantwortung und können kein konstantes Vertrauen wecken. Vor allem entwickelt sich Glaubwürdigkeit, wenn Unternehmen sich mit den Problemfeldern unternehmerischen Handelns in ihrer Branche aktiv auseinandersetzen. Probleme sollten nicht übergangen oder gar offensichtlich kaschiert werden. Einmal geweckte Erwartungen bezüglich der grundlegenden Ziele und Strategien dürfen nicht enttäuscht werden, indem über selbst auferlegte Programme nicht weiter berichtet wird oder ursprünglich anvisierte Zielvorstellungen keine Erwähnung mehr finden. Die Glaubwürdigkeit von CSR-Reporting lässt sich auch über formale Elemente erhöhen, wie das Nutzen von Richtlinien und Standards.

Transparenz

Glaubwürdiges Berichten basiert auf Transparenz des Informationsverhaltens. Transparenz bedeutet nicht zwangsläufig, dass möglichst viele Informationen nach außen getragen werden. Wenn sie Vertrauen begründen sollen, dann müssen die vorgelegten Informationen relevant, nachvollziehbar und konsistent sein. Das umfasst auch die Übersichtlichkeit und Nachvollziehbarkeit der Aufbereitung.

Vertrauen

Vertrauen baut sich, wie auch im zwischenmenschlichen Bereich, in der Kommunikation von Unternehmen nur langsam auf. Spektakuläre oder aufgebauschte PR-trächtige Projekte helfen hier nicht. Überzeugender ist die glaubwürdige und nachhaltige Selbstbindung an Regeln des eigenen Handelns, besonders wenn dieses kurzfristig den Verzicht auf Zusatzprofite mit sich bringt.

Um diese Bedingungen für ein gelungenes CSR-Reporting zu erfüllen, müssen zunächst die Reportingziele sorgfältig gewählt werden und Bezug auf die Unternehmens-, Marketing- und Kommunikationsziele des Unternehmens nehmen.

Bei der Melior Automotive GmbH könnte es etwa ein Unternehmensziel sein, eine höhere Auftragslage bei den Automobilherstellern zu generieren. Das passende

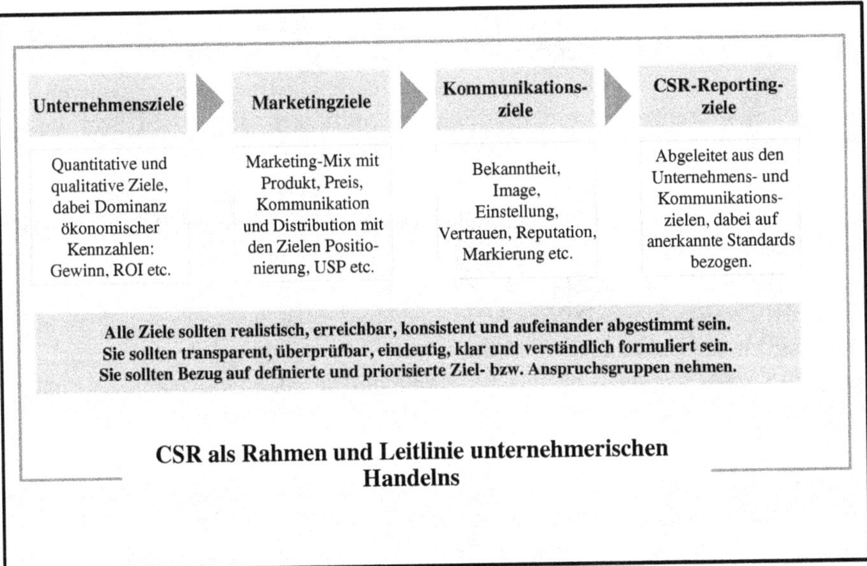
Unternehmensziele
Marketingziele
Kommunikations-ziele
CSR-Reporting-ziele
Quantitative und qualitative Ziele, dabei Dominanz ökonomischer Kennzahlen: Gewinn, ROI etc.
Marketing-Mix mit Produkt, Preis, Kommunikation und Distribution mit den Zielen Positio-nierung, USP etc.
Bekanntheit, Image, Einstellung, Vertrauen, Reputation, Markierung etc.
Abgeleitet aus den Unternehmens- und Kommunikations-zielen, dabei auf anerkannte Standards bezogen.
Alle Ziele sollten realistisch, erreichbar, konsistent und aufeinander abgestimmt sein.
Sie sollten transparent, überprüfbar, eindeutig, klar und verständlich formuliert sein.
Sie sollten Bezug auf definierte und priorisierte Ziel- bzw. Anspruchsgruppen nehmen.
CSR als Rahmen und Leitlinie unternehmerischen Handelns

Abbildung 4.13: Unternehmensziele und integriertes CSR-Reporting

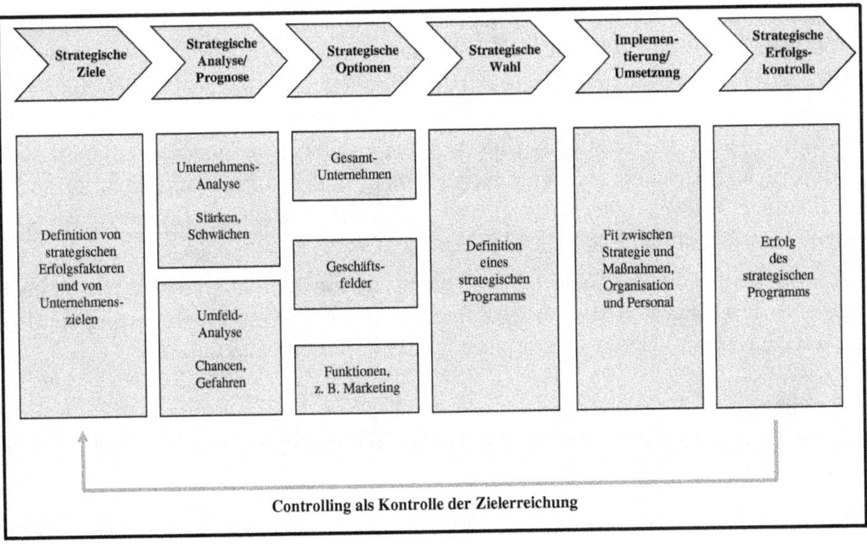
Strategische Ziele
Strategische Analyse/ Prognose
Strategische Optionen
Strategische Wahl
Implemen-tierung/ Umsetzung
Strategische Erfolgs-kontrolle
Definition von strategischen Erfolgsfaktoren und von Unternehmens-zielen
Unternehmens-Analyse
Stärken, Schwächen
Umfeld-Analyse
Chancen, Gefahren
Gesamt-Unternehmen
Geschäfts-felder
Funktionen, z. B. Marketing
Definition eines strategischen Programms
Fit zwischen Strategie und Maßnahmen, Organisation und Personal
Erfolg des strategischen Programms
Controlling als Kontrolle der Zielerreichung

Abbildung 4.14: Controlling und CSR-Reporting

Marketingziel kann es hier sein durch innovative Produkte, die geforderten Ansprüche an die ökologische Nachhaltigkeit der Branche zu übertreffen. So kann das Unternehmen sich über die Kommunikation auch als einer der innovativen und „grünen“ Spitzenreiter unter den Zulieferern profilieren. Im letzten Schritt kann dann in den G3 Guidelines der GRI nach passenden Performanceindizes gesucht werden, um die Ziele in ein Kennzahlensystem einzugliedern.

Stakeholder erwarten besonders von multinationalen Unternehmen, dass sie über die klassischen Geschäftsberichte und die finanzielle Berichterstattung hinaus, schriftlich darüber Rechenschaft ablegen, wie sie ihre Verantwortung für Umwelt und Gesellschaft wahrnehmen. Da Geschäfts- und Umweltberichte seit langem vor allem für große Unternehmen zu den Standardinstrumenten der Unternehmenskommunikation gehören, können diese für die CSR-Kommunikation aus vorhandenen Erfahrungen schöpfen.

Das Erstellen von CSR-Berichten und das damit verbundene regelmäßige Aggregieren sämtlicher Zahlen und Fakten, bietet die Chance, die nachhaltige Entwicklung auf Unternehmensebene kritisch zu reflektieren. Das CSR-Controlling findet idealerweise durch die Orientierung an den GRI Guidelines automatisch durch die Kennzahlenbildung statt und ist somit im klassischen Unternehmenscontrolling implementiert.

Zusätzlich ergibt sich daraus die Möglichkeit, nachhaltige Themen in Bezug auf die Akzeptanz bei den Stakeholdern zu evaluieren und abzusichern. Voraussetzung hierfür ist, dass die Stakeholder Möglichkeit zur Stellungnahme haben und in ihrer Kritik wahrgenommen werden. Auf Unternehmensebene kann der Prozess der Berichterstellung konkrete, positive Auswirkungen auf betriebliche Prozess- und Produkteffizienz, Qualitätssicherung, Innovationsfähigkeit und die Optimierung von Geschäftsabläufen auslösen. Das Unternehmen legt nicht nur anderen, sondern auch sich selbst Rechenschaft ab. Die Datenerhebung und Aufarbeitung der Informationen für einen Nachhaltigkeitsbericht sind allerdings nicht zu unterschätzen. So setzt ein guter Bericht ein konsequentes Management voraus.[17]

Da es sich beim Thema CSR um eine dynamische Entwicklung handelt, gibt es auch eine lebhafte Diskussion zu den Bedingungen unter denen CSR-Reporting stattfinden soll. Fragen und Herausforderungen der CSR-Berichterstattung sind:

Freiwilligkeit vs. Verpflichtende Berichterstattung

CSR-Reporting ist bislang mehr oder weniger frei von gesetzlicher Regulierung, doch insgesamt steigt die Sensibilität der Gesetzgeber. Auch für Deutschland gelten,

---

[17] Vgl. econsense (2011).

als Anpassung des nationalen Bilanzrechtes an diverse EU-Rechtsakte, Neuerungen in der Rechnungslegung von Unternehmen: Nun müssen große Kapitalgesellschaften auch zu den wesentlichen nicht-finanziellen Leistungsindikatoren aus dem Bereich Umwelt- und Arbeitnehmerbelange Angaben machen, sofern diese für die Einschätzung des Geschäftsverlaufs von Bedeutung sind.

Individualität vs. Vergleichbarkeit
Die Zugänge von Unternehmen zur CSR-Berichterstattung sind vielfältig und individuell, um auf die spezifischen Bedürfnisse der diversen Zielgruppen einzugehen. Von verschiedener Seite wird jedoch im Sinne einer besseren Vergleichbarkeit und Transparenz eine Vereinheitlichung gefordert. Dieses reicht von der Empfehlung zu mehr Standardisierung bis hin zur Forderung weitgehender Regulierung. Eine wichtige Rolle spielt hier die Global Reporting Initiative, die durch ihren GRI-Index eine möglichst große Vereinheitlichung in den Berichten fördert ohne deren Individualität erheblich einzuschränken.

Interessen verschiedener Zielgruppen
Auch über die Frage, welche Informationen und Kennzahlen für die Bewertung eines Unternehmens relevant sind, finden intensive Debatten statt. Unternehmen müssen die Interessen vieler verschiedener Anspruchsgruppen, vom ertragsorientierten Investor bis zur Umwelt-NGO, bedienen, die sich nicht immer miteinander in Einklang bringen lassen. Beispielsweise drängen Analysten, Anleger und Aktionäre vor allem darauf, die Betonung auf die wirtschaftlichen Motive zu legen, die das soziale und ökologische Engagement antreiben.

Messbarkeit
In CSR-Berichte fließen viele qualitative Informationen ein, die sich nur begrenzt objektiv messen lassen. Gleichzeitig brauchen Unternehmen für ihre Steuerung handfeste Zahlen. Daher ist das Interesse groß, methodische Fortschritte zu erzielen, um das Engagement in vielen Nachhaltigkeitsthemen besser in die betriebswirtschaftliche Logik einzubinden.

Berichterstattung von KMUs
Kleine und mittlere Unternehmen können den Kraftakt zur Erstellung eines CSR-Reports kaum leisten, da es hier um dauerhafte Veränderungen im Management geht, die zumindest anfänglich spürbar Ressourcen binden. Daher wird auf vielen Ebenen diskutiert, wo die Zukunft der CSR-Berichterstattung für KMU liegen kann.

Um diese Anforderungen zu erfüllen, erstellt eine Vielzahl großer Unternehmen bereits einen CSR-Bericht. Diese Unternehmen sind in sämtlichen Wirtschaftszweigen zu finden. Die meisten der DAX 30 Unternehmen erstellen ihre Berichte in Konformität mit den Berichterstattungsanforderungen externer Organisationen, wie den obengenannten GRI Guidelines, um Glaubwürdigkeit und Vergleichbarkeit zu stärken. Der durchschnittliche CSR-Bericht weist rund 82 Seiten auf. Die seitenstärksten Nachhaltigkeitspublikationen kommen aus der Automobilindustrie.

In der letzten Zeit lässt sich als ein weiterer Schritt in der Entwicklung beobachten, dass einige Unternehmen dazu übergehen, ihre CSR-Informationen in die regulären Geschäftsberichte zu integrieren. Es ist also anzunehmen, dass die Zukunft in der Verschmelzung von Geschäfts- und CSR-Bericht liegt, da es zwischen beiden Reports inhaltlich zahlreiche Überschneidungen gibt. So sollen Nachhaltigkeitsberichte im Idealfall neben der ökologischen und sozialen Dimension auch ökonomische Aspekte abdecken. Umgekehrt sind die Geschäftsberichte gefordert, nichtfinanzielle Leistungsindikatoren mit anzuführen.

Die Nachhaltigkeitsberichterstattung bietet viele Chancen, birgt aber auch Risiken in sich. So ist ein Schwachpunkt, dass nicht immer alle gewünschten Zielgruppen erreicht werden. Denn das Interesse an einem Thema hängt meist von der eigenen Betroffenheit ab. Nur bestimmte Gruppen der Gesellschaft erhalten Einzelleistungen von Unternehmen, wie z. B. Spenden. Die CSR Kommunikation richtet sich jedoch an die gesamte Gesellschaft. So besteht die Gefahr, dass die Zielgruppe durch fehlendes Interesse den CSR-Report nicht in der erhofften Form würdigt. Ein weiteres Problem im Zusammenhang mit der Berichterstattung ist, dass durch das Unterwerfen von Standards und Richtlinien, Berichte oft sehr lang ausfallen. Wenn Unternehmen sich Standards und Richtlinien unterwerfen, umfasst deren Erfüllung oft einige Seiten. Demgegenüber steht der Wunsch der Leser nach kurzen Berichten bis zu 50 Seiten.

Gerade im Fall der Automobilbranche sind Formate interessant, die das CSR-Engagement der Melior Automotive GmbH aufmerksamkeitsstark kommunizieren. Ein CSR-Film, welcher das Engagement ganzheitlich darstellt, bietet eine gute Möglichkeit, effektiv Botschaften zu transportieren und komplexe Zusammenhänge für den Zuschauer greifbar zu machen.

In der Unternehmenskommunikation werden Filme seit langem eingesetzt, z. B. in Form von Werbespots, Industriefilmen auf Hauptversammlungen oder Schulungsfilmen. Unternehmen haben größtenteils erkannt, dass der Mensch als Rezipient nach einer schnellen, effektiven und emotionalen Informationsaufnahme strebt. Filme bieten die Möglichkeit, Botschaften effektiv zu transportieren und komplexe Zusammenhänge für den Zuschauer greifbar zu machen.[18]

---

[18] Vgl. Rhodenjohann (2009), S. 4.

Glaubwürdigkeit, Verlässlichkeit und Authentizität sind stark emotionale Werte. Es ist anzunehmen, dass eine Kommunikation dieser auf einer entsprechend emotionalen Ebene im Rahmen eines Films mehr Aufmerksamkeit und Reaktion erzeugt, als beispielsweise in einem schriftlichen CSR-Report, da emotional anrührende Videofilme wesentlich besser im Gedächtnis des Zuschauer bleiben als ‚trockene' Informationsfilme. Begründet liegt diese Annahme in der Werbewirkungserforschung. Hier werden Emotionen als *„innere Erregungen, die angenehm oder unangenehm empfunden werden und mehr oder weniger bewusst erlebt werden"*[19] definiert. Emotionen sorgen durch ihre kurze, aber stark affektive Komponente für Aufmerksamkeit, Sympathie oder Antipathie und eine stärkere Erinnerungsleistung. Wird also ein positiver emotionaler Kontext für die Kommunikation von CSR geschaffen, ist anzunehmen, dass so die Überzeugungskraft einer Aussage bedeutend gesteigert werden kann.[20]

Emotionen führen zu Veränderungen bei den betroffenen Personen. Zum einen zu physiologischen Veränderungen bzw. körperliche Reaktionen (z. B. erhöhte Pulsfrequenz), aber auch zu Veränderungen im Verhalten. Emotionen haben auch einen entscheidenden Einfluss auf die Herausbildung von Einstellungen, welche wiederum unsere Haltung zur Umwelt definieren. *„Einstellungen sind innere Bereitschaften eines Individuums, auf bestimmte Stimuli der Umwelt konsistent positiv oder negativ zu reagieren. Objekte der Einstellungen können Sachen, Personen oder Themen sein."*[21]

Einstellungen bestehen aus drei verschiedenen Komponenten:

- Die **affektive Komponente** enthält die mit der Einstellung verbundene emotionale Einschätzung eines Objekts.
- Die **kognitive Komponente** beinhaltet die mit der Einstellung verbundenen Gedanken über das Einstellungsobjekt und
- die **intentionale Komponente** bezeichnet eine mit der Einstellung verbundene Handlungstendenz bzw. Verhaltensabsicht.

Es ist also wahrscheinlich, dass Emotionen bei Rezipienten zu einer Veränderung der Einstellung hinsichtlich eines Unternehmens führen können. Emotionen können folglich indirekt auf Unternehmensimage und -reputation einwirken. Auch durch die Werbewirkungsforschung ist bewiesen, dass starke emotionale Werbung bei Rezipienten zu einer kognitiven wie auch emotionalen Wirkung führt, welche sich auf

19 Kroeber-Riel/Weinberg (2003), S. 53.

20 Vgl. Bosch/Schiel/Winder (2006) S. 27ff.

21 Müller-Hagedorn (1986), S. 79.

die Einstellung und auf das Verhalten auswirken. Das heißt, es können emotionale Eindrücke aus dem Film direkt auf das Produkt projiziert werden.

Bei der Entscheidung für oder gegen einen CSR-Film als Instrument der Kommunikation, muss sich die Melior Automotive GmbH zunächst mit der Zielsetzung eines CSR-Films auseinander setzen.

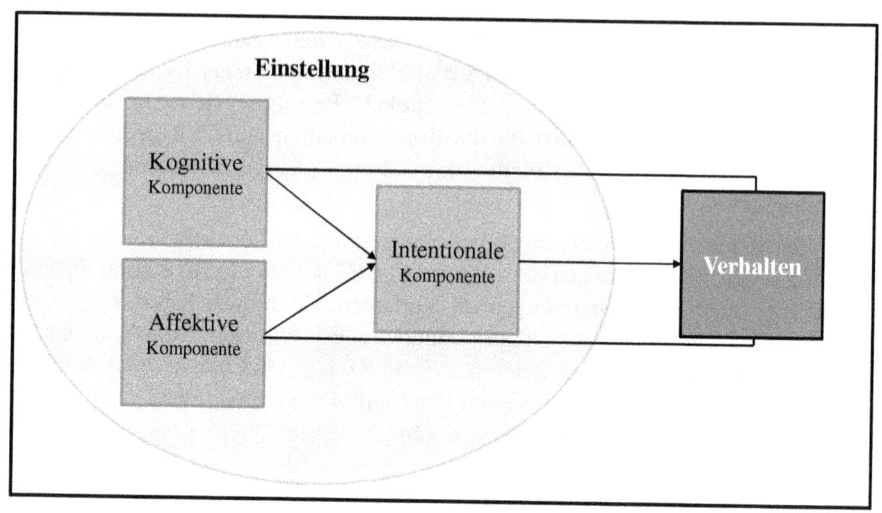

Abbildung 4.15: Dreikomponententheorie der Einstellung[22]

Ziel eines CSR-Film ist es, durch eine filmische Aufbereitung das CSR-Engagement zu emotionalisieren, um dessen Zuschauern nicht nur einen Überblick über das Engagement des Unternehmens zu gewähren, sondern diese auch für sich zu gewinnen und einen Image- und Reputationsaufbau daraus zu erzielen. Der Film ersetzt hierbei nicht den ausführlichen, auf Richtlinien beruhenden CSR-Bericht, sondern bietet eine Ergänzung. So kann ein Film keine bis in die Tiefe reichende, detaillierte Darstellung des unternehmerisch verantwortlichen Handelns gewährleisten. Der genaue Bezug auf die Erfüllung von Indizes, wie beispielsweise der GRI-Index, würde die Aufmerksamkeit der Zuschauer überstrapazieren und so den Faktor Emotionalität eliminieren. Ebenso wie die detaillierte Aufschlüsselung von Zahlen und Analysen. Die nachfolgende Tabelle zeigt die Merkmale eines qualitativ hochwertigen CSR-Films.

22 Eigene Darstellung in Anlehnung an Trommsdorff (2003), S.148.

Darüber hinaus sollten die folgenden vier Gestaltungsmerkmale in einem guten CSR-Film erfüllt sein:

Nutzerfreundlichkeit
Es empfiehlt sich die Nutzung des CSR-Films die anvisierte Zielgruppe so einfach wie möglich zu gestalten. Das Medium Internet bietet hier die ideale Plattform, da ein schneller und anonymer Zugriff möglich ist. Der Film sollte idealerweise auf dem Internetauftritt des Unternehmens direkt unter dem Menüpunkt ‚CSR-Engagement' zugänglich sein. Um die Aufmerksamkeit des Internetnutzers auf den Film zu lenken, bietet es sich an, den Start des Filmabspielens direkt mit dem Öffnen der CSR-Webseite zu verknüpfen. Darüber hinaus wäre es besonders anwenderfreundlich, den Film in verschiedenen Sprachen zu vertonen und auf den jeweiligen länderspezifischen Seiten zur Verfügung zu stellen.

Vertrauenswürdigkeit	Die Richtigkeit der gezeigten Informationen muss einer Überprüfung standhalten können.
Verständlichkeit	Der Film muss verständlich für die Stakeholder sein.
Ausgewogenheit	Der Film soll positive und negative Entwicklungen aufzeigen.
Sorgfaltspflicht	Die Ausführungen müssen sorgfältig und genau sein.
Aktualität	Der Film muss aktuell erscheinen und zugänglich gemacht werden.
Vergleichbarkeit	Der Film muss durch konsistente Aufbereitung von Informationen den Vergleich mit Vorperioden oder anderen Unternehmen ermöglichen.
Universalität	Ansprache aller Stakeholdergruppen – interne, sowie externe. Anleger, Mitarbeiter, aber auch die lokale Umgebung müssen sich angesprochen fühlen.
Emotionalität	Der Film muss die Zuschauer in seinen Bann ziehen, um sie für die dargelegten Informationen und das Unternehmen zu begeistern.

Tabelle 4.5: Charakteristika eines qualitativ hochwertigen CSR-Films[23]

Grundsätzlich sollte das Ziel sein, den Film einer möglichst großen Zahl von Zuschauern zugänglich zu machen. Daher ist es sinnvoll, den Film auf geeigneten weiteren Plattformen im Internet einzubetten, wie z. B. Youtube oder der Unternehmensprofilseite auf Facebook. Denn hier kann der Film schnell durch Verlinkungen von Usern weiterverbreitet werden und so ein noch größeres Publikum erreichen. Dabei kann das Unternehmen durch die Möglichkeit einer Kommentarfunktion für Rezipienten zumindest einen ersten Eindruck hinsichtlich der Wirkung des Films gewinnen. Bei der Postzustellung einer Printversion des CSR-Berichts an Stakehol-

23 Eigene Darstellung.

der, sollte zusätzlich die Filmdatei auf einem Datenträger, z. B. CD oder USB-Stick, beigelegt werden.

Informationsgehalt

In erster Linie soll ein CSR-Film informieren und seinen Zuschauer Zusammenhänge verstehen lassen. Dabei müssen Inhalte verständlich aufbereitet werden. Klare Begrifflichkeiten und eine einfache Sprache sind hier von Vorteil, auch im Sinne der Corporate Identity. Grundsätzlich sollte ein Gesamtbild des unternehmerischen CSR-Engagements entstehen mit der Einbindung von starken, aussagefähigen Einzelprojekten, die als tatsächlicher Beweis des unternehmerischen Einsatzes fungieren. Je nach Größe des Unternehmens und dessen internationaler Aufstellung, sollten die genannten Projekte aus unterschiedlichen Regionen stammen, um eine internationale Ausrichtung des Konzerns zu demonstrieren. Es macht Sinn eine Mischung aus lokalem Bezug und globalem Zusammenhang zu wählen, ganz nach dem Motto „Global denken, lokal handeln".

Zu der Darstellung des Gesamtbildes gehört auch eine Erklärung der CSR-Strategie des Unternehmens. Diese sollte zunächst benannt und in drei bis vier Unterpunkte aufgegliedert werden, um genaue Zielformulierungen für die unterschiedlichen Bereiche darzustellen. Zum Beispiel könnte die Strategie „Gemeinsam zum Ziel" heißen und in Umwelt, Bildung und Arbeitsbedingungen unterteilt sein – je nachdem welche Strategie das Unternehmen verfolgt. Zu betonen ist hier, dass in jedem Fall klare Ziele eines abgesteckten Zeitfensters und deren Umsetzung erklärt werden sollten, um die Informationen authentisch und glaubwürdig zu vermitteln. In diesem Zusammenhang macht es durchaus Sinn zurück zu schauen und das Erreichen oder Nicht-Erreichen von Zielen zu evaluieren. Eine Glaubwürdigkeit und trotzdem positive Akzeptanz entsteht bei der Erwähnung von kritischen Punkten, wenn diese genutzt werden, um gleichzeitig einen neuen Lösungsansatz zu präsentieren. Beispielsweise kann ein Unternehmen, welches nicht geschafft hat bis Ende des Jahres seine CO_2 Emissionen um 20 % zu reduzieren, die Gründe hierfür erklären. Und im zweiten Schritt darstellen wie Management und Mitarbeiter des Unternehmens „Köpfe rauchend" gemeinsam an einem Tisch sitzen um eine neue Lösung zu erarbeiten, welche dann im Anschluss erläutert wird.

Da alle Stakeholder durch den CSR-Film angesprochen werden sollen, sollten auch alle drei Säulen der Nachhaltigkeit Erwähnung finden. Denn Aktionäre oder Kreditgeber sind auch an den ökonomisch nachhaltigen Entwicklungen des Unternehmens interessiert. Für diese und auch alle anderen Interessensgruppen ist es enorm wichtig, welchen Standards und Richtlinien gefolgt wird, um sein CSR-Engagement zu entwickeln und zu vergleichen. Eine einfache Nennung der gewählten Richtlinien verhilft dem Film zu Authentizität und Wahrhaftigkeit. So ist es auch wichtig einen

Verweis auf den ausführlicheren Nachhaltigkeitsbericht zur weiteren Information zu geben, gerade hinsichtlich der oftmals entstehenden Kontextlosigkeit im Medium Internet. Dieses kann beispielsweise im Vor- oder Abspann passieren.

Dramaturgie

Wenn sachliche Informationen emotional dargestellt werden sollen, muss hierfür auch dramaturgisch ein Umfeld geschaffen werden. Es müssen authentische, bewegende Aufnahmen gezeigt werden um den Zuschauer emotional zu involvieren. Dieses gelingt zum einen über die Benutzung von O-Tönen von Mitarbeitern oder durch das Zeigen von Originalschauplätzen und dem Engagement live vor Ort. Auch gibt es Bilder die grundsätzlich die menschliche Gefühlswelt ansprechen, wie z. B. lachende Kinder. Aber auch dramatische, traurige Bilder sollten hier gezeigt werden, wie z. B. die Armut in Entwicklungsländern, um eine gewisse Spannung zwischen dem ‚Problem‘ und der ‚Lösung‘ durch das Unternehmen zu erzeugen. Hierbei kann ein CSR-Film so weit gehen, dass eine schockierende, aufrüttelnde Wirkung entsteht, die nachträglich durch die starke Emotion ‚Trauer‘ in unserem Gedächtnis verankert wird. Daraufhin sollte jedoch immer eine Auflösung der Emotion durch das Zeigen der Hilfeleistungen des Unternehmens stattfinden, um eine grundsätzlich negative Konnotation mit dem Film zu vermeiden. Grundsätzlich können hier die literarischen Regeln einer Klimax befolgt werden, die Spannung sollte bis zu einem gewissen Höhepunkt aufgebaut und dann wieder langsam abgebaut werden.

Doch vor allen Dingen funktioniert eine emotionale Darstellung über das Erzählen einer Geschichte bzw. dem Entwickeln von Figuren, die eine Geschichte erzählen. So könnten aus der Sicht eines Kindes widrige Verhältnisse abgebildet werden indem sich die Auswirkungen des Klimawandels, schmelzenden Gletschern und Eisbären ohne Lebensraum, in seinen Augen wiederspiegeln. Das Kind fragt sich laut, ob es noch ein Morgen gibt und wohin der Klimawandel führen soll oder was für die Kinder auf der Welt getan wird, die kein Geld haben. Es findet die Antwort auf seine Fragen bei einem Mitarbeiter des Unternehmens X. Dieser Mitarbeiter, beispielsweise der CEO des Unternehmens nimmt das Kind an die Hand auf die Reise ‚durch‘ das gesellschaftliche Engagement des Unternehmens.

Eine andere Storyline eines CSR-Films könnte die Darstellung eines Albtraums und dessen Erwachen sein. Es wird eine dramatische Entwicklung unserer Welt gezeigt, beispielsweise durch extreme Naturkatastrophen, Kinder und Jugendliche, die sich nicht mehr bewegen und nur noch vor dem Fernseher oder PC sitzen usw.. Eine Auflösung erfolgt indem der Protagonist, an dessen Albtraum der Zuschauer teilhatte, erwacht und sieht, dass es noch nicht zu spät ist. Gerade weil das Unternehmen X seine Verantwortung wahrnimmt. So wird abschließend nach Erklärung des Engagements der Protagonist in der ‚heilen’ Welt, beispielsweise am Strand gezeigt.

Durch solche Drehbücher kann der Zuschauer sich mit Figuren identifizieren und verankert die erlebten Informationen in seinem Gedächtnis. Das Unternehmen baut so Image und Reputation in den Einstellungen der Rezipienten auf.

Gestaltung
Um auch eine Filmästhetik zu erreichen müssen Bild, Sprache und Musik in einer Komposition arrangiert werden. Wichtig hierbei ist es vor allem nur qualitativ hochwertige Bild- und Tonaufnahmen zu verwenden, um die Seriosität und das Image des Unternehmens darzustellen. Der Einsatz von Bild, Musik und Sprache sollte auf die Dramaturgie der Geschichte abgestimmt sein. Besonders Musik sollte nicht zur reinen Begleitmelodie im Hintergrund verkümmern. Denn das Sound- und Bilddesign bietet die Möglichkeit der sinnlichen Umsetzung der erzählten Geschichte; beispielsweise durch das Erzeugen von abrupter Stille oder der Verwendung von melancholischer und fröhlicher Musik. Hier ist auch anzumerken, dass von dem Verwenden von Musik oder Bewegtbild-Datenbanken abzuraten ist, da hier Musik und Bild oft anonym, kraftlos und somit ohne Aussage bleiben. Musik sowie Bewegtbild sollten für einen qualitativ hochwertig gestalteten CSR-Film stets individuell angefertigt sein.

Um ein dichtes Gefüge aus Dramaturgie und Information zu gestalten kann es darüber hinaus sinnvoll sein zur Veranschaulichung von Fakten, Infografiken und Animationen miteinfließen zu lassen. Beispielsweise in Form von Diagrammen oder mithilfe von virtuellen Landkarten.

Auch mit einem überschaubaren Budget muss hier immer die Kreativität finanzielle Aufwendungen rechtfertigen um nicht mit einem mittelmäßigen Budget eine mittelmäßige Kommunikation zu erreichen.

5 Was kann CSR Kommunikation leisten?

Es ist unstrittig, dass die Themen „Unternehmerische Verantwortung“, „Nachhaltigkeit“ oder „Green Business“ in die Unternehmenskommunikation integriert werden müssen. Es stellt sich aber die Frage, wie man das einerseits firmenspezifisch und andererseits anerkannten Standards folgend auch bei kleineren und mittelgroßen Unternehmen bewerkstelligen kann. Denn unabhängig von Branche, Größe oder

Rechtsform sind Unternehmen nur dann überzeugend wettbewerbsfähig, wenn sie sich Kunden, Lieferanten, Mitarbeitern oder der Gesellschaft als verantwortungsbewusste Anbieter vermitteln können.

Ökonomische Effizienz und kommunikative Effektivität haben, wie die Fallstudie „Melior Automotive“ zeigt, in erster Linie mit Expertise und mit Kreativität zu tun. Man muss wissen, worüber man bei CSR redet. Mann muss aber vor allem ein Gefühl dafür entwickeln, was man bei CSR redet. Kreativität bei der CSR-Kommunikation heißt also, international gültige Reporting-Standards in unternehmensindividuelle Darstellungsinhalte und Darstellungsformen zu übersetzen.

Hier müssen Unternehmen darauf achten, individuell adäquate Ziele im Rahmen ihrer Planungs-, Steuerungs- und Controlling-Instrumentarien zu verfolgen und gleichzeitig externen Anforderungen Genüge zu tun. Wenn das Wahrnehmen gesellschaftlicher Verantwortung zum Standard der Unternehmensführung wird, wächst die Möglichkeit sich über die Form der Unternehmenskommunikation zu profilieren. Ein kommunikativer USP besteht hier in der Verbindung ungewöhnlicher Berichts- und Erzählformen im Bewegtbildformat und anerkannter Reportingstandards aus dem Bereich ihrer üblichen Print- und Online-Kommunikation.

6 Literatur

Austmann, H.: Corporate Social Responsibility und nachhaltige Entwicklung. In: Schriftenreihe Strategisches Management. Bd. 75, Hamburg, 2009.

Bosch, C., Schiel, S., Winder, T.: Emotionen im Marketing. Verstehen, Messen, Nutzen. Wiesbaden, 2006.

Carroll, A.B.: The Pyramid of Corporate Social Responsibility: Toward the Moral Management of Organizational Stakeholders. In: Business Horizons, 2001.

CSR Germany: www.csrgermany.de.

Düssel, M.: Handbuch Marketingpraxis. Berlin, 2006.

econsense: www.econsense.de.

Global Reporting Initiative: www.globalreporting.org.

Habisch, A./Kirchhoff, K.R./Vaseghi, S. (Hrsg.): Erfolgsfaktor Verantwortung. Corporate Social Responsibility professionell managen. Heidelberg, 2006.

Hardtke, A./Kleinfeld, A. (Hrsg.): Gesellschaftliche Verantwortung von Unternehmen. Von der Idee der Corporate Social Responsibility zur erfolgreichen Umsetzung. Wiesbaden, 2010.

Holme, R., Watts, P.: World Business Council for Sustainable Development: Corporate social responsibility: Making good business sense. Genf, 2000.

Kirstein, S.: Unternehmensreputation. Corporate Social Responsibility als strategische Option für Automobilhersteller. Wiesbaden, 2009.

Kroeber-Riel, W./Weinberg, P.: Konsumentenverhalten. 8 Aufl., München, 2003.

Loew, T./Braun, S.: CSR-Handlungsfelder – Die Vielfalt verstehen. Ein Vergleich aus der Perspektive von Unternehmen, Politik, GRI und ISO 26000. Berlin/München, 2009.

Mast, C.: Unternehmenskommunikation. 3. Aufl., Stuttgart, 2008.

Meffert, H.: Marketing. 9. Aufl., Wiesbaden, 2000.

Moser, P.: Stakeholdermanagement zur optimalen Gestaltung strategischen Wandels. 2. Aufl., Hamburg, 2009.

Müller-Hagedorn, L.: Das Konsumentenverhalten. Grundlagen für die Marktforschung. Wiesbaden, 1986.

Rhodenjohann, F.: Unternehmenskommunikation mit Film. o.O., 2009.

Schoeneborn, S.: Die Rolle verbraucherpolitischer Akteure bei konsumentenorientierter Kommunikation über Corporate Social Responsibility (CSR). In: Wirtschaftswissenschaftliche Nachhaltigkeitsforschung. Bd. 8, Marburg, 2009.

Schranz, M.: Wirtschaft zwischen Profit und Moral. Die gesellschaftliche Verantwortung von Unternehmen im Rahmen der öffentlichen Kommunikation. Wiesbaden, 2007.

Trommsdorff, V.: Konsumentenverhalten. 5. Aufl., Stuttgart, Berlin, Köln, 2003.

United Nations Global Compact: www.unglobalcompact.org.

World Commission on Environment and Development: www.un-documents.net.

7 Anhang

Der UN Global Compact ist eine internationale Initiative, die es sich zur Aufgabe gemacht hat, die Integration universeller Sozial- und Umweltprinzipien in die Unternehmenspolitik zu fördern. Jedes Unternehmen kann den Vertrag unterschreiben und sich gegenüber dem UN-Generalsekretär auf die zehn Prinzipien verpflichten.

Menschenrechte

Prinzip 1: Unternehmen sollen den Schutz der internationalen Menschenrechte innerhalb ihres Einflussbereichs unterstützen und achten und
Prinzip 2: sicherstellen, dass sie sich nicht an Menschenrechtsverletzungen mitschuldig machen.

Arbeitsnormen

Prinzip 3: Unternehmen sollen die Vereinigungsfreiheit und die wirksame Anerkennung des Rechts auf Kollektivverhandlungen wahren sowie ferner für
Prinzip 4: die Beseitigung aller Formen der Zwangsarbeit,
Prinzip 5: die Abschaffung der Kinderarbeit und
Prinzip 6: die Beseitigung von Diskriminierung bei Anstellung und Beschäftigung eintreten.

Umweltschutz

Prinzip 7: Unternehmen sollen im Umgang mit Umweltproblemen einen vorsorgenden Ansatz unterstützen,
Prinzip 8: Initiativen ergreifen, um ein größeres Verantwortungsbewusstsein für die Umwelt zu erzeugen und
Prinzip 9: die Entwicklung und Verbreitung umweltfreundlicher Technologien fördern.

Korruptionsbekämpfung

Prinzip 10: Unternehmen sollen gegen alle Arten der Korruption eintreten, einschließlich Erpressung und Bestechung.

Anhang 1: Prinzipien des UN Global Compact

Ziel der Global Reporting Initiative ist die internationale Vergleichbarkeit von CSR-Aktivitäten auf Basis einer standardisierten Darstellung der ökonomischen, ökologischen und gesellschaftlichen Performance der berichtenden Unternehmen. Es werden bei 3 Anwendungsebenen (A, B, C) maximal 121 Indikatoren erhoben. Die Ebenen werden mit einem Pluszeichen (+) gekennzeichnet (A+ ...), wenn die Angaben des Berichts durch unabhängige Dritte (Assurance) bestätigt wurden.

Berichtsstandards und Elemente des GRI-Leitfadens

1. Unternehmensprofil

Strategie und Analyse, Organisationsprofil und Berichtsparameter
Governance, Verpflichtungen und Engagement
Managementansatz und Leistungsindikatoren

2. Ökonomische Leistungsindikatoren

Wirtschaftliche Leistung, Marktpräsenz, mittelbar wirtschaftliche Auswirkungen
Organisationsweite Ziele (ökonomische Aspekte)
Firmenrichtlinien

3. Ökologische Leistungsindikatoren

Ökologische Aspekte wie Emissionen, Abwasser und Abfall, Energie, Biodiversität
Organisationsweite Ziele (ökologische Aspekte)
Monitoring und Nachverfolgung

4. Gesellschaftliche Leistungsindikatoren

Arbeitspraktiken und menschenwürdige Beschäftigung
Menschenrechte
Gesellschaft
Produktverantwortung

Anhang 2: Der Berichtsrahmen der Global Reporting Initiative (GRI)

Performance	Aspekte der Performance	Indikatoren
Economic		Economic Performance
		Market Presence
		Indirect Economic Impacts
Environmental		Materials
		Energy
		Water
		Biodiversity
		Emissions, Effluents and Waste
		Products and Services
		Compliance
		Transport
		Overall
Social	**Labour Practices and Decent Work**	Employment
		Labor/Management Relations
		Occupational Health and Safety
		Training and Education
		Diversity and Equal Opportunity
	Human Rights	Investment and Procurement Practices
		Non-Discrimination
		Freedom of Association and Collective Bargaining
		Child Labor
		Forced and Compulsory Labour
		Security Practices
		Indigenous Rights
	Society	Community
		Corruption
		Public Policy
		Anti-Competitive Behaviour
		Compliance
	Product Responsibility	Customer Health and Safety
		Product and Service Labeling
		Marketing Communications
		Customer Privacy
		Compliance

Anhang 3: Die GRI Reporting-Guidelines

Implementierung eines Diversity Management Konzepts in einem mittelständischen Unternehmen

Martina Stangel-Meseke / Anna Schulte

Inhaltsverzeichnis

1 Einleitung

Derzeit vollzieht sich ein dynamischer Wandel der Arbeitswelt von der Industrie- zur Dienstleistungs- und Wissensgesellschaft. Trend- und Zukunftsforscher gehen davon aus, dass die Arbeitswelt in den kommenden zehn bis zwanzig Jahren durch vielfältige ökonomische und technische Trends, durch die Veränderungen gesellschaftlicher Werte, durch die demografische Entwicklung sowie durch Veränderungen auf dem Arbeitsmarkt beeinflusst wird. Insbesondere die demografische Entwicklung und die zunehmende Globalisierung der Unternehmensumwelten erfordert ein Umdenken im Personalmanagement der Unternehmen. Um erfolgreich auf dem Markt agieren zu können, benötigen Unternehmen heute fachkompetente und flexible Mitarbeiter[1], mit denen sie neue Märkte und Kunden erschließen können. In diesem Kontext spielen die Begriffe „Diversity“ und „Diversity Management“ eine entscheidende Rolle und avancieren zu einem wirtschaftlichen Erfolgsfaktor für Unternehmen.

Während „Diversity“ die Verschiedenartigkeit der Menschen umfasst, ist „Diversity Management“ das Konzept, mit dem die Vielfalt in einem Unternehmen gemanagt wird (Dedeoglu et. al., 2004). Diversity Management wird mittlerweile als ein wichtiges Instrument der Unternehmensführung betrachtet (Piltz & Borger, 2007). Es umfasst alle Maßnahmen, die einen Wandel der Organisationskultur unterstützen und gleichzeitig die Unterschiedlichkeit der Mitarbeiter bewahren, wertschätzen und als Beitrag zum Unternehmenserfolg nutzen. Somit intendiert Diversity Management, die Unterschiedlichkeiten der Individuen der Kulturen, der Strategien und der Funktionen gezielt als strategische Ressource zur Lösung komplexer Probleme zu nutzen. Für die Personalführung bedeutet Diversity Management, die Fähigkeiten der Mitarbeiter so zu entwickeln, dass sie ihre Höchstleistung in der Verfolgung der Unternehmensziele erbringen können, ohne dabei zum Beispiel durch Alter, Geschlecht oder ethnische Zugehörigkeit behindert zu werden und sich in interpersonellen Kämpfen zu verlieren (Hansen, 2007, S. 2).

---

1 Um den Lesefluss des Fallbeispieles zu erleichtern, wird ausschließlich der männliche Terminus verwendet, der sowohl männliche als auch weibliche Personen meint.

Die Bedeutung der Vielfalt wird im politischen Kontext seit 2006 von der Bundeskanzlerin Dr. Angela Merkel und Staatsministerin Prof. Dr. Maria Böhmer (Beauftragte der Bundesregierung für Migration, Flüchtlinge und Integration) unterstützt und mündete als unternehmerisches Konzept in der „Charta der Vielfalt“ zur Förderung der Vielfalt in Unternehmen. Die „Charta der Vielfalt“ wurde von der Daimler AG, der BP Europa SE (ehemals Deutsche BP), der Deutschen Bank AG und der Telekom Deutschland GmbH im Dezember 2006 ins Leben gerufen. Die Initiative will die Anerkennung, Wertschätzung und Einbeziehung von Vielfalt in der Unternehmenskultur in Deutschland voranbringen. Unternehmen sollen ein Arbeitsumfeld schaffen, das frei von Vorurteilen ist. Alle Mitarbeiter sollen Wertschätzung erfahren – unabhängig von Geschlecht, Rasse, Nationalität, ethnischer Herkunft, Religion oder Weltanschauung, Behinderung, Alter, sexueller Orientierung und Identität. Seit der Gründung der Charta der Vielfalt haben sich mehr als 800 Unternehmen mit dem Thema Diversity befasst.

Trotz Finanz- und Wirtschaftskrise haben Unternehmen in Deutschland das Potenzial von Diversity erkannt. Besonders hervorgehoben wird, dass Diversity Management Beschäftigte nicht nur an ihren Arbeitgeber bindet, sondern Wertschätzung und Anerkennung bei den Mitarbeitern zu höherer Motivation führen und größerer Bereitschaft, sich einzubringen. Wer sich im Unternehmen respektiert, wertgeschätzt und ‚zu Hause‘ fühlt, bringt diesem eine höhere Loyalität entgegen. Personalfluktuation und krankheitsbedingte Fehlzeiten werden auf diese Weise verringert. Die Möglichkeiten, Diversity Management in der Praxis einzusetzen, sind sehr vielfältig. Viele Großunternehmen setzen Diversity Management bereits als strategisches Konzept um. Mittlerweile gibt es in vielen Konzernen sogar eigene Abteilungen, die sich mit dem Thema befassen. In kleineren und mittleren Unternehmen sind es häufig einzelne Maßnahmen, die ergriffen werden, um die Vielfalt im Unternehmen anzuerkennen und zu fördern. Gerade für kleine und mittlere Unternehmen wird es mit Blick auf den demografischen Wandel und den Erhalt ihrer Wettbewerbsfähigkeit umso wichtiger, das Konzept des Diversity Management nachhaltig umzusetzen und zu verankern. So verringert sich die Erwerbsbevölkerung in Deutschland schneller und stärker als in anderen Ländern. Der OECD zufolge wird sie – ohne Zuwanderung – bis zum Jahr 2020 um 6 Prozent abnehmen und lässt sich auch durch Zuwanderung nicht mehr kompensieren. Hinzu kommt, dass zukünftig die sog. großen „T“ (Technologie, Talente, Toleranz) als entscheidende Standortfaktoren gelten, die bei Erfüllung ein nachhaltiges Wirtschaftswachstum ermöglichen.

2 Ausgangssituation

Die Divam-Werke sind ein mittelständisches Familienunternehmen der Textilbranche in Divamhausen, Deutschland. Karl Divam ist geschäftsführender Gesellschafter in dritter Generation. Sein Sohn Christian Divam ist bereits Mitglied der Geschäftsführung und leitet die Marketingabteilung. Mit mehr als 800 Mitarbeitern, zwei Tochtergesellschaften im europäischen Ausland und zahlreichen internationalen Partnerschaften und Beteiligungen ist die Unternehmung sowohl national und auch international tätig. Im Jahr 2008 wurde ein Umsatz von 106,5 Millionen Euro erzielt. Das Firmengelände hat eine Größe von 118.000 Quadratmetern. Die Geschäftsfelder der Divam-Werke sind Fertigmarkisen und Markisentücher, Wintergartenmarkisen, Stoffe für die Verwendung im Freien und Vorhang- und Gardinenstoffe. Sämtliche Gestelle und Mechaniken sind besonders langlebig und leichtgängig und werden alle in Divamhausen gefertigt. Die Divam-Werke bieten über 200 verschiedene Tuchdessins, die ebenfalls aus eigener Entwicklung und Produktion stammen. Dafür ist sowohl technisch-konstruktives Ingenieurwissen als auch hoch entwickeltes textiles Know-how notwendig.

Die Philosophie des Unternehmens ist es, hochwertige, funktionale und elegante Produkte mit einem großen Nutz- und Erlebniswert für die Kunden herzustellen. Ziel ist es, durch hohe Produkt- und Servicequalität und kurze Lieferzeiten Kunden zufrieden zu stellen und zu binden.

Einer der Unternehmensgrundsätze lautet:
„Die Divam-Werke verpflichten sich im Rahmen ihrer Produktherstellung die Umwelt so minimal wie möglich zu belasten und alle innovativen Herstellungsverfahren einzusetzen, die hierzu einen großen Beitrag leisten. Unsere Produkte sind zu großen Teilen recyclingfähig und zeichnen sich durch eine hohe Materialqualität und Langlebigkeit aus und machen ein Rücknahmeprogramm überflüssig."

Die Belegschaft der Divam-Werke beschäftigt sich gemäß ihrer Philosophie kontinuierlich mit der Frage, welche Innovationen die Verbraucher interessieren könnten. Somit fordert und fördert sie die Kreativität und Innovationsfähigkeit der Mitarbeiter und bindet diese in Entwicklungs- und Produktionsprozesse ein. So werden jährlich bis zu 200 Verbesserungsvorschläge im Unternehmen prämiert.

Herr Becker ist Leiter der Personalabteilung und hat vor kurzem den Kongress „Charta der Vielfalt" in Berlin besucht. Auf dem Kongress wurden verschiedene Aspekte thematisiert wie Work-Life-Integration, Diversity in kleinen und mittelständischen Unternehmen (KMU's), Vielfalt durch Geschlechter-Quoten in Führungspositionen, Umsetzung von Wertschätzung (Inclusion) in der Personalarbeit sowie die Implementierung von Diversity. Betriebliche Praktiker berichteten von ihren Erfahrungen in den jeweiligen vertretenen Unternehmen. Die Veranstaltung hat Herrn Becker sehr beeindruckt und zum Nachdenken angeregt. Die Divam-Werke haben sich bisher noch nicht mit dem Thema „Diversity-Management" auseinandergesetzt. Die Einführung eines Diversity-Managements würde – so auch nach weiter führenden eigenen Recherchen nach dem Kongress und Gesprächen mit betrieblichen Praktikern – aus Sicht des Herrn Becker erhebliche Vorteile für die Divam-Werke mit sich bringen und die bereits bestehende Philosophie strategisch hervorragend ergänzen.

So würden das Betriebsklima und die Arbeitsweise der Beschäftigten positiv beeinflusst. Denn durch die Förderung der Potenziale heterogener Gruppen könnte Konflikten vorgebeugt werden. Darüber hinaus würde der Informationsaustausch verbessert, sodass die Leistung, der Zusammenhalt im Team und die Qualität der Arbeit gesteigert werden könnten. Da gemischt zusammengesetzte Teams häufig zu innovativeren und kreativeren Problemlösungen als homogene Gruppen kommen, wären die Mitarbeiter motivierter. Auch im Wettbewerb um qualifizierte neue Mitarbeiter hätten die Divam-Werke einen Vorteil, da sie ihren Beschäftigten attraktivere Angebote unterbreiten könnten. Teilzeitmodelle und flexible Arbeitszeiten ebenso wie ein tolerantes Arbeitsklima sind für viele Mitarbeiter ein wichtiges Kriterium bei der Suche nach einem Arbeitgeber. Darüber hinaus könnte mit der Einführung eines Diversity-Managements das Image der Divam-Werke nachhaltig verbessert werden. Durch die Einführung und Verankerung sozialpolitischer Themen wie Gleichstellung oder Antidiskriminierung in der Unternehmung zeigen die Divam-Werke ihr Engagement bezüglich der Reflexion und Umsetzung geänderter gesellschaftlicher Anforderungen.

Der Aspekt von Diversity, der sich auf das Alter bezieht, scheint gerade für die Divam-Werke von besonderem Interesse zu sein, da die Alterstruktur der Belegschaft gerade in der mittleren Altersstufe (40–50 Jahre) besonders hoch ist (s. Abbildung 2.1).

Die älteren Mitarbeiter stammen aus Divamhausen und haben dort ihren festen Lebensmittelpunkt. Aufgrund dieser gewachsenen Struktur und der sehr tradierten und familienorientierten Umgebung ist es selbstverständlich, dass Kinder die Versorgung pflegebedürftiger Angehöriger übernehmen. Seniorenwohnheime sind eher verpönt und zeugen – so die einschlägige Meinung der Bewohner – von mangelndem Verantwortungsbewusstsein gegenüber der Familie. So sind derzeit 43 Mitarbeiter der Divam-Werke davon betroffen, die Pflege älterer Angehöriger mit den Anforderungen am Arbeitsplatz zu vereinbaren, was schon häufig dazu geführt hat, dass die betroffenen Mitarbeiter nicht an Besprechungen teilnehmen konnten oder gar kurzfristig ihren Arbeitsplatz verlassen mussten. Ferner ist die psychische Belas-

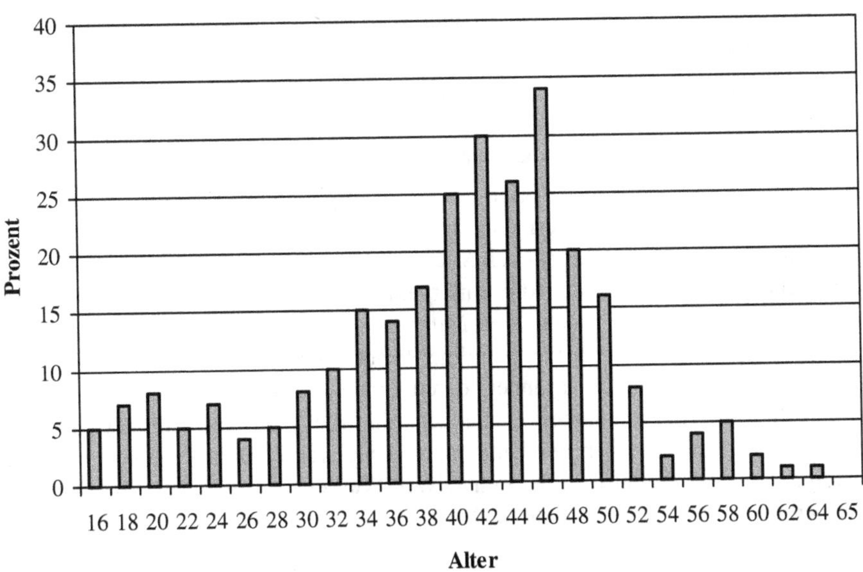

Abbildung 2.1: Verteilung der Altersstruktur in den Divam-Werken.

tung einiger pflegender Mitarbeiter so groß geworden, dass sie häufiger krank werden und dann für mehrere Tage am Arbeitsplatz ausfallen. Die jüngeren Mitarbeiter haben bereits häufig die Arbeit der Betroffenen übernommen. Aufgrund eines großen Auftrags, den die Divam-Werke aus dem Ausland erhalten haben, ist die Übernahme zusätzlicher Arbeit von den jüngeren Mitarbeitern nur noch bedingt möglich. Die derzeitige Arbeitsauslastung der Divam-Werke und die zusätzliche Arbeitsbelastung durch kurzfristig ausfallende Mitarbeiter haben schon zu Sticheleien und zu Beschwerden von den jüngeren Mitarbeitern geführt. So wurde geäußert, dass die Älteren dann doch gleich ganz zu Hause bleiben sollten, wenn sie sowieso nicht den modernen Arbeitsanforderungen gewachsen seien und ihre Belastbarkeit altersbedingt rapide abnähme. Diese Situation hat schon zu einigen Streitigkeiten am Arbeitsplatz geführt und Herr Becker hat bereits einige Konflikte miterlebt, die manchmal sogar in körperlichen Attacken seitens der Konfliktpartner gemündet haben, weil beide Konfliktparteien sich absolut – so die anschließenden Gespräche – überlastet gefühlt haben. Mit Blick auf den demografischen Wandel ist es für Herrn Becker sehr wichtig, dass ältere und jüngere Mitarbeiter harmonisch zusammenarbeiten, um das für die Divam-Werke wertvolle Wissen beider Mitarbeitergruppen zum Wohle des Unternehmens einzusetzen und darüber die Effektivität zu steigern. Es muss aus seiner Sicht dringend etwas dafür getan werden, dass die gegenseitige

Akzeptanz älterer und jüngerer Mitarbeiter gesteigert wird und sich darüber deren Zusammenarbeit verbessert.

Darüber hinaus sieht Herr Becker noch einen weiteren Ansatzpunkt zur Einführung eines Diversity-Managements. Dieser ist in der unterschiedlichen Verteilung der Führungspositionen bei Frauen und Männern begründet.

Die Divam-Werke sind stark vertriebsorientiert ausgerichtet. Aufgrund des tradierten Rollenverständnisses der vermehrt in Divamhausen ansässigen und gebürtigen Mitarbeiter sehen sich die männlichen Mitarbeiter vor allem in der Ernährerrolle für die Familie. Im Vertrieb bietet die Unternehmung eindeutig die bestbezahltesten Positionen an, um die die männlichen Mitarbeiter untereinander konkurrieren. Mit den Vertriebspositionen ist eine aufwändige Reisetätigkeit sowohl im In- als auch im Ausland verbunden. Für die Männer, deren Frauen in Teilzeit arbeiten bzw. die ausschließlich der Familienarbeit nachgehen, sind die Vertriebspositionen optimal, um sich zu bewähren und in der Unternehmenshierarchie aufzusteigen. Der Anteil an weiblichen Mitarbeitern ist bei den Divam-Werken aufgrund der Tradition der Unternehmung gering (s. Abbildung 2.2).

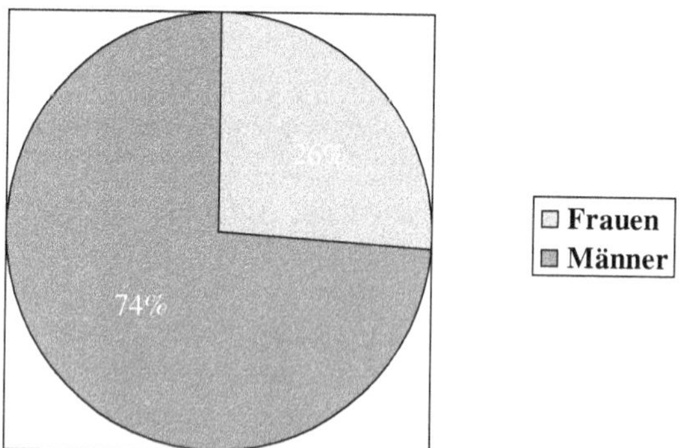

Abbildung 2.2: Verteilung von Männern und Frauen in den Divam-Werken.

Es gibt aktuell nur eine Frau auf der mittleren Management-Ebene, die direkt der Personalleitung, Herrn Becker, in der Abteilung Personalentwicklung zugeordnet ist (s. Tabelle 2.1). Die anderen vollzeitbeschäftigten Frauen arbeiten oft in Sachbearbeiterpositionen. Einige Frauen wurden bereits von Herrn Becker als mögliche Besetzungen für den Vertrieb vorgeschlagen, was aber mit Gelächter seitens der erfahrenen männlichen Vertriebler quittiert wurde. Als starkes Argument gegen die Erhöhung des Anteils von Frauen im Vertrieb wurde immer wieder hervorgehoben, dass die Vertriebstätigkeit unvereinbar mit Familie sei und dafür wären rein physiologisch nach wie vor die Frauen die besser geeigneten. Die für den Vertrieb vorgeschlagenen Frauen waren darüber empört und haben Herrn Becker bereits aufgefordert, sie bei einem potenziellen Aufstieg mit Personalentwicklungsmaßnahmen zu unterstützen. Herrn Beckers Frau ist selbst Führungskraft in einem mittelständischen Unternehmen und hat dort einen Kreis zur Förderung von Frauen in Führung gegründet. Von daher sind Herrn Becker bestehende Ressentiments, Vorbehalte und Stereotype gegenüber Frauen in Führung aus den Berichten seiner Frau weitestgehend bekannt. Seine Frau verwies in diesem Kontext auch auf die Wirtschaftlichkeit geschlechtlich gemischter Führungsteams, die bereits in Studien belegt wurde. Herr Becker selbst ist für diese Argumentation offen und erhofft sich über gemischte Führungsteams eine veränderte und moderne Führungskultur.

Abteilung	**Führungskräfte**	
	Männer	Frauen
Geschäftsführung	2	0
Personalabteilung	1	1
Vertrieb	6	1
Marketing	2	1
Controlling	4	1
Produktion	13	0

Tabelle 2.1: Verteilung der männlichen und weiblichen Führungskräfte in den einzelnen Abteilungen der Divam-Werke.

3 Aufgabenstellung

1. Erarbeiten Sie bitte, welche Rahmenbedingungen bei der Implementierung eines Diversity Managements von Herrn Becker für die Divam-Werke zu berücksichtigen sind.
2. Beschreiben Sie, welche Schritte allgemein zur Implementierung eines Diversity Managements relevant sind und bilden Sie diese Schritte in einem Phasenmodell ab.
3. Begründen Sie, in welcher Reihenfolge die einzelnen Schritte ablaufen sollen und welche Informationen bzw. Personen bzw. Verfahren/Methoden für den jeweiligen Schritt erforderlich sind.

4. Konzipieren Sie aufbauend auf dem Phasenmodell zur Implementierung eines Diversity Management die Diversity Strategie für die im Fallbeispiel genannten zwei Konfliktfelder: Integration älterer Mitarbeiter sowie Frauen in Führung.
   a) Bei der Erarbeitung der Diversity Strategie für die Integration älterer Mitarbeiter berücksichtigen Sie bitte mit Blick auf die angegebene Literatur kurzfristige, mittel- und langfristige Maßnahmen.
   b) Bei der Erarbeitung der Diversity Strategie für Frauen in Führung berücksichtigen Sie bitte auf Basis der Literatur bewusstseinsbildende Maßnahmen zur Sensibilisierung von Geschlechteraspekten im Unternehmen, Studien zum Erfolg von Gender Diversity in Unternehmen sowie zu Maßnahmen zur Erhöhung des Frauenanteils in Führung, Weiterbildungsangebote zur Sensibilisierung und Akzeptanz weiblicher Führungskräfte im Unternehmen sowie Best-Practice-Bespiele von Unternehmen zur Stärkung der Position von Frauen in Führung für die Aspekte Betriebsdiagnose, Personalgewinnung und Personalauswahl, Karriereplanung und Weiterentwicklung, Unterstützung bei der Kinderbetreuung, Arbeitszeit und Betriebskultur.

Nutzen Sie die unten stehenden Literaturhinweise als Grundlage im Rahmen Ihrer Lösungserarbeitung. Recherchieren Sie darüber hinaus weitere aktuelle Literatur zu diesem Thema und integrieren Sie diese unter Angabe der Literaturstellen ebenso in die Lösung der Aufgabe.

Literatur für die Bearbeitung der Aufgaben 1. bis 3.:

Die Beauftragte der Bundesregierung für Migration, Flüchtlinge und Integration (Hrsg.): Vielfalt nutzen Diversity Management in kleinen Betrieben – Vorschläge aus der Praxis. Verfügbar unter: http://www.vielfalt-als-chance.de/data/downloads/webseiten/DiversityLeitfadenkleineUnternehmen.pdf

Ivanova, F. & Hauke, C. (2006): Diversity Management - Lösung zur Steigerung der Wettbewerbsfähigkeit. In Becker, M. & Seidel, A. (Hrsg.): Diversity Management. Unternehmens- und Personalpolitik der Vielfalt. Stuttgart: Schäffer Poeschel.

Literatur für die Bearbeitung der Aufgabe 4. Teil a):

BMFSFJ (Hrsg.): Handlungsleitfaden Vereinbarkeit von Beruf und Pflege. Verfügbar unter: www.familie.dgb.de/pdf/leitfaden_beruf_und_pflege.pdf

DGFP e.V. (Hrsg.) (2004): Personalentwicklung für ältere Mitarbeiter. Bielefeld: Bertelsmann Verlag.

Freiling, T. & Schulte, B. (2008): Sanft das Arbeitsleben beenden. Personalwirtschaft, 35(10), 47–49.

Holz, M. (2007): Leistungs- und Erwerbsfähigkeit älterer Mitarbeiter. In M. Holz & P. Da-Cruz (Hrsg.), Demografischer Wandel in Unternehmen. Herausforderung für die strategische Personalplanung (S. 37–53). Wiesbaden: Gabler Verlag.

Literatur für die Bearbeitung der Aufgabe 4. Teil b):

BMFSFJ (Hrsg.): best practices. Vorbildhafte Unternehmensbeispiele zu Chancengleichheit in der Wirtschaft.

Verfügbar unter: http://www.bmfsfj.de/Anlage24292/Text.pdf

Catalyst (2007): 2007 Catalyst Census of Women Corporate Officers and Top Earners of the Fortune 500.

Verfügbar unter: http://www.catalyst.org/publication/13/2007-catalyst-census-of-women-corporate-officers-and-top-earners-of-the-fortune-500.

McKinsey & Company (2007): Women Matter: Gender Diversity, A Corporate Performance Driver. New York: McKinsey & Company.

Schäfer, Andrea (2009): Frauen im Management in Europa. Erste Hinweise zur Umsetzung des EU Aktionsplans in ausgewählten Mitgliedsstaaten, in: ZeS report 14.Jg. Nr.1., 1–11.

4 Entscheidungsbaum

Der Entscheidungsbaum (s. Abbildung 4.1) verdeutlicht die Darstellung der Voraussetzungen für die Einführung eines Diversity-Managements. So wird durch sich verändernde Rahmenbedingungen die Einführung eines Diversity-Managements notwendig. Der Entscheidungsbaum beinhaltet vier Dimensionen, die bei der Betrachtung von Diversity-Management in einem Unternehmen von Bedeutung sind. Eine moderne Unternehmensphilosophie, politische und gesellschaftliche Forderungen sowie eine veränderte Arbeitswelt verlangen eine gezielte Nutzung der Unterschiedlichkeit von Individuen, Kulturen, Strategien und Funktionen als strategische Ressource zur Lösung komplexer Probleme.

Durch den Wandel der Arbeitswelt von der Industrie- zur Dienstleistungs- und Wissensgesellschaft, vielfältige ökonomische und technische Trends sowie die zunehmende Globalisierung der Unternehmensumwelten kann nicht weiter an alten Unter-

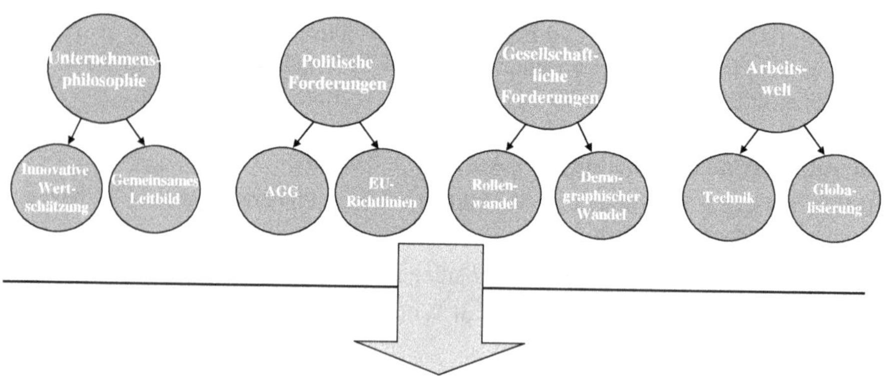

Einführung des Diversity-Managements

Abbildung 4.1: Voraussetzungen für die Einführung eines Diversity-Managements.

nehmensstrategien festgehalten werden. Insbesondere die demografische Entwicklung und der Rollenwandel erfordern aus gesellschaftlicher Sicht ein Umdenken im Personalmanagement der Unternehmen. Aufgrund politischer Forderungen ist seit dem 18. August 2006 das Allgemeine Gleichbehandlungsgesetz (AGG) in Kraft. Das Gesetz untersagt Benachteiligungen aus Gründen der Rasse, der ethnischen Herkunft, des Geschlechts, der Religion, einer Behinderung, des Alters oder der sexuellen Identität. Bestehen Indiztatsachen, die eine Benachteiligung aufgrund der obigen genannten Punkte nahe legen, und der Arbeitergeber diese nicht widerlegen kann, muss das Unternehmen mit Schadensersatzzahlungen rechnen. EU-Richtlinien unterstützen diese Forderungen.

Die Einführung eines Diversity Managements ermöglicht letztlich den Aufbau einer Unternehmensphilosophie und -kultur, die sich durch innovative Wertschätzung und ein gemeinsam getragenes Leitbild auszeichnet.

5 Lösung

5.1 Phasenmodell zur Implementierung eines Diversity Managements

5.1.1 Rahmenbedingungen

Im Rahmen der Implementierung eines Diversity Managements für die Divam-Werke müssen für eine erfolgreiche Prozess-Steuerung folgende Aspekte berücksichtigt werden:

Wesentliche Voraussetzung für den Erfolg ist die Ableitung der Diversity-Strategie aus der derzeitigen Situation der Divam-Werke und den zukünftigen personalpolitischen Herausforderungen. Wird nicht so vorgegangen, dann wird die Diversity-Initiative intern als „Sozialromantik" wahrgenommen und von den Mitarbeitern nicht als strategisches Konzept akzeptiert. Darüber hinaus ist es in der Implementierungsphase wichtig, dass die gesamte Geschäftsführung, bestehend aus Karl und Christian Divam, eine positive Haltund zum Diversity-Konzept einnimmt und diese kommuniziert, damit ein Top-Down-Prozess initiiert wird. Ebenso wichtig ist es, dass die gesamte Belegschaft sensibilisiert wird, damit die Implementierung auch Bottom-Up unterstützt wird. Somit wird sichergestellt, dass Diversity im betrieblichen Alltag gelebt wird und eingebunden ist.

5.1.2 Phasenmodell zur Implementierung eines Diversity Managements

Herr Becker sollte sich bei der Gestaltung des Diversity-Managements für die Divam-Werke an folgenden Schritten orientieren.

Zunächst sollte er die **Ziele definieren**, die die Divam-Werke mit der Einführung eines Diversity-Managements erreichen möchte und wie das Unternehmen davon profitieren könnte. Danach sollte eine **Analyse des Ist-Zustandes** der Divam-Werke **in Bezug auf bereits bestehende Diversität** stattfinden. Hier sollte Herr Becker analysieren, welche personalpolitischen Instrumente und Praktiken bereits umgesetzt wurden und darüber hinaus überprüfen, ob es bestehende oder potenzielle Diskriminierungen in den Divam-Werken gibt. Weiterhin können die Unternehmenskultur und der Sensibilisierungsgrad der Mitarbeiter unterschiedlicher Hierarchieebenen, Abteilungen und Standorte in Bezug auf Diversity erfasst werden. Zum Schluss sollten die strategischen **Geschäftsziele**, die Belegschaftsstruktur und die Investoren-, Kunden- und Lieferantenstruktur erhoben werden. Hier kann Herr Becker Befragungen durchführen und Daten aus der Personalabteilung auswerten.

Im nächsten Schritt sollte Herr Becker ein **Diversity-Konzept ausarbeiten**, indem er den **Ist-Zustand mit dem Ziel-Zustand vergleicht** und Maßnahmen ableitet, wie sich die Divam-Werke dem Ziel-Zustand annähern können. Dazu sollten sowohl personalpolitische als auch geschäftsrelevante Maßnahmen definiert werden, die gleichzeitig in Bezug auf Umsetzungsdauer, Opportunitäts- und Umsetzungskosten sowie Risiken bewertet werden sollten. Zum Schluss kann Herr Becker für die letztlich beschlossenen Maßnahmen Meilensteine zur Implementierung der Diversity-Strategie festlegen.

Für die **Umsetzung der Maßnahmen** sollte Herr Becker einen Umsetzungsplan für die Divam-Werke entwickeln, in dem er die Einzelschritte definiert. Teilverantwortlichkeiten kann Herr Becker an Mitarbeiter delegieren, die Gesamtverantwortung muss aber beim Vorstand und der Personalabteilung verbleiben. Wichtig ist, dass der Diversity-Leitsatz intern und extern kommuniziert wird. Anhand eines Umsetzungszeitplanes kann Herr Becker festlegen, welche Maßnahme zu welchem Zeitpunkt in welchem Umfang umgesetzt sein soll.

Als letztes muss Herr Becker **Instrumente zum Controlling und zur Evaluation der Diversity-Maßnahmen** entwickeln, um die Effekte dieser Maßnahmen gemäß des Zeitplans bewerten zu können. Hier sollte auf die Vereinfachung operativer Prozesse in der Administration besonderer Wert gelegt werden und so umständliche Bürokratie vermieden werden. Abhängig vom Erfolg der Strategie können Maßnahmen ausgebaut, variiert oder eingestellt werden.

In Abbildung 5.1 sind die fünf Phasen zur Implementierung eines Diversity Managements dargestellt.

5.2 Diversity Strategie für die Integration älterer Mitarbeiter bei den Divam-Werken

5.2.1 Phase Ziele definieren

Die Zahl der Mitarbeiter, die bei den Divam-Werken Pflege für Angehörige übernimmt ist derzeit recht hoch und es ist auch zu erwarten, dass diese noch ansteigen wird. So sind derzeit 43 Mitarbeiter der Divam-Werke davon betroffen, die Pflege älterer Angehöriger mit den Anforderungen am Arbeitsplatz zu vereinbaren.

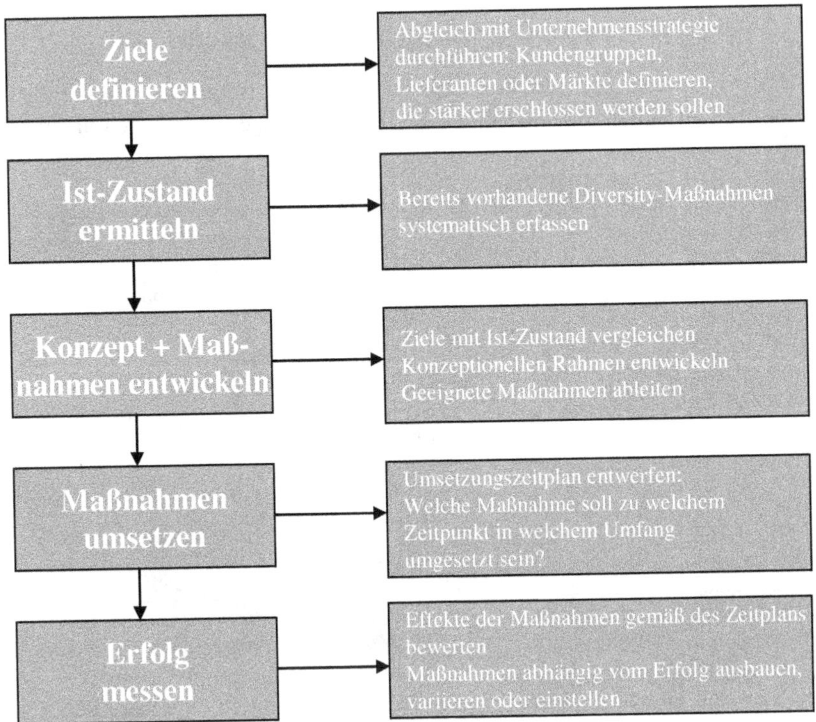

Abbildung 5.1: Phasenmodell zur Implementierung eines Diversity Managements.

Für Herrn Becker ist es sehr wichtig, dass ältere und jüngere Mitarbeiter harmonisch zusammenarbeiten, um das für die Divam-Werke wertvolle Wissen beider Mitarbeitergruppe zum Wohle des Unternehmens einzusetzen und darüber die Effektivität zu steigern. Als Ziel legt er daher fest, dass die gegenseitige Akzeptanz älterer und jüngerer Mitarbeiter gesteigert wird und sich darüber deren Zusammenarbeit verbessert. Darüber hinaus möchte er die allgemeine Situation älterer Mitarbeiter mit pflegebedürftigen Angehörigen bei den Divam-Werken verbessern, um letztlich krankheitsbedingte Ausfälle zu minimieren und Fehlzeiten besser einplanen zu können.

5.2.2 Phase Ist-Zustand ermitteln

Da bisher bei den Divam-Werken noch keine Diversity-Strategien eingesetzt wurden, muss Herr Becker alle Maßnahmen neu einführen und erproben. Sie sollen eine Verbesserung der Situation und Integration älterer Mitarbeiter bei den Divam-Werken bewirken.

5.2.3 Phase Konzepte und Maßnahmen entwickeln

Eine Diversity Strategie für die Integration älterer Mitarbeiter bei den Divam-Werken lässt sich in kurzfristige und in mittel- bis langfristige Maßnahmen unterteilen (s. Abbildung 5.2).

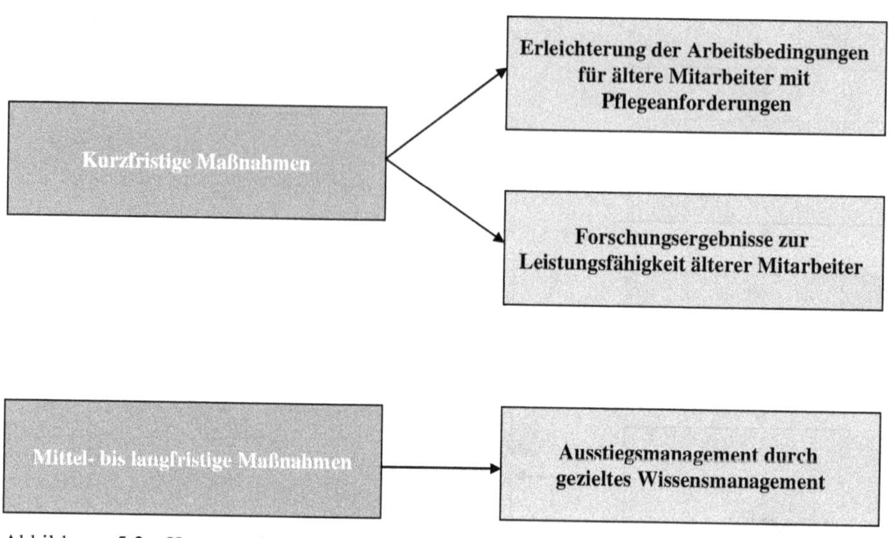

Abbildung 5.2: Kurz-, mittel- und langfristige Maßnahmen für die Integration älterer Mitarbeiter bei den Divam-Werken.

Kurzfristige Maßnahmen: Erleichterung der Arbeitsbedingungen für ältere Mitarbeiter mit Pflegeanforderungen

Die Divam-Werke müssen betriebliche Maßnahmen ergreifen, um ihre Mitarbeiter derart zu entlasten, dass sie sowohl ihren Verpflichtungen in der Pflege als auch ihrer Arbeit nachgehen können. Das Thema Pflege wird bei den Divam-Werken häufig tabuisiert und erfordert daher eine sensible Herangehensweise seitens der Führungskräfte. Viele Beschäftigte befürchten Nachteile und negative Konsequenzen, wenn sie andere Kollegen bzw. ihre Chefs über ihre Pflegeanforderungen und damit einhergehende Probleme informieren.

Daher ist es von betrieblicher Seite dringend erforderlich, den Beschäftigten mit Pflegeanforderungen solche Unterstützung zu geben, dass sie die Doppelbelastung Pflege und Arbeit bewältigen können.

Hierzu sind folgende betriebliche Maßnahmen für die Divam-Werke denkbar: Einrichtung einer Informationsstelle zum Thema Pflege und Thematisierung sowie Kommunikation der Pflege Angehöriger in den betrieblichen Medien. So können die Beschäftigten mit Pflegeanforderungen z. B. mit speziell eingerichteten Newslettern für Angehörige informiert werden. Ihnen sollen Ansprechpartner im Betrieb genannt werden, die in problematischen, familiären Lagen beraten können. Zusätzlich sollte über das Thema Pflege in Informationsveranstaltungen sowie im Intranet bzw. in der Betriebszeitung kontinuierlich berichtet werden. Wichtig ist dabei die Vorbildfunktion der Führungskräfte, die stetig für das Thema Pflege Angehöriger im Arbeitskontext sensibilisieren müssen, z. B. durch Seminare und Trainings. Des Weiteren ist es empfehlenswert, Pflege auch als Bestandteil regelmäßiger Mitarbeitergespräche zu implementieren.

Darüber hinaus können flexible Arbeitszeiten bei den Divam-Werken die Vereinbarkeit von Beruf und Pflege positiv beeinflussen. Die Möglichkeiten zur Flexibilisierung und Schaffung pflegesensibler Arbeitszeiten sind zahlreich: Gleitzeitmodelle, Arbeitszeitkonten, Arbeitszeitreduzierung (Teilzeitmodelle, Freistellungen). Da viele Eltern eher am Vormittag arbeiten wollen, könnten die Beschäftigten mit Pflegeaufgaben flexibel am Nachmittag eingesetzt werden. So könnten sich die Beschäftigten mit Familie und/oder Pflegeaufgaben die Arbeitszeit am Vor- bzw. Nachmittag flexibel und nach gegenseitiger Absprache teilen. Darüber hinaus sind Arbeitsfreistellung und Sonderurlaub besonders bei plötzlichen Ereignissen, wie unerwartete Verschlechterungen des gesundheitlichen Zustands der Angehörigen für eine flexible Handhabung wichtig und von Nöten. Die Reform des Pflegezeitgesetzes erlaubt langfristige (6 Monate) und kurzfristige Freistellungen (1 Monat) (allerdings ohne Anspruch auf Entgeltfortzahlung). Bei der Urlaubsplanung könnte berücksichtig werden, dass Erholung für Pflegende besonders wichtig ist, da mit der Kurzzeitpflege oft lange Wartezeiten und nicht frei wählbare Termine verbunden sind. Weitere Möglichkeiten zur Flexibilisierung der Arbeitszeit sind das Job-Sharing und die komprimierte Arbeitszeit, z. B. durch die Arbeitsverdichtung auf eine 4-Tage- statt 5-Tage-Woche.

Die Arbeitsbedingungen bei den Divam-Werken für die älteren Mitarbeiter mit Pflegeanforderungen können weiterhin durch die Überprüfung der Arbeitsorganisation und der Arbeitsabläufe erleichtert werden. Dies gelingt z. B. durch eine Rücksichtnahme bei Überstunden oder durch eine pflegeerleichternde Arbeitsplatzausstattung z. B. durch einen schnellen Zugang zum Telefon/Computer (für Produktionsbeschäftigte). Des Weiteren sind Abstimmungen bei Weiterbildungs- und Qualifizierungsmaßnahmen sowie Kontakthalteprogramme hilfreich. Bei längeren Freistellungen sollte der Kontakt zu den Divam-Werken aufrechterhalten werden (ähnlich wie bei

Elternzeitlern), z. B. durch Ansprechpartner, Informationen über den Betrieb, regelmäßige Treffen oder Vertretungen während der Freistellung.

Abschließend könnte die Vermittlung externer Unterstützungsdienste den älteren Mitarbeitern mit Pflegeanforderungen weiterhelfen. Vermittelt werden könnten beispielsweise regionale Pflege- und Betreuungsdienste, Helfer zur Entlastung, Tagesbetreuung außerhalb des häuslichen Bereichs, Begleitung von Behördengängen, Arztbesuchen oder Spaziergängen, haushaltsnahe Dienstleistungen, wie Haushaltshilfen, Einkaufsservice, Wäschedienste, Essen auf Rädern, Kurzzeitpflege, Verhinderungspflege und einen Freiwilligen-Pool als Betreuungsdienst.

Ein Notfallplan/Notfallkoffer für den plötzlichen Pflegefall im Betrieb der Divam-Werke könnte eine Liste mit Ansprechpersonen und Beratungsstellen, Hinweisen, Adressen und Kontaktpersonen von regionalen Dienstleistern enthalten.

Kurzfristige Maßnahmen: Forschungsergebnisse zur Leistungsfähigkeit älterer Mitarbeiter

Bei den Divam-Werken ist offensichtlich, dass es seitens der jüngeren Mitarbeiter Ressentiments und Vorbehalte gegenüber der Leistungsfähigkeit der älteren Mitarbeiter gibt. Im Sinne von Diversity muss eine Wertschätzung des Alters und des damit vorhandenen Wissens in der Gesamtbelegschaft erfolgen. Hier sind Personalentwicklungsmaßnahmen sinnvoll, die von Awareness-Trainings zur Sensibilisierung für klassische Stereotype sowohl seitens der jüngeren als auch älteren Mitarbeiter dienen bis hin zu etablierten Patensystemen, in denen JUNG und ALT voneinander profitieren. Darüber hinaus gibt es genügend Studien zur Leistungsfähigkeit älterer Mitarbeiter, die ausgehend von der Kritik an einer Defizit-Hypothese zum Alter eine Chancen-Hypothese favorisieren und die Leistungsfähigkeit und das Wissenspotenzial älterer Mitarbeiter als Erfolgsfaktor für Unternehmen bewerten. Hier könnte zusätzlich ein Wissenschaftler und ein betrieblicher Praktiker zu einem Divam-internen Workshop eingeladen werden, um die Belegschaft der Divam-Werke auf erfolgreiche Möglichkeiten einer Zusammenarbeit zwischen jüngeren und älteren Mitarbeitern aufmerksam zu machen.

Die heutige Forschung ist sich in diesem Zusammenhang größtenteils darüber einig, dass die Leistungsfähigkeit eines Menschen mindestens bis zum Renteneintrittsalter nicht primär altersabhängig ist (Holz, 2007, S. 40). Ursula Lehr, Entwicklungspsychologin und ehemalige Bundesfamilienministerin, bekräftigt hierzu: „Es kommt nicht nur darauf an, wie alt man wird, sondern wie man alt wird“ (Levecke, 2010, S. 1). Somit kann die Definition eines älteren Arbeitnehmers nicht ausschließlich anhand einer kalendarischen Betrachtung erfolgen, sondern muss auch Personenmerkmale und den Kontext einbeziehen. Die Bezeichnung *älterer Mitarbeiter* unterscheidet sich je nach Wirtschaftssektor, Berufsfeld, hierarchischer Position und Altersstruktur im Unternehmen (Reday-Mulvey, 2006, S. 64). Persönliche Erfahrungen, Kompensationsstrategien oder Gesundheitsverhalten wiegen ebenfalls schwerer als das kalendarische Alter. Somit bestimmt die individuelle Berufs- und Lernbiografie, das sogenannte arbeitsinduzierte Alter, den Grad der Leistungsfähigkeit im Alter (Frerichs, 2010, S. 40).

Die Unterschiede zwischen den Generationen sind teilweise überzeichnet. Abweichungen im Lernverhalten sind z. B. innerhalb einer Alterskohorte größer als zwischen den Generationen, da dieses etwa vom Bildungsstatus abhängig ist (Borchers & Bertram, 2010, S. 34). Dennoch können jüngeren genauso wie älteren Mitarbeiter bestimmte Leistungsparameter zugeschrieben werden, in denen sie den Mitgliedern der anderen Altersgruppe im Allgemeinen überlegen sind. Die in Tabelle 5.1 aufgeführten Leistungsparameter zeigen, dass sich diese Unterschiede häufig kompensieren und ergänzen.

Stärken jüngerer Mitarbeiter	Stärken älterer Mitarbeiter
Schnelligkeit	Genauigkeit
Spontaneität und Aktivität	Gelassenheit
Offenheit gegenüber Neuem, Lernfähigkeit	Erfahrungswissen
Innovations- und Kreativitätsfähigkeit	Expertise
Risikobereitschaft	Verantwortungsbewusstsein
Aktuellere Ausbildung	Kommunikationsfähigkeit

Tabelle 5.1: Stärken jüngerer und älterer Arbeitnehmer.

Eine Ergänzung der Stärken findet z. B. dann statt, wenn ein kreativer, junger Mitarbeiter, zusammen mit einem erfahrenen, älteren Mitarbeiter an der Entwicklung neuer Ideen arbeitet, die auf dieser gemeinsamen Grundlage umgesetzt werden. Ein Beispiel für eine Kompensation der Stärken des anderen bzw. eigener Schwächen stellt eine Arbeitsanforderung dar, in der sowohl Schnelligkeit als auch Erfahrung zielführend sind. Dieselbe Tätigkeit kann hier von Mitarbeitern aus beiden Altersgruppen gleich gut ausgeführt werden.

Mittel- bis langfristige Maßnahmen: Ausstiegsmanagement durch gezieltes Wissensmanagement

Aufgrund des mangelhaften Umgangs mit Erfahrungswissen stellen Unternehmen häufig erst nach Ausscheiden von Mitarbeitern fest, dass wichtiges Wissen fehlt. Besonders für KMU's kann das Ausscheiden eines Schlüsselmitarbeiters existenzbedrohend sein, wenn mit ihm sein Wissen verloren geht (Jaspers & Westerink, 2008, S. 84). Das liegt daran, dass die einzelnen Mitarbeiter meistens ein vielseitigeres Aufgaben- und Tätigkeitsspektrum haben als Mitarbeiter in Großunternehmen (Freiling & Schulte, 2008, S. 48). Es ist zu beobachten, dass immer mehr Unternehmen kostspielige, externe Beraterverträge mit sich bereits in Rente befindenden, ehemaligen Mitarbeitern abschließen, da im Vorfeld keine gezielte Bewahrung der Erfahrungen stattgefunden hat (Wächter & Bernhard, 2006, S. 97). Dem gilt es, mit präventiven Maßnahmen entgegenzuwirken, anstatt Auswirkungen des demografischen Wandels weiter reaktiv abzuwarten (Ackermann, 2010, S. 7).

Das altersbedingte Ausscheiden der Mitarbeiter kann bedeuten, dass wichtiges Fach- und Erfahrungswissen im Unternehmen verloren geht. Um dieser Gefahr des Wissensverlusts zu begegnen, ist es unabdingbar, dass die Divam-Werke Maßnahmen zur Übergabe des vorhandenen Wissens treffen. Der Pensionierung von Mitarbeitern kann nur durch ein aufeinander abgestimmtes Ausstiegsmanagement (s. Abbildung 6) adäquat begegnet werden (Freiling & Schulte, 2008, S. 47–48). Dabei ist eine langfristig orientierte Personalplanung und –beschaffung von höchster Relevanz, damit eine frühzeitige und langjährige Übergabe stattfinden kann (Kast, 2009, S. 95). Die Praktizierung solch einer vorausschauenden Personalplanung ermöglicht, dass Austritts- und Veränderungswünsche erfasst, geeignete Nachfolger identifiziert und Nachwuchskräften Karriereperspektiven eröffnet werden (Freiling & Schulte, 2008, S. 48).

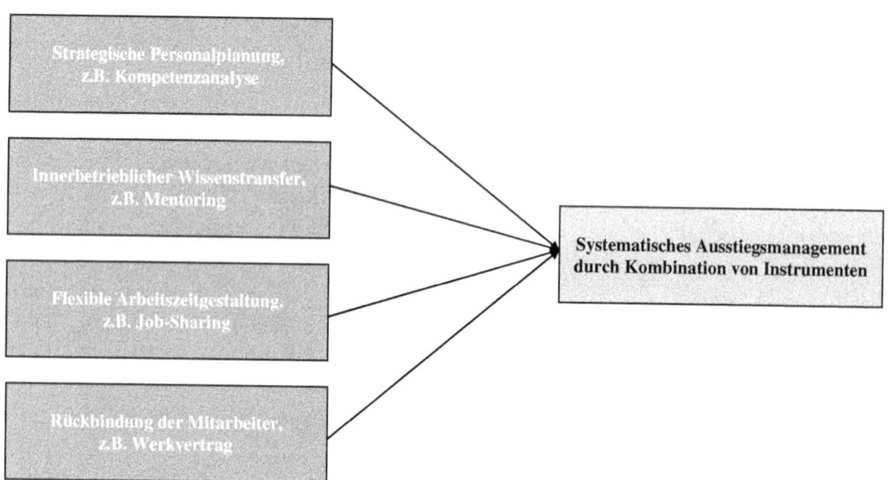

Abbildung 5.3: Instrumente eines systematischen Ausstiegsmanagements.

In Tabelle 5.2 findet sich eine Übersicht über Wissenstransfer-Maßnahmen von älteren an jüngere Mitarbeiter.

Quelle	Methode	Beschreibung
Struß & Thommen, 2004, S. 16–17	Mentoring	• Intensive Zusammenarbeit zwischen jüngerem Mitarbeiter und kompetenter Vertrauensperson • Wissenstransfer von fundiertem Basis- und Spezialwissen, Erhebung der sozialen Kompetenzen des älteren Mitarbeiters • Bereitstellung geeigneter Kundenkontakte sowie Beziehungsnetze durch den Erfahreneren • Unterstützung bei der Entdeckung und Entwicklung des Potenzials des Jüngeren • Primäres Ziel: Wissensweitergabe durch hierarchisch übergeordnete Führungskraft

Deller et al., 2008, S. 183	Patenmodell, Tandem	• Wie Mentorenmodell, Unterschied:
		  • Patenmodell: Wissensweitergabe durch Kollegen derselben Hierarchieebene
		  • Tandem: Wissenstransfer oder gleichberechtigter Wissensaustausch als hauptsächliches Ziel

Wächter, 2006, S. 117–118	Übergabe mit Hilfe von Einarbeitungsplänen	• Vermittlung festgelegter Wissensbereiche • Festsetzung durch den Ausscheidenden und seinen Vorgesetzten vor der Durchführung eines persönlichen Wissenstransfers
Porschen, 2008, S. 161–166	Storytelling: Kommunikation mittels Erzählung	• Freie und authentische Beschreibung und Reflexion wichtiger Vorkommnisse (Erfolge, Fehlschläge und Herausforderungen) aus dem Berufsleben des älteren Mitarbeiters • Sichtbarmachen und Vereinfachung verdeckter, komplexer Zusammenhänge, tiefer liegender Probleme, sozialer Konstrukte und der Organisationskultur durch Geschichten • Besseres Einprägen und stärkeres Motivieren von Geschichten im Vergleich zu Zahlen, Fakten oder Statistiken

Tabelle 5.2: Überblick Wissenstransfer-Maßnahmen (eigene Darstellung).

5.2.4 Phase Maßnahmen umsetzen

Herr Becker entscheidet sich dazu, nach Genehmigung von Herrn Divam die kurzfristigen Maßnahmen innerhalb des nächsten Jahres umzusetzen. Die mittel- bis langfristigen Maßnahmen sollen sukzessiv in den nächsten drei Jahren eingeführt werden.

5.2.5 Phase Erfolg messen

Nach der Einführung der neuen Maßnahmen soll einmal im Jahr eine Mitarbeiterbefragung stattfinden. Hierbei sollen die Mitarbeiter der Divam-Werke ihre Zufriedenheit mit den Strategien ausdrücken und schildern, welche Vor- und eventuell Nachteile sich daraus ergeben haben. Darüber hinaus sollen sie die Möglichkeit bekommen, Verbesserungsvorschläge zu äußern und weitere mögliche Probleme anzusprechen. Basierend auf dieser Mitarbeiterbefragung können die Maßnahmen ausgebaut, variiert oder eingestellt werden.

Des Weiteren besteht die Möglichkeit, den Wert der älteren Mitarbeiter der Divam-Werke zu erfassen. Hierbei erscheint ein Untersuchungskonzept notwendig, das eine vergleichende Analyse der Leistungsfähigkeit jüngerer und älterer Mitarbeiter oder Führungskräfte ermöglicht. Ein Beispiel, wie eine solche Untersuchung aussehen kann, ist die Studie von Friederichs und Althauser (2001), die erstmalig in einer Längsschnittbetrachtung die Bedeutung des Alters für die Management- und Führungsleistung herausarbeitet. Sie kann naturgemäß nicht erschöpfend sein, zeigt aber den Weg auf, in welcher Weise die Wissenschaft in Praxisstudien weitere Beiträge erarbeiten könnte, um die Leistungsfähigkeit älterer Mitarbeiter zu überprüfen.

Fundamentales Ergebnis der Studie war, dass der Anteil von jüngeren und älteren Managern unter den erfolgreichen wie nicht erfolgreichen Führungspersönlichkeiten gleich verteilt war. Es konnte kein signifikanter Zusammenhang zwischen dem Alter und dem Führungserfolg, dem Geschäftserfolg, der Kundenbindung und der Innovationskraft festgestellt werden. Somit unterscheidet das „Alter" in keiner Weise erfolgreiche von weniger erfolgreichen Managern. Dieses Ergebnis widerlegt schlagend die bekannten Vorurteile über ältere Führungskräfte!

Weitere, differenziertere Ergebnisse waren die Folgenden:

1. Ältere Manager motivieren ihre Mitarbeiter zu einem höheren Commitment im Unternehmen. Bedenkt man die Bedeutung des Commitments für die Leistungsentfaltung und den psychophysischen Status der Mitarbeiter (Krankenquote), so ist dies ebenfalls ein wichtiger Indikator für den Wert älterer Manager im Unternehmen.
2. Ältere Manager bewirken eine höhere Produktivität ihrer Bereiche, ein Ergebnis, das nicht verwundert – hängt die Produktivität doch wesentlich vom Commitment, also der Motivation der Mitarbeiter ab.
3. Ältere Manager führen häufiger, regelmäßiger und nachhaltiger Zielvereinbarungen und Mitarbeitergespräche durch und sorgen so für mehr Orientierung und Unterstützung der Mitarbeiter im Arbeitsalltag und in ihrer Berufsentwicklung.
4. Ältere Manager fördern mit deutlich höherer Intensität Frauen im Unternehmen und sorgen für entsprechende Positionen und Aufstiegschancen.

5.3 Diversity Strategie für Frauen in Führung bei den Divam-Werken

5.3.1 Phase Ziele definieren

Herr Becker muss in seiner Strategie berücksichtigen, dass es gilt, klassische Vorurteile und Stereotype gegenüber Frauen in Führung aufzubrechen. Bei den Divam-Werken ist aufgrund der männerdominierten Besetzung der Stellen ein tradiertes Erwerbsrollenverständnis, das des Mannes als Ernährer manifest. Dieses gilt es aufzubrechen und im Sinne von Diversity andere Sichtweisen auf die Erwerbstätigkeit von Frau und Mann zu erarbeiten.

5.3.2 Phase Ist-Zustand ermitteln

Da bisher bei den Divam-Werken noch keine Diversity-Strategien eingesetzt wurden, muss Herr Becker alle Maßnahmen neu einführen und erproben. Sie sollen eine Erhöhung des Frauenanteils in Führung bei den Divam-Werken bewirken.

5.3.3 Phase Konzepte und Maßnahmen entwickeln

Bewusstseinsbildende Maßnahmen zur Sensibilisierung von Geschlechteraspekten im Unternehmen

In einem ersten Schritt der Diversity Strategie für Frauen in Führung bei den Divam-Werken können bewusstseinsbildende Maßnahmen wie Gender-Workshops angeboten werden, die von Genderexperten moderiert werden. So kann in so genannten Awareness-Trainings die ökonomische Bedeutung von Chancengleichheit herausgestellt werden und die Teilnehmer können über ihre eigenen Stereotype gegenüber Frauen reflektieren und darüber diskutieren, wie sich diese auf ihre Beurteilungen auswirken können. In Skill-Building-Trainings werden dann die Fähigkeiten vermittelt, die Führungskräfte später befähigen sollen, Mitarbeiter unabhängig von ihrer Geschlechtszugehörigkeit zu beurteilen. Mit beiden Vorgehensweisen gelingt es, die Sichtweisen auf die Leistungsfähigkeit in Führungspositionen (hier: Vertrieb) des jeweilig anderen Geschlechts in der Belegschaft der Divam-Werke zu thematisieren. Auf dieser Basis können dann Leitlinien für ein gemeinsames, leistungs- und zielorientiertes Miteinander von Frauen und Männern in Führungsteams für die Divam-Werke erarbeitet werden.

Studien zum Erfolg von Gender Diversity in Unternehmen

Darüber hinaus sollten Studien seitens der Personalabteilung gesammelt und diskutiert werden, in denen die Leistungsfähigkeit von Frauen in Führung quantifiziert werden.

Beispielsweise können hier folgende Studien angeführt werden:

- Studie Women Matter 3
- Studie des US Forschungsinstituts Catalyst

Die Studie „Women Matter 3“ (McKinsey & Company, 2007) untersucht, welche Fähigkeiten Unternehmen in und nach der Krise brauchen, um erfolgreich zu sein und welche Führungsstile als entscheidend angesehen werden. Ein wesentliches Ergebnis: Gender Diversity sollte bei Unternehmen eine strategische Priorität darstellen – besonders im Kontext der Krise. Befragt wurden 763 Führungskräfte weltweit. Diese repräsentieren alle Regionen, Industrien und Funktionen. Mit einem höheren Frauenanteil auf Vorstandsebene steigt die Chance, dass ein Unternehmen die Krise gut bewältigt. Der Grund dafür liegt in den entscheidenden Führungsqualitäten. Diese werden von Frauen häufiger angewendet. Die befragten Entscheider halten die Fähigkeit zu führen für das wichtigste Kriterium überhaupt, um das Unternehmen erfolgreich durch die Krise (und danach) zu managen. 49 Prozent sehen das Kriterium in der Krise auf Platz Eins. Für die Zeit nach der Krise räumen diesem Punkt 42 Prozent Priorität ein. 46 Prozent der Befragten fordern außerdem, dass die Firmenleitung deutlich die Richtung weist, in die das Unternehmen steuert. 39 Prozent halten das auch nach der Krise für wichtig. Bereits die Studie „Women Matter 1“ hatte ergeben, dass diese zwei Kriterien signifikant durch die Präsenz von mindestens drei Frauen in Vorständen verstärkt werden können. Zwei Führungsstile – so die Ergebnisse der Umfrage – werden als ganz besonders wichtig angesehen, um durch die Krise und in der Zeit danach zu führen: „Inspiration“ und „Erwartungen definieren/Belohnungen anbieten“. Wie in der Studie „Women Matter 2“ gezeigt wurde, werden diese Führungsstile wesentlich öfter von weiblichen Führungskräften eingesetzt. 48 Prozent der Befragten sehen „Inspiration“ als wichtigste Führungsqualität in der Krise und 45 Prozent nach der Krise an. 47 Prozent der Befragten finden „Erwartungen definieren/Belohnungen anbieten“ in der Zeit der Krise und danach besonders wichtig. Allerdings hat die Krise das Führungsverhalten der Manager im vergangenen Jahr verändert. So haben die Befragten angegeben, dass sie in der Krise beobachtet haben, dass mehr Führungspersonen „Leistungskontrolle“ als Führungsstil angewendet haben. Gleichzeitig beurteilen die meisten diesen Führungsstil als am wenigsten nützlich in der Krise und in der Zeit danach. Die Umfrage zeigt, dass Unternehmen stärker handeln müssen, um Gender Diversity zu erhöhen und Frauen in ihre Führungsteams holen müssen.

Das US-Forschungsinstitut *Catalyst* fand heraus, dass jene Unternehmen mit den meisten Frauen in Verwaltungsgremien einen um bis zu 34 % höheren *Total Return to Shareholders* (TRS) und einen um 35 % höheren *Return on Equity* (ROE) aufwiesen als die Firmen mit dem schlechtesten Geschlechterverhältnis (Catalyst, 2007). In einer weiteren Catalyst Studie, die den Impact von Frauen in den Boards der Fortune 500 Unternehmen untersuchte, fand Joy (2008) heraus, dass Unternehmen mit einer höheren Zahl von Frauen in diesem Gremium Unternehmen in ihrem wirtschaftlichen Erfolg übertrafen, die einen geringeren Anteil von Frauen aufwiesen.

Maßnahmen zur Erhöhung des Frauenanteils in Führung

Darüber hinaus sollten sich die Divam-Werke mit bereits implementierten betrieblichen Maßnahmen zur Erhöhung des Frauenanteils in Führung auseinandersetzen und überlegen, inwiefern diese für die Divam-Werke selbst nützlich sein könnten.

Um speziell den Frauenanteil in den Spitzengremien zu erhöhen, werden von einigen Unternehmen Mentoring-Programme, unternehmensinterne Frauennetzwerke sowie entsprechende Weiterbildungsprogramme eingesetzt (Schäfer, 2009). Als erstes Dax-Unternehmen hat die Deutsche Telekom AG im März 2010 die Einführung einer Frauenquote von 30 Prozent für Führungspositionen angekündigt (FAZ 16.03.2010). Auf politischer Ebene gibt es die Möglichkeit, mithilfe von Zertifizierungen, Vereinbarungen oder Quotenvorgaben auf eine Erhöhung des Frauenanteils in Führungspositionen hinzuwirken (Schäfer, 2009). Andere europäische Länder setzen mittlerweile auf verbindliche staatliche Regulierungen. In Norwegen ist 2006 eine gesetzliche Frauenquote von 40 Prozent für Aufsichtsräte großer Unternehmen in Kraft getreten und seit 2008 verbindlich. In den Niederlanden wurde im Jahre 2009 eine Frauenquote von 30 Prozent für Aufsichtsräte sowie für Vorstände vom Parlament beschlossen. Auch in Frankreich und Spanien sind gesetzliche Quotenregelungen beschlossen worden bzw. in Kraft getreten. Die Umsetzung der gesetzlichen Vorgabe in Norwegen kann als Erfolg gewertet werden: der Frauenanteil in den höchsten Entscheidungsgremien der größten Unternehmen beträgt hier mittlerweile 42 Prozent (Europäische Kommission, 2009).

Weiterbildungsangebote zur Sensibilisierung und Akzeptanz weiblicher Führungskräfte im Unternehmen

Darüber hinaus kann Herr Becker seinen männlichen Führungskräften im Vertrieb Weiterbildungen anbieten, die sich dem Thema Frauen und Männer in Führung widmen, so z. B. in Form von Kongress-Besuchen, auf denen dann auch von betrieblicher Seite Best-Practice-Beispiele dargestellt werden.

Als Beispiel kann hier die Messe WoMenPower genannt werden:

WoMenPower richtet sich sowohl an berufstätige Frauen als auch Männer, denn es wurde deutlich: die Wirtschaft braucht qualifizierte und kreative Fachkräfte und damit nachhaltige und flexible Arbeits- und Führungsmodelle, die Frauen wie Männern eine gute Integration ihrer Karriere und Familienplanung ermöglicht.

„WoMenPower bietet Chancen, neue Berufsperspektiven zu entwickeln, Kraft zu tanken und aktuelles Rüstzeug für Unternehmenskarriereren zu erwerben. Ein klares Signal an die Unternehmen der HANNOVER MESSE, die Strahlkraft und Synergien stärker zu nutzen und ihre Fach- und Führungskräfte gezielt zu WoMenPower zu entsenden." (Prof. Barbara Schwarze, Vorstandsvorsitzende Kompetenzzentrum Technik, Diversity, Chancengleichheit und Vorsitzende des WoMenPower-Konferenzbeirates)

Best-Practice Beispiele von Unternehmen zur Stärkung der Position von Frauen in Führung

Im Umfeld der Divam-Werke können darüber hinaus weitere Unternehmen gesucht werden, die ebenso die Stärkung der Frauen in Führung intendieren und so könnten Erfahrungsaustauschkreise gegründet werden, die sich gegenseitig unterstützen können. Die folgende Tabelle zeigt ein Beispiel für eine mögliche Lösung gegliedert nach den Aspekten Betriebsdiagnose, Personalgewinnung und Personalauswahl, Karriereplanung und Weiterentwicklung, Unterstützung bei der Kinderbetreuung, Arbeitszeit und Betriebskultur.

5.3.4 Phase Maßnahmen umsetzen

Herr Becker entscheidet sich dazu, nach Genehmigung von Herrn Divam die bewusstseinsbildenden Maßnahmen zur Sensibilisierung von Geschlechteraspekten im Unternehmen in den nächsten sechs Monaten einzuführen. Studien zum Erfolg von Gender Diversity in Unternehmen und Best-Practice Beispiele von Unternehmen zur Stärkung der Position von Frauen in Führung sollen einmal im Monat mit den verantwortlichen Führungskräften in Gesprächen diskutiert und auf die Anwendbarkeit auf die Divam-Werke überprüft werden. Innerhalb des nächsten Jahres sollen Maßnahmen zur Erhöhung des Frauenanteils in Führung und Weiterbildungsangebote zur Sensibilisierung und Akzeptanz weiblicher Führungskräfte bei den Divam-Werken umgesetzt werden.

Aspekt	Maßnahme	Best Practice Beispiel
Betriebsdiagnose	Datenerhebung und Auswertung	**ARAL**: Erhebung harter Daten zur gezielten Förderung niedrig qualifizierter Arbeitskräfte in traditionellen Frauenberufen. Beförderung der Mitarbeiterinnen im Schreibdienst zur Sachbearbeiterin **Hewlett-Packard**: Arbeitskreise zur Identifizierung der Hindernisse für Chancengleichheit: interimistisches Ausscheiden aus dem Betrieb, unzureichende Vereinbarkeit von Berufs- und Privatleben und unterschiedliche Behandlung von Frauen und Männern bei Neueinstellungen und in der Personalentwicklung.
	Mitarbeiterbefragung	**Hermes Schleifmittel GmbH & Co**: Bildung einer Projektgruppe Frauenförderung, um zu gewährleisten, dass Befragungsergebnisse mit Geschäftsleitung, Betriebsrat und engagierten Frauen umgesetzt werden können.
Personalgewinnung, Personalauswahl	Formulierung von Stellenausschreibungen	
	Auswahlkriterien	**Henkel AG & IBM Deutschland**: Stellenbesetzung mit Hochschulabsolventen entsprechend den Abgangsquoten der Geschlechter von der Hochschule. Beschluss exakter Zielvorgaben jährlich entsprechend dem Ist-Stand des Vorjahres mit der Geschäftsführung. IBM: Vergabe von Stipendien an Studienanfängerinnen in „Männerstudienfächern".
	Gestaltung der Auswahlgespräche	**Hewlett Packard**: Bei Bewerbungs- und Auswahlgesprächen weibliche Mitarbeiterin dazuziehen.
	Einstufung von (neuen) Arbeitskräften	
	Transparenz in der Personalentwicklung	
	Möglichkeiten für internen Aufstieg/Ausschreibung	**Wilhelm Weber GmbH**: Interne Bewerbungen qualifizierter Frauen bevorzugt behandeln.
	Aufstiegskriterien	**Wüstenrot**: Aufwertung „weiblicher Eigenschaften" ihrer MitarbeiterInnen, etwa Kommunikations- und Beziehungsfähigkeit aufgewertet. **Wilhelm Weber GmbH**: Teilzeitbeschäftigte haben gleiche Aufstiegschancen wie Vollzeitbeschäftigte. **Daimler Benz AG**: Einstellung und beruflicher Aufstieg von Frauen werden durch folgende Maßnahmen gefördert: Stipendienvergabe an Technikstudentinnen, keine negative Beurteilung

Aspekt	Maßnahme	Best Practice Beispiel
		von Brüchen in der beruflichen Biographie, besondere Berücksichtigung von Frauen bei Neueinstellungen und Beförderungen, bei Benennung von Führungskräftenachwuchs und bei Weiterbildungsmaßnahmen, Motivation und Unterstützung von Frauen, sich für höherqualifizierte Positionen zu bewerben.
	Entgeltgerechtigkeit	
Karriereplanung und Weiterbildung	laufende Mitarbeitergespräche	**AMS**: Entwicklung von Führungsgrundsätzen, in denen Ideen aus Frauenförderplan zum Tragen kommen. Führungskräfte verpflichtet, bei Mitarbeitergesprächen und in Teamsitzungen Förderungsangebote zu machen und Chancen aufzuzeigen.
	Weiterentwicklungs- und Karrierepläne	**VW, Aral und MBB**: Qualifizierungs-Offensive, um Frauen bei Planung ihres Aufstiegs in einen Facharbeiterberuf zu unterstützen.
	Mentoring	**Lufthansa, Commerzbank, Deutsche Bank, Deutsche Telekom AG**: Ausbau Mentoring, Ergebnis: Anstieg Anteil der Frauen im mittleren und oberen Management.
	spezielle Seminare für Frauen	**Linjeflug**: „Chefin-Schnuppermonate“. Probeweise Ausübung einer Führungsposition hilft, Hemmschwellen abzubauen. IBM: Möglichkeit für Mitarbeiterinnen, in Seminaren ihr Rollenverständnis und Rollenverhalten zu reflektieren & Berufslaufbahn zu planen.
	Weiterbildung für Teilzeitkräfte	**Assialpina SNC**: Angebot von Fortbildungskursen für angelernte Bürokräfte, auch in Teilzeit. Dadurch können sich junge Frauen, in wenigen Jahren zu Führungskräften hoch arbeiten.
	Förderung von Weiterbildung	
Unterstützung bei der Kinderbetreuung	Finanzielle Unterstützung	
	Betriebliche Kinderbetreuung / Unterstützung bei der Organisation von Kinderbetreuung	
	Unterstützung von Elterninitiativen	
	Vereinbarkeit von Beruf und Familie	
Arbeitszeit	Teilzeit für Führungskräfte	**Assialpina SNC**: Hoher Anteil von Teilzeitbeschäftigten wird nicht als Schwäche, sondern als Stärke des Unternehmens gesehen; zwei Führungskräfte arbeiten Teilzeit.

Aspekt	Maßnahme	Best Practice Beispiel
		AMS: fördert Teilzeitarbeitsplätze für Führungskräfte. **LKH Deutschlandsberg**: Teilzeit für Führungskräfte möglich.
	verschiedene Arbeitszeitmodelle	
	Telearbeit	
Betriebskultur	Unternehmensleitbild	
	Gleichbehandlungsbeauftragte und Arbeitsgruppen	

Tabelle 5.3: Best-Practice Beispiele von Unternehmen zur Stärkung der Position von Frauen in Führung.

5.3.5 Phase Erfolg messen

Nach der Einführung der neuen Maßnahmen soll einmal im Jahr eine Mitarbeiterbefragung stattfinden. Hierbei sollen die Mitarbeiter der Divam-Werke ihre Zufriedenheit mit den Strategien ausdrücken und schildern, welche Vor- und eventuell Nachteile sich daraus ergeben haben. Darüber hinaus sollen sie die Möglichkeit bekommen, Verbesserungsvorschläge zu äußern und weitere mögliche Probleme anzusprechen. Basierend auf dieser Mitarbeiterbefragung können die Maßnahmen ausgebaut, variiert oder eingestellt werden.

6 Literatur

Ackermann, K.-F. (2010): Alter als Kernaufgabe. Personal, 62(06), 12–14.

Becker, M. & Seidel, A. (2006.): Diversity Management. Unternehmens- und Personalpolitik der Vielfalt. Stuttgart: Schäffer Poeschel.

BMFSFJ (Hrsg.): Handlungsleitfaden Vereinbarkeit von Beruf und Pflege. Verfügbar unter: www.familie.dgb.de/pdf/leitfaden_beruf_und_pflege.pdf.

BMFSFJ (Hrsg.): best practices. Vorbildhafte Unternehmensbeispiele zu Chancengleichheit in der Wirtschaft. Verfügbar unter: http://www.bmfsfj.de/Anlage24292/Text.pdf.

Borchers, D. & Bertram, T. (2010): Alterssensible Lernkonzepte: Demografieorientiertes Diversity Management in der Erwachsenenbildung. Personalführung, 32–39.

Catalyst (2007): 2007 Catalyst Census of Women Corporate Officers and Top Earners of the Fortune 500. Verfügbar unter: http://www.catalyst.org/publication/13/2007-catalyst-census-of-women-corporate-officers-and-top-earners-of-the-fortune-500.

Dedeoglu, A. et al. (2004): Diversity Online. Analyse der Kommunikation von Diversity Management auf Unternehmens-Homepages – ranking der 25 umsatzstärksten US-Unternehmen. In H. Wächter & M. Führing (Hrsg.): Anwendungsfelder des Diversity Management. Diversity Homepages. Fußball-Bundesliga. Diversitätspolitik in Städten. In Trier Beiträge zum diversity Management (Bd. 3). München: Rainer Hampp Verlag.

Deller, J., Kern, S., Hausmann, E. & Diederichs, Y. (2008): Personalmanagement im demografischen Wandel: Ein Handbuch für den Veränderungsprozess. Berlin, Heidelberg: Springer Medizin Verlag.

Die Beauftragte der Bundesregierung für Migration, Flüchtlinge und Integration (Hrsg.): Vielfalt nutzen Diversity Management in kleinen Betrieben – Vorschläge aus der Praxis. Verfügbar unter: http://www.vielfalt-als-chance.de/data/downloads/webseiten/ DiversityLeitfadenkleineUnternehmen.pdf.

DGFP e.V. (Hrsg.) (2004): Personalentwicklung für ältere Mitarbeiter. Bielefeld: Bertelsmann Verlag.

Europäische Kommission (2009): Frauen und Männer in Entscheidungsprozessen. Verfügbar unter: http://ec.europa.eu/social/main.jsp?catId=777&langId=de&intPageId=675.

Frankfurter Allgemeine Zeitung (16.03.2010): Deutsche Telekom führt Frauenquote für Führungspositionen ein.

Freiling, T. & Schulte, B. (2008): Sanft das Arbeitsleben beenden. Personalwirtschaft, 35(10), 47–49.

Frerichs, F. (2010): Zertifizierung der Personalpolitik für alternde Belegschaften: Das Qualitätssiegel AGE CERT. Personalführung, 24(2), 40–49.

Friederichs, P.; Althauser, U. (2001): Personalentwicklung in der Globalisierung. Neuwied.

Hansen, K. (2007): Diversity Management. In Personal entwickeln – Das aktuelle Nachschlagewerk für Praktiker, Serie 2A.1. Deutscher Wirtschaftsdienst.

Holz, M. (2007): Leistungs- und Erwerbsfähigkeit älterer Mitarbeiter. In M. Holz & P. Da-Cruz (Hrsg.), Demografischer Wandel in Unternehmen. Herausforderung für die strategische Personalplanung (S. 37–53). Wiesbaden: Gabler Verlag.

Jaspers, W. & Westerink, A. K. (2008): Implementierungsvoraussetzungen und Rahmenbedingungen für eine erfolgreiche Wissensmanagement-Einführung. In W. Jaspers & G. Fischer (Hrsg.), Wissensmanagement heute. Strategische Konzepte und erfolgreiche Umsetzung (S. 67–94). München: Oldenbourg.

Joy, Lois (2008): Advancing Women Leaders: The Connection between Women Board Directors and Women Corporate Officers, Catalyst.

Kast, R. (2009): Personalentwicklung im Vorfeld des demografischen Wandels. Wirtschaftspsychologie, 16(3), 87–96.

Levecke, B. (2010): Richtig Altern: Angst macht Falten. Verfügbar unter: http://www.sueddeutsche.de/leben/richtig-altern-angst-macht-falten-1.8176

McKinsey & Company (2007): Women Matter: Gender Diversity, A Corporate Performance Driver. New York: McKinsey & Company.

Piltz, C. & Borger, B. (2007): Diversity Management. In G. Vedder (Hrsg.), Diversity Management und Work-Life-Balance (Bd. 9, S. 55–57). München: Rainer Hampp Verlag.

Porschen, S. (2008): Austausch impliziten Erfahrungswissens: Neue Perspektiven für das Wissensmanagement. Wiesbaden: VS Verlag für Sozialwissenschaften.

Reday-Mulvey, G. (2006): Working beyond 60: Key policies and practices in Europe. Basingstoke, Hampshire: Palgrave Macmillan.

Schäfer, Andrea (2009): Frauen im Management in Europa. Erste Hinweise zur Umsetzung des EU Aktionsplans in ausgewählten Mitgliedsstaaten, in: ZeS report 14.Jg. Nr.1., 1–11.

Smith, Nina/Smith, Valdemar/Verner, Mette (2005): Do Women in Top Management Affect Firm Performance? A Panel Study of 2500 Danish Firms.

Wächter, H. & Bernhard, K. (2006): Sicherung des Betriebswissens und Verbesserung des Wissenstransfers beim Ausscheiden älterer Arbeitnehmer am Beispiel der KSB AG. In H. Wächter & D. Sallet (Hrsg.), Personalpolitik bei alternder Belegschaft (S. 93–123). München: Rainer Hampp Verlag.

Kurzvitae

Dipl. Kfm. Gerrit Fischer

ist selbstständiger Unternehmensberater für Betriebswirtschaft, Mitgründer und Geschäftsführer des IFWM – Institut für Wissensmanagement an der Business and Information Technology School (BiTS) in Iserlohn und an selbiger Fachhochschule auch Dozent für die Bereiche Wissens- und Innovationsmanagement sowie kundenorientierte Unternehmensführung. Nach dreijährigem Maschinenbaustudium an der RWTH Aachen bis zum Vordiplom erwarb er seinen Abschluss in Betriebswirtschaft 2006 an der BiTS in Iserlohn. Nach erfolgreichen Beratungstätigkeiten in den Bereichen ERP-Einführung, Innovationsmanagement und Förderprojekte arbeitet er momentan hauptsächlich an zwei innovativen Projekten, einem Mobilitätskonzept auf Basis eines Elektro-KFZ sowie einem neuartigen Fitness-Gerät (Cross-Shaper), das auch die Basis für eine Fallstudie in diesem Werk bildet.

Prof. Dr. Wolfgang Jaspers

vertritt als Professor an der Business and Information Technology School (BiTS), Iserlohn das Fachgebiet Unternehmensführung und -entwicklung. Nach seinen abgeschlossenen Studiengängen der Betriebswirtschaftslehre und der Wirtschaftsinformatik promovierte er an der TU-Darmstadt zum Dr. rer. pol. Nach mehrjähriger Tätigkeit als Seniorberater bei der Deloitte Consulting gründete W. Jaspers 1994 die Unternehmensberatung DR. JASPERS CONSULTING, die namhafte mittelständische Unternehmen wie auch Konzerne berät. Tätigkeitsschwerpunkte der DR. JASPERS CONSULTING stellen die Bereiche Geschäftsprozessoptimierung und Inventurmanagement dar. W. Jaspers ist zudem Geschäftsführer des im Jahre 2005 gegründeten und an der BiTS angesiedelten IFWM – Institut für Wissensmanagement, das die Einführung von Wissensmanagement in KMUs zur Aufgabe hat.

Prof. Dr. Uwe Eisermann

vertritt als Professor an der Business and Information Technology School (BiTS) in Iserlohn das Fachgebiet Sport & Event Management. Er verantwortet als Dekan den Fachbereich International Service Industries und den Bachelorstudiengang International Management for Service Industries (B. Sc.). Als Director of Business Development ist er ferner für die Hochschulentwicklung zuständig. Uwe Eisermann studierte an den Universitäten Göttingen und Erlangen-Nürnberg und wurde im Jahr 2002 zum Dr. phil. promoviert. Er arbeitete vor seinem Engagement an der BiTS bei der Siemens AG Medical Solutions (1999–2002) und an der Fachhochschule Kufstein (2003–2007).

Herwig Fischer

ist nach fünf Semestern Psychologiestudium sowie abgelegter Diplomprüfung (ohne Diplomarbeit) im Maschinenbau an der RWTH Aachen seit über 25 Jahren selbstständiger, technischer Unternehmensberater im Bereich Innovation, Forschung und Entwicklung. Von der Ideenfindung und Problemlösung bis hin zur Vermarktung begleitet er so innovative Produkte und besitzt hierdurch über 100 eigene Patente. Zu seinen Projekten zählen neben Sportprodukten, Windkraftanlagen, Bodeneffektluftfahrzeugen, Anti-Aquaplaning-Systemen und medizinischen Injektionssystemen in letzter Zeit vor allem stufenlose Getriebe sowie ein Mobilitätskonzept auf Basis eines Elektro-KFZ.

Prof. Dr. Peter Frielinghausen

lehrt Ökonomie, Mathematik und Statistik an der an der Business and Information Technology School (BiTS) in Iserlohn. Nach dem Abitur und drei Semestern Physikstudium in München zog es ihn für 15 Jahre in die USA. Nach dem Bachelorabschluß in Internationalen Beziehungen studierte er Ökonomie an der Vanderbilt University und schloß dort mit dem PH.D. statt. Vor seiner Rückkehr nach Deutschland war er im Wertpapierhandel sowie selbstständig tätig und lehrte Ökonomie am Hillsborough Community College und der University of Tampa.

Dr. Daniel Kaltofen

Dr. Daniel Kaltofen hat an der Ruhr-Universität in Bochum Wirtschaftswissenschaft studiert. Im Anschluss an die Promotion am dortigen Lehrstuhl für Finanzierung und Kreditwirtschaft von Prof. Dr. Stephan Paulwar er bis 2006 für die Düsseldorfer Citibank Privatkunden AG & Co. KGaA und ist seit 2008 auch für die WGZ BANK AG im Risikocontrolling tätig. Bereits 2007 ist er als Mitglied der Geschäftsführung des Bochumer ikf institut für kredit- und finanzwirtschaft in die Wissenschaft zurückgekehrt. Dort forscht er im Schnittfeld von Regulierung und Risikomanagement von Finanzinstituten insbesondere an der Validierung und methodischen Weiterentwicklung von Ratingsystemen. Dr. Kaltofen unterrichtet regelmäßig an der privaten Unternehmerhochschule BiTS in Iserlohn die Fächer Finanzierung, Asset- und Risikomanagement.

Mag.[a] (FH) Elisabeth Kickenweitz

ist an der Fachhochschule KufsteinTirol im Bereich Marketing und Eventorganisation tätig. Während des Magisterstudiums Sport-, Kultur- und Veranstaltungsmanagement arbeitete sie an der Evaluation von Megaevents mit und forschte dabei insbesondere im Bereich der Presse- und Medienvertreter. Ein Leistungsstipendium führte sie an die Universitá degli studi di Trento, dort studierte sie mit Schwerpunkt Tourismusmanagement.

Mag. (FH) Jörg Kickenweitz

hat als studentischer Projektleiter und später als wissenschaftlicher Mitarbeiter eine Projektgruppe mit bis zu 120 Mitarbeitern zur Evaluierung von sozialen und ökonomischen Auswirkungen einer jährlichen wiederkehrenden Großveranstaltung über drei Jahre betreut. Seit 2009 ist er Büroleiter im Superiorat der Basilika Mariazell, wo er bei mehren Großveranstaltungen Koordinationsaufgaben wahrnahm.

Prof. Dr. Jens Müller

Prof. Dr. Jens Müller (Diplom-Volkswirt, Diplom-Journalist) arbeitet seit Jahren im Spannungsfeld zwischen kreativer Kompetenz und ökonomischer Ratio. Als Gründungsdekan etablierte er die Medien- und Kommunikationsstudiengänge an der Business & Information Technology School (BiTS) in Iserlohn. Er beteiligte sich an der Planung des international hochkarätig besetzten „Campus Symposiums“ und widmet sich dem Transfer von Managementtools in Marketing und Kommunikation. Er arbeitet in der Unternehmensplanung des ZDF, wo er die Themen „Balanced Scorecard“ und „Corporate Social Responsibility“ besetzt. Er ist Sprecher der Kommunikations- und Medienstudiengänge an der BiTS.

Maik Muschack

arbeitete nach dem Studium des Wirtschaftingenieurwesens an der Fachhochschule Stralsund bei der Hach-Lange GmbH in leitender Funktion der Aufgabenkreise Materialplanung und Beschaffung.

Seit 2007 ist er bei der C:1 Industry Projects & Solutions GmbH als SAP Berater für Produktionsplanung und Materialmanagement beschäftigt. In diesen Bereichen wirkte er an zahlreichen nationalen sowie internationalen Projekten mit. Darüber hinaus führt er Projekte in Supply-Chain-Management-Bereichen mit den Schwerpunkten Bestands- und Dispositionsoptimierung durch.

Anna Schulte

ist seit 2008 Beraterin bei der Unternehmensberatung t-velopment in Dortmund. Ihre Arbeitsschwerpunkte sind Personal- und Teamdiagnostik sowie die Durchführung von Kommunikationstrainings. Sie studierte Psychologie an der Universität Bielefeld mit dem Schwerpunkt Arbeits- und Organisationspsychologie. Ihre Diplomarbeit verfasste sie zum Thema „Fortschritt bei der Zielerreichung und Wohlbefinden: Experimentelle Manipulation des Zielfortschritts und deren Auswirkungen auf die Stimmung".

Claudius Seja

ist als Leitender Manager der C:1 Industry Projects & Solutions GmbH verantwortlich für die Positionierung, die Weiterentwicklung und den Ausbau des Unternehmens in verschiedenen Regionen Deutschlands.

Der gelernte Industriekaufmann wechselte 1996 in die SAP ERP Beratung. Mehrere Jahre war er als SAP ERP Integrationsberater und Projektleiter in SAP ERP Einführungsprojekten für die Optimierung der Produktions-, Planungs- und Materialflüsse sowie der Projektabwicklung im Maschinen- und Anlagenbau mit SAP ERP tätig.

Seit 2005 leitet Claudius Seja die von ihm für die C:1 Industry Projects & Solutions GmbH gegründete Geschäftsstelle Ratingen. Mit seinen Mitarbeitern berät und betreut er namhafte Konzerne und mittelständische Unternehmen. Claudius Seja hat es sich gemeinsam mit der C:1 Industry Projects & Solutions GmbH zur Aufgabe gemacht, die SAP ERP Standardsoftware im Mittelstand zu positionieren.

Martina Stangel-Meseke

ist Dekanin des Fachbereichs Wirtschaftspsychologie an der der Business and Information Technology School (BiTS), Iserlohn. Als Professorin für Wirtschaftspsychologie lehrt sie die Fächer Organisationspsychologie, Psychologische Diagnostik und Evaluation sowie Gendermainstreaming und Diversity Management. Sie habilitierte über Veränderungen der Lernfähigkeit im Rahmen innovativer Personalentwicklungskonzepte – das modifizierte Lernpotenzial am Beispiel Lernpotenzial-Assessment Center. Neben ihrer langjährigen wissenschaftlichen Tätigkeit ist sie seit 1999 geschäftsführende Gesellschafterin der Unternehmensberatung t-velopment in Dortmund. Sie engagiert sich in unterschiedlichen Verbänden und Institutionen für Frauen im Beruf und in Führungskraftpositionen. 2005 erhielt sie mit ihrer Firma einen Innovationspreis für das Projekt Genderfaire Personalauswahl. Von Juni 2008 bis Januar 2011war sie Mitglied der Sachverständigenkommission des Bundesministeriums für Familie, Senioren, Frauen und Jugend. Gemeinsam mit den anderen Sachverständigenmitgliedern/Innen erarbeitete sie den ersten Gleichstellungsbericht für die Bundesregierung, der Gleichstellung unter der Lebenslaufperspektive thematisiert.

Prof. Dr. rer. oec. Stefan Stein

ist seit 2001 Geschäftsführer des ikfinstitut für kredit- und finanzwirtschaft. Sein Forschungsinteresse gilt im Besonderen der Mittelstandsfinanzierung sowie Regulierung, des Risikomanagements und des Marketings von Banken.

An der privaten Unternehmerhochschule BiTS Business und Information Technology School in Iserlohn hat er die Professur für Finanz- und Assetmanagement inne und ist seit vier Jahren Dekan des Fachbereichs Wirtschaft. Er studierte Wirtschaftswissenschaft an der Ruhr-Universität Bochum, wo er auch am Lehrstuhl für Finanzierung und Kreditwirtschaft (Prof. Dr. Dr. h.c. Joachim Süchting) promovierte. Stationen in der Bankpraxis waren leitende Tätigkeiten für die WGZ-Bank und die Dresdner Bank.

Alexandra Vesper

studiert im Master-Studium Marketing Management an der Business and Information Technology School (BiTS). Seit ihres Bachelor-Studiums in Wirtschaftsjournalismus interessiert sie sich für die unternehmerische Verantwortung von Unternehmen und deren Return on Investment. In ihrer Bachelor Thesis befasste A. Vesper sich mit dem Forschungsgebiet Unternehmenskommunikation und CSR-Reporting sowie mit der Planung und Evaluierung von passenden Bewegtbild-Strategien. 2011 gründete A. Vesper gemeinsam mit Prof. Dr. Jens Müller das Institut für Bewegtbildkommunikation, welches seinen Forschungsschwerpunkt in der Professionalisierung von Bewegtbild-Strategien zur CSR-Imagebildung sieht. Zudem ist A. Vesper seit 2010 verantwortlich für Marketing und Redaktion bei der Filmproduktion „tremoniamedia".

Prof. Dr. Axel Wullenkord

Nach seinem Studium der Betriebswirtschaftslehre war Axel Wullenkord zunächst Assistent am Lehrstuhl für Controlling an der Universität Dortmund (Prof. Dr. Thomas Reichmann). Nach der Promotion zum Dr. rer. pol im März 1995 wurde er Assistent des Vorstandsvorsitzenden eines börsennotierten Handelskonzerns und in der Folge Chief Financial Officer (CFO) der Hagenuk GmbH, Kiel. Anschließend war Axel Wullenkord in unterschiedlichen kaufmännischen Leitungsfunktionen bei der mg technologies AG in London, Frankfurt am Main und Düsseldorf, zuletzt als Vorsitzender der Geschäftsführung (CEO) eines Joint Ventures von SAP, Deutsche Bank und mg technologies ag. Axel Wullenkord hält eine Professur für Bilanzierung und Unternehmensbewertung an der Business and Information Technology School (Bits) Iserlohn und unterstützt parallel Unternehmen bei der Verbesserung von Qualität, Effizienz und Kostenstrukturen im Finanzbereich.

www.ingramcontent.com/pod-product-compliance
Lightning Source LLC
Chambersburg PA
CBHW061616220326
41598CB00026BA/3777

* 9 7 8 3 4 8 6 7 0 4 4 9